高等学校教材

微流控细胞分析

林金明　李楠　林玲　等编著

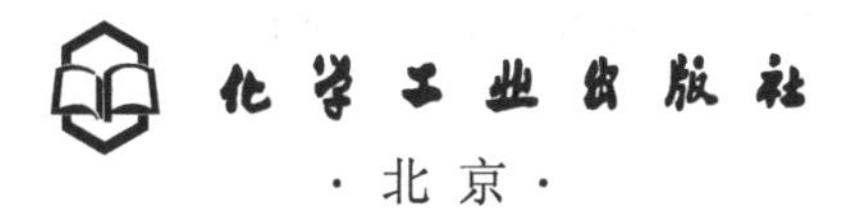

化学工业出版社

·北京·

内 容 简 介

本书是在林金明教授为清华大学成功开设“微流控芯片细胞分析”课程的基础上完成的。全书共有13章，围绕微流控技术、细胞分析、仪器研制以及分析方法学等内容，系统总结了微流控芯片细胞分析中所涉及的芯片设计与制作、细胞分选与识别、细胞培养与观察、细胞迁移、细胞分析与单细胞分析、微流控芯片与质谱的联用技术等基础知识与前沿成果及发展趋势。

本书各个章节既相互独立又彼此关联，既适合化学、生物、医学、材料、仪器仪表等专业的高年级本科生和研究生阅读，也可供从事微流控细胞分析研究的科研人员参考使用。

图书在版编目（CIP）数据

微流控细胞分析/林金明等编著．—北京：化学工业出版社，2021.8（2023.1重印）

ISBN 978-7-122-39300-5

Ⅰ．①微…　Ⅱ．①林…　Ⅲ．①生物-芯片-应用-细胞生物-生物分析-研究　Ⅳ．①Q2-3

中国版本图书馆CIP数据核字（2021）第116242号

责任编辑：李晓红　　装帧设计：王晓宇

责任校对：刘曦阳

出版发行：化学工业出版社（北京市东城区青年湖南街13号　邮政编码100011）

印　　装：涿州市般润文化传播有限公司

787mm×1092mm　1/16　印张16¼　字数361千字　2023年1月北京第1版第3次印刷

购书咨询：010-64518888　　售后服务：010-64518899

网　　址：http://www.cip.com.cn

凡购买本书，如有缺损质量问题，本社销售中心负责调换。

定　　价：78.00元

前言

中国有句谚语，“工欲善其事，必先利其器”，为了解明细胞的生命过程，需要特殊的工具。作为生命组成的最小单元——细胞，研究其相关的生物行为及其规律与本质，对于揭示生命的奥秘，探索疾病的机理与治疗手段，提高人类的生存寿命与质量，都有着重要的意义。对细胞的研究是一个复杂的工程，细胞在人体内处于复杂的微环境之中，包括温度、氧气浓度、生物因子浓度、机械作用、细胞间相互作用、细胞基质间相互作用等，同时细胞体积微小、种类多样，在细胞水平进行细胞识别、代谢物检测、内部组分分析、细胞结构与功能表征、细胞间相互作用分析等工作也都有着很高的难度。

微流控（microfluidics）指的是使用微通道（尺寸为数十到数百微米）处理或操纵微小流体的系统所涉及的科学和技术，是一门涉及化学、流体物理、微电子、新材料、生物学和生物医学工程的新兴交叉学科。因为具有微型化、集成化等特征，微流控装置通常被称为微流控芯片（microfluidic chip），又称微全分析系统（micro total analysis system，μTAS）或者芯片实验室（lab on a chip，LOC），自 20 世纪 90 年代初发展以来，以其众多的优势而引起人们的关注。微流控芯片技术因其具有的一系列优点，如样品试剂消耗少、结构功能多样化、集成化程度高、与细胞尺度接近等，近年来被广泛地应用于细胞相关领域的研究，包括细胞培养、细胞捕获、细胞分化、细胞迁移、细胞融合、药物代谢、细胞通信、组织工程等内容，通过结合不同的分析检测方法以及集成不同的功能操作单元，取得了巨大的研究进展，解决了很多传统方法无法解决的问题。但是，如何在微流控芯片内更加高效简便地对细胞进行操控定位，如何更好地模拟细胞在生命体内的生物微环境，从而进行体外生物系统的构建用于生命医疗疾病的研究，仍然需要在相关技术、材料、方法等方面做出更深入的研究。

本书作者之一林金明教授自本世纪初开展微流控芯片的设计与研制，先后获得多项国家级项目的资助，系统深入地开展了基于微流控技术的细胞分选与识别、细胞培养与观察、细胞迁移、单细胞分析、细胞药物代谢等多方面的研究。与岛津公司合作研制开发了全球首款微流控芯片质谱联用细胞分析装置（Cellent CM-MS），并获得了实际的应用与推广。培养了一批对微流控芯片细胞分析有浓厚兴趣的博士研究生和硕士研究生，部分毕业生或者在读研究生积极参与本书的文献调研和章节的撰写。

本书是在林金明教授为清华大学本科生成功开设“微流控芯片细胞分析”课程的基础上完成的。全书共有 13 章，每章紧密围绕微流控技术、细胞分析、仪器研制以及分析方法学等研究内容。所有章节内容均由林金明教授统一确定、组织和安排，清华大学李楠博士、北京工商大学林玲教授负责本书的前期调研和文献整理。各章内容分别由林金明与相关作者共同完成，李楠（第 1 章）、丰硕（第 2 章）、易伶潞（第 3 章）、张强（第 4 章）、黄秋实（第 5 章）、毛思锋（第 6 章）、窦金鑫（第 7 章）、吴增楠和郑亚婧（第 8 章）、张炜飞和李楠（第 9 章）、林玲（第 10 章）、周琳（第 11 章）、郑亚婧和吴增楠（第 12 章）、许柠（第 13 章）。

书中每个章节既有独立性又有相互的参考性，面向有一定化学、生物、医学或者材料等相关专业基础的高年级本科生为授课对象，也可以作为拓展研究生基础知识的学习课程。我们希望这本书能够帮助那些渴望了解更多有关微流控芯片和细胞分析相关知识的科研工作者和学生们，并与我们所研制的细胞分析微流控芯片-质谱联用仪器进行配套，推动微流控芯片技术的快速发展。因此，本书既可作为高年级本科生仪器分析的参考资料或者新开设的教学课程用书，也可以作为研究生的专业课程用书，或者科研工作者的微流控细胞分析参考资料。

最后，作者要衷心感谢本书中所有被引用论文的作者，他们的原创性研究是推动微流控细胞分析研究与应用发展的原动力。同时作者还要感谢国家自然科学基金(批准号:22034005,21727814,21435002,81373373,21227006,91213305，20935002，90813015，20775042，50273046）、国家重点基础研究发展计划（批准号：2007CB714507）以及国家重点研发计划（批准号：2017YFC0906803）的经费支持，没有这一系列项目的长期持续的支持，不可能形成目前系统的研究成果和已经商品化的微流控芯片质谱联用细胞分析装置。

由于笔者水平有限，编写此书的时间也很仓促，书中难免出现失误和引用不妥之处，望广大读者和被引用论文作者批评指正。

林金明　李　楠　林　玲

2021 年 5 月 6 日

目录

第12章
微流控芯片上组织/器官模拟 212

第13章
微流控芯片-质谱联用细胞分析仪的应用 227

第1章
绪论

1.1 细胞分析

细胞是生命活动的基本结构与功能单位。细胞内进行的维持生命所必需的各种反应统称为新陈代谢（metabolism）。其中对大分子物质进行分解以获得能量称为分解代谢（catabolism）；利用能量来合成大分子物质称为合成代谢（anabolism）。细胞分析主要包括研究细胞的生长、增殖、分化、侵袭、转移和凋亡等生理过程，同时包括对以上过程中细胞所释放的各种各样的生物分子进行监测和记录。细胞分析有助于认识生命发展的基本规律、评价药物作用机制和细胞毒性，并在疾病的早期诊断和治疗方面意义重大。将细胞形态的观察与细胞组分的分析相结合是细胞生物学研究的一个主要方向，有助于解释生物分子在细胞内的功能以及相互作用。

1.1.1 细胞的发现

绝大多数细胞都非常小，直径只有几微米到几十微米，无法用眼睛直接观察。显微镜的发明，使人们看到了细胞内的许多细微结构，推动了人类对细胞的认知过程。“cell（细胞）”一词是由 17 世纪英国科学家 Robert Hooke 在用自制的显微镜观察软木切片中的一个个小室时而命名的。尽管当时发现的这些结构并不是真正的细胞，而是软木细胞壁所构成的空隙，但这一发现对细胞学的建立和发展具有开创性的意义，细胞这一名词也被沿用下来。表 1-1 为人们在逐渐认知细胞过程中的一些重要事件。

表 1-1 人类认知细胞的发展历程

时间	事件
1590 年	荷兰眼镜商 Jansen 父子发明第一台光学显微镜（放大倍数不超过 10 倍）

续表

时间	事件
1665 年	英国科学家 Robert Hooke 利用显微镜（放大倍数 40～140 倍）观察到软木小孔，并首次命名为细胞
1674 年	荷兰科学家 Leeuwenhoek 通过改进透镜加工技术提高显微镜放大倍数（300 倍），首次观察到完整的活细胞
1831 年	英国植物学家 Robert Brown 利用显微镜观察了植物细胞并描述了细胞核
1838～1839 年	德国植物学家 Schleiden 和生理学家 Schwann 提出了细胞理论，认为有核细胞是动植物的基本构成单元
1857 年	德国生物学家、解剖学家 Kolliker 首次描述肌细胞中的线粒体
1878 年	德国细胞学家 Flemming 首次观察到动物细胞的有丝分裂，并观察到细胞核中存在染色质
1883 年	法国植物学家 Schimper 观察到植物细胞中的叶绿体
1888 年	德国动物学家 Boveri 发现细胞的中心体
1895 年	德国生理学家 Overton 提出假设认为细胞膜由脂质分子组成，具有半透性
1898 年	意大利医生 Golgi 发现高尔基体
1945 年	加拿大细胞学家 Porter、比利时生物学家 Claude 和 Fullam 共同发现内质网
1953 年	美国科学家 Watson 和英国科学家 Crick 发现 DNA 的双螺旋结构
1954 年	瑞典博士生 J. Rhodin 首次发现过氧化物酶体
1955 年	比利时细胞学家 Duve 发现并命名溶酶体
1957 年	Robertson 用超薄切片技术获得了清晰的细胞膜照片，显示暗-明-暗三层结构
1958 年	罗马尼亚-美国生物学家 Palade 发现粗面内质网表面附有富含 RNA 的颗粒。这些颗粒随后被命名为核糖体
1961 年	英国科学家 Mitchell 提出线粒体氧化磷酸化偶联的化学渗透学说，并在 1978 年获得诺贝尔化学奖
1961～1964 年	美国科学家 Nirenberg 破译 DNA 遗传密码
1967 年	比利时细胞学家 Duve 将过氧化物酶体鉴定为细胞器
1968～1971 年	瑞士科学家 Arber 和美国科学家 Smith 从细胞中发现并分离出限制性内切酶，能对 DNA 进行“剪切”和“连接”；美国科学家 Nathans 则利用这种工具酶首次实现了 DNA 切割和组合。 1978 年，Arber、Smith、Nathans 共同获得诺贝尔生理医学奖
1970 年	美国科学家 Baltimore、Dulbecco 和 Temin 发现在 RNA 肿瘤病毒中存在以 RNA 为模板能逆转录生成 DNA 的逆转录酶。 此三人在 1975 年获得诺贝尔生理学或医学奖
1976 年	美国科学家 Bishop 和 Varmus 发现正常细胞同样带有原癌基因，具有诱发肿瘤细胞的潜质。 此二者因这一里程碑式的发现获得 1989 年的诺贝尔生理学或医学奖
1978 年	通过将人类卵细胞和精子在体外受精，首例试管婴儿路易斯在英格兰诞生
20 世纪 80 年代	美国加州大学 Elizabeth Blackburn 和 Carol Greider 证明有一种酶来延伸端粒 DNA，并将其命名为端粒酶
1989 年	美国科学家 Altman 和 Cech 因发现一些 RNA 具有酶的功能（核酶）获得诺贝尔化学奖
20 世纪 90 年代	科学家在生物体外观察到一种新的不同于 DNA 双螺旋的结构，称为嵌入基序（i-motif）结构。直至 2018 年，澳大利亚加文医学研究所的抗体治疗研究员丹尼尔首次在人类活细胞中发现这种嵌入基序结构
1992 年	美国科学家 Agre 发现细胞膜上的水通道
1997 年	英国生物遗传学家维尔穆特成功通过体细胞克隆法培育出一只羊。克隆羊多莉是世界上首只成年体细胞克隆动物
1998 年	美国生化学家 Mackinnon 发现细胞膜上的离子通道
1998 年	美国科学家 Wakayama 和 Yanagimachi 成功用冻干精子繁殖出小鼠
2001 年	美国科学家 Hartwell，英国科学家 Hunt、Nurse 因发现细胞周期的关键分子调节机制获得诺贝尔生理医学奖
2002 年	英国科学家 Brenner、Sulston，美国科学家 Horvitz 因发现在器官发育和“程序性细胞死亡”过程中的基因规则获得诺贝尔生理医学奖

续表

时间	事件
2007 年	美国科学家 Capecchi、Smith 以及英国科学家 Evans 因一系列关于利用胚胎干细胞把特定基因改性引入实验鼠的研究工作而获得诺贝尔生理医学奖
2010 年	哈佛大学 Ingber 利用微流控芯片首次在体外构建芯片肺，为芯片器官的发展奠定了基础。 清华大学林金明课题组在 *Anal Chem* 上发表微流控芯片-质谱联用细胞分析系统
2012 年	美国科学家汤姆森、日本科学家山中伸弥因在干细胞研究领域的突破成就，成功把人体皮肤细胞改造成类似胚胎干细胞的诱导多能干细胞，而获得诺贝尔生理医学奖
2013 年	美国科学家 Rothman、Schekman，德国科学家 Südhof 因发现细胞内的主要运输系统——囊泡运输的调节机制而获得诺贝尔生理医学奖
2015 年	日本神户大学 Toshiki Itoh 团队发现细胞在生物体内的运动受到细胞膜张力的控制，并且确认一种能感知膜张力的蛋白质在此过程中发挥着传感器的作用
2016 年	日本科学家大隅良典因发现了细胞自噬机制而获得诺贝尔生理医学奖
2018 年	瑞典卡罗林斯卡医学院生命科学和营养学部门的 Strömblad 博士发现了一种新的黏附结构会在细胞分裂过程中保持存在，并固定细胞，同时这类新结构可以控制子细胞，使其在分裂后占据正确的空间位置
2018 年	清华大学林金明团队开发了基于开放微流体的单细胞提取器来对单细胞进行黏附分析，并对活体单细胞进行液体分割及局部刺激，探究其损伤与修复能力
2019 年	美国癌症学家 Kaelin Jr、医学家 Semenza，英国医学家 Ratcliffe 因发现细胞如何感知和适应氧气的可用性而获得诺贝尔生理医学奖。 岛津公司推出在清华大学技术基础上的全球首款微流控芯片质谱联用细胞分析系统(Cellent CM-MS)，并连续举办了十次的讲习会，普及推广仪器的应用
2020 年	德国莱斯大学的生物化学家 Wright 发现植物细胞的过氧化物酶体内部存在囊泡，这一发现挑战了以往认为过氧化物酶体是简单单膜细胞器的长期观点，有助于解决过氧化物酶体功能和进化中的基本问题

1.1.2 细胞培养与观察

（1）细胞培养

在生物体内直接研究细胞是非常困难的，因此需要将活细胞在体外培养。细胞培养技术也叫细胞克隆技术，是指在体外环境中选用各种适宜的生存条件对活细胞进行培养和观察研究，通常是将细胞培养在培养皿或者培养瓶中。体外细胞培养的优势主要有以下几点：首先，体外培养的细胞不受生物体内复杂的环境因素的影响，可以很方便地控制实验条件，实现单因素调控；其次，可以对细胞的行为变化进行直接的观察记录；另外，体外培养的细胞量大且相对均一，可为大量的研究提供重现性较好的结果。当然，体外细胞培养也存在固有的局限，它并不能准确反映真实体内的状况。因此，需要谨慎将体外细胞培养的研究结果推导到生物体内。

动物细胞分化程度较高，多种结构不同、功能各异的细胞组成了复杂的生物体。当细胞离体后，由于失去了体内神经、体液的调节和细胞间相互作用的制约，细胞的分化现象将逐渐消失。随着培养时间的增加，细胞性质趋于一致，直至走向衰亡或者发生突变获得永久存活的能力。由此可知，体外培养的细胞与体内细胞性质也不完全相同。体外培养的动物细胞可以分为原代细胞（primary culture cell）与传代细胞（subculture cell）。原代细胞培养是指将生物体内取出的细胞立即进行培养，主要有两种培养方式，包括组织块培养和分散培养。组织块培养是将剪碎的组织块直接放入培养瓶中进行培养；分散培养则是通过化学或机械的方式将组织块分散成细胞之后再进行培养。所有的动物细胞的培养都是从原代细胞培养开始，一般将培养的第1代细胞与传10代以内的细胞统称为原代细胞。从幼年动物的肾、肺、肌肉、卵巢、精巢以及肿瘤组织等部位取出的原代细胞更容易培养，而神经细胞较难培养。传代细胞是指在体外培养条件下可持续传代培养的细胞，这一类细胞带有癌细胞的特点，失去接触抑制，容易培养。

（2）细胞观察

通常哺乳动物的细胞直径为10～20μm，而人眼分辨率约为0.2mm，因此无法用肉眼直接分辨，需要借助光学显微镜来观察。普通的光学显微镜，即复合式显微镜，是观察细胞形态最常用的工具之一，主要由三部分组成：照明系统（光源、折射镜、聚光镜和滤光片）、光学放大系统（物镜和目镜）和机械装置（支架系统）。显微镜的成像效果取决于显微镜的分辨率（resolving power，*R*），分辨率越高，能分辨两点之间的距离就越小。分辨率计算公式为：

$$R = 0.61\lambda/NA \tag{1-1}$$

式中，λ 为光源的波长；*NA* 为物镜的数值孔径值。由此可知，光学显微镜的分辨率受到光源波长和物镜的数值孔径值影响，对于普通的光学显微镜其分辨率不会小于0.2μm。若使用普通显微镜观察无色透明的活细胞，将很难看清楚其结构。为解决这个问题，相继出现了一批利用光学原理来增强细胞内外结构反差的特殊光学显微镜，如相差显微镜、微分干涉显微镜、暗视野显微镜等。

相差显微镜：利用光线通过不同密度的物质时其滞留时间不同的原理，将透过标本的可见光的光程差转变成振幅差，从而提高不同结构之间的对比度，可清晰观察到活细胞结构。

微分干涉显微镜：利用两束光线通过光学系统中相位的变化发生相互干涉，从而增强样品反差，实现对活细胞及其内部较大细胞器的观察。

暗视野显微镜：利用特殊装置使照射光斜照到样品上，因照射光无法进入物镜，而从样品发出的散射光可进入物镜，故可在暗的背景中呈现明亮的像。

荧光显微镜：当无色透明的细胞被某些荧光物质染色或特定标记之后，可通过荧光显微镜来观察。荧光显微镜主要包括光源（如高压汞灯或氙灯）、二向色镜（反射短波波长，透过长波波长）和滤光片（得到纯的发射光）。与普通光学显微镜不同，荧光显微镜的光源不起直接照明的作用，而是用来激发所要观察的细胞中的荧光物质的发射，故可在黑暗的背景中呈现彩色的荧光图像。此外，具有类似用途的显微镜还有激光共聚焦显微镜。不同于荧光显微镜，激光共聚焦显微镜是以激光作为光源，并利用共焦成像原理，通过改变共焦孔径的大小来增强共聚焦的效果，使视野中仅呈现清晰的共焦部位的图像。

大部分的细胞器以及病毒的直径小于光学显微镜的分辨率，因此开发分辨能力更强的显微镜对于研究细胞的超微结构非常必要。自1931年第一台电子显微镜问世，经过几十年的不断努力，目前其分辨率已达到0.2nm。电子显微镜主要包括透射电子显微镜、扫描电子显微镜和扫描隧道显微镜。

透射电子显微镜：以电子束作光源，电磁场做透镜，根据样品不同部位“质量厚度”的不同，在荧光屏上形成亮暗不同的黑白影像。

扫描电子显微镜：利用电子束扫描样品来激发次级电子产生，次级电子的量受样品表面结构影响。产生的次级电子由探测器收集，信号经放大用来调制荧光屏上电子束的强度，并显示出与电子束同步的扫描图像。

扫描隧道电子显微镜：利用量子理论中的隧道效应探测物质表面，通过移动的探针针尖的隧穿电流与物质表面的相互作用，将物质表面原子的排列状态转换为图像信息。

1.1.3 细胞组分分析

细胞的代谢是一种动态的过程，代谢的产物随时间和微环境的变化而变化，这就需要建立起实时、原位的数据采集和分析的方法。对细胞组分原位分析的一大难点是如何从细胞所释放的所有物质中捕获到目标分析物。近年来，核酸大分子的非生物学性质引起了人们的广泛关注，基于核酸技术的探针已被广泛应用于分析监测中。由于核酸可通过精确的化学方法来合成，因此在合成过程中可对序列结构进行灵活多样的设计。目前，已有各种各样的具有特殊功能的核酸探针被开发设计出来，例如核酸适配体探针。核酸适配体（aptamer）是一种经体外筛选技术——指数富集的配体系统进化技术（systematic evolution of ligands by exponential enrichment，SELEX）得到的结构化的寡核苷酸序列，能够与相应的靶标分子（细菌、细胞、蛋白质、糖类、小分子代谢物等）进行高度特异性地识别与结合。相比于抗体，适配体因其出色的稳定性、较小的批次变化、低免疫原性和低成本的特点，已在细胞组分分析中占据一席之位。

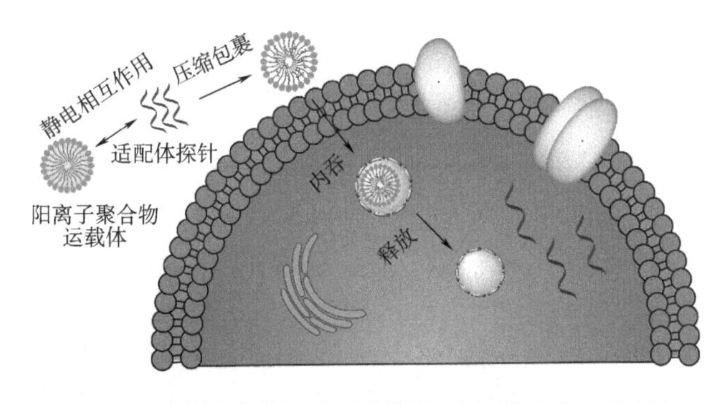

图 1-1　运载体携带适配体探针进入细胞内部原理图

细胞产生的各种分子既可以分布在细胞内部，也可以分布在细胞膜上。对于细胞内分子的原位识别，通常需要运载体来携带适配体探针进入细胞内部（图 1-1）。这是因为核酸适配体带有负电，细胞膜表面也带有负电，适配体不能直接进入细胞内部。当前已有的运载体主要分为病毒运载体和非病毒运载体。非病毒运载体因其具有非病原性和可大批量生产的特点，被认为是一类非常有前途的替代品。其中阳离子聚合物最受大家青睐，尤其是分子量为 25000 的聚乙烯亚胺（PEI）运载体因具有较高的运载效率而被广泛应用。例如本书作者[1]设计了一种针对 ATP 小分子的核酸适配体探针，在与 PEI 阳离子运载体发生静电相互作用之后，通过核内体的包裹被输送进细胞内部。进入细胞之后，因 PEI 阳离子可吸收大量的质子及其抗衡离子，引起核内体膜破坏，从而释放出 ATP 探针。探针由两条 DNA 链组成，其中一条长链能够与 ATP 分子特异性结合，并带有一个荧光基团；另一条互补的短链 DNA 一端带有荧光猝灭基团。在没有 ATP 分子存在时，因发生荧光共振能量转移，探针处于荧光猝灭状态。当出现 ATP 分子时，ATP 分子可以竞争下短链 DNA，并与长链 DNA 适配体结合，荧光恢复，因此可根据荧光强度来反应细胞中 ATP 分子的含量。

对于细胞膜上分子的原位识别，通常有如下三种方式可以将核酸适配体探针直接标记到膜上（图 1-2）。细胞膜上存在的游离氨基被认为是各种探针共价偶联的有吸引力的靶标位点。不需要对细胞进行预处理，借助于一种一端为 *N*-羟基琥珀酰亚胺酯基团和另一端为生物素基团的交联剂，利用 *N*-羟基琥珀酰亚胺酯与膜上氨基的化学反应，可将生物素基团锚定在细胞膜表面，之后引入链霉亲和素化的适配体探针与膜上生物素结合。这种方法已被广泛应用于细胞表面标记。此外还可以将含有 *N*-羟基琥珀酰亚胺酯和马来酰亚胺基团的交联剂共价连接到细胞表面，然后将巯基标记的适配体探针与马来酰亚胺结合，以使探针锚定到细胞膜上。利用非自然糖代谢的方法来标记生物分子也是一个非常好的选择。特别是利用叠氮基团与炔基之间点击反应来进行细胞表面糖蛋白和糖脂标记的策略已得到人们的广泛认可，这主要是因为叠氮基团具有代谢稳定、小体积的特点，不易与天然生物基团发生反应。疏水插入标记策略则是将适配体探针连接到疏水链上之后再与细胞一起孵育。这个方法在热力学上是有利的，并允许疏水链自发插入脂质双层。目前已有大量不同性质的疏水标签被开发用于插入细胞膜中，例如基于烷基长链、脂质融合以及糖基磷脂酰肌醇锚定的探针。尽管总体来说细胞膜上疏水插入的方法相对容易，但仍存在探针分子在细胞膜上扩散较快、锚定效果不牢固等困难，需要进一步研究解决。

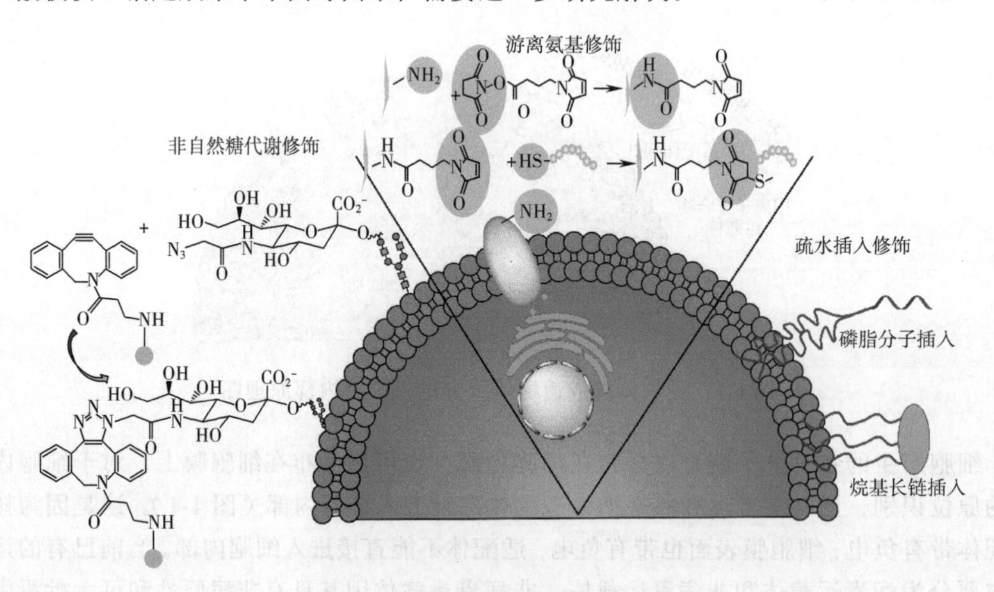

图 1-2　核酸适配体原位标记方法

1.1.4 细胞研究的挑战与机遇

细胞具有尺寸微小、内含物样品量少、种类多样的特点，在生物体内常常处于复杂的微环境中，其温度、氧浓度、生物因子浓度、机械作用等生理条件，以及细胞与细胞、细胞与基质之间的相互作用等在维持细胞的正常功能中均发挥了重要作用。因此实现细胞的精确操控，模拟细胞所处的微环境，开发高灵敏度、高选择性、低样品消耗量的细胞分析方法，对于细胞研究的深入和发展具有重要意义。虽然对于传统的细胞实验，如细胞的培养、传代以及分析等操作已经具有了一套成熟且明确的流程，但传统细胞实验存在的不足在于往往需要进行大量多次的实验，无法进行高通量处理。此外在培养皿中培养细胞可控性较差，不足以模拟接近人体生理条件下的环境，这使得研究细胞的真实生理过程受到了限制。

微流控芯片因具有先天的优势，逐渐成为细胞研究领域的重要工具。首先微流控芯片上的通道尺寸为微米级，与细胞尺寸接近，便于实现精确的细胞操控；微小的通道减少了样品消耗量，避免了样品稀释，传质与传热迅速，有助于高灵敏的细胞分析；由于尺寸效应，液体在低流速状态下为层流，有助于精确的流体控制，实现通道分区修饰、浓度梯度建立以及细胞的区域性刺激等功能。此外，由于可对微流控芯片的结构进行灵活多样的设计，也可集成具有不同功能的模块来为细胞提供更接近体内的生存条件，因此可对细胞生存所需的微环境进行模拟，如进行生物化学因子浓度梯度的控制、在微腔室内进行不同细胞的共培养以及引入生物物理上的力来刺激细胞等。这些引入的微环境将会对细胞的形态、行为以及分子水平的代谢变化产生显著的影响。基于以上特点和优势，目前微流控技术已在细胞研究的多个领域得到广泛的应用，如细胞培养、细胞分离、癌症研究、干细胞研究、临床诊断、药物毒性、组织工程等。

1.2 微流控芯片

1.2.1 基本概念

微流控芯片（microfluidics）又叫芯片实验室（lab-on-a-chip），是指在一块几平方厘米的芯片上构建化学或生物实验室，将化学和生物等领域中所涉及的样品制备、反应、分离、检测及细胞培养、分选、裂解等基本操作单元集成或部分集成到一起，并由微通道形成网络，以可控流体贯穿整个系统，用以取代常规化学或生物实验室的各种功能的一种技术平台。微流控芯片的最大优势是将多种单元技术在整体可控的微小平台上灵活组合、规模集成，可加快样品处理速度、提高检测灵敏度、降低消耗与成本。此外，微全分析系统（μTAS）这一概念是在 20 世纪 90 年代初由 A. Manz 提出，其核心是将所有化学分析过程中的各种功能及步骤微型化，包括：泵、阀、流动管道、混合反应器、相分离和样品分离、检测器等等。这期间芯片的主要功能集中于分析，应用对象以分子为主。因此 μTAS 的提法是一个特定阶段人们对微流控芯片认识水平的反映，在这一时期的学术刊物中，μTAS 与 microfluidics 混用。

1.2.2 发展历史

20 世纪 90 年代初，Manz 提出微流控芯片的概念，并和他的同事们开展了早期芯片电泳的开拓性研究工作。1994 年 J. Ramsey 等开始发表芯片电泳的文章，并于同年在荷兰召开了首届 μTAS 会议，随后一系列在芯片电泳上实现快速 DNA 分析的论文被发表，关于 μTAS 的研究得到迅速的发展。1995 年首家从事芯片实验室技术的 Caliper 公司成立。1999 年 HP 公司（后来的 Agilent）与 Caliper 公司联合推出了首台商品化仪器（Agilent 2100 生物分析仪），这是将微流控技术用于生物样品分析最早的商用仪器。在整个 20 世纪 90 年代，微流控芯片更多的被认为是一种分析化学平台，而且这一时期芯片上最常引用的操作单元是电泳，因此这一时期的微流控芯片也被称为芯片电泳。这一时期可被看作是微流控芯片发展的第一阶段。

2000 年，G. Whitesides 等[2]在 *Electrophoresis* 上发表关于聚二甲基硅氧烷（PDMS）软刻蚀的综述；2002 年，Quake 等[3]在 *Science* 上发表大规模集成微流控芯片论文，二者为微流控芯片实验室的发展作出了重要的贡献，极大地缩短了芯片模具的制作时间，同时也为微流控芯片实验室开辟了许多新的应用领域，使学术界和产业界意识到微流控芯片远不限于 μTAS 这一概念。2001 年 *Lab on a Chip* 创刊，成为本领域主流期刊，引领世界范围内微流控芯片研究的深入开展。2003 年微流控芯片被 *Forbes* 杂志评为影响人类未来的 15 件重要发明之一。2004 年 *Business* 2.0 杂志称微流控技术为“改变未来的 7 种技术”。这一阶段可被认为是微流控技术快速发展的第二阶段。

2006 年 7 月，*Nature* 发表一期题为“芯片实验室”的专辑（Insight: Lab on a chip，Vol. 442），其中包括一篇编辑部的社评、一篇概论和六篇综述。社评认为微流控芯片可能成为这一世纪的技术，化学家将利用这一工具来合成新的分子和材料，生物学家将利用它来研究复杂的细胞过程，同时物理学家也会开发出更加紧凑的设备并具有完善的功能。概论文章中讨论了微流控技术的起源、设计、应用和未来。综述文章分别从不同的角度介绍了微流控芯片的应用。这一年可以被认为是微流控技术发展的第三阶段的开始。在这之后，微流控技术深化了其在生物化学和转化医学方面的应用，如微型化生化分析、高通量筛选、即时诊断和新颖生物材料制备等。微流控技术还开拓了在诸如器官芯片、组织工程、体外三维细胞共培养、三维生物打印和微液滴单细胞分析等新兴领域的应用。2010 年，哈佛大学 Donald Ingber 等人[4]在 *Science* 上发表构建芯片肺的研究内容，这一代表性的工作在当时产生了深远的影响。次年，美国宣布启动基于芯片器官的“微生理系统”（microphysiological system，MPS system），以确保美国未来 20 年在新药发现领域的全球领先地位，并认为该项目能够大幅降低新药发现的成本和周期，给新药研发带来一次革命。自项目启动后，一批核心高校参与了主要工作，其中包括哈佛大学的肺芯片、威斯康星大学的脑芯片、加州大学伯克利分校的心芯片、霍普金斯大学的肠芯片、匹兹堡大学的肝芯片、华盛顿大学的肾芯片、杜克大学的血管芯片和哥伦比亚大学的皮肤芯片等。在这一时期，中国科学家们在微流控芯片这一领域也作出了显著的贡献，林金明团队于 2001 年开始微流控芯片相关的研究，2004 年开始在国际学术期刊发表微流控芯片化学发光分析、芯片电泳分析等相关研究成果。中国科学院大连化学物理研究所的林炳承团队仅 2008 年前后一年多时间里，关于细胞水平和模式生物（线虫）水平高通量药物筛选研究及药物代谢研究的工作，连续三次被 *Lab on a Chip* 期刊作为封面文章刊登，引起国际芯片和药物研究领域的广泛关注。2010 年，林炳承在香山科学会议上正式提出并启动微流控芯片仿生组织-器官的研究。与此同时，林金明团队率先开展微流控芯片质谱联用细胞分析，于 2010 年在 *Anal. Chem.* 期刊上发表多通道微流控芯片质谱联用研究成果。经过几年的努力，团队解决了质谱接口、非接触检测离子源、在线富集等关键问题，发表了系列研究论文，并申请了多项中国发明专利，并于 2016 年将这项成果与日本岛津公司合作，结合岛津现有的高性能质谱，正式推出了商品化的细胞微流控芯片-质谱联用系统（Cellent CM-MS），成为目前最有效的细胞研究手段之一。2018 年，林金明研究团队在德国《应用化学》上发表关于构建开放微流控的文章，用于单细胞黏附性分析，开创了活体单细胞分析新方向。2019 年，清华大学主办微纳流控细胞分析学术报告会，同时出版 *Trends in Analytical Chemistry* 专刊，展示该领域的最新研究进展。图 1-3 为微流控技术近四十年的发展历史。

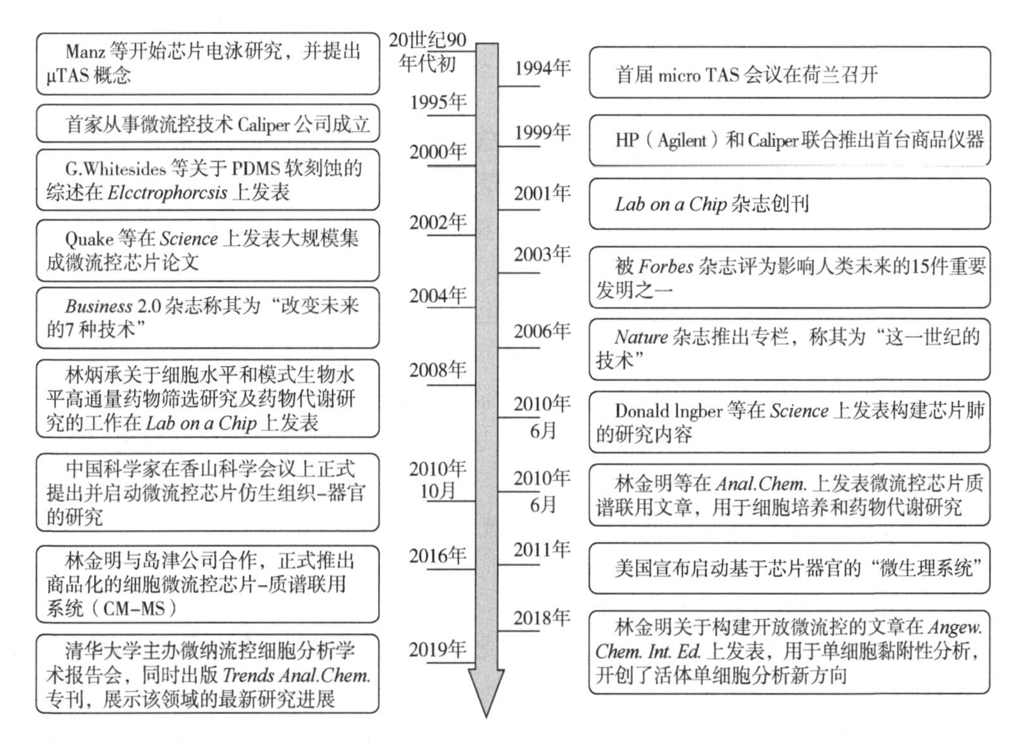

图 1-3　微流控技术近四十年发展历史

1.2.3 微尺度下流体的基本特征

流体运动在微米尺度和宏观尺度下的共性：微米尺度远大于通常意义上分子的平均自由程。因此一般认为连续介质定理成立，连续性方程可用，流体仍然可用纳维-斯托克斯方程描述，电渗和电泳淌度依然和尺寸无关。微通道中的流体具有良好的可控性。

流体运动在微米尺度下的独特性：当流动的特征尺度减少到微米时，支配流动的各种作用力的地位发生了变化，这一点主要表现在体积力和表面力上。微流体器件的表面积/体积比约为常规机械的上百万倍，这大大影响了质量、动量和能量在微流体器件表面的传输。因此表面效应将会在微小器件中起主要作用。例如，微流体中的辐射和对流传热速率大大提高；液体相对固体表面的润湿性会严重影响微流体的流动，表面张力甚至可以成为驱动微流体流动的一种机制等等。

简单来说，流体在微通道中流动具有层流、电渗、传质、传热和相变等特点。

① 层流　流体在微通道中流动的主要特点是低雷诺数流动。雷诺数是由惯性力与黏性力之比定义的，微流体在流动过程中主要受到黏性力作用，而受到惯性力的影响很小，因此在微流控芯片中（水为工作介质）雷诺数 Re 主要在 $10^{-6}\sim10$ 之间，流体各质点平行于通道内壁有规则流动，呈层流状态。当两股或多股流体汇合于同一微通道时，各流体并排前进，而非对流或湍流。在宏观流体力学中：通常定义 $Re<2300$ 为层流，而 $Re>2300$ 为湍流。微流控芯片中的层流有助于精确调控微小空间内样品的浓度、宽度、温度等指标，可实现强大的功能并具有宽广应用面。

② 电渗　电渗是指在电场作用下，流体在管道中或固相多孔物质内沿固体表面移动的现象。电渗流产生的前提是在与溶液接触的管壁上有不动的表面电荷（通常溶液 $pH>3$，通道内壁上带负电荷）。在表面电荷的静电吸附和分子扩散的作用下，在固液界面上形成带正电的偶电层（包括 Stern 层和扩散层），而管道中央液体中的静电荷则几乎为零。当在管道两端施加适当的电压时，在电场作用下，偶电层中的溶剂化阳离子或质子就会携带着管道内的液体一同向负极移动，因此形成电渗流。液体从开始随偶电层中的离子移动到形成稳定的速度轮廓，所需的时间很短，大约为 $100\mu s\sim1ms$，之后的电渗流移动轮廓是一个平面。电渗流在管道中匀速流动，不存在径向的流速梯度。这一点与压差引起的抛物线型的流速轮廓不同。

利用电渗原理可驱动微流控芯片中的流体流动，电渗流流速如下式：

$$v=\frac{\xi\varepsilon\Phi}{4\pi\mu} \tag{1-2}$$

式中，ξ 为 zeta 电势，即 Stern 层与扩散层之间的电势差；ε 为介电常数；Φ 为外电场；μ 为流体黏度。

电渗驱动方法最重要的应用领域是芯片电泳，因其扁平状流型，可以使样品区带的扩散减至最低，从而获得极高的分离效率（理论塔板数超过 10^6m^{-1}）。

电渗驱动具有以下特点：

（a）直接驱动液流，系统结构简单，容易在微管道中应用。

（b）液流流动呈扁平流型，可降低和消除驱动过程中的分散效应，液流流动无脉动。

（c）电渗驱动力可在相互连通的微通网络中，实现无阀液流的切换。这是电渗泵区别于其他的机械微泵的独特优势。

（d）电渗驱动操作方便易行，通过改变通道端点的电压即可完成。

（e）应用范围广，是目前所有驱动方式中应用最广泛的一种驱动方式。

③ 传质　流体在微通道中以层流的形式流动，在这个过程中层与层之间主要依靠扩散传质，即物质通过分子运动而自发传输。扩散传质可用下式描述：

$$2t = l^2/D \tag{1-3}$$

式中，t 为达到稳态扩散所需要的时间；l 为质量传递距离；D 为扩散系数。

扩散传质在层流中的速度要比对流和湍流中慢很多。对于生化领域中许多要求快速传质的应用，往往需要其他手段加速传质。

④ 传热　因微通道尺度小，比表面积大，相比于常规的大体积反应器，微流控芯片内的传热速度很快，该特性利于放热体系温度的控制。化学合成中有一类氟化反应，使用氟将碳氢键转变为碳氟键是高放热反应（$\Delta H=-430\text{kJ/mol}$），因此会导致反应体系温度升高，反应产率降低。当这类反应在微通道内进行时，由于热量能及时散发，反应可以在恒温条件下进行，反应产率和转化率相应的得到提高。除了氟化反应，光化学反应过程中的热量传递也涉及安全问题。许多光化学反应产生自由基，如果在光源附近聚集过多的自由基，一方面会导致产生过多的热量引发危险，另一方面过多的自由基无法与其他物质进一步反应，它们很可能重新结合，也会降低反应的效率。

⑤ 相变　微通道内的相变与宏观体系截然不同。以水为例，微通道内体积微小很容易产生过冷水。这是因为微量水含有的成冰晶核数量减少，导致凝结困难，往往 0℃以下也不会结成冰。尽管过冷水在理论上可以提高某些重要化学反应的产率，但在实际生产中难以实施，主要原因在于过冷水不稳定，其内部稍有对流或湍流形式的扰动，就会使成冰晶核的数量骤增，水迅速凝固。而微通道内流体属于层流，这种过冷水能够在流动中稳定存在，因而可被用于化学合成。已有研究证明，在微流控芯片中，水的凝固点随疏水处理后的微通道宽度的减小而减小，并将产生的过冷水用于非对称化学反应中，观察到产率比常温提高了近 10%。

1.2.4　微流控芯片应用领域

微流控芯片既是一门科学，又是一个技术平台，最终的目的是应用。目前微流控芯片应用最广泛的学科主要集中在细胞生物学和分析化学领域。同时它的影响也渗透到一些其他领域，如光学和信息学。这些应用涉及社会各行各业的实际需求，包括疾病诊断、药物筛选、环境检测、食品安全、司法鉴定、体育竞技、反恐、航天等事关人类生存质量和安全的各个领域。

（1）细胞生物学

微流控芯片与生命科学的研究思路非常相似。人们研究细胞、组织、器官这类生命组成单元时，不仅关注了它们自身的静态组成，同时也要明确各单元之间动态的相互联系与作用。而微流控芯片恰好是由多种单元操作灵活组合而成，具有整体可控和规模集成的特点，因此可被很好地应用到生命科学研究中，尤其适合于分子层面和细胞层面的研究。分子层面的研究主要包括大分子和小分子两类，大分子指的是核酸、蛋白等物质。目前微流控芯片上核酸领域的研究已取得显著成效，其研究范围已从对简单核苷酸序列的分离分析过渡到复杂的遗传学分析、基因分析等生物医学领域。小分子则指的是分子量在 1000 以下的分子离子，主要关注于手性药物和代谢产物的研究。细胞层面的研究已成为微流控芯片应用的主流，在同一块芯片上集成细胞培养、刺激、分选、裂解、分离和分析等操作单元，将整个复杂的研究过程纳入全局控制和总体优化，极大地提高了研究的效率、简化了操作程序，并可对细胞进行更为复杂的物理和化学操作。作为一个典型案例，如林金明团队联合岛津公司于 2016 年正式推出商品化的细胞微流控芯片-质谱联用仪器（Cellent CM-MS）。该仪器由细胞培养基注入系统、细胞培养芯片系统、代谢物富集分离系统和质谱检测系统四部分组成，具有多通道芯片细胞培养、显微观察、细胞代谢富集与分离、高灵敏质谱检测等多种功能，目前被认为是最有效的细胞研究手段之一。

（2）分析化学

在分析化学实验室中，围绕一系列生物标志物至今已经建立起非常成熟的检测方法。然而现实中的临床诊断往往耗时耗力，需要经过取样、检测和结果分析等步骤才能形成最终的结果报告。为了简化生化检测的步骤、缩短检测的时间，基于微流控技术的床边诊断（point of care）设备逐渐发展起来。顾名思义，床边诊断意味着检测更加靠近患者，使用地点主要包括社区医疗中心、诊室以及患者家中。现有的床边诊断商业化产品主要分为两类，其中一类为横向流动测试试纸，即使用试纸条或半透膜检测某些蛋白标志物。检测时通常先将样品添加到试纸条上，随后样品在毛细作用下依次流过含有标记试剂和捕获分子的区域。最后标记后的生物标志物在捕获区形成一条可以通过肉眼观察到的色带，由此判断是否有疾病发生。这一类试纸的典型例子是早孕测试试纸。临床诊断另一类产品是以血糖仪为代表的电子检测仪器。其原理是葡萄糖在酶催化下发生氧化还原反应，葡萄糖在血液中的含量最终转化为电化学信号读出。

1.3 微流控细胞分析

1.3.1 发展过程

最初微流控芯片的开发是为了制备便携式化学分析设备，但随着微流控芯片主体材料经历了从无机材料到人工合成聚合物材料（如 PDMS）的转变，微流控装置在细胞培养、细胞观察和细胞分析等方面显示出巨大的潜力。2005 年，Ismagilov 等[5]在一个 T 字形的微流控芯片通道中，利用层流效应探究果蝇胚胎前后两部分分别处于不同的环境中时，对其发育速度的影响（图 1-4）。林金明团队于 2006 年在美国《分析化学》期刊上发表了微流控单颗粒分析的研究论文，为后续的单细胞研究打下基础。林炳承团队于 2008 年开始致力于在微流控芯片上研究细胞水平和模式生物（线虫）水平高通量药物筛选及药物代谢的工作。自2012年起，蒋兴宇团队致力于基于微流控芯片的血管模型的构建和研究，实现了在体外最真实的模拟体内血管结构。自2013年起，林金明团队开辟了基于微流控液滴和凝胶微球的细胞研究方向，实现细胞三维培养，同时合成多腔室的凝胶微球有助于研究细胞间的通讯。该团队还充分利用微流体的层流效应、流体力学以及表面张力限制等基本原理，提出了开放微流体细胞分析技术，系统地开展微流控单细胞分析方法的研究，成功地实现了基于开放微流体的单细胞提取器能够实现单细胞提取、单细胞黏附分析、细胞-细胞间黏附的分析（图1-5）[6]。进一步地，该研究团队通过控制开放微流体，实现微区反应的控制，设计研制了一种适合于活体单细胞损伤与修复研究的“开放式”微流控芯片，研究活体细胞的液体分割和流体驱动的相关机理，发展一种能够对单细胞进行局部刺激的微流控技术，并依靠该技术探究单细胞自我修复及调整能力。通过裂解液溶解细胞的局部区域形成结构性创口，观测细胞的伤口修复和缺失部位的再生，取得了初步的研究成果。

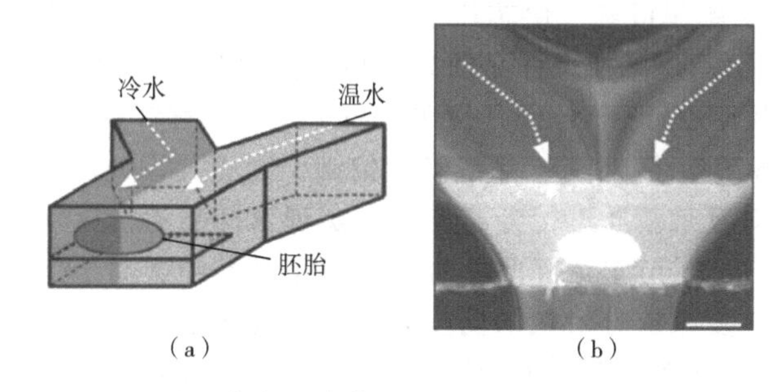

图1-4　T形通道中胚胎前后两部分受到不同条件的刺激

（a）微流控芯片设计及胚胎放置示意图；（b）微流控芯片通道和胚胎的显微图像

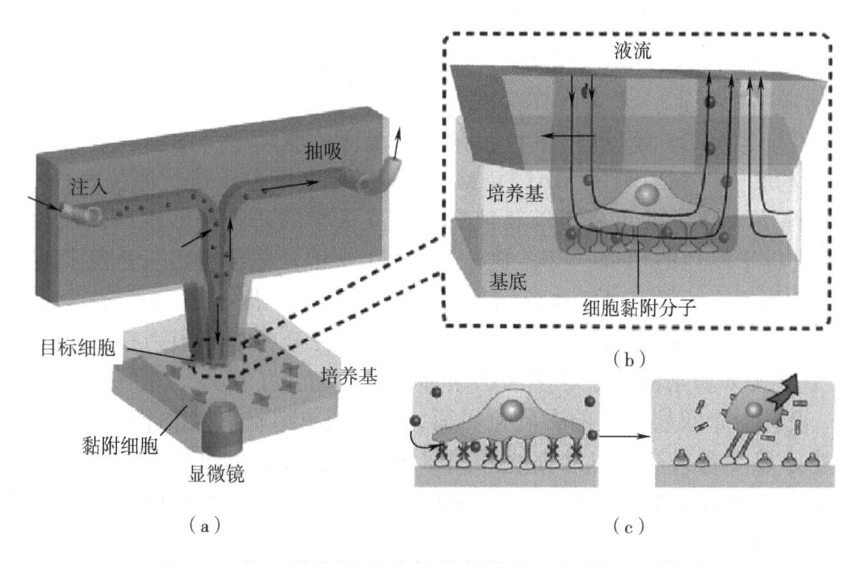

图1-5　基于微流控芯片的单细胞提取原位分析技术

（a）单细胞提取平台示意图；（b）芯片头部微区与活细胞作用示意图；（c）细胞脱黏附过程

微流控芯片上的细胞分析可与多种检测方法联用，包括光学检测、电化学检测以及质谱检测，有效地扩展了可检测目标物的范围，成为细胞生物学研究的最有力的工具之一。其中质谱检测能够对多组分进行快速高灵敏度同时分析，检测的分子范围广，种类涵盖小分子、肽、氨基酸和蛋白，故在生物医学研究中占据重要的地位。然而，细胞产物具有复杂的组成和基质干扰等特点，因此在质谱检测之前连接一个有效的分离单元，对待测溶液进行前处理是十分必要的。自 20 世纪 60 年代开始，连接质谱的分离单元依次经历了气相色谱、液相色谱、毛细管电泳和微流控芯片（图 1-6）。相比于其他三种基于分离柱的分离单元，微流控芯片集成了细胞培养、在线操控、样品分离等功能于一体，同时具有较低的试剂消耗等优势，因此微流控芯片-质谱联用变得更为独特。在芯片-质谱联用平台中，对芯片平台上的样品前处理结构以及芯片-质谱接口的设计是影响检测结果的关键因素。整体柱和萃取材料常用于芯片上的样品前处理，实现对样品的脱盐处理和对具有复杂组成的溶液中目标分子的富集。电喷雾电离质谱（ESI-MS）在芯片-质谱联用中最为常用，微流控芯片与 ESI-MS 联用的主要挑战是如何开发稳定高效的接口。林金明团队成功地开发了用于细胞代谢物分析的芯片-质谱联用平台，将多种功能单元包括药物刺激、细胞培养、固相微萃取柱（solid phase extraction，SPE）等集成到一块芯片上，并通过熔融毛细管将芯片与质谱连接完成对代谢物的检测[7-10]。为了简化芯片上样品前处理单元的复杂设计和操作，该团队与日本东京都立大学内山一美教授于 2013 年合作开发了 inkjet-牙签喷雾针离子源技术，结合 inkjet 芯片能可控产生皮升（pL）级微液滴，并精确定位滴于牙签尖端处形成喷雾的特点，同时利用牙签的木制纤维可对复杂基质进行分离纯化，实现对样品的直接分析[11]。此外，该团队还与美国普渡大学 R. Graham Cooks 团队合作开发了纸基喷雾离子化技术，通过液滴纸喷雾，实现在质纤维上对复杂成分溶液的同步分离和纯化过程，将不易离子化的物质保留在纸纤维上。基于此原理，该研究团队在 2015 年建立了一种多通道可移动微流控芯片检测平台，使用纸基电喷雾质谱，对非共价键结合的蛋白-蛋白复合物的缔合常数进行了测定[12]。基质辅助激光解吸电离质谱（MALDI-MS）由于对盐具有较好的耐受度，常用于生物大分子的分析。微流控芯片与 MALDI-MS 联用的挑战在于 MALDI 靶板需要保持真空，而微流控芯片是在大气压下工作。因此基于微流控芯片的 MALDI 分析通常是将芯片中的样品流出物滴加或点样到样品靶板上，来完成样品的制备。基于此原理，作者团队于 2016 年开发了 inkjet 芯片打印与 MALDI-MS 联用平台，在外加电压的驱动下，细胞或者基质可被打印喷涂到 ITO 玻璃基底上，随后利用 MALDI-MS 可对细胞表面分子进行原位表征[13-14]。此外，美国亚利桑那州立大学、默克公司以及俄亥俄州立大学的研究团队也在微流控与 MALDI-MS 联用方面进行了出色的研究[15-17]。进一步于 2019 年，林金明团队开发了液滴微流控芯片与 ESI-MS 联用平台，用于对活体单细胞脂质进行在线质谱分析。为了减少培养基中的基质对质谱检测的干扰，在微流控芯片中引入介电泳操控来将细胞限制在一个微小区域中，利用一个 Y 形结构来切割液滴去除多余的培养基；同时为了有效地克服连续的油相对质谱检测的干扰，设计一个双层通道的去乳化界面，将液滴单细胞引入质谱检测通道，并将油相排到废液池中。该平台具有全自动在线操控单细胞的能力，可对代谢物进行快速高通量的检测，通过对药物处理前后细胞异质性的对比分析，可认为该平台可作为一个可靠的工具用于研究药物刺激中单细胞的响应[18]。

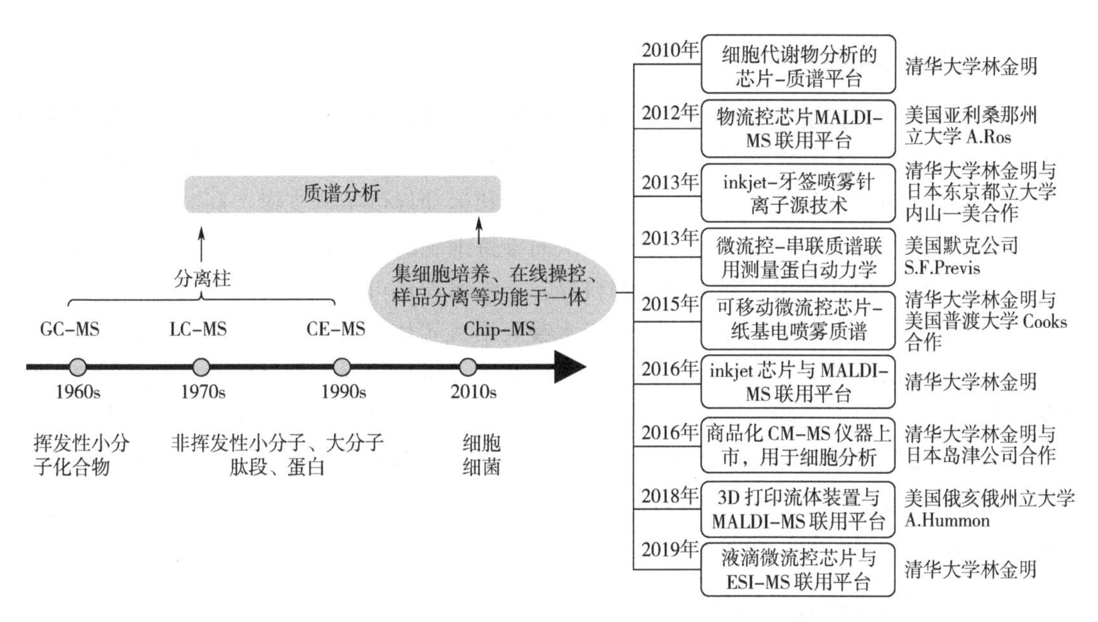

图 1-6　微流控芯片-质谱联用细胞分析方法研究与应用发展历程

1.3.2　微流控芯片的细胞培养

细胞培养是细胞生物学研究的基石。目前应用最广泛的细胞培养方式是在常规的细胞培养皿或培养瓶中进行培养，这种方式已经持续长达一百多年。然而在培养皿或培养瓶中培养的细胞种类单一，无法进行多种细胞共培养。诸如 Transwell 系统之类的体外模型可实现细胞的共培养，并可用于研究细胞的侵袭和迁移行为，但存在的不足在于往往需要进行大量多次的实验，无法进行高通量处理，也无法对细胞的整个活动过程进行实时监测，也缺乏诸如剪切应力等的生理机械力调控，最终因无法维持复杂的微环境而限制了其实用性。相比之下，微流控芯片上的细胞培养具有许多独特的优点：微通道尺寸与体内细胞微环境相当，从而能够精确调控细胞数量、细胞密度和空间位置；可控流体允许在流动条件下进行细胞培养并实现精确的细胞刺激；通过使用多种微结构或水凝胶等生物材料，可实现三维的细胞培养和细胞共培养，维持细胞-细胞、细胞-基质的相互作用，使研究更具有生理学相关性；此外，微流控技术还有助于实现平行化、自动化的细胞培养，可提高细胞研究的通量和重现性。

（1）二维细胞培养

自 20 世纪 90 年代以来，微流控技术逐渐成为细胞研究领域的重要工具。细胞图案化是最早被用在微流控芯片上进行细胞二维培养的方法。首先将具有所需图案的弹性体微通道网络密封在细胞培养的基底表面，将蛋白质溶液注入微通道中使其吸附，然后冲洗微通道并除去弹性体。微图案可选择性地将细胞黏附在吸附有蛋白的网络上，同时裸露的基底区域仍然适合培养其他类型的黏附细胞，因此可实现不同细胞的共培养[19]。尽管这种细胞培养体系具有操作简单、成本低廉的优点，但随着研究的不断深入，二维细胞培养体系在模拟细胞微环境方面具有一定的局限性，缺乏可溶性因子浓度梯度、细胞-细胞、细胞-基质相互作用等重要条件。

（2）三维细胞培养

从二维到三维细胞培养的转变是模拟细胞生物微环境的重要步骤。三维细胞培养的主要策略是将细胞包裹于水凝胶材料中，如胶原、基质胶、琼脂糖、海藻酸钠、聚乙二醇等。水凝胶因具有较好的生物相容性，可以为细胞的生长和运动提供结构支撑，同时具有较好的渗透性可实现气体和物质的自由扩散与交换，从而维持细胞的生长，因此常被用于模拟细胞与细胞外基质之间的相互作用。除了凝胶材料外，三维培养也可以通过其他方式实现。比如对于缺乏细胞外基质（ECM）的细胞或者当把水凝胶引入芯片通道中会使操作变得更复杂的情况时，建立无需水凝胶的三维培养方式是非常必要的。这种情况可通过使用高碘酸钠来处理细胞使其表面糖蛋白上的唾液酸产生醛基，然后与含有多个酰肼基的细胞间黏合剂发生共价反应，从而将细胞聚集到一起。除了对细胞进行处理使其形成聚集体以外，也可通过对细胞生长的支架进行操控来维持三维培养模式。比如可将不同种类的细胞培养在拉伸的 PDMS 膜上的不同区域，一定时间后将膜卷起，使其形成具有多层细胞的三维共培养模型。

（3）构建细胞生物化学微环境

在生物体内，细胞处于各种各样的化学因子和细胞因子的浓度梯度中。细胞的各种生命活动诸如伤口愈合、癌症转移、免疫反应、胚胎生长等与这些因子的调控息息相关。因此利用微流控技术来对各种因子建立浓度梯度，用于探究生化因子对细胞生理、病理行为的调控是极其重要的。目前已有的基于微流控芯片平台来建立浓度梯度的方法基本可以分为两类：一种是基于流体流动的梯度形成，另一种则是基于自由扩散的梯度形成。基于流体流动的浓度梯度产生主要是利用微流控芯片通道中的层流特性，根据其设计原理又可分为两种：一种是利用 Y 形连接或 T 形连接，使不同成分或浓度的流体汇聚于同一通道，因层流而产生流体界面。溶质在流动过程中扩散通过界面，从而在垂直于流体界面的方向上形成浓度梯度；另外一种浓度梯度发生器是利用“圣诞树”结构，将不同浓度的溶液从入口引入，在通道中经反复多次的分裂、混合最终产生多种不同浓度的混合溶液。将这些具有浓度梯度的溶液引入芯片的细胞培养腔室中，可用于观察细胞的刺激响应。基于自由扩散的梯度形成主要是利用溶质分子从高浓度的一侧向低浓度的一侧扩散来形成浓度梯度，这之间的区域通常选择用多孔材料如水凝胶来填充。除水凝胶以外，浓度梯度的形成还可以依靠具有高度差的细长微通道来控制，这样可实现在减小对流的同时增大流体阻力。

（4）构建细胞生物物理微环境

在生物体内微环境中，细胞不仅受到多种生化因子的刺激，同样也受到各种机械作用力的调控以及环境因素的影响，如流体的剪切力、基质的张力和硬度、氧气的浓度等。细胞所处的生物力学微环境中普遍存在同时也极为重要的力便是流体剪切力，通常产生于血液或组织间液的流动，能够调节细胞的形态、行为和功能。正常的力学环境对细胞的生长发育等生理过程起到非常重要的影响；一旦细胞遭遇异常力学响应则会导致疾病的产生。微流控芯片因具有对低速流体精确调控等一系列优势已成为研究细胞力学微环境的有力平台。

（5）构建细胞共培养模型

研究细胞间的相互作用对于了解肿瘤的发生和发展意义重大，有助于揭示癌症等相关疾病的机理。体内环境下，细胞间的相互作用可通过细胞与细胞的直接接触或细胞与细胞之间通过可溶性因子的交流而发生。微流控技术的发展为研究细胞间相互作用提供了灵活可靠的平台，可实现在体外模拟细胞间的直接接触或细胞之间通过可溶性因子进行交流。目前来说，主要有两种方式来实现在微流控芯片上构建细胞共培养模型，一种是在芯片上建立直接接触的共培养模型，另一种则是在芯片上建立非接触的共培养模型。直接接触的细胞共培养模型可适用于研究由间隙连接引发的信号转导和由近分泌产生的信号转导。非接触式的细胞共培养主要使利用表面张力栓、水凝胶、多孔膜等方式将细胞分别培养于芯片的不同区域，可用于研究旁分泌信号转导和自分泌信号转导。

1.3.3 单细胞分析

在常规的细胞分析中，分析结果是从培养在特定环境中的大量细胞收集而来，该结果反映的是体系中所有细胞的一个平均状态。然而，每个细胞都是独特的，细胞个体之间存在明显的差异性。因此，发展单细胞操控、成像、分析和细胞异质性研究方法对生物医学具有重要意义。微流控芯片在精确控制微量物质方面具有极大的优势，非常适用于单细胞分析。

目前，细胞分离和捕获技术主要用于从群体细胞中分离出完整的单细胞，然后对细胞进行裂解处理，再对细胞内物质进行检测分析。通过设计一些具有微米尺度的特殊结构来捕获和分离单细胞是最为直接的物理方法。例如，微坑辅助细胞捕获是实现单细胞分离的一种有效途径。进一步可通过结合微坑阵列设计和适配体修饰在芯片上实现了单细胞的特异性捕获，三维微坑结构增大了适配体的修饰面积以及适配体和细胞的相互作用，使得单细胞捕获率大大提高。这种高特异性细胞捕获芯片能够从具有复杂细胞成分的细胞悬浮液中分离目标细胞并使其形成单细胞阵列（图 1-7）[20]。

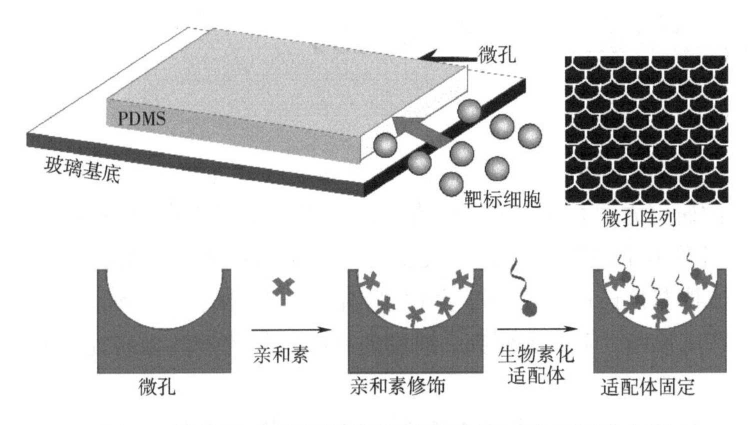

图 1-7 微流控芯片微坑辅助细胞捕获实现单细胞分离

除了微结构辅助单细胞捕获之外，微液滴包裹也可用于单细胞捕获、孵育和分析。基于微滴的技术使用两相系统将单个细胞分隔在被不混溶油相包围的水性微滴中。每个小液滴都用作单细胞分析的独立隔室或反应室，细胞内容物的稀释受到限制，因此检测灵敏度更高。

此外，开放式微流控是近年来新兴起的一类技术，所用到的微流控探针能够操控其底部开放空间内的流体流动。由于流动限制效应，从探针所流出的液体能够在散开之前被完全抽回去，因此所注射的溶液能够在开放空间内形成封闭的分布区域，该区域通常为几十到一百微米，与贴壁细胞尺度相当，因而十分有利于单细胞的分析与操控（图 1-8）。近年来，林金明团队已经基于该方法实现了单细胞-基质及单细胞-细胞层之间的黏附测量[6,21]；探究了基质材料、流体剪切力、药物对于细胞黏附行为的影响[22-24]；实现了单细胞的切割和局部染色，并以此探究了单细胞的自修复行为和线粒体传输速率[25,26]；又利用该类方法进行了原位的化学反应，通过微米级别区域内实时稳定产生的自由基实现了亚细胞的刺激和膜标记[27]。

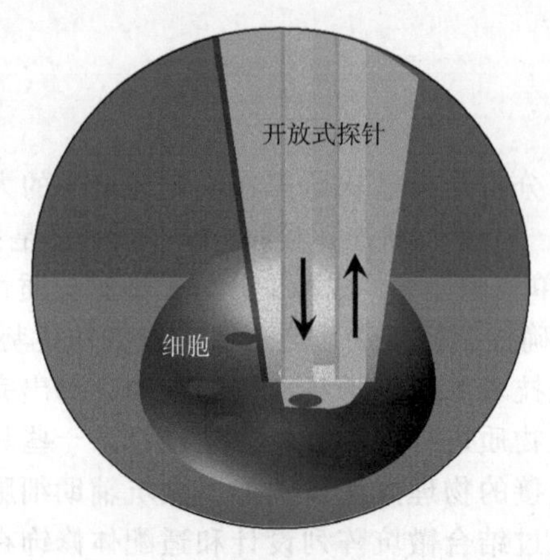

图 1-8　开放式微流控探针用于单细胞分析

1.4　微流控细胞分析发展趋势

微流控技术结合各种先进的检测方法为细胞分析提供了强有力的研究平台，也为彻底改变细胞生物学的研究方式提供了可能。在微流控芯片上可实现如细胞培养、细胞操控、细胞刺激和细胞分析等多个过程的集成，从而大大推动细胞研究的发展和进步。基于其多种独特的优势，微流控芯片已广泛应用于生物研究的各个领域，如单细胞分析、癌症研究、药物发现与筛选、临床诊断、干细胞研究、细胞内和细胞间信号转导研究、组织模拟和微生物学等。

尽管近年来微流控技术已取得了飞速的发展和显著的进步，但基于微流控芯片的细胞研究目前仍然存在着一些不足和挑战。其中最为关键的挑战即是如何在主流生物学研究中推广新型微流控技术的应用。目前大多数基于微流控芯片的细胞生物学技术是对已存在的传统细胞生物学研究方法的更新和改进，而没有表现出微流控芯片不可替代的优势；另一方面，因微流控工程师和生物学家之间专业知识的差异，生物学家对复杂的微流控芯片系统的操作和应用也存在一定的障碍。因此生物学家更愿意使用传统的细胞生物学方法，微流控技术的优越性和特殊性并没有得到认可。针对这一问题，首先应进一步加强多学科研究人员如物理学家、化学家、分子和细胞生物学家、临床医师以及工程技术人员等多种学科人才之间的合作交流，使微流控技术具有更好的学科交叉特色；保证设计者与最终使用者之间的直接交流和反馈，加速新开发技术的实际应用。其次，应该充分发挥微流控芯片的独特优势，着眼于微流控技术具有不可替代作用的研究领域，如低资源配置下的即时诊断、研究和临床应用中生物样本的快速检测，以及更具生理相关性的体外模型的构建等。再次，应该简化微流控芯片的设计和实际操作过程，从而减小用户在应用微流控芯片系统过程中可能出现的技术障碍，扩大实际应用范围。最后，开发多功能、自动化的微流控芯片平台也可以加速微流控技术在主流细胞研究中的应用。

总而言之，随着近年来基础研究的发展，微流控技术已经成为细胞生物学研究和细胞分析中最有力和最有前途的工具之一，已被广泛应用于细胞研究的各个领域，并且仍处于飞速发展的重要阶段。我们相信，随着进一步的发展和成熟，这种强大的技术将不断地为细胞研究带来革新，为基础生物学研究和临床应用的发展与进步作出贡献。

参考文献

[1] Lin L, Yi L, Zhao F, Wu Z, Zheng Y, Li N, Lin J-M, Sun J. ATP-responsive mitochondrial probes for monitoring metabolic processes of glioma stem cells in a 3D model. Chem Sci, 2020, 11 (10): 2744-2749.

[2] McDonald J C, Duffy D C, Anderson J R, Chiu D T, Wu H, Schueller O J A, Whitesides G M. Fabrication of microfluidic systems in poly(dimethylsiloxane). Electrophoresis, 2000, 21 (1): 27-40.

[3] Thorsen T, Maerkl S J, Quake S R. Microfluidic large-scale integration. Science, 2002, 298 (5593): 580.

[4] Huh D, Matthews B D, Mammoto A, Montoya-Zavala M, Hsin H Y, Ingber D E. Reconstituting organ-level lung functions on a chip. Science, 2010, 328 (5986): 1662-1668.

[5] Lucchetta E M, Lee J H, Fu L A, Patel N H, Ismagilov R F. Dynamics of Drosophila embryonic patterning network perturbed in space and time using microfluidics. Nature, 2005, 434 (7037): 1134-1138.

[6] Mao S, Zhang W, Huang Q, Khan M, Li H, Uchiyama K, Lin J M. In situ scatheless cell detachment reveals correlation between adhesion strength and viability at single-cell resolution. Angew Chem Int Ed, 2018, 57 (1): 236-240.

[7] Gao D, Wei H, Guo G S, Lin J M. Microfluidic cell culture and metabolism detection with electrospray ionization quadrupole time-of-flight mass spectrometer. Anal Chem, 2010, 82 (13): 5679-5685.

[8] Gao D, Li H, Wang N, Lin J M. Evaluation of the absorption of methotrexate on cells and its cytotoxicity assay by using an integrated microfluidic device coupled to a mass spectrometer. Anal Chem, 2012, 84 (21): 9230-9237.

[9] Chen Q, Wu J, Zhang Y, Lin J M. Qualitative and quantitative analysis of tumor cell metabolism via stable isotope labeling assisted microfluidic chip electrospray ionization mass spectrometry. Anal Chem, 2012, 84 (3): 1695-1701.

[10] Mao S, Gao D, Liu W, Wei H, Lin J M. Imitation of drug metabolism in human liver and cytotoxicity assay using a microfluidic device coupled to mass spectrometric detection. Lab Chip, 2012, 12 (1): 219-226.

[11] Luo C, Ma Y, Li H, Chen F, Uchiyama K, Lin J M. Generation of picoliter droplets of liquid for electrospray ionization with piezoelectric inkjet. J Mass Spectrom, 2013, 48 (3): 321-328.

[12] Liu W, Chen Q, Lin X, Lin J M. Online multi-channel microfluidic chip-mass spectrometry and its application for quantifying noncovalent protein–protein interactions. Analyst, 2015, 140 (5): 1551-1554.

[13] He Z, Chen Q, Chen F, Zhang J, Li H, Lin J M. DNA-mediated cell surface engineering for multiplexed glycan profiling using MALDI-TOF mass spectrometry. Chem Sci, 2016, 7 (8): 5448-5452.

[14] Zhang J, Chen F, He Z, Ma Y, Uchiyama K, Lin J M. A novel approach for precisely controlled multiple cell patterning in microfluidic chips by inkjet printing and the detection of drug metabolism and diffusion. Analyst, 2016, 141 (10): 2940-2947.

[15] Zhou H, Castro-Perez J, Lassman M E, Thomas T, Li W, Mclaughlin T, Dan X, Jumes P, Wagner J A, Gutstein D E, Hubbard B K, Rader D J, Millar J S, Ginsberg H N, Reyes-Soffer G, Cleary M, Previs S F, Roddy T P, Measurement of apo(a) kinetics in human subjects using a microfluidic device with tandem mass spectrometry. Rapid Commun Mass Spectrom, 2013, 27 (12): 1294-1302.

[16] Yang M, Chao T C, Nelson R, Ros A, Direct detection of peptides and proteins on a microfluidic platform with MALDI mass spectrometry. Anal Bioanal Chem, 2012, 404, 1681-1689.

[17] LaBonia G J, Ludwig K R, Mousseau C B, Hummon A B, iTRAQ Quantitative Proteomic Profiling and MALDI-MSI of colon cancer spheroids treated with combination chemotherapies in a 3D Printed fluidic device. Anal Chem, 2018, 90 (2): 1423-1430.

[18] Zhang W, Li N, Lin L, Huang Q, Uchiyama K, Lin J M. Concentrating single cells in picoliter droplets for phospholipid profiling on a microfluidic system. Small, 2020, 16 (9): 1903402.

[19] Folch A, Toner M. Cellular micropatterns on biocompatible materials. Biotechnol Progr, 1998, 14 (3): 388-392.

[20] Chen Q, Wu J, Zhang Y, Lin Z, Lin J M. Targeted isolation and analysis of single tumor cells with aptamer-encoded microwell array on microfluidic device. Lab Chip, 2012, 12 (24): 5180-5185.

[21] Mao S, Zhang Q, Li H, Zhang W, Huang Q, Khan M, Lin J M. Adhesion analysis of single circulating tumor cells on a base layer of endothelial cells using open microfluidics. Chem Sci, 2018, 9 (39): 7694-7699.

[22] Mao S, Zhang Q, Li H, Huang Q, Khan M, Uchiyama K, Lin J M. Measurement of cell–matrix adhesion at single-cell resolution for revealing the functions of biomaterials for adherent cell culture. Anal Chem, 2018, 90 (15): 9637-9643.

[23] Li W, Mao S, Khan M, Zhang Q, Huang Q, Feng S, Lin J M. Responses of cellular adhesion strength and stiffness to fluid shear stress during tumor cell rolling motion. ACS Sensors, 2019, 4 (6): 1710-1715.

[24] Zhang Q, Mao S, Li W, Huang Q, Feng S, Hong Z, Lin J M. Microfluidic adhesion analysis of single glioma cells for evaluating the effect of drugs. Sci China Chem, 2020, 63 (6): 865-870.

[25] Zhang Q, Mao S, Khan M, Feng S, Zhang W, Li W, Lin J M. In situ partial treatment of single cells by laminar flow in the "open space". Anal Chem, 2019, 91 (2): 1644-1650.

[26] Mao S, Zhang Q, Liu W, Huang Q, Khan M, Zhang W, Lin C, Uchiyama K, Lin J M. Chemical operations on a living single cell by open microfluidics for wound repair studies and organelle transport analysis. Chem Sci, 2019, 10 (7): 2081-2087.

[27] Zhang Q, Feng S, Li W, Xie T, Zhang W, Lin J M. In situ stable generation of reactive intermediates by open microfluidic probe for subcellular free radical attack and membrane labeling. Angew Chem Int Ed, 2021, 60: 8483-8487.

思考题

1. 传统细胞培养存在的挑战有哪些?
2. 微流控技术的发展为细胞分析提供了哪些机遇?
3. 流体运动在微米尺度和宏观尺度下的异同点是什么?
4. 电渗驱动的特点和优势有哪些？请查阅文献介绍一个微流控芯片中利用电渗驱动的例子。
5. 请查阅资料介绍微流控芯片中的层流在细胞操控方面的应用实例。
6. 微流控芯片-质谱联用在细胞分析中的优势体现在哪里?
7. 目前微流控技术在细胞分析发展中存在的不足是什么？针对该不足,有哪些待改进之处?

第2章 微流控芯片的设计与制作

2.1 概述

20 世纪 90 年代，Manz 及其合作者首次提出微流控芯片概念并将其应用于样品预处理及分离检测[1]。经过近几十年的发展，无论对于芯片材料的研发，还是对微流控芯片加工制作方法，均取得了一系列令人满意的成果。基于此，随着微流控芯片上的功能单元的开发，微流控芯片应用领域逐渐扩大，除了应用于物质分离检测，还可以应用于免疫分析、细胞代谢分析、器官模拟等各种生物化学分析，因此在各类生物医药领域中发挥重要作用。

微流控芯片在以上生物分析化学领域中能得到广泛应用，主要归功于其与传统实验方式不同的微通道设计以及芯片材料选择：首先，在芯片设计方面，其微通道尺寸一般在微米级别，与细胞尺寸可以相互匹配，为高精度地操控单细胞提供了有利的空间条件；同时，不同的芯片通道设计可以实现多个功能单元的集成、体外复杂生物模型的模拟，贯穿其中的微流体也可根据不同功能需要实现不同区域的精准控制。其次，在芯片材料选择方面，应用于微流控芯片制作的材料往往均具有良好的生物化学相容性，可以有效避免芯片材料与工作介质溶液发生反应；同时，芯片制作材料具有较好的可修饰性，通过化学反应实现不同功能芯片修饰；另外，大多数芯片材料的透光性较好，因此可以有效地与其他观测设备结合，实现物质的在线分析检测。

随着各类新材料的发明以及制作工艺的提升，制作微流控芯片的芯片材料也正在不断丰富，分别经历了起始的硅、玻璃等无机材料阶段；硅弹性体、热固性及热塑性材料的人工合成高分子材料阶段；天然或人工合成的凝胶类高分子材料阶段；纸基材料阶段以及功能杂化材料阶段。

不同类型材料物理化学性质各异，因此在芯片制作过程中也需要采取不同的芯片制作方式。其中，标准光刻法、软光刻法、聚焦离子束加工法、电子束光刻法均是常见的相对较高精度的芯片加工制作方法。另外，随着复杂分析模型的构建，芯片功能的要求也不再满足在一维、二维的加工层面，近年来新发展的三维打印技术也是制作三维芯片的有效方式。

除了对芯片材料以及芯片加工制作工艺的发展，开发设计独特功能的芯片模型同样是近年来微流控芯片技术发展的主要方向。芯片微通道中的微流体在微观领域具有独特的物理化学性质，根据流体流动特征参数雷诺数 Re 判断 [式（2-1）]，微流控芯片中的流体雷诺数基本在 $10^{-6}\sim10$ 区间内，处于层流区间。

$$\mathrm{Re}=\frac{\rho v d}{\mu} \tag{2-1}$$

式中，ρ 是液体密度，kg/m^3；v 是流体平均线流速，m/s；d 是通道维度，m；μ 是流体测定黏度，kg/(m·s)。

此外，微流体根据不同通道设计，分别可以受到表面张力、毛细作用力、惯性力等驱动，从而实现微流体以及微小物体的操控。根据微流体的特性，操控微流体在微通道中的流动可以最大化整合微流控芯片的不同功能区域。因此，微流控芯片在发展过程中不断出现集成微泵微阀、细胞培养、离心装置等功能结构单元。

本章将着重介绍不同类型的芯片材料及其制作方法，以及不同功能单元的设计。

2.2 芯片材料

芯片材料是微流控芯片发展的基本载体，对实现各种芯片功能具有重要意义。微流控芯片发展初期，芯片材料主要由硅、玻璃这类无机材料组成，用于物质分离检测。随着有机合成技术的提升以及新材料的制作工艺的发展，更多加工成型方便的芯片材料不断应用于科学研究以及商业测试中。除了以往的无机类材料，还主要包括了各类高聚物材料、纸基材料以及多种材料组合形成的杂化材料。

不同种类的芯片材料性能各异，在化学稳定性、导电性、导热性、透光率等各方面均存在一定差异性。因此，性能不一的芯片材料往往对应不同的芯片功能及其应用领域。例如：玻璃材料良好的电渗性能使其可以广泛应用于芯片电泳技术[2]；硅弹性体材料因其良好的透气性应用于细胞模型构建分析[3]；热固/热塑性高分子材料可应用于三维结构芯片制作并应用于商业化生产[4,5]；凝胶类材料良好的生物相容性使其广泛应用于体外的生物模拟分析研究[6]；纸基材料同样以其便携性优势应用于各类食品、环境样品检测[7]，等等。此外，影响芯片材料选择与发展的一个主要因素是芯片材料的集成性能以及便携性能。无论是基于原型芯片的稳定、快速制作，还是低成本、简便批量制作，均是科学研究以及商业生产中需要考虑的重要因素。本节将对目前常用的芯片材料逐一进行介绍。

2.2.1 无机材料

在微流控芯片概念提出之前，气相色谱以及毛细管电泳等技术已经开始使用微通道辅助物质的分离，并以石英或玻璃作为基础材料。同时，随着半导体行业微制造技术及微电子加工工艺的发展，硅片也成为第一代微流控设备的主要材料[8]。这些无机材料高温下化学性质稳定、溶剂耐受性高，可以在其表面实现精准的微纳米级别的通道加工。因此，最早发展的微流控芯片设备均是使用硅、玻璃这类无机材料制作的。

硅材料作为第一种应用于微流控芯片制作的材料，其优点主要在于：①硅材料的导热性能突出，其热导率可达 157W/(m·K)，因此基于硅材料制得的芯片设备温度分布均匀，可适应不同温度环境；②硅材料表面易于化学修饰，表面暴露的硅羟基可通过与不同类型硅烷化试剂反应进行不同区域的亲疏水修饰；③硅材料具有良好的化学惰性以及良好的有机溶剂耐受性，通过光刻或者蚀刻的方法可以高精度、高保真并且批量进行芯片表面微通道加工，甚至可以实现复杂三维结构的精确复制。因此，首代硅芯片材料可以广泛应用于加工集成的微电路、微反应器、溶剂萃取装置等，并且可以作为后续发展其他高分子芯片材料制作的模具。但是，硅材料也存在一定缺点使其后期不断被其他材料取代：硅片材料本身不具备良好的弹性性能，易于破碎、不利携带，同时由于弹性性能欠佳，很难在其表面集成通过压力控制的微泵、微阀等功能单元；此外，硅片是不透光材料，无法与其他光学测试手段结合，很大程度上限制了该材料在生物分析领域的发展。

玻璃作为另一类应用广泛的无机芯片材料，其拥有独特的优势：①玻璃透光性能好，可以透过 250nm 以上的紫外与可见光，尤其基于石英玻璃的芯片可以有效实现紫外检测；并且玻璃自身荧光背景弱，可以兼容其他类型的成像观察手段；②玻璃材料具有良好的电渗性能，较高的电渗迁移率，通过电渗流的流体驱动可以提供无阀样品注入，实现混合物质的快速分离；③类似硅材料，玻璃材料表面非特异性吸附少，且表面暴露的硅羟基可以用于后续的生物修饰，因此可以广泛应用于生物分子检测。基于以上优点并结合市场上不同种类的玻璃材料，基于玻璃材料制作的微流控芯片可以通过光刻等方式进行微通道加工，进而实现不同功能的应用。

但目前无机芯片材料依然不是科学研究以及商业生产的主流材料，主要原因在于：首先，每一片硅/玻璃材料芯片的制作都需要从头制作，重复利用率低，同时在无机材料表面加工微通道往往需要氢氟酸类的化学危险品，加工及防护成本相对较高，其加工流程如式（2-2）~式（2-4）所示；其次，纯粹的玻璃芯片材料在完成封接成为封闭独立的芯片时，一般需要高温、高压环境，如热封接法、阳极键合法等，其对操作环境的要求都相对严苛。

$$Si + 2NaOH + H_2O = Na_2SiO_3 + 2H_2\uparrow \quad (2\text{-}2)$$

$$SiO_2 + 4HF = SiF_4\uparrow + 2H_2O\uparrow \quad (2\text{-}3)$$

$$SiF_4 + 2HF = H_2[SiF_6] \quad (2\text{-}4)$$

2.2.2 硅弹性体材料

随着高分子材料的发明及合成工艺的发展，在无机芯片材料应用几年后，高分子材料也自 2000 年后开始应用于微流控芯片的制作。与无机材料相比，高分子材料种类繁多，可以根据功能需求选择合适结构的高分子材料，同时可以进行改性修饰，具有相对较高的选择灵活性；同时，高分子材料具有更好的可加工性和可塑性，并且合成加工成本相对低廉，因此适合大规模批量生产。高分子聚合物芯片材料主要分为四类：硅弹性体材料、热固性塑料、热塑性塑料和凝胶材料。

硅弹性体材料，是目前微流控芯片制作的首选常用材料。该弹性体类的芯片材料，以聚二甲基硅氧烷（PDMS）为代表，常温下为液态，在加入聚合引发剂后，于 40～70℃条件下就可以发生聚合形成表面张力较低的固态材料［式（2-5）］。因此，这类材料通常使用浇注法制作带有微通道的芯片。将液态的硅弹性体材料浇注在经过光刻胶加工并含有通道图案的基质模具表面，待其固化后，可以轻易地从基质模具表面上剥离分开，制得含有微通道的硅弹性体芯片，其中的通道精度可以达到纳米级别。随后通过简单的物理接触可以将该 PDMS 芯片可逆结合在其他基质材料（如 PDMS、玻璃、硅）表面上；或者通过氧气等离子体处理，将 PDMS 芯片经由化学反应不可逆地键合在其他基质材料表面上。正是由于这样成本低廉、制作快捷、设备要求简单的加工工艺，PDMS 成为科学研究中比较常用的芯片材料。

$$\begin{array}{c} \sim O-Si(CH=CH_2) \\ \sim O-Si(CH=CH_2) \\ \text{引发剂} \end{array} + \begin{array}{c} O\sim \\ H-Si-CH_3 \\ O \\ H_3C-Si-CH_3 \\ O \\ H-Si-CH_3 \\ O\sim \\ \text{PDMS} \end{array} \longrightarrow \begin{array}{c} \sim O-Si-CH_2 \quad O\sim \\ H_2C-Si-CH_3 \\ O \\ H_3C-Si-CH_3 \\ O \\ \sim O-Si-CH_2 \quad H_2C-Si-CH_3 \\ O\sim \end{array} \tag{2-5}$$

另外，这类弹性体材料通常由高分子聚合物交联的分子链交缠在一起，因此具有良好的弹性性能：施加外力时，弹性体材料会发生相应的拉伸或压缩；撤去外力时，弹性体材料可以迅速恢复原始形状。基于这样的弹性体性质，通过两层或多层芯片通道的设计，对通道部分区域的压缩可以实现仅有皮升或飞升级别死体积的微泵、微阀门控制，从而在芯片上集成不同的功能单元。

相比于其他芯片材料，硅弹性体材料具有一定的透气性，对于其在细胞分析领域的应用起着至关重要的作用。在密闭独立的微通道中，合适范围的透气性有利于细胞培养过程中与气体环境的气体交换，为体外细胞培养提供了合适的微环境。同时，不同微通道设计可以实现各类浓度梯度、细胞共培养等功能。另外，硅弹性体材料具有良好的透光性，结合各类显微镜观察技术，可以实现对细胞行为的实时观测以及在单细胞水平的精准操控。基于上述优势，硅弹性体材料可以广泛应用于生物分析领域，包括细胞培养、细胞分选以及不同物质的生物化学分析。

尽管硅弹性体材料具有以上优势并广泛应用于科学研究中，但其也存在一定的局限性限制其发展。这类材料的有机溶剂耐受性差，像 PDMS 是一种以 Si-O 为主链并带有烷基的多孔基质，因此不能适应有机溶剂环境，其应用范围主要基于水溶液体系。但是，在水溶液体系中，由于材料的透气性会导致一定水分子的挥发，引起溶液体系浓度改变，在某些定量实验中引起误差；同时，水溶液中的一些药物分子或生物分子会非特异性吸附在该材料的多孔基质表面，即使通过表面改性的方法可以改善该问题，但依旧无法彻底及长久地避免非特异性吸附的发生。此外，在芯片加工制作方面，这种弹性材料在制作高比表面积的通道时容易发生坍塌，并且在不同制作批次间很难保证一致的平行性，无法大规模批量地进行商业生产。

2.2.3 热固性与热塑性材料

除了硅弹性体作为高分子聚合物材料外，热固性及热塑性塑料也可以作为常见的高分子芯片材料以弥补硅弹性体材料的缺点。

热固性材料在加热或辐射条件下，热固性分子会发生交联形成一个刚性网络状结构，并且一旦固化就无法再软化重塑，代表物质有 SU-8 光刻胶、聚酰亚胺、环氧塑料等［见图 2-1（a）］。这类材料通过合适的键合方法，可以形成完全由热固性材料制得的封闭芯片。这类材料相比于其他高分子芯片材料，往往具有高温耐受性和溶剂耐受性，可以适用于各种溶剂体系。同时，该类材料也具有良好的透光性，除了可以结合其他成像观测方法外，还可以通过光聚合反应直接进行三维微通道的构建，形成深宽比较大的独立式芯片结构。然而，这类材料固化后刚性特征明显，因此与无机芯片材料类似，难以集成微泵、微阀等功能单元。此外，该类材料加工合成成本也相对昂贵，限制了其在微流体领域中的应用。

相对而言，热塑性材料往往是分子链为线型或带支链的结构，在室温状态下为固态，高温加热至聚合物的玻璃化温度后，高分子的链段可以自由运动，从而热塑性材料软化，根据基质模板的微通道图案重新被塑形，冷却后再次固化，形成带有微通道的芯片材料。典型的热塑性材料有聚甲基丙烯酸甲酯（PMMA）、聚碳酸酯（PC）、聚乙烯（PE）、全氟代聚合物等［见图 2-1（b）］。相比于 PDMS 这类硅弹性体材料，热塑性材料在芯片应用领域方面具有一定优势：首先，热塑性材料在进行共价改性后的表面通常比 PDMS 材料表面更加稳定。例如，通过氧气等离子体处理后的热塑性材料表面的亲水性可以保持数年。其次，热塑性材料虽然对大多数有机溶剂依然不耐受，但是对于乙醇这类生物分析常用试剂的耐受性稍优于 PDMS 材料。此外，热塑性材料在加热软化后可以短时间内大批量复制同一模板的芯片，因此可以广泛应用于商业化商品中，但同时也由于复杂的设备组装及昂贵的金属/硅质模板的问题限制了其在科学实验室的应用。相对而言，热塑性材料也有一定缺点限制其应用：①热塑性材料无法像 PDMS 材料一样与其他材料表面直接形成共性接触，往往需要额外添加黏合剂或者在一定温度和压力条件下与其他基底表面键合形成独立封闭的芯片；②大多数热塑性材料透气性能差、成型后刚性大，不适合应用于细胞培养以及在芯片上集成隔膜、微阀等结构。但是有两种特殊的全氟化聚合物热塑性材料——全氟烷氧基（Teflon PFA）和氟化乙丙烯（Teflon FEP），尽管这类物质的熔化温度较高（超过 280℃），但重要的是，这类物质成型后光学透明，并且质地柔软，足以发挥集成隔膜、微阀的功能。

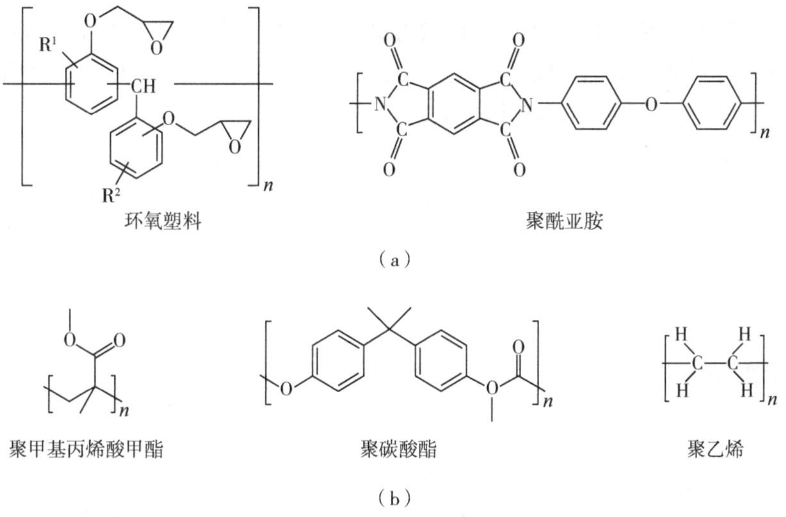

环氧塑料　　聚酰亚胺

（a）

聚甲基丙烯酸甲酯　　聚碳酸酯　　聚乙烯

（b）

图 2-1　常见的热固性材料（a）及热塑性材料（b）

2.2.4　凝胶材料

随着微流控芯片材料及加工工艺的快速发展，微流控芯片不断展示出其在体外控制细胞培养的生物分析潜能。但仅仅基于上述芯片材料加工精确的微通道并不足以完全复制体内微环境，因此近年来凝胶材料不断引入作为新型微流控芯片材料，促进其在生物医学领域的深入应用，为生理/病理学研究和药理学发展提供便利平台。

凝胶材料是一类三维不溶于水的亲水性网络状聚合物，其中包含具有独特性质的物理/化学交联水溶性化合物。当该材料浸入水溶液时会膨胀并保持较高的含水量，其性质与细胞外基质类似，因此这类材料可以有效模拟细胞培养微环境。凝胶材料来源广泛，容易获得且相对便宜，目前针对不同种类研究已经提出了多种天然或人工合成的凝胶材料，包括从动物体内提取的凝胶，如基质胶和胶原；从植物中提取的凝胶，如海藻酸钠和琼脂糖；人工合成的凝胶材料，如聚乙二醇（PEG）、聚丙烯酰胺（PAM）等。

相比于上述传统的芯片材料，凝胶材料具有的优势有：①凝胶材料生物相容性高，毒性低，其机械性能相当于细胞外基质，可以与更好地促进细胞黏附、生长、增殖；②凝胶材料来源广泛、成本低，同时优越的可降解性能是传统材料不具备的；③相比于传统材料内部排列致密的结构，凝胶材料的孔隙灵活可调，允许小分子及各种生物分子自由扩散；④基于凝胶材料芯片具有较强的物质运输和扩散能力，可以通过扩散建立稳定且可调节的梯度分布，减少了其他材料中通过灌注方法带来的试剂浪费；⑤凝胶材料的流变特性可以与 3D 打印技术兼容，从而形成具有三维结构的芯片，避免了其他材料基于模板铸造的昂贵且繁琐的制作方法。基于这些优势，凝胶材料广泛应用于体外生物模拟分析，包括不同器官的体外模拟、体外血管结构的构建以及个性化医疗模拟。

尽管凝胶材料在生物分析领域具有无限潜能，但其也面临一定局限及挑战：首先，凝胶材料十分柔软，难以像其他高分子材料一样直接加工精度较高的微通道，只有通过机械固定、特殊修饰或选择特定光敏的凝胶材料的方式，才可以直接在该材料表面形成微通道；类似地，由于凝胶材料的柔软性和水性特征，我们难以像对PDMS、PMMA类型芯片一样，通过机械力或化学处理方法进行通道封装以及外部其他设备的连接；此外，凝胶材料虽然一定程度上与细胞外基质类似，但是细胞在其表面的生长往往无法呈现正常的形态或功能，对其生物行为也会存在一定限制；在储存性能方面，相比于其他芯片材料可以直接在常规环境中长时间保存，凝胶材料的高含水性及膨胀性限制了其长期保存，并且一般采取低温保存的方法保持其正常性能。

2.2.5 纸基材料

分析测试使用纸在分析化学领域具有悠久的历史：最早的石蕊测试可追溯到18世纪；20世纪40年代，滤纸条开始应用于检测溶液pH值；同时期，在滤纸上通过石蜡修饰疏水图案化的微通道可以观测色素溶液在纸上的扩散和分离，该微通道为纸基微流控芯片的发展提供了基础；2007年后，自第一例纸基微流控设备开发以来，纸基微流控芯片成为高速发展的新兴领域，广泛应用于生物医学、环境和食品质量监控检测[9-11]。

纸基微流控芯片的原料十分普遍，包括滤纸、色谱纸、棉布、木材料以及硝酸纤维素膜等，其成分均是以纤维素为主的高度多孔基质。纸基芯片材料的快速发展主要得益于以下独特的优势：①在众多芯片材料中，纸材料来源广泛，便宜易得，体积小、质量低，利于储存和运输；同时可以通过简单的浸泡、干燥流程存储所需的试剂，因此极大程度上降低了芯片的加工成本。②纸芯片的多孔结构和较大的表面积与体积之比，可以有效过滤样品中的非目标颗粒，在纸表面加以生物修饰，进行表面相关的测试应用。③相比于其他芯片材料，纸芯片材料加工工艺相对简单：在微通道加工方面，纸芯片的微通道的构建主要依赖于不同区域亲疏水的处理，一是在亲水纤维素表面喷涂疏水性材料[12]，二是整体疏水修饰后，通过光刻[13]、等离子体氧化[14]等方法部分去除疏水修饰；在制作三维芯片方面，纸芯片只需要简单的折叠即可代替其他材料多步加工工艺；在芯片密封方面，纸芯片一般不需额外的密封。纸芯片材料通过其多孔基质及毛细作用，可以精准引导水溶液在亲水微通道表面流动，不需要额外的配件驱动流体流动。④纸材料芯片可以与多种分析检测方法相匹配，如显色反应法、电化学方法、化学发光法。纸材料的白色基底为显色反应提供显著背景反差，显色反应结果可以直接通过肉眼观察，常应用于各类物质的定量/半定量检测，方便商业化生产。

纸基芯片材料基于上述优点，已经不断制成了各类价格低廉、方便操作的便携式分析设备，主要包括需求导向型设备和即用型设备，二者主要区别在于前者在进行物质检测时分别加入不同检测试剂，后者可以将辅助试剂事先储存于纸芯片中，直接加入样品测试。因此，纸芯片可以广泛应用于临床诊断、食品安全物质快速现场检测。

然而，纸芯片材料由于其本身性质也存在一定缺陷：首先，纸芯片表面的亲水性会限制低表面张力样品的检测，尤其对于添加表面活性剂的生物样品容易发生泄漏；其次，纸芯片的亲疏水修饰的微通道难以集成微阀等功能单元，液体在纸表面也难以表现为微流体性质应用于层流、液滴技术；此外，样品液体在纸基表面的蒸发会影响样品的定量检测，通道内扩散残留会降低样品检测的有效浓度，降低纸基材料方法的检测灵敏度。

2.2.6 杂化材料

不同类型的芯片材料在不同应用领域中各有优点，同时也由于自身材料性质限制了其在不同领域的应用，不同材料类型芯片特点及其应用总结于表 2-1。当一种芯片材料无法满足微流控芯片所需要实现的功能时，将两种性能互不干扰的芯片材料组合在一起形成杂化材料，可以发挥新的优势。常见的杂化材料有以下几种：

①玻璃-PDMS 杂化材料　将软膜夹在 PDMS 材料与玻璃材料之间，形成隔膜阀结构。玻璃基底可以刻蚀自然圆形的通道，是隔膜阀门的理想轮廓；同时 PDMS 与玻璃可以承受操作阀门几十千帕的压力。

②玻璃-金属电极杂化材料　将玻璃加工成带有金属电极图案的基板，与其他高分子聚合物材料的微流控芯片结合，可以进行电化学检测。尤其是涂有氧化铟锡（ITO）玻璃的加工，可以通过光刻构图形成透明电极。

③凝胶杂化材料　凝胶材料常常注入其他芯片材料形成的微通道中为细胞培养提供体内微环境的模拟，或通过物质在其中的扩散形成微小区域的浓度梯度。

④其他添加剂　在不同类型的芯片材料中掺杂光固化材料，如光引发剂 LAP 等，可以实现原位微通道制作，并辅助在微通道中生成复杂的结构；另外，在芯片材料中掺杂特定纳米材料，如石墨烯等，可以结合不同纳米材料特性形成不同类型的传感器，应用于临床诊断、生物检测、健康和环境监测。

表 2-1　常见的微流控芯片材料对比

芯片材料	代表物质	优点	缺点	应用领域
无机材料	硅	导热性好； 化学可修饰性； 溶剂耐受性	弹性差； 不透光； 加工成本高	加工集成电路； 制作其他材料芯片模具
	玻璃	透光性好； 良好的电渗性； 化学可修饰性	加工成本高； 操作流程复杂	芯片电泳技术； 单分子检测； 紫外检测
有机高分子材料	硅弹性体	良好的弹性性能； 良好的透气、透光性	非特异性吸附； 液体蒸发； 高比表面积通道易坍塌	细胞培养； 集成微阀功能单元； 光学检测
	热固性材料	高温耐受性； 一定的溶剂耐受性；良好的透光性	弹性差；加工成本高	三维微通道制作
	热塑性材料	共价改性稳定； 易批量生产	封闭条件严格； 透气性差； 刚性强（除部分全氟化聚合物）	集成柔性电路电极； 数字微流体液体技术
	凝胶材料	来源广、成本低； 良好的生物相容性； 多孔结构允许分子自由扩散	储存条件严格； 难以连接外部其他设备； 加工精度有限	三维细胞培养； 个性化医疗模拟； 3D 芯片打印制作

续表

芯片材料	代表物质	优点	缺点	应用领域
纸基材料	滤纸、色谱纸、棉布、木材料等	来源广、体积小、利于储存运输； 加工工艺简单； 检测方法多样，易商业化生产应用	低表面张力样品易泄漏； 液体易蒸发； 难以集成多种功能单元	便携式分析设备，应用于生物医学、环境、食品质量监控检测

2.3 芯片制作方法

不同类型芯片材料物理化学性质不一，需要采取不同的加工制作方式，主要有标准光刻法、软光刻法、聚焦离子束加工法、电子束光刻法、三维打印技术以及基于这些方法的衍生加工工艺。本节将分别介绍这些芯片制作方法。

2.3.1 标准光刻法

标准光刻法是目前最普遍、常见的芯片加工制作方法，是通过光成像作用使光敏胶在基片材料上图形化的过程。标准光刻法可以应用于各种芯片材料制作，如硅片、玻璃、各类高分子聚合物以及纸芯片材料。

在标准光刻法制作微流控芯片的过程中，有两个基本要素必不可少：一、掩膜的设计与制作；二、光刻胶。

掩膜的设计与制作，其功能主要在于设计产生图形区和非图形区域，从而引起不同的光吸收和透过能力，促进后续的光引发反应。掩膜有两种结构，分别为正性掩膜和反性掩膜（图 2-2）。正性掩膜的通道部分不允许光透过，其余背景部分允许光透过；相反的，反性掩膜中只有通道图案部分允许光透过。此外，对于掩膜的制作，通常首先使用计算机图形软件设计微通道图案，随后转换成图形文件，以高分辨率打印机将其打印在透明塑料薄膜上。

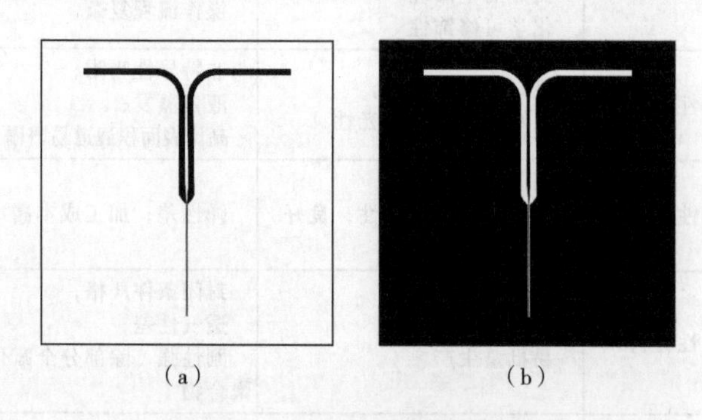

图 2-2　不同类型掩膜示意图

（a）正性掩膜；（b）反性掩膜

光刻胶，其主要功能是将掩膜设计的通道图案转移到基片材料上。光刻胶也有两种类型，分别是正光刻胶和负光刻胶。二者主要区别在于其接受曝光处理后是否会溶于显影液，前者本身难溶于显影液，但曝光后会离解成一种易溶于显影液的结构，从而经过曝光的部分会从基片上脱落；而后者往往在接受曝光后发生交联使结构加强，不易溶于显影液，因此其曝光的部分可以将掩膜的通道图案转移到基片表面，而未被曝光的部分从基片上脱落。

典型的正光刻胶主要包括四部分：树脂、感光剂、溶剂及添加剂。如图 2-3 所示，树脂是正光刻胶的主要框架构成物质，主要以线型酚醛树脂为代表；感光剂通常是以重氮萘醌（DNQ）为代表物质的光敏化合物；溶剂通常成碱性，使正光刻胶呈液态旋涂在基片表面；添加剂通常是为了增强密着性、改善光反射现象添加的染色剂等材料。未曝光时，树脂与感光剂可以在碱性条件下形成难溶于显影液的复合物；然而曝光后，感光剂重氮化合物释放 N_2，结构重排生成酸类物质，使光刻胶溶于显影液。

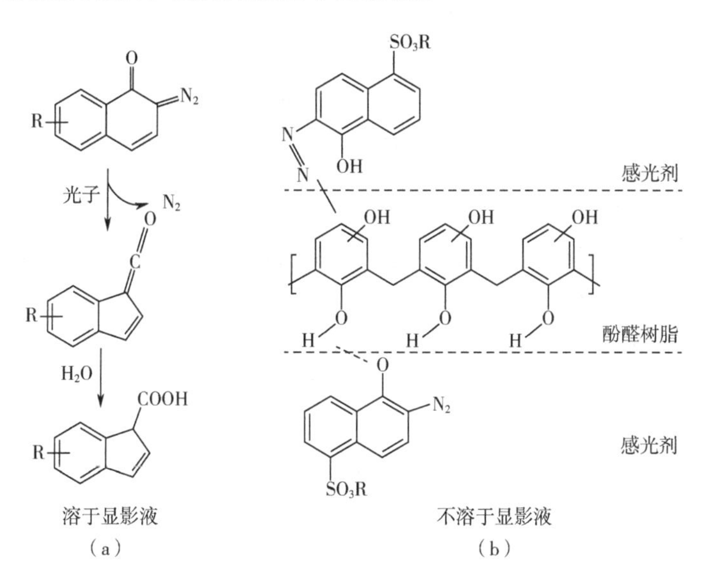

图 2-3　正光刻胶光刻原理举例

（a）曝光部分；（b）未曝光部分

负光刻胶主要有三类物质（图 2-4）：一是 SU-8 光刻胶，一种环氧聚合物材料，以其单体结构中共有 8 个氧原子得名。该材料本身易溶于显影液，但在曝光后环氧基团开环并发生交联，使结构加强，不再溶于显影液。二是肉桂酸酯类聚合物，侧链的碳碳双键在曝光后发生交联，从而形成不易溶于显影液的物质。三是聚烃-双叠氮类负光刻胶，叠氮化合物在光照后释放氮气形成双自由基，进而与烃类物质的双键发生加成，加强结构，不溶于显影液。

此外，光刻机是芯片制作过程中的母机，是实现微纳通道在基底图案化至关重要的设备，同时也是影响芯片制作精度的关键因素。为了实现精准的微通道加工，光刻机主要由曝光系统、工作台掩膜台系统、自动对准系统、调焦调平系统等组成。

目前，常用的光刻机按照工作机理不同主要分为接近接触式光刻机、投影式光刻机和直写式光刻机。如图 2-5 所示，接近接触式光刻机是指掩模板与基片相距 10μm 或者直接接触，通过对准曝光后直接将掩膜图形转移到基片表面，实现图形 1∶1 比例的复制，达到 3μm

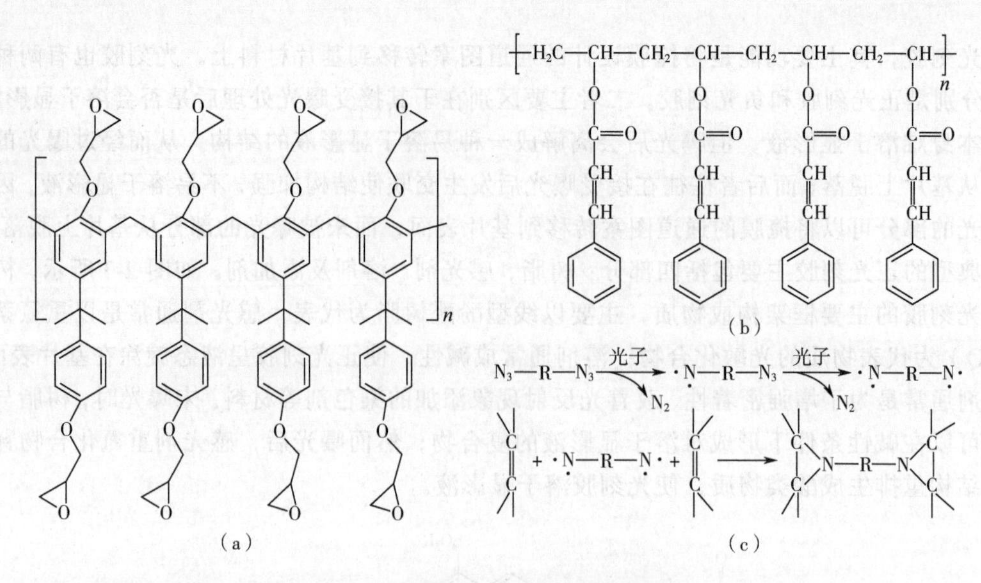

图 2-4　常见的三类负光刻胶物质

（a）SU-8 光刻胶；（b）肉桂酸酯类聚合物；（c）聚烃-双叠氮类光刻胶

的分辨率；投影式光刻机是指利用透镜将掩膜图像投影到基片表面，避免了掩膜基片相互接触的损伤。依据类似照相机的工作原理，能够加工出比掩膜图形更加精细微小的结构，达到 1μm 的分辨率；直写式光刻机主要将加工光束（如电子束、离子束等）聚焦在一点，通过移动光束实现基底表面加工，可达到广义纳米量级的加工精度。

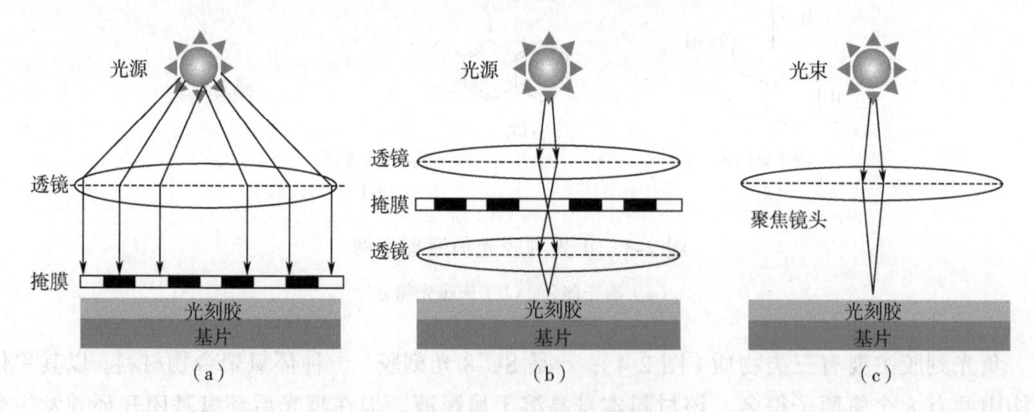

图 2-5　常用的光刻机种类

（a）接近式光刻机；（b）投影式光刻机；（c）直写式光刻机

曝光系统是光刻机的重要组成部分。由于光刻胶材料的光反应是在紫外光的特定波长下进行的，因此曝光光源主要采用包括汞灯、准分子激光在内的紫外光源。其中，根据高压汞灯的发射光谱，经常用于曝光的紫外波长包括 436nm、405nm、365nm，分别对应光刻技术中 g 线、h 线、i 线；准分子激光是指受到电子束激发的惰性气体和卤素气体结合的混合气体分子向基态跃迁时产生的激光，常见的有 KrF（248nm）、ArF（193nm）等。不同曝光光源的种类及波长的选择往往会影响微通道加工的精度（表 2-2）。除此以外，X 射线、电子束、离子束也可以用于特殊光刻胶的反应。

表 2-2 常见的光刻机曝光光源

光源种类	波长	分辨率
高压汞灯	436nm（g 线）	0.5μm
	405nm（h 线）	0.4μm
	365nm（i 线）	0.35μm
准分子激光	248nm（KrF）	0.25μm
	193nm（ArF）	0.13μm

标准光刻法加工微流控芯片主要由以下基本加工工艺步骤构成，如图 2-6 所示：

① 基片清洗　将需要加工的基片通过抛光、水洗、酸洗等清洁方式清洗，去除表面杂质，再将其干燥，增强光刻胶与其表面的黏附。

② 涂胶　将所需光刻胶旋涂在基片表面，形成一层黏性好、厚度适当的光刻胶图层。其中，光刻胶黏度以及旋涂速度均将对光刻胶图层厚度产生影响。

③ 前烘　避光条件下对涂有光刻胶的基片进行烘干，促进光刻胶中溶剂挥发，增强光刻胶与基片之间的耐磨性，保证后续的曝光反应进行充分。

④ 曝光　光刻胶对 300～500nm 波长范围的光十分敏感。将掩膜置于光源与涂有光刻胶的基片中间，用紫外光通过掩膜对光刻胶进行选择性区域的照射，即可将掩膜图案转移到基片的光刻胶上。不同类型的曝光方式也会存在细微的差别，例如，接触式光刻方法的精度通常在 0.5μm 左右，而投影式光刻法可以达到 0.3μm 的精度。

⑤ 后烘　将印有微通道图案的光刻胶基片再次进行烘干，增强光刻胶与基片的黏附，同时也增加胶膜在显影液中的耐泡能力。

⑥ 显影　用显影液去除可溶解的光刻胶，以在基片表面获得与掩膜图形相同或相反的图形。

⑦ 坚膜　对显影后的基片进行烘干，除去表面残留的显影液溶剂及水分。

到此加工形成的基片，可以作为高分子聚合物材料芯片的模板：将聚合物材料浇注在基片表面，待其固化后与基底剥离，即可形成带有微通道的芯片，打孔及封接后形成独立封闭的高分子聚合物芯片。同时，对于纸基材料的加工，至此也可以在其表面成功构建亲疏水区域，形成微通道进行后续实验。

但是对于硅片、玻璃材料的芯片，还要基于以上步骤继续进行腐蚀和去胶步骤，在其表面加工形成微通道。

⑧ 腐蚀　以坚膜后的光刻胶作为掩蔽层，可以通过湿法或干法刻蚀的方法将被刻蚀物质剥离下来，即可得到设计图形的微通道。其中，湿法刻蚀通常使用氢氟酸一类的化学溶液，大多数是各向同向腐蚀；干法刻蚀是指利用气态原子/分子高能束直接轰击基质表面使其腐蚀，具有各向异性，其纵向刻蚀率往往大于横向刻蚀率，保证细小图案的转移后的保真性。

⑨ 去胶　经过腐蚀在基片表面得到微通道后，即可清除作为掩蔽层的光刻胶。选择合适的溶剂溶解，或通过氧化、等离子体、光照分解等方式除去光刻胶，即可在硅片、玻璃等基底上得到具有一定深宽比的微通道。

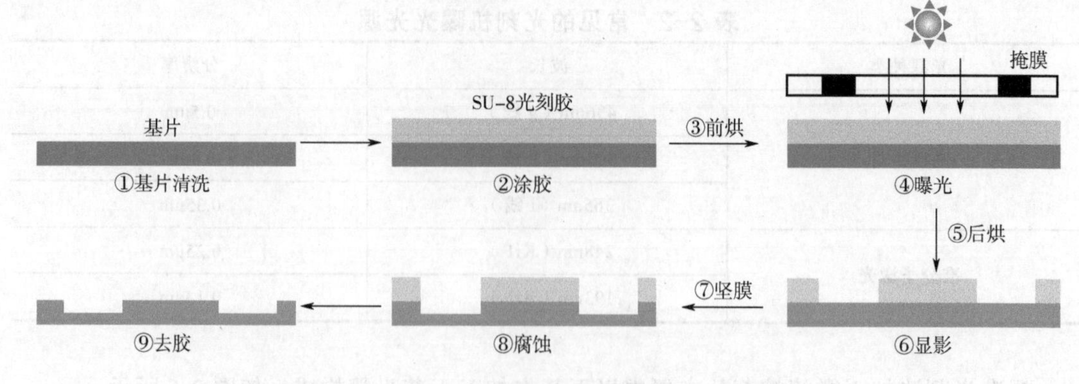

图 2-6 标准光刻法制作微流控芯片一般流程

2.3.2 软光刻法

20 世纪 90 年代末，随着弹性体 PDMS 类材料的广泛应用，软光刻法作为新型的微图形复制方法也成为一种高效的芯片制作方法。该方法使用弹性体 PDMS 模具代替标准光刻法中使用的硬质模具来进行微通道加工。相比于标准光刻法制作芯片微通道，软光刻法更加灵活，主要具有以下优势：首先，可以方便制作多层、三维芯片结构，同时由于材料的柔性可以在不规则曲面进行加工；其次，避免了光散射带来的加工精度影响，可以突破 100nm 加工精度，达到 30nm 级通道尺寸加工；此外，加工微通道的实验环境要求相对较低，所需设备、操作简单，相比传统光刻方法更加经济实用。此方法可以应用于不同材料的芯片制作，包括各类无机材料基板、高分子聚合物材料等。

软光刻法的核心技术首先在于弹性印章的制作。PDMS 材料的弹性印章可以直接按照光刻蚀或标准光刻法制得的基质模板再通过模塑法制得。将该弹性印章覆盖在不同基底表面进行后续加工，即可复制得到新的芯片微通道。软光刻法中，主要的加工技术有以下几种：

① 微接触印刷法　PDMS 弹性印章接触可修饰基底的溶液分子后，与新基底接触，实现新基底表面区域修饰及加工。如图 2-7 所示，将带有微通道图案的 PDMS 弹性印章浸入硫醇溶液中，随后将其覆盖在喷涂金层的硅片基底表面，即可按照弹性印章图案在金图层表面交联形成区域修饰，而未被修饰保护的表面可以就经由刻蚀等加工方式形成微通道。这种方法十分灵活，首先，PDMS 弹性印章柔性强，可以弯曲形成滚筒状，因此可以很高效地实现新基底平面的修饰保护，方便后续非衍生区的通道加工；其次，对于一些不规则的曲面基质，也可以利用该方法实现对不规则曲面的区域性修饰保护，即可对曲面基质进行微通道加工[15]。

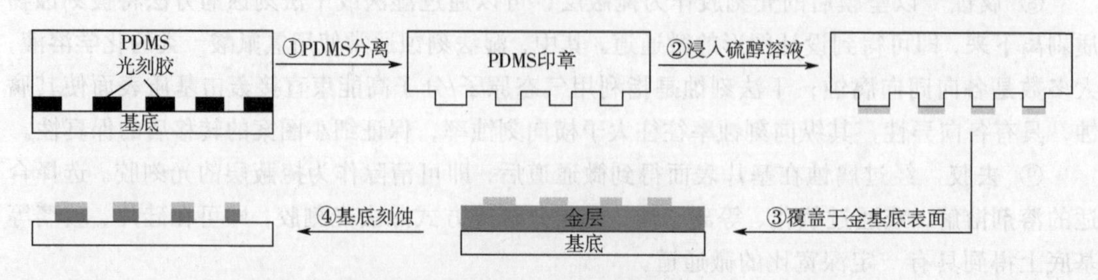

图 2-7 软光刻微接触印刷法加工微流控芯片的一般流程

② 毛细管成模法　PDMS 弹性印章覆盖在基底表面，添加的液态聚合物在毛细作用下填满中空的网络通道。加热干燥后，撤去 PDMS 弹性印章，即可得到与印章互补的高分子聚合物材料的芯片微通道。在这个加工技术中，对 PDMS 弹性印章与基底表面的贴合程度要求相对较高，同时通道长度、聚合物黏度、基底表面张力均对毛细作用下液体充盈速率有所影响。

③ 再铸模法　用 PDMS 弹性模代替传统光刻法的刚性模，方便材料与模具的剥离。基于 PDMS 弹性体性质，施加一定作用力，通过压紧、绑缚等机械加压的方法，即可按照原本芯片通道图案制作更小尺寸的聚合物材料芯片。

④ 溶剂辅助成模法　预先沾有溶剂蒸气的 PDMS 弹性印章紧密覆盖在聚合物基底表面后，聚合物基底会溶剂溶解，撤去弹性印章后，即可在聚合物基底上得到与原印章微通道互补的微通道。该方法使用的溶剂通常是甲醇、乙醇、丙酮，既可溶解其他聚合物基底，又可以防止 PDMS 材料的膨胀。

⑤ 微传递成模法　利用 PDMS 弹性模的微通道，将液态预聚物添加在 PDMS 弹性模具的微通道表面，多余的聚合物可用弹性块刮走或用氮气吹走。将盛满聚合物的弹性模具与基底接触，待预聚物高温固化后，剥离 PDMS 弹性印章，即可在基底表面按照 PDMS 弹性印章的图案形成互补的微通道图案。通过该方法，可以在不规则曲面进行加工，同时可以在基底表面一层层加工形成三维结构芯片。

2.3.3 聚焦离子束加工法

为了实现更高精度芯片通道的加工制作，聚焦离子束加工法可以代替传统光刻技术实现广义纳米尺度（10～100nm）精度的微通道加工。

聚焦离子束加工法主要依靠电透镜将离子束聚焦成微小的、可用于显微加工的尺寸，离子束轰击基底表面，经过与基底表面原子及原子核相互作用，可以实现对基底材料较小范围的微通道加工。目前，该方法的离子源主要以液态金属离子源为主，其中，金属材质为低熔点、低蒸气压并且具有良好抗氧化能力的金属镓。应用该方法进行芯片加工的材料往往是硅或熔融石英玻璃等无机材料，可以直接在材料表面形成纳米级别的通道。

如图 2-8 所示，聚焦离子束加工可以在基底表面发生不同的物理化学反应，从而对基底材料实现剥离、沉积、注入或改性的加工：

① 离子注入　入射离子在材料表面原子、电子不断碰撞的过程中能量逐渐降低，并与材料中的电子结合形成原子，从而镶嵌在基底材料表面，实现基底表面微小区域的注入及改性。

② 离子溅射　聚焦离子束轰击基底表面时，基底表面的原子被溅射出表面，实现基底表面高精度的微加工。

③ 气体辅助刻蚀　在聚焦离子束轰击基底表面发生溅射时，通入不同反应性气体，如 Cl_2、Br_2、XeF_2 等，可以增强基底表面的溅射，同时反应气体可以直接与基底表面反应，实现纳米尺寸的微通道加工。

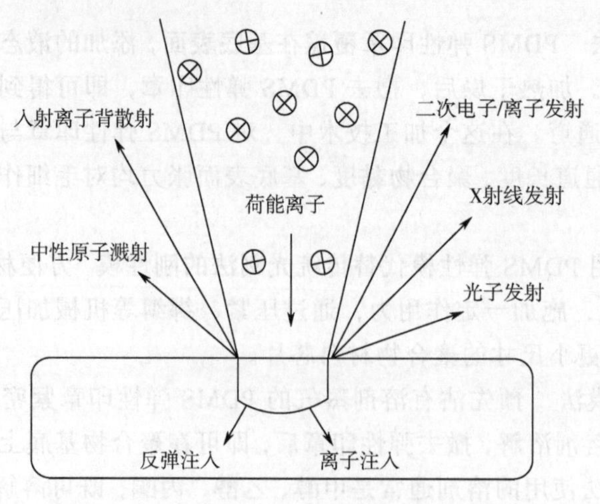

图 2-8　聚焦离子束加工法的表面离子反应

2.3.4 电子束光刻法

电子束光刻加工法也可以实现石英、玻璃等无机材料表面的广义纳米尺度微通道的加工。在真空条件下，电子枪发出的电子通过汇聚形成电子束，并在聚焦线圈、电场的作用下汇聚成更细的束流，同时获得较高的动能。电子与加工基底表面碰撞后将动能转化为热能，使加工基底局部区域温度迅速上升，直至熔化，甚至气化被消除，实现基底表面的通道加工（图 2-9）。

为了能使电子束更好地实现基底表面的通道加工，往往需要预先将电子束敏感材料和旋涂到基底表面。电子束敏感材料，即电子束抗蚀剂，是一种电子敏感的高分子聚合物，经电子束扫描后分子链重组，化学性质改变，显影后可以在基底表面获得高分辨率的抗蚀剂曝光图形。相比于传统光刻技术，电子束光刻不需要掩膜可以直接在图层上进行纳米级别微通道图案的刻画，没有额外的机械接触，加工速度快；但同时该方法高电压、高真空的操作条件也限制了其日常科研、生产应用。

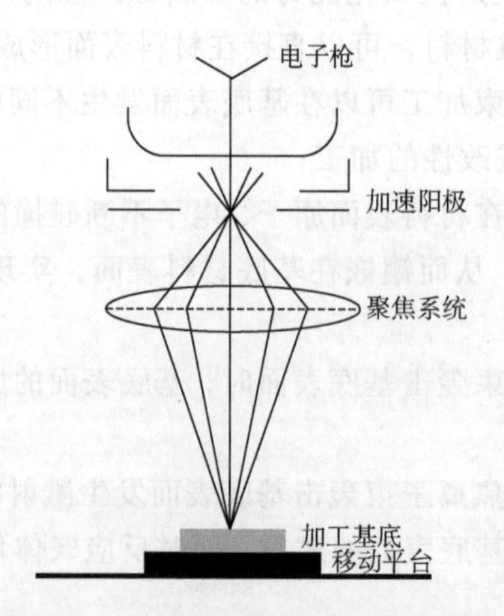

图 2-9　电子束光刻法基本原理模型

2.3.5 三维打印技术

3D 打印，又称增材制造，是一种通过计算机辅助设计软件及 3D 扫描仪将黏合材料自下而上逐层打印、构建三维对象的快速成型技术。3D 打印技术最早出现于 20 世纪 80 年代，基于对传统芯片制作加工工艺的突破，经过近几十年的发展，3D 打印技术同样应用于微流控芯片的加工制作。3D 打印技术凭借其对复杂几何形状加工的灵活性、无需昂贵模具和加工设备的经济性、方便性及全自动化的加工操作等优势，应用于医学分析、环境检测等各个领域。同时，相比于其他传统芯片制作技术，3D 打印技术还有一个显著优势在于可以根据原型芯片进行测试后，随时根据所需功能对芯片结构进行调整。此外，基于 3D 打印技术制作芯片的原料也十分广泛，无论是高聚物材料或是各类生物材料均可用于 3D 打印技术。

3D 打印技术制作高精度的芯片的核心器件是配有高精度定位和材料递送装置的三维打印机，其基本流程主要包括：

① 模型设计　通过制图软件设计绘制三维芯片模型基本结构。

② 截面切割　将三维模型数据传输至三维打印机，根据三维打印机的精度将模型切割为任意形状结构的二维断层截面。

③ 截面叠加　在计算机及 *XYZ* 空间移动平台的精准控制下，将打印材料按照二维截面轮廓喷涂，层层叠加，重建三维结构芯片。

④ 后处理　移除其他预置的支撑材料。

在截面叠加的过程中，根据打印材料性质及加工方式的不同，3D 打印技术制造技术主要包括以下两类：

一是基于液体挤压的 3D 打印制作技术。该方法主要基于液体流动性，通过喷嘴进行打印材料扩散，从而进行增材制造工艺的加工。主要代表材料包括金属丝、热塑性聚合物（如聚乳酸、聚碳酸酯、丙烯腈-丁二烯-苯乙烯共聚物等）以及生物相容性材料（如海藻酸钠等）。对于金属丝和热塑性聚合物的加工也称为熔融沉积法，即通过加热喷嘴使材料熔化并喷出，同时根据设计的三维芯片结构模型以“肩并肩”的圆柱形纤维条排列堆积。降温后材料固化即可获得具有空间三维结构的芯片，其微通道分辨率可以达到 10μm 精度。类似地，对于其他可以通过溶剂蒸发、加热、光照等方法改变物理状态（即固化）的聚合物黏液，也可以通过直接打印法进行 3D 打印制作，也称直接墨水书写法。将材料黏液经由气动注射器像控制“墨水”一样添加到模型设计位置，待其固化即可完成芯片的 3D 打印制作。另外，除了经由软化/固化过程，一些生物相容性材料可以通过化学成分调配实现固化完成 3D 打印制作，称为生物打印机。如图 2-10 所示，通过同轴喷嘴设计，喷嘴内外管分别流通生物相容性高的海藻酸钠类凝胶物质、氯化钙溶液。二者一经喷嘴流出即可使凝胶发生交联，并在溶液扩散的影响下形成具有空心状的凝胶结构。经过精确的三维空间排列及完全交联，即可获得生物相容性较高的三维微流控芯片[16]。

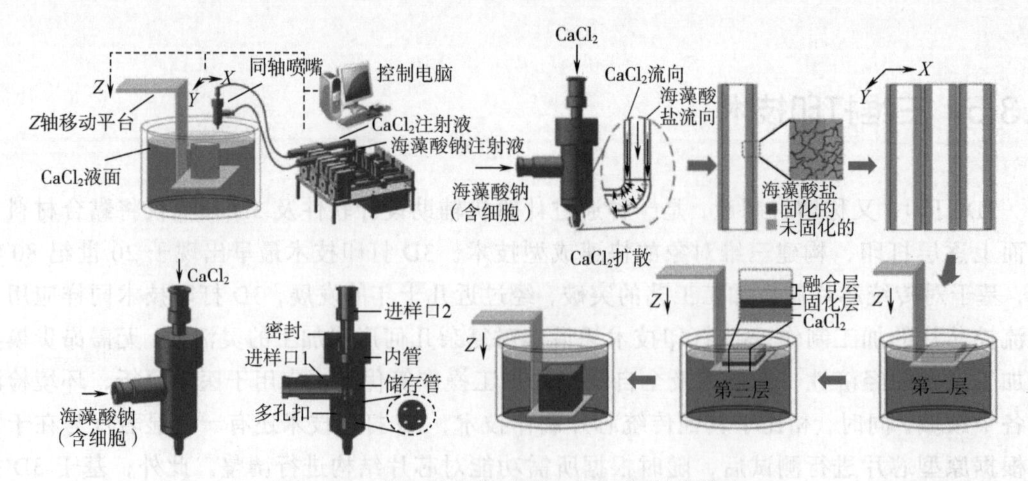

图 2-10　基于液体挤压的 3D 打印制作技术

二是基于光诱导的 3D 打印制作技术，也称立体光刻法[17]。该方法主要基于打印材料的光敏感性，通过光辐射固化液态单体，进行增材制造工艺的加工。主要代表材料包括低分子量的丙烯酸酯树脂单体，如聚乙二醇（甲基）丙烯酸酯、1,6-己二醇二丙烯酸酯等，以及各类硫醇和环氧结构单体。常用的光诱导 3D 打印制作技术为立体光刻和数字光处理。其中，立体光刻被认为是第一项增材制造技术，其主要通过使用紫外激光在液体聚合物树脂表面上按照设计模型图案逐点移动，使打印材料按照式（2-6）和式（2-7）原位固化，随后沿 Z 轴方向向下移动载物平台延展三维物体高度。基于立体光刻技术后续发展了数字光处理技术。在数字光处理过程中，往往将所需的图案在紫外激光照射下全部投射到液体聚合物树脂中。紫外光源通常置于聚合物树脂下方，固化的树脂沿着 Z 轴方向一层层逐渐向上生长。基于此，可以实现多个光束图案的叠加，实现 3D 几何形状的聚合。同时，对于丙烯酸酯树脂材料，当使用飞秒脉冲激光照射时，该液态聚合物可以仅在焦点位置吸收两个近红外光子，发生双光子聚合反应使材料固化。由于该反应只在焦点范围内触发，其他区域即使有光穿过也不会发生聚合反应，因此可以实现纳米级别的 3D 芯片结构加工。除此以外，将功能性的纳米颗粒或生物分子掺杂在液体聚合物中，如带有免疫亲和性的整体结构、固相萃取吸附剂等，其固化后可以直接形成带有生物分析功能的 3D 生物芯片分析传感器，直接应用于物质检测、物质分离等各个领域。

光引发剂 $\xrightarrow{UV}$ 自由基　　(2-6)

聚乙二醇二丙烯酸酯 $\xrightarrow{交联}$　　(2-7)

3D 打印技术制作微流控芯片操作简单、自动化程度高，但依然存在很大的发展空间：首先，3D 打印技术制作的芯片一次成型，但也需每次从头制作，应该增强 3D 打印制作技术的可印刷性，进一步提高制作芯片效率；其次，3D 打印制作技术中所需要的高温或自由基的产生均会对酶、抗体、核酸等生物分子活性产生影响，需要开发更多生物相容性的加工方法；此外，除了打印材料，3D 打印技术还可以通过与其他类型材料交替打印实现微泵、微阀等功能单元的集成。

2.3.6 芯片制作环境要求

微流控芯片的芯片通道往往是微纳米尺寸级别的结构，因此在制备和加工芯片的过程中要格外注意操作环境的影响。为了避免空气介质中颗粒、细菌的污染，以及空气温度、湿度对微通道加工精度的影响，微流控芯片设备的往往放置于洁净室中，各个芯片加工操作也在其中进行。洁净室一般包括更衣室、风淋室、缓冲间和超净室四个部分。加工芯片通道的精度越高，对超净室的洁净标准（即单位体积空气中一定尺寸悬浮颗粒数量）越高。目前，相对常用经济的方案是根据加工芯片精度建立 1000 级或 10000 级的洁净室，同时提供台面洁净程度可达到 100 级的超净工作台作为芯片加工区域。

2.4 功能单元的集成

微流控芯片的一大特征在于可以利用芯片材料和微流体独特的性质集成多种功能单元，以替代传统分析方法。这些功能单元包括了通过微泵、微阀的微通道及微流体控制单元、各种细胞培养单元及芯片离心功能单元等。这些功能单元极大程度上提升了微流控芯片对于物质分析检测的能力。本节将着重介绍微流控芯片上不同的功能单元。

2.4.1 微泵和微阀

微流控芯片中的微流体的驱动与控制可以实现低体积液体的混合、自动化及高通量筛选，是实现不同芯片功能的基本条件。其中，微泵是实现微流体驱动的核心部件，将一定的能量转化为流体位移的动量；微阀主要控制流体的通断及流动方向，实现微流体混合、转移、保存等功能，从而对微流体进行程序性控制。

根据微泵自身是否含有活动的机械部件，微泵分为机械泵和非机械泵。机械泵利用自身的运动部件通过施加压力、离心力等实现微流体驱动的目的，如蠕动泵、注射泵、压力泵等。不同类型的机械微泵提供驱动力方式不同，性能也不尽相同。此外，利用不同芯片材料性质及设计不同形状微通道，也可以实现微流体的机械驱动。例如：气动泵的微流体驱动主要依据的是弹性体材料在气体压力存在条件下发生形变来调控下层微流体流动[18]。另外，非机械泵自身没有灵活的运动部件，往往依靠材料的电学、光学等性质驱动微流体的流动。例如，电渗泵依据玻璃材料良好的电渗性能，在外加电源条件下，管壁表面形成双电层，从管壁到微通道中间也随之分别形成固定层、扩散层、中性层，其中扩散层在电场力作用下实现流动，并可以通过改变电极方向轻易逆转流体流动方向[19]。

根据微阀开合的致动力，微阀分为有源阀和无源阀。有源阀的开合依赖于外部添加的致动力，根据芯片材料性质不同可分为气动阀、相变阀、热膨胀阀。其中，气动阀主要是由多层 PDMS 弹性材料制作的气动软薄膜微阀，通过在控制腔室添加正压/负压的气体压力改变弹性材料形变，控制阀门下压/上推，及时改变微流体流动；相变阀的致动力来源于石蜡等沸点较低的物质在不同温度下具有不同的相态，通过石蜡的凝固/熔化实现阀门的开关[20]；热膨胀阀则主要根据不同晶片热膨胀系数的差异，通过加热促进材料膨胀控制阀门开合[21]。此外，根据不同芯片材料性质，压电作用、静电作用、电磁作用等均可作为有源阀的外致动力源。相对而言，无源阀的开合则无需外部额外添加致动力，仅需依靠微流体流向及压力变化即可完成阀的开合。如双晶片单向阀，通过在微通道中添加弹性悬梁臂，流体方向不同，悬梁臂的变形方向也不同，即可控制不同方向流体的流通[22]。

2.4.2 细胞培养单元

微流控芯片除了应用微流体性质实现不同功能单元的集成，芯片本身结合其独特的微通道图案设计可以替代传统细胞培养方式，在体外构建细胞培养模型平台用于细胞共培养分析以及单细胞研究。相比于传统细胞培养皿等的细胞培养，微流控芯片上的细胞培养单元具有以下优势：

首先，微流控芯片上的细胞培养可以突破传统培养皿中单一类型细胞的培养，不同的细胞培养腔室可以进行多种类型细胞的培养，甚至可以结合不同芯片结构设计在体外实现肝、肠、肺等多种器官模型的构建[23]。

其次，传统培养皿的细胞培养均是基于平面基底的二维培养，然而在微流控芯片中，通过对三维空间微通道的设计以及水凝胶的包裹，细胞可以在更贴近于体内三维微环境中生长。此外，微流控芯片中，更容易添加细胞微环境的模拟，如流体剪切力、化学信号、微生物等，因此对特定环境下的细胞增殖、分化等行为的研究也更加准确[24]。

此外，基于微流控芯片更容易对单细胞进行捕获和操作。研究单细胞水平的细胞行为对于疾病，尤其肿瘤疾病的发生、转移机制研究具有重大意义。相比于传统细胞培养方法对群体细胞响应结果的分析，基于微流控芯片单细胞水平的细胞行为响应将突出细胞异质性分析。通过设计微坑、钩形通道以及液滴技术，可以高效地实现单细胞捕获；同时，开放式微流体技术可以通过微流体的层流作用实现单细胞水平的精准操控[25,26]。

以上有关微流控芯片上的细胞培养及操作技术将在后续章节中进行具体介绍，这里不再赘述。

2.4.3 芯片离心装置

基于离心力控制微流体驱动的微流控离心装置是微流控芯片发展过程中一类功能独特

的设备，成为许多生物传感器应用于实际样品检测的终端商业化产品。芯片离心装置最早可以追溯至20世纪60年代，不需额外的流体泵对样品进行推动，主要通过离心力实现流体在不同腔室中的流动。随着近年来芯片材料及加工制作工艺的发展，芯片离心装置的优势更加突出，如低成本、高集成化、自动化和小型化[27]，最大程度上减少了人工操作干预，十分适合应用于快速检测临床、环境样品，实现生物分子诊断、蛋白质分析等多种功能。

如图2-11所示，微流控离心装置的工作流程一般由以下几个部分组成：

① 试剂储存与释放　该区域主要用于固定反应检测所需的生物识别元件，在保证其活性的同时将其封装，因此可以尽量减少后续人工操作，避免样品的污染。

② 样品预处理　常用的血液样品可以通过设计具有较高倾斜角和较窄的微通道，在一定优化的几何参数离心条件下实现血浆的提取。不同密度、尺寸的细胞以及其他样品中的颗粒也可以通过此方式调整不同参数得到分离。同时，在芯片上预先集成的隔膜阀等微阀单元，可以有效形成液体体积计量区，以确保生物传感器准确可靠的响应[28]。

③ 液体混合　液体混合实质上是提供一种有效且快速流体均质化过程，是实现样品精准检测的基础。芯片离心装置上简单的涡旋和搅拌将受到毛细作用下不受控制的流体驱动的限制，因此芯片离心装置上的液体混合主要通过以下方式：一是“摇动混合”模式，通过快速改变旋转方向的周期性变化和旋转频率，改变角动量引起流体剪切力驱动液体的对流，实现液体的混合；二是通过增加辅助气动腔，通过顺序增强或减弱离心力，引起空气的膨胀和压缩，实现流体在该腔室与上一腔室的流动，实现流体的混合。

④ 检测　芯片离心装置大部分使用的是聚甲基丙烯酸甲酯（PMMA），是一种透光性良好的材料，因此该装置的样品检测可以通过各种光学手段，如比色检测、荧光分析、化学发光、表面等离子共振等[29]；此外，在芯片离心装置中设计添加微电极，也可以实现目标分析物在没有标记的条件下电化学快速检测[30]。

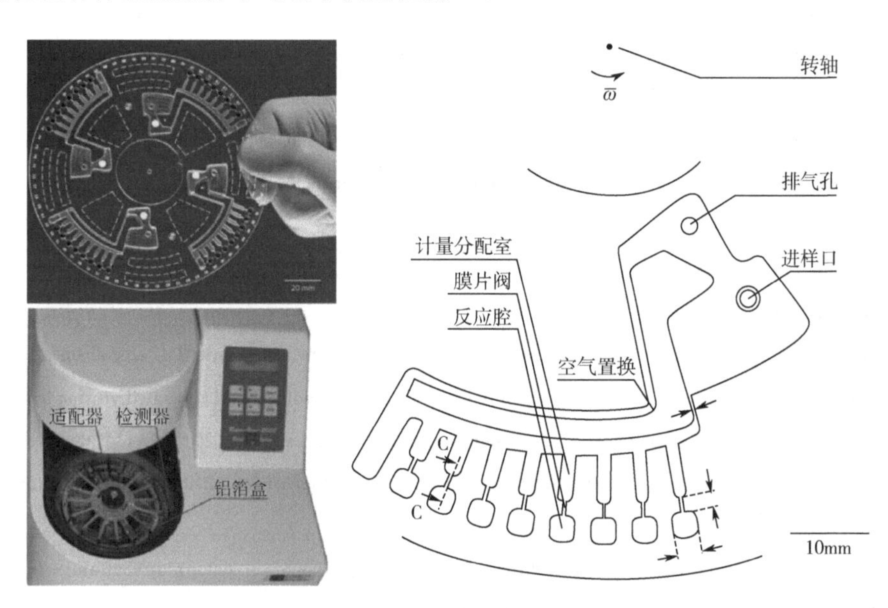

图2-11　微流控芯片上的离心装置

参考文献

[1] Manz A, Graber N, Widmer H M. Miniaturized total chemical analysis systems: a novel concept for chemical sensing. Sens Actuators, B, 1990, 1 (1-6): 244-248.

[2] Lin X, Chen Q, Liu W, Yi L, Li H, Wang Z, Lin J M. Assay of multiplex proteins from cell metabolism based on tunable aptamer and microchip electrophoresis. Biosens Bioelectron, 2015, 63: 105-111.

[3] Gao D, Wei H, Guo G S, Lin J M. Microfluidic cell culture and metabolism detection with electrospray ionization quadrupole time-of-flight mass spectrometer. Anal Chem, 2010, 82 (13): 5679-5685.

[4] Verboket P E, Borovinskaya O, Meyer N, Gunther D, Dittrich P S. A microfluidic chip for ICPMS sample introduction. J Visualized Exp, 2015, 97: e52525/52521-e52525/52512.

[5] Ren K, Dai W, Zhou J, Su J, Wu H. Whole-Teflon microfluidic chips. Proc Natl Acad Sci USA, 2011, 108 (20): 8162-8166.

[6] Liu X, Wang Q, Qin J, Lin B. A facile "liquid-molding" method to fabricate PDMS microdevices with 3-dimensional channel topography. Lab Chip, 2009, 9 (9): 1200-1205.

[7] Martinez A W, Phillips S T, Butte M J, Whitesides G M. Patterned paper as a platform for inexpensive, low-volume, portable bioassays. Angew Chem Int Ed, 2007, 46 (8): 1318-1320.

[8] Whitesides G M. The origins and the future of microfluidics, Nature, 2006, 442 (7101): 368-373.

[9] Yu J, Wang S, Ge L, Ge S. A novel chemiluminescence paper microfluidic biosensor based on enzymatic reaction for uric acid determination. Biosens Bioelectron, 2011, 26 (7): 3284-3289.

[10] Han J, Qi A, Zhou J, Wang G, Li B, Chen L. Simple way to fabricate novel paper-based valves using plastic comb binding spines. ACS Sens, 2018, 3 (9): 1789-1794.

[11] Jokerst J C, Adkins J A, Bisha B, Mentele M M, Goodridge L D, Henry C S. Development of a paper-based analytical device for colorimetric detection of select foodborne pathogens. Anal Chem, 2012, 84 (6): 2900-2907.

[12] Suresh V, Qunya O, Kanta B L, Yuh L Y, Chong K S L. Non-invasive paper-based microfluidic device for ultra-low detection of urea through enzyme catalysis. R Soc Open Sci, 2018, 5 (3): 171980-171989.

[13] Li H, Liu C, Wang D, Zhang C. Programmable fluid transport on photolithographically micropatterned cloth devices: Towards the development of facile, multifunctional colorimetric diagnostic platforms. Sens Actuators, B, 2018, 255: 2416-2430.

[14] Raj N, Breedveld V, Hess D W. Fabrication of fully enclosed paper microfluidic devices using plasma deposition and etching. Lab Chip, 2019, 19 (19): 3337-3343.

[15] Park C S, Lee H J, Lee D, Jamison A C, Galstyan E, Zagozdzon-Wosik W, Freyhardt H C, Jacobson A J, Lee T R. Semifluorinated alkylphosphonic acids form high-quality self-assembled monolayers on ag-coated yttrium barium copper oxide tapes and enable filamentization of the tapes by microcontact printing. Langmuir, 2016, 32 (34): 8623-8630.

[16] Gao Q, He Y, Fu J Z, Liu A, Ma L. Coaxial nozzle-assisted 3D bioprinting with built-in microchannels for nutrients delivery. Biomaterials, 2015, 61: 203-215.

[17] Xue D, Wang Y, Zhang J, Mei D, Wang Y, Chen S. Projection-based 3D printing of cell patterning scaffolds with multiscale channels. ACS Appl Mater Interfaces, 2018, 10 (23): 19428-19435.

[18] Unger M A, Chou H P, Thorsen T, Scherer A, Quake S R. Monolithic microfabricated valves and pumps by multilayer soft

lithography. Science, 2000, 288 (5463): 113-116.

[19] Hoshyargar V, Khorami A, Ashrafizadeh S N, Sadeghi A. Solute dispersion by electroosmotic flow through soft microchannels. Sens Actuators, B, 2018, 255: 3585-3600.

[20] Pal R, Yang M, Johnson B N, Burke D T, Burns M A. Phase change microvalve for integrated devices. Anal Chem, 2004, 76 (13): 3740-3748.

[21] Kaigala G V, Hoang V N, Backhouse C J. Electrically controlled microvalves to integrate microchip polymerase chain reaction and capillary electrophoresis. Lab Chip, 2008, 8 (7): 1071-1078.

[22] Iverson B D, Garimella S V. Recent advances in microscale pumping technologies: a review and evaluation. Microfluid Nanofluid, 2008, 5 (2): 145-174.

[23] Xie R, Korolj A, Liu C, Song X, Lu R X Z, Zhang B, Ramachandran A, Liang Q, Radisic M. h-FIBER: Microfluidic topographical hollow fiber for studies of glomerular filtration barrier. ACS Cent Sci, 2020, 6 (6): 903-912.

[24] Wu Z, Zheng Y, Lin L, Mao S, Li Z, Lin J M. Controllable synthesis of multicompartmental particles using 3D microfluidics. Angew Chem Int Ed, 2020, 59 (6): 2225-2229.

[25] Mao S, Zhang W, Huang Q, Khan M, Li H, Uchiyama K, Lin J M. In Situ scatheless cell detachment reveals correlation between adhesion strength and viability at single-cell resolution. Angew Chem Int Ed, 2018, 57 (1): 236-240.

[26] Dura B, Dougan S K, Barisa M, Hoehl M M, Lo C T, Ploegh H L, Voldman J. Profiling lymphocyte interactions at the single-cell level by microfluidic cell pairing. Nat Commun, 2015, 6: 5940.

[27] Focke M, Stumpf F, Faltin B, Reith P, Bamarni D, Wadle S, Mueller C, Reinecke H, Schrenzel J, Francois P, Mark D, Roth G, Zengerle R, von Stetten F. Microstructuring of polymer films for sensitive genotyping by real-time PCR on a centrifugal microfluidic platform. Lab Chip, 2010, 10 (19): 2519-2526.

[28] Morijiri T, Yamada M, Hikida T, Seki M. Microfluidic counterflow centrifugal elutriation system for sedimentation-based cell separation. Microfluid Nanofluid, 2013, 14 (6): 1049-1057.

[29] Oh S J, Park B H, Jung J H, Choi G, Lee D C, Kim D H, Seo T S. Centrifugal loop-mediated isothermal amplification microdevice for rapid, multiplex and colorimetric foodborne pathogen detection. Biosens Bioelectron, 2016, 75: 293-300.

[30] Sanger K, Zor K, Bille Jendresen C, Heiskanen A, Amato L, Toftgaard Nielsen A, Boisen A. Lab-on-a-disc platform for screening of genetically modified E. coli cells via cell-free electrochemical detection of p-coumaric acid. Sens Actuators, B, 2017, 253: 999-1005.

思考题

1. 如果微流控芯片通道的宽度 100μm、高度 100μm，用 1mL 注射器（内径 4.6mm）以 60μL/min 流速为通道内实现纯水的流体流动，请计算 20℃下该微流控芯片通道中流体的雷诺数。
2. 请简述目前常见的微流控芯片材料及其优势、应用领域。
3. 请查阅资料说明基于玻璃材料芯片电泳通道设计的目的。
4. 请查阅资料简述玻璃材料热封接、阳极键合等键合方法的主要原理。
5. 请查阅资料举例说明如何在玻璃基底表面实现某种抗体的化学修饰。

6. 请查阅资料写出 PDMS 弹性体通过氧气等离子体方式完成键合的化学原理。
7. 你认为还有什么材料可以应用于微流控芯片材料的制作及功能单元集成？
8. 请写出负光刻胶实现图形转移过程中的化学反应。
9. 请简述标准光刻法制作微流控芯片的流程。过程中需要几次烘干过程？目的分别是什么？
10. 请简述软光刻法制作微流控芯片的基本原理。
11. 请简述离子束加工法制作微流控芯片的基本原理。
12. 请简述电子束光刻法制作微流控芯片的基本原理。
13. 请查阅资料简述在制作纸基微流控芯片时光刻法实现通道构建的原理。
14. 请查阅资料简述在制作纸基微流控芯片时氧气等离子体处理实现通道构建的原理。
15. 请查阅资料总结影响微流控芯片通道制作精度的因素。

第3章 微流控细胞培养与微环境构建

3.1 概述

生物模型是为了更方便对人类生理病理机制进行研究而构建的实验模型。自 1907 年哈里森（Harrison）在他的研究中采用体外悬滴培养的方式培养蛙神经元以来，体外细胞培养的模型就成为固定且常用的实验模型之一。现在常见的实验模型按照其生物相关性由低到高排列，可以分为以下几类：①生化因子模型；②细胞系模型；③原代细胞模型；④模式生物（如酵母菌、果蝇）；⑤人体组织移植物；⑥动物模型（啮齿类，灵长类）。但随着模型生物相关性的增加，构建的复杂度和所需的成本、周期及人力物力的要求也随之增加。

生物相关性的影响因素包括细胞间相互作用、细胞与细胞基质间相互作用以及生物体的全身性因素，生物体对其细胞的空间位置和细胞周围的物理化学因素都具有极其精确且复杂的协调控制。常规的体外细胞培养以培养皿、培养瓶等作为容器，难以像模式生物和动物模型本身那样对这些因素进行精确的调控，因此难以模拟接近生理条件的环境，这限制了更进一步研究实际生理情况下细胞的动态反应。动物模型常用于临床前体内实验，但这种模型通常只能进行终点评价。

基于微流控装置在小型化、自动化和功能集成方面的优势，微流控已经被用于开发可控营养废物供应排放的体外培养系统，具有突破传统培养模式局限的潜力。微流控系统可以在微米尺寸范围（0.1～100μm）对流体的流速、流向、流量等因素进行准确控制，这种微流控培养模式在建立体外模型的应用中在维持、操纵和检测细胞方面体现出强大的能力，微流控装置已被成功应用于组织工程中建立体外培养模型的研究，这种微流控体外模型可灵活控制操纵细胞，进行长时程培养、分区化培养、共培养、灌注培养和实时分析；能够重建接近体内微环境的生理条件，为进一步详细研究肿瘤细胞行为奠定了基础，现已经成功实现从亚细胞水平到组织水平的体外模拟，比如器官模拟是微流控芯片在器官组织水平上实现的人体内环境模拟。也有单独研究某种因素对某种细胞的作用，比如应用于研究细胞分裂轴向和空间几何因素对细胞生存的影响等生理行为。肿瘤-微环境芯片（T-MOC）则集成了精确调控细胞和细胞外环境因素的优势，通过精确调节环境参数，如间质液压力和组织微结构，分析每个参数对纳米颗粒和药物转运的影响，对于模拟和研究肿瘤内和周围微环境中的复杂病理生理过程具有重要意义[1]。

3.2 细胞培养

细胞培养是指在实验室环境中对细胞的生长进行可控调节和维持[2]。这种培养方式是细胞生物学实验的主流。微流控细胞培养是基于微流控装置在微观尺寸内维持细胞生长及进行分析的技术[3]。与宏观尺寸培养相比，微流控细胞培养具有以下几个优点：①器件设计具有灵活性；②实验具有灵活性和可控制性；③所需细胞数量少；④可进行单细胞处理；⑤实时/原位分析；⑥自动化；⑦可直接与下游分析系统耦合；⑧可进行灌注培养；⑨受控的共培养；⑩降低试剂消耗。

但微流控细胞培养受现有技术的限制，也面临一些挑战：①无标准培养方案；②新型的培养表面（如 PDMS）需要进行研究和处理；③溶液体积微量；④需要更灵敏的分析手段；⑤芯片设计和操作复杂。尽管如此，微流控细胞培养仍具有很大优势，微流控装置的设计具有很大的灵活性，可以根据不同类型的细胞培养模型进行调整。

3.2.1 二维培养

二维细胞培养包括悬浮培养和单层细胞培养两种形式。主要有两种类型的细胞需要悬浮的培养环境，分别是哺乳动物血细胞和酵母细胞。此外，大多数细胞都需要以贴壁生长的方式保持其重要的表型特征。

有研究考察了微流控通道数对悬浮昆虫细胞增殖的影响，以及正常鼠乳腺细胞的外源生长因子、细胞密度和培养基变化频率对其生长速率的影响[4]。一个将成纤维细胞和原代大鼠肝细胞共培养的实验是最早应用微流控通道贴壁培养细胞的研究之一。这种共培养的芯片以聚碳酸酯膜或其他可进行气体交换膜进行通道封顶[5]。有研究者在胚胎的研究中对常规体外细胞培养和微流控系统培养所造成的环境差异进行了研究[6]。

（1）蛋白质吸附

贴壁细胞的培养首先要保证细胞能有效地附着在培养基底表面上。这一过程涉及细胞和基底之间的相互作用。为了促进细胞与基底表面的相互作用，通常做法是先将蛋白质吸附到基质上，再通过蛋白与细胞膜表面的作用使细胞附着到基底表面。蛋白质吸附到培养物表面的过程可以通过多种测量方式进行动力学的监测。比如使用 X 射线光电子能谱（XPS）可以检测生物活性玻璃上的氮信号，用于指示有机分子的胺键，浸泡在细胞培养基中比浸泡在磷酸盐缓冲液（PBS）的基底表面具有更高的氮信号，这表明了蛋白质被从培养基吸附到了玻璃表面上[7]。

PS 材料相比于聚苯乙烯（TCPS，用于细胞培养板的材料）能从胎牛血清（FBS）中吸附更多的纤连蛋白（Fn），高达 2～3 倍，但吸附玻连蛋白（Vn）的量两种材质没有显著差异，这种蛋白吸附的差异是导致后续细胞附着数量差异和黏附强度差异的根本原因[8]。

蛋白质吸附是研究细胞与细胞之间相互作用的一个非常重要的因素。目前已开发出各种方法来定量吸附蛋白质的量，包括蛋白质的放射性标记和荧光标记。 其他用于此目的的表面分析技术包括表面等离子体共振（SPR）、次级离子质谱（SIMS）和 X 射线光电子能谱技术（XPS）[9,10]。

细胞行为不仅受蛋白质吸附量的影响，而且受蛋白取向和构象的影响。 例如，众所周知，纤连蛋白 Fn 是一种 440kDa 糖蛋白，参与细胞黏附[11]。精氨酸-甘氨酸-天冬酰胺（RGD）序列对于纤连蛋白（Fn）是必不可少的参与和跨膜整联蛋白受体结合。表面疏水性生物材料能够影响 Fn 的该细胞结合结构域的构象，Fn 构象变化则影响牛主动脉内皮细胞（BAEC）的黏附。荧光共振能量转移（FRET）可以揭示 Fn 的构象变化。傅里叶变换红外光谱衰减全反射（FTIR / ATR）技术则可用于研究单层自组装时 Fn 的构象变化[12]。

（2）细胞黏附

细胞黏附是细胞发生迁移、增殖、分化等生物学行为之前的第一步，因此，体外培养的容器表面必须要适于细胞黏附。表面处理和涂层是影响微流控通道中细胞黏附的一个重要因素，因为用于制作微流控装置的大多数基底材料（如 PDMS）都是疏水性材料，将其应用于细胞培养前都需要进行亲水性修饰。降低材料的疏水性有多种方法，其中广泛使用的有氧等离子化和紫外处理。然而，由于存在从内部到表面扩散的未交联的 PDMS 聚合物侧链（低分子量），PDMS 可以逐渐恢复疏水性，这意味着 PDMS 表面在经过这些亲水性处理后一周内将再次变得疏水。这限制了这种材料的长期储存以及进行长期培养实验的可能性。

改善 PDMS 亲水性使其适于细胞黏附的另一种方式是使用细胞外基质蛋白（如层粘连蛋白、纤连蛋白和胶原蛋白）修饰材料表面。这些极性物质通过氢键等作用吸附于 PDMS 表面。另外，蛋白质还可通过其甲基或烷基与 PDMS 之间的范德华力非特异性地吸附到未处理的 PDMS 表面。

除此之外，运用多聚 D-赖氨酸等带电分子涂覆 PDMS 是第三种改善亲水性的方法。由于多聚 D-赖氨酸末端存在带正电荷的氨基，赖氨酸具有亲水性，容易与细胞膜上带负电荷的分子相互作用[13]。但细胞表面蛋白与 PDMS 之间的非特异性吸附作用可能会导致不必要的细胞黏附。为了克服这一点，常常使用表面活性剂来改善 PDMS 表面特性以防止蛋白质的非特异性吸附。聚环氧乙烷封端的三嵌段聚合物是最常用的表面活性剂，可在 PDMS 表面上形成一种疏水性的稳定吸附层。多糖也被用于 PDMS 表面改性，通过光催化改性方法包被 PDMS。此外，羧甲基纤维素涂层可排斥带负电荷和正电荷的蛋白质，减少非特异性吸附的同时几乎不影响细胞黏附、迁移和增殖[14]。

3.2.2 三维培养

二维培养可用于操纵和观察哺乳动物细胞，为细胞生物学的研究奠定了基础。然而，二维培养不能完全模拟器官和组织内的细胞外基质（ECM）环境，不能重构细胞的体内微环境。三维模型能比二维模型更好地再现体内微环境。微流控系统因其可控、整合灌注、形成浓度梯度等方面的优势十分适用于建立三维模型。

微流控芯片三维培养有基于水凝胶和无凝胶两种形式，其中又以基于水凝胶的形式应用最多[15,16]。

（1）基于凝胶的三维培养

为了更好地重构体内细胞微环境，通常选用天然的细胞外基质的蛋白作为凝胶材料，包括胶原蛋白、纤维蛋白、透明质酸、基质胶、纤连蛋白、琼脂糖、聚乙二醇二丙烯酸酯，这类蛋白可以交联形成支架结构，对材料种类的选择往往是根据细胞种类和研究需求进行。

基于凝胶的三维细胞培养的通常做工法是通过微流控装置中诸如脊、柱或桩的结构[17-19]。水凝胶在微流体芯片中被引导定形，加入细胞悬浮液中后细胞即可黏附到水凝胶上。水凝胶可以由相位导引的方法对微流控芯片的腔室和通道进行有效的填充。在三维细胞培养的模式中，模拟血管系统是应用微流控装置最成功的模型。这种体外模型适合于肿瘤血管生成的研究，如考察微环境中的因素是如何影响组织周围的血管生成，这些微环境因素包括 ECM 重构、影响内皮细胞（EC）募集和发生形态改变的肿瘤细胞分泌因子等[20]。血管模型通常是将内皮细胞接种于水凝胶之上或之中，建立基于水凝胶的培养模式。

水凝胶可用于调节细胞外环境的化学成分和机械强度，是一种优良的可用于创建三维体外模型的天然亲水材料。研究表明，改变交联度会形成不同硬度的水凝胶，硬度影响凝胶中细胞的生存、增殖和迁移及干细胞的特异性分化[21,22]。

化学修饰可影响细胞在水凝胶中的附着位点，如用 RGD（Arg-Gly-Asp）修饰可影响 MMP 降解位点。这些细胞黏附位点对于内皮细胞迁移、肿瘤发展和肿瘤血管生成非常重要[23,24]。

通过水凝胶与光刻技术的结合发展出一种复杂的复合血管模型，这种模型具有更接近体内复杂肿瘤血管生成的特征（图 3-1）[25]。

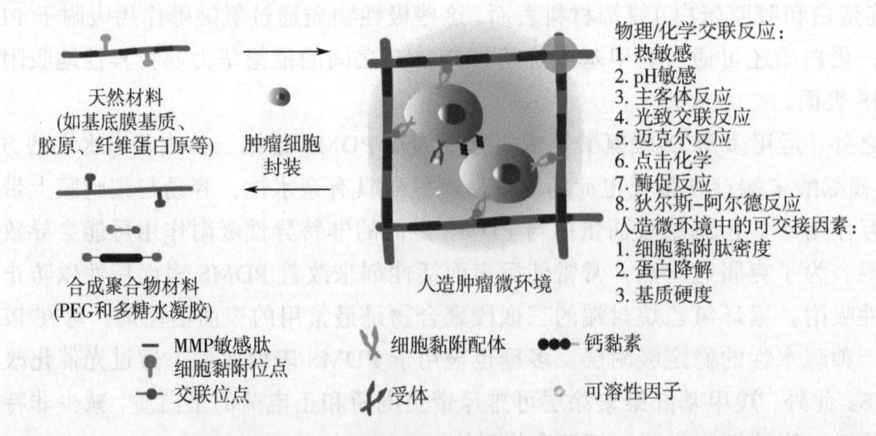

图 3-1　将天然/合成水凝胶材料用于体外肿瘤模型的工程化肿瘤微环境的示意图[25]

（2）无凝胶三维培养

基于水凝胶的模式需要经过复杂的凝胶包埋细胞过程，而凝胶可能会阻碍物质的传递。此外，它不适于构建具有高细胞密度低细胞外基质密度的模型。为克服这些缺点，无凝胶的三维培养模式应运而生。

其中一种方式是通过修饰细胞膜表面的化学基团，使其能够与高聚物表面发生反应结合到高聚物上，从而以高聚物为核形成细胞聚合团。比如用高碘酸钠修饰人腺癌细胞膜上糖蛋白的唾液算基团产生一个醛接头，这个接头能够与聚乙烯亚胺-酰肼聚合物上的酰肼反应，从而帮助细胞聚集成团开始生长。也有利用微孔结构的聚碳酸酯膜将不同细胞分隔开来进行三维培养的方式，这种方式虽然能够通过微孔允许细胞间的物质交换，但细胞与细胞间因膜的阻隔不能直接接触[26]。

通过在微流体芯片中培养悬滴系统和整块组织也可以实现三维培养。在无凝胶三维培养模式中，微腔或液滴是常用的形式，细胞可在其中悬浮生长并聚集成球。

微柱阵列结合瞬时细胞间聚合物连接也被用于无凝胶三维培养，用于在微通道中固定和维持三维多细胞簇的成型和生长。三维人体中枢神经系统模型通过从大鼠皮质层中收集细胞并将其接种在微孔阵列中，形成了神经球体。这一研究引起了人们的极大关注，这种无凝胶三维模型被证明能更好地模拟体内环境。随着在微柱上预先用纤连蛋白或者聚电解质包被促进脂肪来源干细胞在微柱上的固定形成三维球体并分化为神经元的实现，这一方法得到了进一步发展。

还有采用分选与原位组装联用的方法也正在发展中。比如采用介电电泳对人原代干细胞和内皮细胞进行分选并组装，只有活细胞被介电泳力有效地引导到用胶原蛋白预处理的细胞装配间隙，从而确保只有活性较好的细胞被组装到三维结构中。

3.2.3 静态培养

基于微流控的静态培养主要利用微成型技术对微米空间的精确控制的特性对细胞及细胞外环境进行排布，考虑到体内细胞微环境的微米级结构，微成型技术产生的这种微观组成有可能重现体内细胞及其微环境的空间几何特征，基于微流控的静态培养在模拟体内细胞的几何微环境上具有极大优势。目前，这一培养体系已成功应用于对研究微空间尺寸对细胞的空间排布、生长取向及其他细胞生物学行为的影响的研究中，极其适用于研究细胞与细胞间以及细胞与细胞基质间的相互作用。

（1）细胞空间排布的控制

细胞黏附决定了细胞的极性变化、迁移和凋亡等行为[27]。换句话说，可以通过调节细胞黏附来研究细胞和细胞群形态的变化。细胞的黏附状态可以通过微流控装置调节化学和机械因素来进行控制。例如，通过建立层粘连蛋白（一种对神经元导向具有重要作用的ECM蛋白）梯度来构建神经网络[28]。借此发现神经轴突倾向于向层粘连蛋白密度增加的方向延伸。另有研究者采用疏水性聚对苯二甲酸乙二醇酯（PET）膜来辅助实现在同一玻片上分隔培养两种细胞，然后进行后续的代谢分析[29]。基底的形貌因素对细胞的排列没有显著影响。在具有连续正弦波动特征的 PDMS 表面，细胞在几乎平滑的波浪上和尖锐的转角处没有明显的排列差别。

微分区通过控制芯片通道几何形状和微流控系统的物理属性将细胞进行定位排布，形成类似体内的微环境结构。例如，有研究组在琼脂糖基质中培养 HepG2 细胞，考察量子点（QD）对细胞的毒性。培养细胞侧通道与通入量子点的通道间通过长度不同的微通道进行连接，结果表明距离影响量子点对细胞的毒性[30]。利用三维微流控体系也可以重构血管内皮屏障模型，三维微分区能够用于准确复制肿瘤和基质细胞之间的距离，以及巨噬细胞的渗入作用，这类细胞对肿瘤侵袭具有重要作用。乳腺癌的转移也体现出距离依赖性，更接近成纤维细胞的乳腺癌细胞更容易发生侵袭。因此，在癌症发展过程中，与成纤维细胞的物理接触可能是发生在可溶性因素驱动侵袭前的必要程序[31]。

在微流控平台上制造微孔阵列是进行细胞排布的典型方法。这种方法已多次被应用到研究中进行细胞密度梯度的控制和单细胞分析。

近年来出现了另一种通过喷墨打印的方式来进行细胞排布的方法，特别是用于三维模型的构建。基于该法利用微/纳升级液体处理具有自动化、高通量的优势，在单细胞分析和细胞排布方面取得了成功的进展。这种方法可进行异质组织结构的组装，模拟体内肿瘤微环境，可以大规模、高通量制造高细胞密度三维肿瘤模型，具有构建各种二维、三维体外模型的潜力。依赖于快速自动喷墨技术，不同的细胞可以以预定义的模式沉积。可以通过双重喷射将细胞与胶原混合构建三维共培养模型。这种方法被成功应用子乳腺癌的发生和发展机理探索研究中，可以通过精确混合细胞和基质底物（如明胶和藻酸盐）来控制三维肿瘤组装，体现更接近真实体内环境进行肿瘤模型体外构建。比如利用一种高通量制造小型化组合微凝胶载细胞阵列的方法，用于筛选各种生物材料，结合可溶性因子的作用用于 MSC 成骨诱导研究[32]。

如前所述，基于支架的培养模型有利于模拟体内微环境并具有比天然衍生材料更好的传质效率。在计算机辅助下，可以快速地构建具有复杂结构和明确材料性质的三维多孔生物活性支架[33, 34]。制造三维支架的第二种方式是利用静电纺丝模拟类似 ECM 的支架结构。该方法有两个主要优点：一是所需聚合物原料少，节约了成本；二是在制备过程中可以将另外的组分如共聚物和生长因子加入聚合物溶液中，然后融入电纺纤维中。基于支架的模型适用于抗癌药物机制的研究。在最近的一项工作中已经报道了使用核-壳结构对成纤维细胞和肝细胞进行空间定位组装，实现了在液滴中研究细胞-细胞相互作用的目的。

（2）细胞生长取向控制

大多数在微织构表面上进行细胞培养的研究多涉及细胞取向及其影响。这种对细胞取向的影响体现最显著的是微沟槽表面。众多研究表明，大多数细胞类型，例如心肌细胞，成纤维细胞和成骨细胞呈直线形状排列，并沿凹槽方向拉长。与细胞黏附相似，凹槽的大小在确定细胞排列走向上也起着重要作用。细胞取向拉伸长度通常随着凹槽深度的增加而增加，随着凹槽宽度的增加而减小。另一种说法是凹槽的纵横比（深度：宽度）影响着细胞的接触取向。

但是，能引起细胞这一生物学行为的形貌尺寸的范围仍然是有争议的问题。一项研究发现，人真皮成纤维细胞和人脐动脉平滑肌在深度小于 1μm 凹槽中排列不佳[35]。然而，牛角膜上皮细胞在 14nm 的纳米槽上却能呈现出与基质平行排列的特征[36]。

空间几何形貌对细胞的定向生长的影响在组织工程中具有重要的意义。首先，定向排列生长的细胞是形成组织的基础，也是在体外复制体内组织结构的基础[37]。

通过在更微小的空间结构上更精细地模拟体内细胞环境构成，将会指导细胞生成更具有生物学功能的组织。在纳米槽上培养成骨细胞样细胞时，不仅细胞和肌动蛋白应激纤维沿纳米槽方向排列和拉长，胶原基质的排列也会受到下面的纳米槽的影响。这表明骨组织的轴向排列受到纳米级空间结构的影响[38]。

（3）其他细胞行为控制

除了细胞黏附和细胞方向，其他方面受几何形貌影响的细胞行为主要集中在细胞增殖、分化和细胞上层结构的研究上。对成纤维细胞、内皮细胞、成骨细胞、干细胞的研究发现，微观或纳米结构通常减少细胞的增殖。但这种影响并不是绝对的，在其他一些特定细胞种类上表现出无显著影响，或者有促进细胞增殖的结果发生[39]。目前，几何形貌对细胞增殖的影响趋势仍没有统一的定论，这可能意味着对增殖的正负效果具有生物系统或者细胞的特异性。

从微流控材料表面微貌结构使干细胞的增殖普遍下降出发，可以假设同一特征是否能诱导干细胞分化，一项将人间充质干细胞在纳米格栅上成功诱导分化为神经元样细胞为这项假设提供了支持，此后又有将充质干细胞分化为成骨细胞的成功案例[40]。

特定细胞与微结构表面相互作用能够增加细胞与细胞相互作用，并进一步改变细胞培养的上层结构。在微钉上培养的心肌细胞明显高于生长在平坦的膜上细胞，这证明了人造微钉可以增加表面积用于肌原纤维堆积，这种结构更好地模拟了体内的圆柱形心肌细胞组织结构。

人类内皮祖细胞在平坦表面上只能长成汇合单层，但在纳米光栅上培养的人类内皮祖细胞能形成一个多细胞的带状结构[41]。微观形貌如何诱导上述细胞行为的机制可以借助基因表达谱的分析进行，一般认为，微观表面形貌会影响单个细胞的细胞骨架组织和黏着斑形成。而细胞骨架的重组将会导致细胞骨架相关的 G 蛋白和激酶信号转导，并随后影响下游的生化途径。

（4）有效培养时间

为更好地理解和表征微尺寸细胞培养，沃克（Walker）和毕比（Beebe）[42]提出了有效培养体积（effective culture volume，ECV）的概念，但是，根据我们在宏观上的经验，ECV 只是一个参数，无法明确为我们提供有关如何在微观上进行正确培养细胞的实用指导。

传统经验告诉我们，细胞培养需要定期更换培养基，否则将因营养物质的消耗和废物的积累导致细胞活性降低。当在微通道中培养细胞时，因微通道具有比传统培养容器更高的培养面积/体积比，需要对换液间隔进行调整。为解决这个问题，引入了有效培养时间（effective culture time，ECT）这个参数。

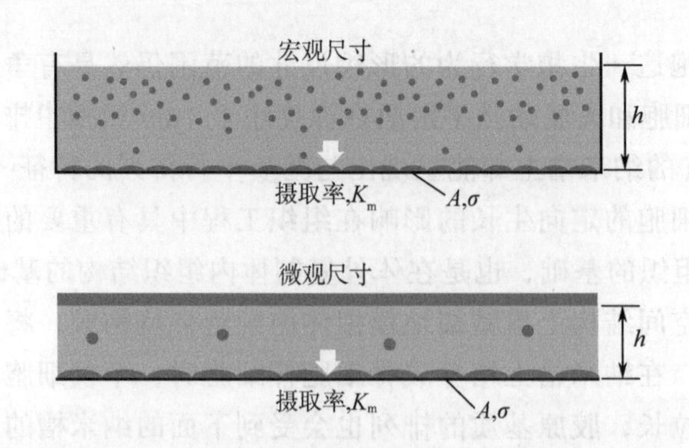

图 3-2 宏观培养比微观培养具有更大 h 值和 Da 数[43]

如图 3-2 所示，在静态培养皿中，细胞均在区域 A 的培养表面，并浸入到体积为 V 的培养基中[43]。培养基在细胞层上方形成高度为 $h = V / A$ 的流体层，其中，V 为培养基体积，A 为培养表面积。这个高度即对应于密闭的微通道高度，或者培养瓶或培养皿中细胞上方到气液界面的高度。高度 h 为微通道的特征尺寸，因为通道长和宽远大于 h，h 成为扩散的极限尺寸。关键生化因素是指细胞培养期间消耗的血清中的生长因子以及葡萄糖和其他代谢相关成分。当这些因素耗尽后，必须为细胞补充培养基以维持细胞的继续生长和分裂。换液时间间隔或者有效培养时间（ECT）的决定因素包括：①特定的初始浓度底物 c_0；②细胞底物吸收率 K_m；③底物的扩散率 D、细胞密度 s、培养表面积 A 和培养基体积 V。作为一阶近似值，底物摄取率可近似被认为是基于米氏方程（Michaelis-Menten equation）的底物与其酶的最大反应速率。通过达姆寇勒数（Damkohler，Da）将这些参数关联起来[44]：

$$Da = \frac{K_m h\sigma}{Dc_0} \tag{3-1}$$

其中，Da 是测量反应时间和扩散时间之间比例关系的无量纲参数，Da 也可以作如下变体：

$$Da = \left(\frac{h^2}{D}\right) / \left(\frac{c_0 h}{K_m \sigma}\right) \tag{3-2}$$

式中，分子代表扩散时间标度 $\tau_d = h^2/D$，分母代表反应时间尺度 τ_r。对于微量细胞培养，h 通常比传统培养小 5~10 倍，这意味着 Da 在微通道中降低了一个数量级。因此，反应时间决定了整个过程的速度，因为扩散到微通道的顶部的速度比底部所有底物的反应速度要快得多。传统培养中因培养基深度更深，整个过程速度受扩散速度影响更大，扩散速度将驱动底部底物的消耗反应，因此可以提高基材消耗的速度，但自由对流又减轻了这种对扩散速度的依赖。

由于 τ_r 在扩散占主导地位的系统中时等同于 ECT，并且 τ_r 与 h 成线性比例，则 ECT 可以根据微通道的高度缩放，即 ECT $\propto h$。例如，典型的传统宏观尺寸培养采用培养表面积 $80cm^2$ 的培养皿加入约 10mL 的培养基，则其培养基高度 h 约为 1.2mm，对于多数细胞类型，每 48h 需要更换一次培养基。对于 h 为 200μm 的微通道，ECT 将缩小 6 倍，为保持与宏观相似的培养环境，则需要每 8h 更换一次培养基。实际实验得到的换液间隔为 8~12h，与推测值是吻合的，从而验证了该法的可靠性。

3.2.4 动态培养

基于微流控芯片的细胞动态培养主要利用对流体的操控，在微尺寸上操控剪切力，在亚细胞及细胞水平上准确帮助细胞进行物质信息交换。这种方法极其适用于对细胞微环境的研究，比如人工构建在某段时间增加或者消除特定细胞因子的微环境。研究这种细胞因子对细胞表型的影响，这时，相比静态培养，动态培养的方法能更好地模拟体内血流丰富的组织器官，如肝脏、肾脏等。通过这种体外模拟，可以在细胞实验的水平上获取到接近体内实验的实验数据。动态培养与静态培养体系最大的区别在于需要液流控制模块，如何构建封闭的液流传输系统就是关键所在，而气泡的形成则是影响整个系统封闭性的形成的要素，因此，需要更多策略来防止气泡的产生。

（1）细胞培养腔室

微流控动态培养系统的 ECV 特点是具有较大的表面积与体积比值。最简单的细胞培养室是简单的直通道，让细胞在通道底部附着并以二维单层的形式生长在微流体通道的表面。该培养室中的细胞直接受到一个方向的层流作用，因此，在这种设计中，ECV 取决于沿一个方向对流传质（如流体流动轴）（图 3-3），这种设计的应用面很广，如用于选择性递送细胞因子和药物到不同区域的细胞，或者通过层流来进行不同细胞的排布[45]。

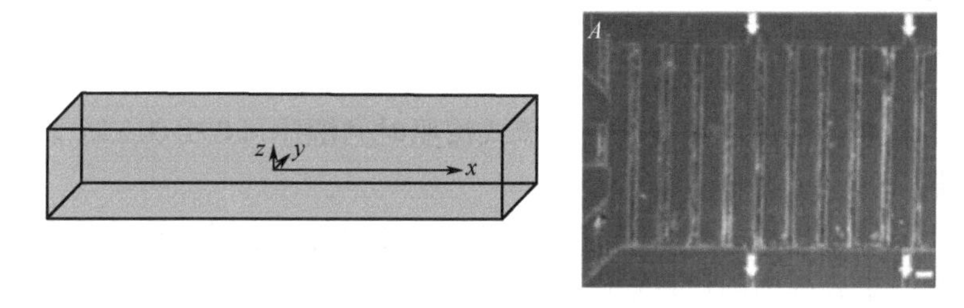

图 3-3 直通道细胞培养腔的设计[45]

另一种培养室是由一系列不同几何形状的简单腔室构成，腔室间通过微流体通道连接形成阵列。这些培养室阵列中的细胞仍然直接受到通道液流方向上，即 x 方向上的对流作用。但是，从通道流入几何形状腔室中的流体会因腔室几何形状发生改变而导致沿 y 方向的传质距离增加（图 3-4）[46]。虽然尚未发现这种液体剖面变化是否对细胞具有显著影响，但是，这种细胞培养室阵列不能产生直线的层流，也限制了它们在细胞和分子的选择性递送中的应用。

细胞培养室也已设计用于模拟体内组织环境的传质特性，如模拟营养物质通过毛细血管并通过间隙空间到达临近的单个细胞（通常在 100μm 以内）。一些微流灌注培养系统使用隔离的细胞培养室，这样细胞就不会直接受到对流的作用。在这种设计中，在各个方向上都具有相近的传质距离，从而保证在整个 ECV 中保持均匀的物质传输（图 3-5）[47]。分隔液流的方式有多种，比如设计一个具有高纵横比的 C 形细胞培养室，或者制造微孔以屏蔽直接的对流。利用三维凝胶基质或者微柱阵列制造三维细胞培养阵列的同时，也可以避免直接的液体对流。

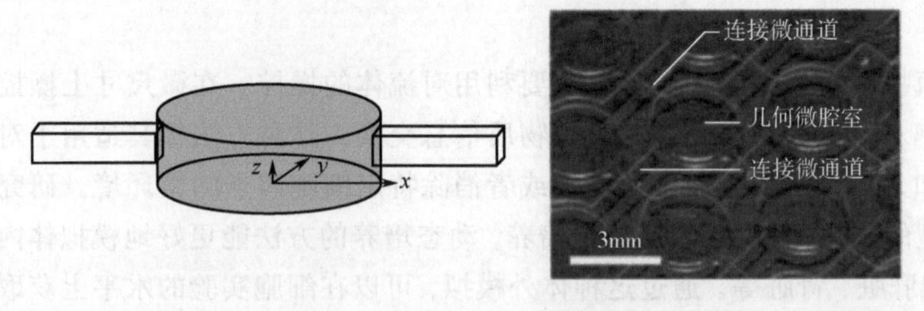

图 3-4 几何形状腔室设计[46]

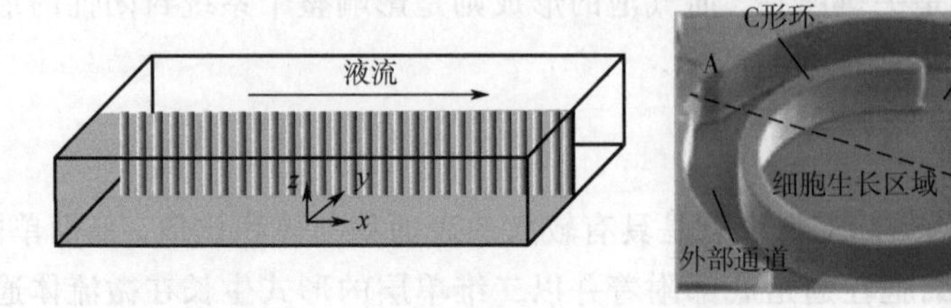

图 3-5 分隔通道设计[47]

这些隔离直接对流的培养方式可以保护细胞免受流体剪切力的不利影响，是对剪切力敏感的细胞类型（如原代肝细胞）的理想培养模式。

（2）流体输送系统

微流灌注中的液体输送培养系统工作流式按照时间顺序可以分为三个阶段：①细胞接种；②灌注细胞培养；③细胞测试。

第一阶段，即细胞接种阶段，要将外部来源的细胞悬液通过微流体通道递送到细胞培养室中，让细胞能附着到细胞培养室底部的表面。

第二阶段，即灌注细胞培养阶段，培养基通过连续灌流实现对细胞进行长期培养。

除非特定需要应用高剪切应力的实验，此阶段一般保持较低流速，流速需平衡充分的物质传输和流体剪切力。

物质传输：最直接优化营养和氧气到达细胞的传质以及控制局部分泌因子和代谢产物的浓度的方法是改变培养基流速，以及改变细胞培养腔室的形状，通常是改变腔室的高度。

一般来说，在静态培养条件下需要更频繁换液的细胞种类，例如肝细胞或胚胎干细胞，在灌注培养中也需要更高的流速，来保证充足的养分输送以及去除可能有毒的代谢物如乳酸的去除，同时也可以通过增加细胞培养室高度来实现[48]。

因此，调整流速和细胞培养室高度可以在保持低剪切应力的同时提供足够营养物质部分。需要充分了解培养基流速、培养室高度以及培养室中平均流速之间的关系。

例如在矩形细胞培养室中，培养室平均液流速度可以由下式计算得到：

$$v = \frac{Q}{wh} \tag{3-3}$$

式中，v为培养室平均流体速度，m/s；Q为培养基流量，m^3/s；w为腔室宽度，m；h为腔室高度，m。增加氧气和营养物质在给定高度腔室中的v值，但也会使细胞受到的剪切应力增加。

如果保持一个理想的恒定流体速度，则增加非循环系统的腔室高度会导致培养基消耗量增加（Q增加）。典型的培养基的流速取决于细胞类型和系统设计，例如，培养室高度和灌注模式。

培养基停留时间是指细胞培养室中培养基完全更换所需要的时间。假定流体平均速度是均匀的前提下，可以根据腔室尺寸计算获得培养基停留时间，但因实际系统中的液流是层流，实际的培养基停留时间会比计算值更大，这个理论计算值可以作为比较不同培养体系的参考值。

流体剪切应力：流体剪切应力是部分微流灌注培养系统固有存在的因素，通常认为当剪切应力过高时会对培养的细胞产生不利的影响。

降低剪切应力的方法主要有降低流体速度，设计高深宽比单元培养室，或利用微柱或微孔屏蔽细胞。此外，不同细胞可接受的剪切应力水平也不同。

在二维泊肃叶（Poiseuille）流体系统中，可以通过以下公式简单估算流体对通道壁的剪切应力：

$$\tau=\frac{6\mu Q}{h2w} \tag{3-4}$$

式中，μ为黏度，kg/(m·s)；Q为流量，m^3/s；h为腔室高度，m；w为腔室宽度，m。对于给定的流量Q，通过增加通道高度（降低流体速度v）可将剪切应力降低到可接受的水平。

增加高度并降低流体速度不仅影响剪应力，还影响其含量微环境的变化，因此也要同时考虑物质的传输。

基于上述公式的估算是适用于简单的矩形细胞培养室的；但是对于更复杂几何形状的系统，则需要借助有限元模拟。

灌注液体输送的第三阶段，是细胞测试阶段。该阶段需要将用于检测细胞的试剂，例如荧光染料或代谢底物在短时间内（通常在几小时内）递送到细胞，用于测定细胞活性。在此测试阶段，流体流量是培养灌注阶段的3～5倍，以便试剂可以快速均匀地渗透到细胞培养物中。

以上在三个阶段中的流体控制通常依赖于外部的泵和阀门。为适应不同阶段的不同流体操作，有时还需要独立的微流体网络。例如，分开细胞悬浮液和培养基的输入以确保当第二阶段开始时，新鲜的培养基被输送到细胞培养室。独立的微流控网络还可以结合内置设计来更改流体阻力。例如，设计较小的微流体通道尺寸以增加流体阻力，来调节质量传输特性不受外部泵送条件的影响。另外，在涉及重高通量细胞实验时也需要考虑进行独立流体输送系统。

（3）临界灌注率

动态培养模式采用灌注来不断培养基的补充，在这种情况下，就需要知道如何确定适当的灌注率。因此，引入了有效的临界灌注率（critical perfusion rate，CPR）这个参数[49]。与ECT类似，可以使用缩放参数来获取临界灌注率（CPR），用于指导设计微流控设备中使用适当的灌注系统。在高度为 h 长度为 L 的直通道中，当采用恒定流速 U_m 进行灌注时，底物从入口被液流带到出口所需时间 $\tau_r \approx L/U_m$，表示流体携带底物从入口到出口所需的时间（对流时间或培养基停留时间）[50]。假设先近似认为底物吸收率 K_m 在细胞培养区域A上的整个过程中是恒定且均匀的，与底物浓度无关。此外，因底物是沿通道不断消耗，底物浓度与通道长度呈线性关系，c 为浓度，x 为通道长度，在入口处 $x=0$，因此，$c=c_0$（图3-6）[49]。

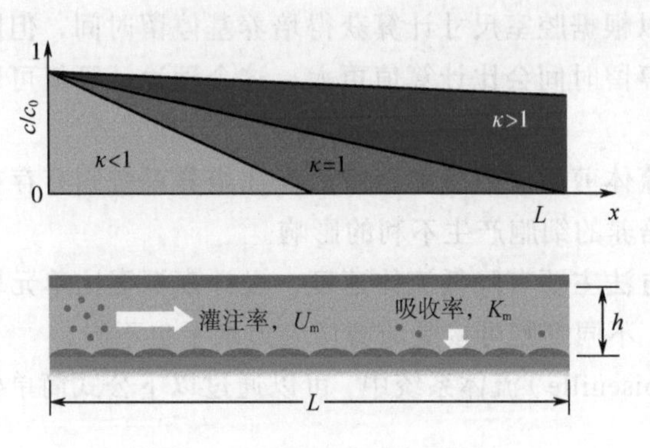

图 3-6　临界灌注率的含义

（CPR 定义为 $\kappa=1$ 时的灌注率，或者 CPR=L/ECT，L 为通道长度）[49]

通过对流和反应时间的比值，可以得到一个类似Da的无量纲参数：

$$\kappa=\left(\frac{L}{U_m}\right)/\left(\frac{c_0 h}{K_m\sigma}\right)=\frac{LK_m\sigma}{U_m c_0 h} \tag{3-5}$$

如果我们将临界灌注率（CPR）定义为底物浓度在出口处刚好为零时的速度，即在 $x=L$ 处 $c=0$，则CPR相当于 $\kappa=1$ 的灌注率。$\kappa>1$ 时，表示灌注充足，对流时间占主导地位，底物穿过微通道才被完全消耗掉。如果 $\kappa<1$，则灌注速度慢，营养底物在被流体携带到出口前已被完全消耗，在出口端附近的细胞将缺少必需的营养物质。

当 $\kappa=1$ 时，CPR计算如下：

$$\mathrm{CPR}=U_m(\kappa=1)=\frac{LK_m\sigma}{c_0 h}=\frac{L}{\tau_r} \tag{3-6}$$

因 $\tau_r=$ ECT，CPR也可以通过 L 除以ECT来计算。

发展这些概念的目的是延展ECV的想法，从而得到可以帮助设计微流控结构的定量方法。这些近似值是基于宏观培养经验为微观培养提供的经验估算值。

如果是静态系统，并且宏观上的ECT是已知的，则微观上的ECT可以根据 h 的变化进行估算。如果是动态系统，可以用公式（3-6）估算CPR。除此之外，无量纲参数 κ 也可以通过结合Da数、Peclet数（$\mathrm{Pe}=U_m h/D$）和高度与长度比值（$\alpha=h/L$）来进行估算。

气泡的生成与清除：气泡破裂时会破裂细胞膜，因此不利于细胞培养。在微流控通道中如果形成气泡可能会阻塞整个通道，阻止流体充分流动以至于改变流动模式，扰乱细胞培养环境。

如果不清除，由于通过PDMS的蒸发气泡的大小也会增加，可能导致细胞培养区域变干。当然，也有在两相流系统中制造气泡用于涉及细胞损伤的生理建模的应用，例如构建液体堵塞肺泡腔中的肺上皮细胞模型[51]。

但是，在大多数研究中气泡都是不利且不需要的，应尽量采取措施在设计阶段就进行消除。尽管已有各种为避免气泡进入系统而开发的方法，以及当气泡生成时被动诱捕那些最终进入设备的气泡，但最好的解决问题的方法是在气泡进入培养区域前就主动进行清除[52]。

3.2.5　细胞共培养

异质性细胞之间的相互作用对于细胞生长、迁移和分化具有重要意义。

实质细胞与非实质细胞之间相互作用的生理重要性推动了组织工程中替换和恢复组织功能的研究发展[53, 54]。这些研究就衍生出了体外细胞共培养。传统的细胞共培养是借助过滤器或者改变接种密度比来将不同的细胞隔开接种进行培养。但借助过滤器（如滤膜）的情况下，无法进行直接的细胞相互作用，从而禁止细胞与细胞交界处的相互作用。而通过接种密度比的方法无法控制不同的细胞类型在空间的分布。随着微米甚至纳米级器件制造技术的发展，细胞培养的分辨率也能达到微米级，这就为基于微流控的细胞共培养模式奠定了基础[55,56]。

（1）基于化学因素调节的共培养

在微流控表面进行不同细胞的接种最常见技术是在基板上涂布一层化学物质或者生物分子。这个方法分为两个步骤完成。第一步，将化学物质或生物分子使用微接触印刷或光刻法将其涂布在基板上。这层化学物质可以介导第一种细胞的黏附。第二种细胞则可以通过以下方式附着到其余表面，如血清介导的非特异性黏附。这种技术成功用于共培养肝细胞和 3T3 成纤维细胞[57]。

在上述技术上，通过使用能分别跟特定细胞反应的化学物质，可以将两种以上的细胞定位接种到同一基底板上。例如，将侧链含有叠氮苯基 β-半乳糖的聚烯丙胺（LPAN3）在 PMMA 底物进行涂层，即可实现肝细胞和成纤维细胞的共培养。肝细胞和成纤维细胞分别仅黏附于 LPAN3 和 PMMA 通道[58]。

（2）基于物理因素调节的共培养

与化学构图相比，基于物理因素调节的细胞共培养方式使用较少。而利用物理因素主要是材料的表面微观形貌。目前对细胞与微观形貌相互作用的了解还不够透彻。所依赖的原理主要是不同的细胞类型具有不同的微观形貌偏好，可以使用不同的形貌图案控制一种以上的细胞培养。例如，采用 10μm 的微钉表面培养心肌细胞和成纤维细胞的共培养，成纤维细胞的增殖活性降低了 50%，考虑到在原代培养中终末分化的心肌细胞不增殖，而只有成纤维细胞能增殖，这种共培养的方法可以有效地控制成纤维细胞的数量，而无须将其完全去除，可以有效地维持心肌细胞的长期存活[59]。

3.3 微环境构建

3.3.1 物理因素作用

微流控系统有助于阐明物理因素（剪切应力、限制和温度）对细胞行为的影响。已有研究阐明了氧气对集成微流控装置上癌细胞迁移的影响[60]。如 Caski 细胞在 15%的氧气氛围下比在 5%氧气氛围下的迁移率更低。剪切应力的影响主要体现在血管组织中。已有研究描述了各种微流控装置如何控制施加在细胞上的剪切应力。例如，通过凝胶或支架结构网络分离的两个独立通道用于控制剪切应力对细胞行为的影响[61]。微流控装置可精确控制通道中和流过凝胶填充隔室的液流[62]。可以通过水凝胶、纳米多孔膜和微通道等阻隔细胞与液流的直接接触来降低剪切力对细胞的影响，阻隔的同时又能允许生物分子的被动扩散。

体内微环境提供了细胞生存的特定空间，这种特定空间影响着细胞的形态和行为。微流控装置能够重建这种空间，尤其是在构建细胞迁移的物理微环境上具有优势。有研究人员运用此类装置研究细胞运动，如树突状细胞迁移的调控 [63]，研究发现这种微空间本身会对细胞运动产生影响。而温度是影响细胞行为的另一个重要因素。为了研究温度对细胞的影响，首先要对引入装置的液体温度进行调控。温度的控制由两种不同的层流系统实现，这种方法已被应用于揭示胚胎发育率对温度的依赖性。

随着开放式微流控平台应用的日益增多，不可避免会涉及的一个问题就是蒸发。因为大多数微流细胞培养系统由透气的 PDMS 材料制备，如果环境湿度不合适，腔室中的水可能会蒸发。即使在与管道相连的微通道中，因其具有渗透性，可以监测到它的渗透压发生变化，有实验证明这对培养中的胚胎发育有不利影响[64]。

在开放式微孔中，蒸发的问题更为明显，以及无管微通道系统中液滴暴露在空气中也极易蒸发。在这样的系统中，端口上的液滴蒸发不仅会减少系统中的总流体量，还会浓缩培养基中的可溶性因子并引起蒸发诱导流，这可能破坏已建立的稳定梯度，或者导致输送流体紊乱。为尽量降低蒸发带来的不利影响，需要对蒸发发生原理进行深入了解，设计恰当的加湿设备用于减少蒸发的发生。

3.3.2 化学因素作用

调节化学浓度梯度可调控多种基本细胞功能和生物过程，如癌细胞转移、细胞趋化性和迁移、分化、发育、免疫反应、伤口愈合和胚胎发育等[65-67]。

早期研究化学梯度影响的体外平台如 Boyden 室、Dunn 滑膜室、Zigmon 室以及琼脂糖、培养皿等不能构建匹配生物细胞尺寸的环境。微流控装置克服了这一缺陷，提供了高的梯度分辨率，并能在传质和流体动力学方面达到良好的控制。微流控装置在构建表面固定分子或可溶性因子梯度方面从时间和空间上都体现出优于传统方法的强大控制力。研究者单独考察了流体对嗜中性粒细胞的影响，结果表明微通道中的层流产生剪切力可激活细胞[68]。

梯度模式可按照流动和非流动，动态和静态，以及三维和二维进行分类。流场、流体流动和流体流速是决定微流控梯度发生器中质量传递的三个因素。一般来说，溶质浓度的输送可以等效于检测压力驱动梯度发生器中的液压回路。对流扩散方程可估算可溶物通过质量对流和（或）扩散传递的速率，浓度梯度的产生则依赖于基于对流的梯度发生器中的流场。此外，梯度产生的时间对于确定如何实现生物实验也至关重要。通常，微流量梯度发生器的耗时取决于器件的长度和传输参数。产生浓度梯度的方法在生物学研究中被广泛应用，比如研究化学因素梯度对细胞迁移和增殖的影响，以及细胞动力学研究及细胞处于三维微环境中受到的影响等 [69]。T 连接是生成梯度的最简单芯片设计。基于这种设计，可开发出更复杂的预混合梯度发生器。

有研究者开发了基于层流的微流控系统来控制细胞分化和增殖[70]。通过不同浓度梯度的生长因子（GF）混合物不断刺激人神经干细胞（hNSC），hNSC 响应不同浓度的 GF 分化增殖形成星形胶质细胞的比例不同。浓度梯度通常通过操作移液枪对溶液进行连续稀释来获得，但这种操作可能影响稀释的精度。还有一种更精准的对数尺度的浓度梯度构建方法，是通过沿着微通道间隔一定距离设置阀门，从而保证液体在通道内的精确填充。

3.3.3 细胞与细胞间相互作用

通过细胞-细胞连接或旁分泌信号传导机制可以实现细胞-细胞相互作用，同时这种相互作用也决定了细胞对刺激的反应和细胞表型的变化。微流控装置能够实现单细胞水平上特异性信号的刺激，并通过高通量筛选阐明细胞之间的表型和基因型差异。通过调控细胞之间的相互作用，可以针对性地研究异型或同型细胞与细胞间相互作用。研究旁分泌通信的模型通常在一个通过凝胶隔离的双通道微流控装置上建立。有研究者应用该模型发现间隙流可诱导三维组织样结构的形成，这一结构的形成表明细胞-细胞内聚力增强[71]。

细胞的接种是进行细胞-细胞相互作用体外研究的第一步。与二维培养不同，三维细胞培养模型通常需要用基质对细胞进行预混。三维结构奠定了复杂的人体组织网络基础，适于在微流控平台上构建。用于研究细胞-细胞相互作用的芯片设计包括微型阀、微通道和膜，可控制从一种细胞释放的代谢物向受体细胞的扩散作用[72-77]。有研究者提出了一种在微流控装置中应用的表面张力塞，用于控制细胞代谢物的扩散，基于此研究了 293 细胞和 L-02 细胞之间相互作用的信号通路[78]。

（1）二维培养的细胞接种

二维微流灌注培养中的一个关键是确保细胞接种过程中细胞能够良好附着在基底上，以免细胞被后续的灌注流体冲走。通过表面修饰可以促进细胞附着，在细胞接种后需要保持静态才能保证良好的附着（图 3-7）[79]。这段静置的时间根据细胞种类、细胞密度、细胞底物特性、ECV以及接种时使用的培养基的不同而从2h到过夜不等[80,81]。例如，对于小鼠胚胎干细胞在无血清培养基中，需要静置4h，可使2×10^6个细胞附着在聚苯乙烯培养皿上。

另外，运用ECM的微观结构，限制细胞成长方向和形状的细胞微排布技术可以与微流控灌注系统结合，实现可控的不同细胞的二维共培养接种。

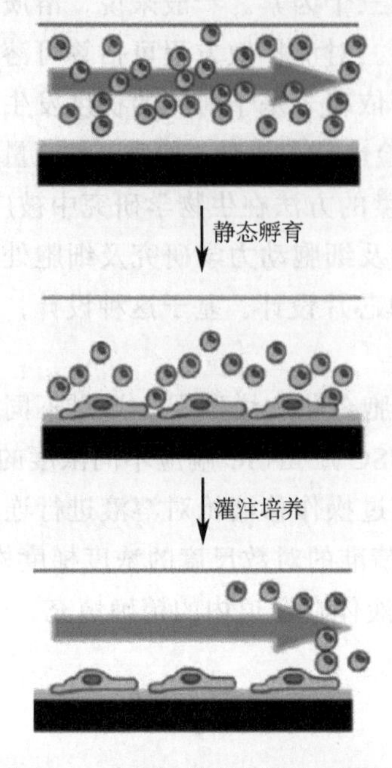

图 3-7　二维培养的细胞接种[79]

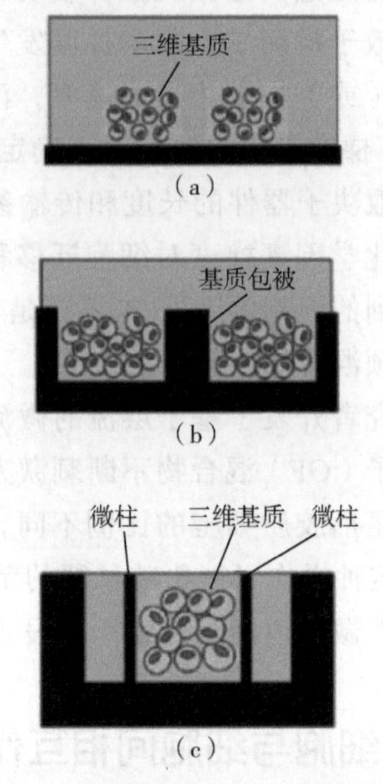

图 3-8　三维培养的细胞接种[79]

(a)微自成形三维基质；(b)微腔室或支架；(c)微柱与三维基质结合

（2）三维培养的细胞接种

三维细胞培养的细胞接种是通过材料的三维结构固定和支撑细胞，比如通过自成形的基质材料混合细胞，凝固后形成包裹细胞的微型三维固定结构；或是借助微腔室围绕出的三维空间，辅以细胞基质的包被模拟细胞外基质微环境来接种细胞；或是直接将细胞基质材料先与细胞混合再注入微柱围绕出的微型三维结构中，如图3-8所示[79]。三维细胞接种需要控制细胞与细胞之间，以及细胞与细胞外基质之间能够进行相互作用。

这其中，细胞的固定主要是通过基质材料包裹细胞直接成型，或将三维微型腔室或支架预先包被一层细胞外基质分子来促进细胞的附着[82]。

对于微阵列，包被细胞的基质材料为细胞提供了附着点，同时也提供了细胞外微环境的物理空间。这些基质材料矩阵必须足以承受灌注培养过程中承受机械应力，但这也往往会限制氧气和营养物质的传质[83]。

这就使得生物材料的选择也受限于基质成型技术的限制，如光刻技术需要能够光敏聚合的基质，而这些基质在生物相容性可能有所欠缺。

利用细胞外基质分子预先包被微型腔室或支架形成的三维培养体系，虽然细胞能够在培养过程中形成三维的细胞团，但细胞与基质相互作用仍为二维的。解决这一问题，可以通过联合使用微柱和三维基质层的结构来固定和支撑细胞，这样既无传质阻碍也可以实现细胞与基质之间的三维相互作用[84]。

共培养是研究细胞间相互作用的一种方式。研究细胞间的相互作用首先是接种细胞，然后是动态观察细胞的相互作用。在微流控装置中，可以通过多种方式实现这一目标。为了调节共培养细胞的相互作用，可以通过控制细胞排布来改变不同细胞之间的间距，这一目的可以通过表面改性、细胞沉降、层流，甚至通过机械手段来达成。微流控芯片上由细胞共培养还可以通过混合培养（二维/三维）、微型阀和微球、膜插入、液滴技术来实现，应用微流控芯片已经成功建立多种共培养模型（表 3-1）[73]。

表 3-1 常见微流控共培养模型及其特征[73]

共培养模型应用领域	典型研究领域	典型微流控装置	细胞类型
血管系统	血管生成 血流动力学 肿瘤效应 创伤愈合	三维结构 插入膜结构 微间隙	上皮细胞 成纤维细胞 周细胞 肌细胞
肿瘤研究	EMT 炎症反应	微阀 微间隙 （微通道）	肿瘤细胞系 成纤维细胞 上皮细胞 免疫细胞
神经科学	神经保护作用 神经系统失调	微通道	神经元细胞
真核细胞和细菌	肠道微环境 细菌性癌症靶向	插入膜结构 微间隙	细菌 上皮细胞
组织工程	芯片器官（肝脏、肺、肾等）	三维结构 插入膜结构	组织细胞

3.3.4 细胞与细胞外基质间相互作用

细胞外基质（ECM）的物理特征和组成直接影响细胞的形态、生命、死亡、运动、分化和极化等[85,86]。因此，ECM 对于决定细胞命运至关重要。现已有多种材料被用于 ECM 构建，包括天然的聚合物（胶原、透明质酸和纤维蛋白）和人造聚合物（PEG、PLGA

和藻酸盐）。天然 ECM 材料具有很高的生物相容性，但成本高，重复使用率有限，而人造聚合物在结构、刚度、孔隙率和形状上更加可控。菲施巴赫（Fischbach）研究组[87]将精氨酰甘氨酰天冬氨酸（RGD）肽掺入藻酸盐形成的三维 ECM 中，增加了癌细胞的血管生成率。

层流微流体只需要极少量的分子即可产生线性的浓度梯度，十分适合于细胞-ECM 相互作用的研究[28]。有研究者 T 连接微流控模型构造了 ECM 网络，并进行了触觉轴的研究，发现，轴突的趋向性与层粘连蛋白的密度密切相关。在三维微流控血管模型中，腔内间质流是调节细胞-细胞及细胞-ECM 信号的主要因素。间质流是指存在于组织间隙间的细胞外液流动，这种流动可以引导癌细胞迁移。通常，如何控制 ECM 的化学和机械组成是生物化学领域的研究内容。创建二维 ECM 的表面密度梯度可与 ECM 筛选结合在一起[88-90]。此外，将细胞嵌入水凝胶微珠和微液滴后常常可以结合到微流体系统中[91]。另一种构建 ECM 的方式是将微流控装置置于 ECM 上，即在明胶中形成 PDMS 通道用于微量培养[92]。

细胞外基质的机械性能对细胞行为具有重要的影响。细胞表面某些特定分子负责将细胞锚定到二维或者三维基质和临近细胞上。例如，每个整合素家族的成员结合一组特定的 ECM 蛋白[93]，整合素受体复合物与细胞骨架偶联。英格伯（Ingber）[94]已经在张力模型上对机械和化学信号的整合过程进行了详细描述，这个模型是针对整个细胞水平，而不是单个机械感受器水平，可以揭示众多机械和化学信号对细胞行为产生的具体影响。比如，ECM 的密度会影响细胞分化，二维培养中，细胞可黏附区域影响细胞的形状，进而会影响到人间充质干细胞的分化谱系[95,96]。

3.4 总结与展望

微流控细胞培养设备为基础细胞生物学研究和工程组织的发展提供了有力的工具。对微流控中细胞培养的表征，对于了解哪些宏观条件下的现象及原理在微观条件下仍然成立是至关重要的。利用微流控系统控制细胞微环境的方法得到不断发展，这些技术帮助在细胞生物学中取得新的发现。与成像或其他观测方法（如激光、质谱、扫描探针显微镜和核磁共振光谱）结合后，微流控系统将可实现实时动态刺激和检测。但更完美地模拟体内环境是微流控细胞培养研究将长期努力的方向，特别是利用人细胞构建的微流控培养模型，如果能建立足够完整的微环境，将会是优于传统细胞培养和动物模型的全新体外模型，这样的细胞培养平台将极大地加强细胞生物学的基础研究，并提高对研究疾病的能力。

微流体领域的一个重要挑战是简化微流体装置的使用，微流控装置的普及使用是实现深入推进细胞生物学研究的前提。换句话说，它必须能够让细胞生物学家、临床医生、公共卫生相关工作人员易于操作，并且相对价格不昂贵。因此，微流控芯片的商业化、产业化可能是未来发展的一个趋势。

参考文献

[1] Kwak B, Ozcelikkale A, Shin C S, Park K, Han B. Simulation of complex transport of nanoparticles around a tumor using tumor-microenvironment-on-chip. J Control Release, 2014, 194: 157-167.

[2] Halldorsson S, Lucumi E, Gómez-Sjöberg R, Fleming R M. Advantages and challenges of microfluidic cell culture in polydimethylsiloxane devices. Biosen Bioelectron, 2015, 63: 218-231.

[3] Meyvantsson I, Beebe D J. Cell culture models in microfluidic systems. Annu Rev Anal Chem, 2007, 1(1): 423-449.

[4] Yu H, Alexander C M, Beebe D J. Understanding microchannel culture: parameters involved in soluble factor signaling. Lab Chip, 2007, 7(6): 726-730.

[5] Tilles A W, Baskaran H, Roy P, Yarmush M L, Toner M. Effects of oxygenation and flow on the viability and function of rat hepatocytes cocultured in a microchannel flat - plate bioreactor. Biotechnol. Bioeng, 2001, 73(5): 379-389.

[6] Raty S, Walters E M, Davis J, Zeringue H, Beebe D J, Rodriguez-Zas S L, Wheeler M B. Embryonic development in the mouse is enhanced via microchannel culture. Lab Chip, 2004, 4(3): 186-190.

[7] Mahmood T, Davies J. Incorporation of amino acids within the surface reactive layers of bioactive glass in vitro: An XPS study. J Mater Sci-Mater M, 2000, 11(1): 19-23.

[8] Steele J G, Dalton B A, Johnson G, Underwood P A. Adsorption of fibronectin and vitronectin onto Primaria™ and tissue culture polystyrene and relationship to the mechanism of initial attachment of human vein endothelial cells and BHK-21 fibroblasts. Biomaterials,1995, 16 (14):1057-1067.

[9] Wittmer C R, Phelps J A, Saltzman W M, Van Tassel P R. Fibronectin terminated multilayer films: protein adsorption and cell attachment studies. Biomaterials,2007, 28(5):851-860.

[10] Tidwell C D, Castner D G, Golledge S L, Ratner B D, Meyer K, Hagenhoff B, Benninghoven A. Static time - of - flight secondary ion mass spectrometry and X - ray photoelectron spectroscopy characterization of adsorbed albumin and fibronectin films. Surf Interface Anal, 2001, 31(8): 724-733.

[11] Obara M, Kang M S, Yamada K M. Site-directed mutagenesis of the cell-binding domain of human fibronectin: separable, synergistic sites mediate adhesive function. Cell, 1988, 53(4): 649-657.

[12] Cheng S S, Chittur K K, Sukenik C N, Culp L A, Lewandowska K. The conformation of fibronectin on self-assembled monolayers with different surface composition: an FTIR/ATR study. J Colloid Interf Sci, 1994, 162(1): 135-143.

[13] Wang L, Sun B, Ziemer K S, Barabino G A, Carrier R L. Chemical and physical modifications to poly (dimethylsiloxane) surfaces affect adhesion of Caco - 2 cells. J Biomed Mater Res A, 2010, 93(4): 1260-1271.

[14] Zhang Y, Ren L, Tu Q, Wang X, Liu R, Li L, Wang J C, Liu W, Xu J, Wang J. Fabrication of reversible poly (dimethylsiloxane) surfaces via host-guest chemistry and their repeated utilization in cardiac biomarker analysis. Anal Chem, 2011, 83(24): 9651-9659.

[15] Ong S M, Zhang C, Toh Y C, Kim S H, Foo H L, Tan C H, van Noort D, Park S, Yu H. A gel-free 3D microfluidic cell culture system. Biomaterials, 2008, 29(22): 3237-3244.

[16] Choi J, Kim S, Jung J, Lim Y, Kang K, Park S, Kang S. Wnt5a-mediating neurogenesis of human adipose tissue-derived stem cells in a 3D microfluidic cell culture system. Biomaterials, 2011, 32(29): 7013-7022.

[17] Chung S, Sudo R, Mack P J, Wan C R, Vickerman V, Kamm R D. Cell migration into scaffolds under co-culture conditions

in a microfluidic platform. Lab Chip, 2009, 9(2): 269-275.

[18] Bersini S, Jeon J S, Dubini G, Arrigoni C, Chung S, Charest J L, Moretti M, Kamm R D. A microfluidic 3D in vitro model for specificity of breast cancer metastasis to bone. Biomaterials, 2014, 35(8): 2454-2461.

[19] Kim S, Lee H, Chung M, Jeon N L. Engineering of functional, perfusable 3D microvascular networks on a chip. Lab Chip, 2013, 13(8): 1489-1500.

[20] Weis S M, Cheresh D A. Tumor angiogenesis: molecular pathways and therapeutic targets. Nat Med, 2011, 17(11): 1359-1370.

[21] Lee H, Kim S, Chung M, Kim J H, Jeon N L. A bioengineered array of 3D microvessels for vascular permeability assay. Microvasc Res, 2014, 91: 90-98.

[22] Park Y K, Tu T Y, Lim S H, Clement I J, Yang S Y, Kamm R D. In vitro microvessel growth and remodeling within a three-dimensional microfluidic environment. Cell Mol Bioeng, 2014, 7(1): 15-25.

[23] Tourovskaia A, Fauver M, Kramer G, Simonson S, Neumann T. Tissue-engineered microenvironment systems for modeling human vasculature. Exp Biol Med, 2014, 239(9): 1264-1271.

[24] Mu X, Zheng W, Xiao L, Zhang W, Jiang X. Engineering a 3D vascular network in hydrogel for mimicking a nephron. Lab Chip, 2013, 13(8): 1612-1618.

[25] Song H H G, Park K M, Gerecht S. Hydrogels to model 3D in vitro microenvironment of tumor vascularization. Adv Drug Deliver Rev, 2014, 79: 19-29.

[26] Gottwald E, Giselbrecht S, Augspurger C, Lahni B, Dambrowsky N, Truckenmüller R, Piotter V, Gietzelt T, Wendt O, Pfleging W. A chip-based platform for the in vitro generation of tissues in three-dimensional organization. Lab Chip, 2007, 7(6): 777-785.

[27] Li Y, Yuan B, Ji H, Han D, Chen S, Tian F, Jiang X. A method for patterning multiple types of cells by using electrochemical desorption of self - assembled monolayers within microfluidic channels. Angew Chem Int Ed, 2007, 46(7): 1094-1096.

[28] Dertinger S K, Jiang X, Li Z, Murthy V N, Whitesides G M. Gradients of substrate-bound laminin orient axonal specification of neurons. P Nat Acad Sci USA, 2002, 99(20): 12542-12547.

[29] Wu J, Wang S, Chen Q, Jiang H, Liang S, Lin J M. Cell-patterned glass spray for direct drug assay using mass spectrometry. Anal Chim Acta, 2015, 892: 132-139.

[30] Wu J, Chen Q, Liu W, Zhang Y, Lin J M. Cytotoxicity of quantum dots assay on a microfluidic 3D-culture device based on modeling diffusion process between blood vessels and tissues. Lab Chip, 2012, 12(18): 3474-3480.

[31] Zervantonakis I K, Hughes-Alford S K, Charest J L, Condeelis J S, Gertler F B, Kamm R D. Three-dimensional microfluidic model for tumor cell intravasation and endothelial barrier function. P Nat Acad Sci USA, 2012, 109(34): 13515-13520.

[32] Dolatshahi-Pirouz A, Nikkhah M, Gaharwar A K, Hashmi B, Guermani E, Aliabadi H, Camci-Unal G, Ferrante T, Foss M, Ingber D E. A combinatorial cell-laden gel microarray for inducing osteogenic differentiation of human mesenchymal stem cells. Sci Rep, 2014, 4(1): 1-9.

[33] Anders M, Hansen R, Ding R X, Rauen K A, Bissell M, Korn W M. Disruption of 3D tissue integrity facilitates adenovirus infection by deregulating the coxsackievirus and adenovirus receptor. P Natl Acad Sci USA, 2003, 100(4): 1943-1948.

[34] Kievit F M, Florczyk S J, Leung M C, Veiseh O, Park J O, Disis M L, Zhang M. Chitosan–alginate 3D scaffolds as a mimic of the glioma tumor microenvironment. Biomaterials, 2010, 31(22): 5903-5910.

[35] Vernon R B, Gooden M D, Lara S L, Wight T N. Microgrooved fibrillar collagen membranes as scaffolds for cell support

and alignment. Biomaterials, 2005, 26(16): 3131-3140.

[36] Rajnicek A M, Foubister L E, McCaig C D. Alignment of corneal and lens epithelial cells by co-operative effects of substratum topography and DC electric fields. Biomaterials, 2008, 29(13): 2082-2095.

[37] Desai T A, Deutsch J, Motlagh D, Tan W, Russell B. Microtextured cell culture platforms: Biomimetic substrates for the growth of cardiac myocytes and fibroblasts. Biomed Microdevices, 1999, 2(2): 123-129.

[38] Zhu B, Lu Q, Yin J, Hu J, Wang Z. Alignment of osteoblast-like cells and cell-produced collagen matrix induced by nanogrooves. Tissue Eng, 2005, 11(5-6): 825-834.

[39] Berry C C, Campbell G, Spadiccino A, Robertson M, Curtis A S. The influence of microscale topography on fibroblast attachment and motility. Biomaterials, 2004, 25(26): 5781-5788.

[40] Dalby M J, Gadegaard N, Tare R, Andar A, Riehle M O, Herzyk P, Wilkinson C D, Oreffo R O. The control of human mesenchymal cell differentiation using nanoscale symmetry and disorder. Nat Mater, 2007, 6(12): 997-1003.

[41] Bettinger C J, Langer R, Borenstein J T. Engineering substrate topography at the micro - and nanoscale to control cell function. Angew Chem Int Ed, 2009, 48(30): 5406-5415.

[42] Walker G M, Zeringue H C, Beebe D J. Microenvironment design considerations for cellular scale studies. Lab Chip, 2004, 4(2): 91-97.

[43] Young E, Beebe D J. Fundamentals of microfluidic cell culture in controlled microenvironments. Chem Soc Rev, 2010, 39(3): 1036-1048.

[44] Zeng Y, Lee T S, Yu P, Roy P, Low H T. Mass transport and shear stress in a microchannel bioreactor: numerical simulation and dynamic similarity, J Biomech Eng, 2005, 128(2): 185-193.

[45] Tourovskaia A, Figueroa-Masot X, Folch A. Differentiation-on-a-chip: a microfluidic platform for long-term cell culture studies. Lab Chip, 2005, 5(1): 14-19.

[46] Kane B J, Zinner M J, Yarmush M L, Toner M. Liver-specific functional studies in a microfluidic array of primary mammalian hepatocytes. Anal Chem, 2006, 78(13): 4291-4298.

[47] Lee P J, Hung P J, Rao V M, Lee L P. Nanoliter scale microbioreactor array for quantitative cell biology. Biotechnol Bioeng, 2006, 94(1): 5-14.

[48] Vojinović V, Esteves F, Cabral J, Fonseca L. Bienzymatic analytical microreactors for glucose, lactate, ethanol, galactose and l-amino acid monitoring in cell culture media. Anal Chim Acta, 2006, 565(2): 240-249.

[49] Young E W, Beebe D J. Fundamentals of microfluidic cell culture in controlled microenvironments. Chem Soc Rev, 2010, 39(3): 1036-1048.

[50] Kim L, Vahey M D, Lee H Y, Voldman J. Microfluidic arrays for logarithmically perfused embryonic stem cell culture. Lab Chip, 2006, 6(3): 394-406.

[51] Huh D, Fujioka H, Tung Y C, Futai N, Paine R, Grotberg J B, Takayama S. Acoustically detectable cellular-level lung injury induced by fluid mechanical stresses in microfluidic airway systems. P Natl Acad Sci USA, 2007, 104(48): 18886-18891.

[52] Skelley A M, Voldman J. An active bubble trap and debubbler for microfluidic systems. Lab Chip, 2008, 8(10): 1733-1737.

[53] Morgan J R, Yarmush M L. Bioengineered skin substitutes. Sci Med,1997, 4:6-15.

[54] L'heureux N, Paquet S, Labbé R, Germain L, Auger F A. A completely biological tissue - engineered human blood vessel. FASEB J, 1998, 12(1): 47-56.

[55] Degenaar P, Pioufle B L, Griscom L, Tbrier A, Akagi Y, Morita Y, Murakami Y, Yokoyama K, Fujita H, Tamiya E. A method for micrometer resolution patterning of primary culture neurons for SPM analysis. J Biochem, 2001, 130(3): 367-376.

[56] Charest J L, Eliason M T, García A J, King W P. Combined microscale mechanical topography and chemical patterns on polymer cell culture substrates. Biomaterials, 2006, 27(11): 2487-2494.

[57] Bhatia S N, Yarmush M L, Toner M. Controlling cell interactions by micropatterning in co - cultures: Hepatocytes and 3T3 fibroblasts. J Biomed Mater Res, 1997, 34 (2): 189-199.

[58] Kang I K, Kim G J, Kwon O H, Ito Y. Co-culture of hepatocytes and fibroblasts by micropatterned immobilization of β-galactose derivatives. Biomaterials, 2004, 25(18): 4225-4232.

[59] Boateng S Y, Hartman T J, Ahluwalia N, Vidula H, Desai T A, Russell B. Inhibition of fibroblast proliferation in cardiac myocyte cultures by surface microtopography. Am J Physiol: -Cell Ph, 2003, 285(1): C171-C182.

[60] Lin X, Chen Q, Liu W, Zhang J, Wang S, Lin Z, Lin J-M. Oxygen-induced cell migration and on-line monitoring biomarkers modulation of cervical cancers on a microfluidic system. Sci Rep, 2015, 5(1): 1-7.

[61] Vickerman V, Blundo J, Chung S, Kamm R. Design, fabrication and implementation of a novel multi-parameter control microfluidic platform for three-dimensional cell culture and real-time imaging. Lab Chip, 2008, 8(9): 1468-1477.

[62] Song J W, Munn L L. Fluid forces control endothelial sprouting. P Natl Acad Sci USA, 2011, 108(37): 15342-15347.

[63] Faure-André G, Vargas P, Yuseff M I, Heuzé M, Lennon-Duménil A M. Regulation of Dendritic Cell Migration by CD74, the MHC Class II-Associated Invariant Chain. Science, 2008, 322(5908): 1705-1710.

[64] Heo Y S, Cabrera L M, Song J W, Futai N, Tung Y C, Smith G D, Takayama S. Characterization and resolution of evaporation-mediated osmolality shifts that constrain microfluidic cell culture in poly (dimethylsiloxane) devices. Anal Chem, 2007, 79(3): 1126-1134.

[65] Barkefors I, Le Jan S, Jakobsson L, Hejll E, Carlson G, Johansson H, Jarvius J, Park J W, Jeon N L, Kreuger J. Endothelial cell migration in stable gradients of vascular endothelial growth factor A and fibroblast growth factor 2: effects on chemotaxis and chemokinesis. J Biol Chem, 2008, 283(20): 13905-13912.

[66] Irimia D, Liu S Y, Tharp W G, Samadani A, Toner M, Poznansky M C. Microfluidic system for measuring neutrophil migratory responses to fast switches of chemical gradients. Lab Chip, 2006, 6(2): 191-198.

[67] Lin L, Yi L, Zhao F, Wu Z, Zheng Y, Li N, Lin J M, Sun J. ATP-responsive mitochondrial probes for monitoring metabolic processes of glioma stem cells in a 3D model. Chem Sci, 2020, 11(10): 2744-2749.

[68] Yap B, Kamm R D. Mechanical deformation of neutrophils into narrow channels induces pseudopod projection and changes in biomechanical properties. J Appl Physiol, 2005, 98(5): 1930-1939.

[69] Toh A G G, Wang Z P, Yang C, Nguyen N T. Engineering microfluidic concentration gradient generators for biological applications. Microfluid Nanofluid, 2014, 16(1): 1-18.

[70] Chung B G, Flanagan L A, Rhee S W, Schwartz P H, Lee A P, Monuki E S, Jeon N L. Human neural stem cell growth and differentiation in a gradient-generating microfluidic device. Lab Chip, 2005, 5(4): 401-406.

[71] Huang C P, Lu J, Seon H, Lee A P, Flanagan L A, Kim H Y, Putnam A J, Jeon N L. Engineering microscale cellular niches for three-dimensional multicellular co-cultures. Lab Chip, 2009, 9(12): 1740-1748.

[72] Jie M, Li H F, Lin L, Zhang J, Lin J M. Integrated microfluidic system for cell co-culture and simulation of drug metabolism. RSC Adv, 2016, 6(59): 54564-54572.

[73] Li R, Lv X, Zhang X, Saeed O, Deng Y. Microfluidics for cell-cell interactions: A review.Front Chem Sci Eng, 2016, 10(1):

90-98.

[74] Chen Q, Wu J, Zhuang Q, Lin X, Zhang J, Lin J M. Microfluidic isolation of highly pure embryonic stem cells using feeder-separated co-culture system. Sci Rep, 2013, 3(1): 1-6.

[75] Lin L, Jie M, Chen F, Zhang J, He Z, Lin J M. Efficient cell capture in an agarose–PDMS hybrid chip for shaped 2D culture under temozolomide stimulation. RSC Adv, 2016, 6 (79): 75215-75222

[76] Gao D, Liu H, Lin J M, Wang Y, Jiang Y. Characterization of drug permeability in Caco-2 monolayers by mass spectrometry on a membrane-based microfluidic device. Lab Chip, 2013, 13 (5): 978-985.

[77] Wu J, Jie M, Dong X, Qi H, Lin J M. Multi - channel cell co - culture for drug development based on glass microfluidic chip - mass spectrometry coupled platform. Rapid Commun Mass Sp, 2016, 30: 80-86.

[78] Mao S, Zhang J, Li H, Lin J M. Strategy for signaling molecule detection by using an integrated microfluidic device coupled with mass spectrometry to study cell-to-cell communication. Anal Chem, 2013, 85(2): 868-876.

[79] Kim L, Toh Y C, Voldman J, Yu H. A practical guide to microfluidic perfusion culture of adherent mammalian cells. Lab Chip, 2007, 7(6): 681-694.

[80] Leclerc E, Sakai Y, Fujii T. Cell culture in 3-dimensional microfluidic structure of PDMS (polydimethylsiloxane). Biomed Microdevices, 2003, 5(2): 109-114.

[81] Bettinger C J, Weinberg E J, Kulig K M, Vacanti J P, Wang Y, Borenstein J T, Langer R. Three - dimensional microfluidic tissue - engineering scaffolds using a flexible biodegradable polymer. Adv Mater, 2006, 18(2): 165-169.

[82] Powers M J, Janigian D M, Wack K E, Baker C S, Stolz D B, Griffith L G. Functional behavior of primary rat liver cells in a three-dimensional perfused microarray bioreactor. Tissue Eng, 2002, 8(3): 499-513.

[83] Li R H, Altreuter D H, Gentile F T. Transport characterization of hydrogel matrices for cell encapsulation. Biotechnol Bioeng, 1996, 50(4): 365-373.

[84] Toh Y C, Zhang C, Zhang J, Khong Y M, Chang S, Samper V D, van Noort D, Hutmacher D W, Yu H. A novel 3D mammalian cell perfusion-culture system in microfluidic channels. Lab Chip, 2007, 7(3): 302-309.

[85] Discher D E, Janmey P, Wang Y L. Tissue cells feel and respond to the stiffness of their substrate. Science, 2005, 310(5751): 1139-1143.

[86] Trappmann B, Gautrot J E, Connelly J T, Strange D G, Li Y, Oyen M L, Stuart M A C, Boehm H, Li B, Vogel V. Extracellular-matrix tethering regulates stem-cell fate. Nat Mater, 2012, 11 (7): 642-649.

[87] Fischbach C, Kong H J, Hsiong S X, Evangelista M B, Yuen W, Mooney D J. Cancer cell angiogenic capability is regulated by 3D culture and integrin engagement. P Natl Acad Sci USA, 2009, 106(2): 399-404.

[88] Terrill R H, Balss K M, Zhang Y, Bohn P W. Dynamic monolayer gradients: Active spatiotemporal control of alkanethiol coatings on thin gold films. J Am Chem Soc, 2000, 122(5): 988-989.

[89] Hypolite C L, Mclernon T L, Adams D N, Chapman K E, Herbert C B, Huang C C, Distefano M D, Hu W S. Formation of microscale gradients of protein using heterobifunctional photolinkers. Bioconjug Chem,1997, 8(5): 658-663.

[90] Wang S, Wong C, Foo P, Warrier A, Poo M. Gradient lithography of engineered proteins to fabricate 2D and 3D cell culture microenvironments. Biomed Microdevices, 2009, 11(5): 1127-1134.

[91] Koh W G, Pishko M V. Fabrication of cell-containing hydrogel microstructures inside microfluidic devices that can be used as cell-based biosensors. Anal Bioanal Chem, 2006, 385(8): 1389-1397.

[92] Wu H, Bo H, Zare R N. Generation of complex, static solution gradients in microfluidic channels. J Am Chem Soc, 2006,

128(13): 4194-4195.

[93] Li S, Guan J L, Shu C. Biochemistry and biomechanics of cell motility. Ann Rev Biomed Eng, 2005, 7(1): 105-150.

[94] Ingber D E. Tensegrity I. Cell structure and hierarchical systems biology. J Cell Sci, 2003, 116 (7): 1157-1173.

[95] Wozniak M A, Desai R, Solski P A, Der C J, Keely P J. ROCK-generated contractility regulates breast epithelial cell differentiation in response to the physical properties of a three-dimensional collagen matrix. J Cell Biol, 2003, 163(3): 583-595.

[96] McBeath R, Pirone D M, Nelson C M, Bhadriraju K, Chen C S. Cell shape, cytoskeletal tension, and RhoA regulate stem cell lineage commitment. Dev Cell, 2004, 6(4): 483-495.

思考题

1. 简述实验生物模型的分类，并按照生物相关性由低到高排序。
2. 影响生物相关性的因素包括哪些？为什么传统体外细胞培养模型难以模拟体内环境？
3. 简述肿瘤-微环境芯片的构建要点及应用。
4. 蛋白吸附如何影响细胞培养？试列举检测蛋白吸附的方法。
5. 试比较二维培养与三维培养特点以及各自的应用范围。
6. 基于凝胶的三维培养有什么优点和限制？无凝胶三维培养主要采用哪些方式？
7. 试说明静态培养和动态培养各自的技术核心是什么？并简要阐明两种培养方式的优势应用范围。
8. 解释名词达姆寇勒数和有效培养时间的含义，并说明两者的关系。若已知向六孔板中加入 2mL 体积培养基进行培养的 Hela 细胞，其换液间隔为 24h，是推测在高度为 100μm 的微流控通道中培养相同的 Hela 细胞，恰当的换液间隔时间应该为多少？
9. 降低剪切力的方法有哪些？若已知泵流速度为 0.1mL/min，有宽为 100μm，高为 50μm 的直通道，计算通道壁所受的剪切力。

第4章 微流控细胞操控技术

4.1 概述

若要对感兴趣的样品进行分析，则需要经过样品前处理操作。对于细胞样品来说，前处理包括取样后的筛选、捕获、裂解、穿孔、融合等多种多样的操作，这些操作统称为细胞操控。细胞样品前处理操作的质量直接决定了后面分析过程的可行性、难易程度及可靠性，因此在学习细胞分析方法之前，首先需要了解相应的细胞操控技术。本章中我们着重介绍细胞分选、捕获和一些常见的后续处理操作。细胞分选是将所采集样品中所要研究的细胞从混合物中分离出来，它是样品前处理的前期步骤：首先要识别目标细胞的特异性质，然后根据该性质选择性对目标细胞施加磁、光、电、声等作用力，使之运动方向产生偏转，进而进入特殊的收集通道中，实现与其他细胞的分离。细胞捕获是将所要检测的目标细胞样品固定在目标位置上，它是样品前处理的中间步骤：在目标区域修饰的抗体或适配体能够特异性识别目标细胞的表面靶标，因而在目标细胞流经该区域时会被修饰有抗体或适配体的微流控区域捕获，这种方式称为化学捕获；通过制造微流控坝状或筛状等结构，拦截住目标并使之固定在微流控结构上，这种方式称为物理捕获。细胞处理是指对样品细胞进行配对、融合、穿孔、裂解等操作，它是样品前处理的后期步骤，往往根据后面具体的实验检测需求进行设计：细胞裂解旨在打破细胞膜释放胞内物质，以便于后面对于胞内成分进行分析；配对、融合主要是为了后面研究细胞间通信和杂交性质；细胞膜穿孔则能够短暂地促进胞内外物质交换，将正常情况下无法通过细胞膜的物质送进细胞，进而便于后面的细胞响应分析。经过有效的分选、捕获和后续处理之后，目标细胞的目标性质便已经处在合适的待测状态，此时进行最终分析便可以事半功倍。

4.2 细胞分选

从实际样品中获得的细胞悬液通常是包含多种细胞的混合物，而人们往往只对其中某一种或某几种细胞感兴趣，这就需要将感兴趣的细胞先分选出来，然后才能进行针对性分析。为了实现对于目标种类细胞的分离，多种细胞分选方法相继被研发出来。细胞分选涉及两个因素：一是对目标细胞的识别；二是对所识别出来的细胞施加作用力使之从混合物中脱离出来。识别的基础是目标细胞相比于其他细胞所具备的不同特点，如表面靶标、体积、密度等。分离所使用的作用力包括磁、电、光、声及流体作用力等[1]，其中借助外力（如电、光、磁等）的分选方式通常称为主动式分选，而借助微流控本身物理结构和化学修饰的分选方式称为被动式分选。主动式细胞分选方法在细胞的选择性及可操控性（选择的自由性）更强；被动式分选方法通常分离通量较高、操作更简便，但并不便于人们自主地选择任意感兴趣的细胞。多种多样的细胞分选技术为科研工作提供的广阔的选择空间，研究者们可以根据自身的研究需要选择合适的方法以达到理想的效果。

4.2.1 磁方法

磁场力已被广泛应用在细胞分选技术中。对于血红细胞这种含有大量铁的细胞，磁分离可以不借助外加的磁性物质就可实现。但是大多数细胞本身并没有明显的磁性，因此磁方法往往需要依靠磁标记：通过在磁性颗粒表面修饰特异性抗体或核酸适配体，可以使得该磁颗粒有选择性地结合到目标种类细胞上。在细胞流动的过程中，通过施加磁场促使磁颗粒带着目标种类细胞一起定向移动，因而使该类细胞偏离原来的流动轨迹，实现细胞的分离[2-4]。外加磁场可以通过永磁体或电磁体来实现。

图 4-1 展示了一种最直接的磁分选方法。首先将免疫磁珠与细胞样品共同孵育，此时磁珠会特异性黏附到目标种类的细胞表面。然后将细胞悬液注入图示微流控通道，同时在同侧另一通道中注入缓冲液。两股流体会在汇合时形成层流，当缓冲液流速略微大于培养基流速或两者流速相同时（图示为流速相同时），培养基中未被标记的细胞会随着培养基层流流进右上方通道，而被磁珠标记的目标细胞则会受到下方磁铁的吸引作用而跨过层流界面进入下方通道。通过磁方法可以高效地从细胞混合物种选出目标种类的细胞，目前已广泛应用于科学研究中。市面上有售各种抗体标记的免疫磁珠，研究者们可根据细胞分选需求进行选用，如有特殊需求也可和公司进行定制。值得一提的是，磁颗粒上可以修饰多种标记，它能够捕获任意一种能够与标记结合的细胞。在目标细胞不能通过一种标志物进行特异性区分的情况下，利用不同标记搭配的磁颗粒进行多次分选也可分离出目标种类细胞。

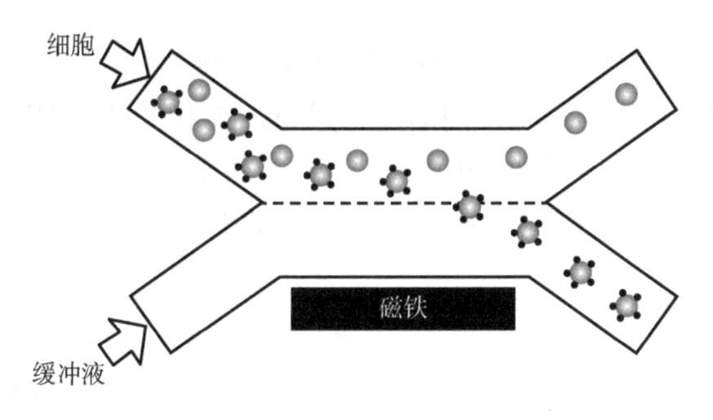

图 4-1　磁分选基本原理示意图

磁细胞分选法（magnetic-activated cell sorting，MACS）通常采用直接标记法，可实现对多种细胞（来源包含人、大鼠、小鼠等）的特异性结合和分离。此外还可采用间接标记法，即通过一抗识别细胞，再用二抗标记的磁珠结合一抗，实现磁珠与目标种类细胞的特异性结合，这扩大了磁珠分选的适用范围。分选策略可划分为阳性分选和阴性分选：阳性分选指从细胞混合物种分选出所要的细胞种类，该方法纯度高、操作简便快捷、回收率高；阴性分选是从混合物中分选出想要去除的细胞，目标细胞未被磁标记，该方法在目标细胞缺乏特异性标志物或容易被标记操作影响的情况下能够展现出优势。多种阳性分选和阴性分选手段进行组合可形成复合分选策略，以实现复杂体系的细胞分选。

4.2.2　电方法

基于电场力的细胞分选技术已被广泛应用在细胞研究中，目前已经大规模商业化的流式细胞荧光分选仪（fluorescence activated cell sorting，FACS）便是基于此原理而设计的。通过加入特定的染料，目标种类细胞被选择性染上荧光。利用鞘流的方式令细胞在流体中排成单列，形成细胞柱。将液滴形成的信号加在压电陶瓷上促使其带动液体室高频振动，可以使得细胞柱形成液滴阵列，通过调节细胞浓度可以保证每个液滴中最多含有一个细胞。液滴阵列与入射激光束垂直相交，当液滴通过荧光检测器时，如果其中含有目标细胞（已被荧光标记），细胞所产生的荧光将通过光路传递到计算机系统，那么该液滴将会被电环装置赋予电荷。含有目标细胞的液滴都会带有某种电荷，它们会在电场作用下定向移动，进而落到预先准备好的收集器里而实现分离。

电渗流也可以用来分离细胞，其原理与流式细胞仪类似，通过观测流经的细胞是否为目标细胞来调控电场的施加。利用电渗流操控细胞的定向移动，从而控制细胞运动轨迹，带动目标细胞在通道交叉的分岔口处偏转到特定的收集管路中，与其他细胞分离开来[5]。

细胞表面会因为结合溶液中的离子而带电，因此电泳也可以用于细胞分选。在中性 pH 条件下，大部分细胞带有负电荷，因此它们倾向于向正电极方向移动。流体中的细胞受到多种力的共同作用，包括流体曳力、重力和库仑力等，这些力的共同作用决定了细胞的移动方向。由于细胞表面尺寸和所带电荷的差异，不同种细胞（或不同状态下的同种细胞）电泳移动的速度也不同，速度的差异导致细胞间的分离。然而，不同细胞在电泳中的移动能力差异不大，电泳分离效率较低，因此该方法并没有被广泛应用在细胞研究中。值得一提的是，电泳也可以通过

FACS 的方式分选细胞：当被特异性荧光所标记的目标细胞通过检测区时开启电场，那么该细胞将会向正电极方向移动，进而进入专门的收集通道，与其他种类细胞分离开。

介电泳（dielectrophoresis，简称 DEP）是一种更加实用的技术：它不需要细胞具有表面电荷，而是利用外加的不均匀电场促使细胞及液体悬浮媒介的极化。颗粒所受到的介电泳力可由公式（4-1）估算[6]：

$$F_{\mathrm{DEP}} = 2\pi r^3 \varepsilon_{\mathrm{m}} \mathrm{Re}[f_{\mathrm{cm}}(\omega)] \nabla E^2 \tag{4-1}$$

式中，F_{DEP} 为介电泳力；r 为颗粒半径（简化为球形）；ε_{m} 为液体介质的介电常数；$\mathrm{Re}[f_{\mathrm{cm}}(\omega)]$为克莱修斯-摸索提（Clausius-Mossotti，简称 CM）的实部；∇E^2 为电场平方的梯度。从此公式中可看出介电泳力 F_{DEP} 与电场能量密度的梯度有关，而与电场的方向无关。其中 $f_{\mathrm{cm}}(\omega)$可由公式（4-2）计算：

$$f_{\mathrm{cm}}(\omega) = \frac{\varepsilon_{\mathrm{p}}^*(\omega) - \varepsilon_{\mathrm{m}}^*(\omega)}{\varepsilon_{\mathrm{p}}^*(\omega) + 2\varepsilon_{\mathrm{m}}^*(\omega)} \tag{4-2}$$

式中，$\varepsilon_{\mathrm{p}}^*(\omega)$ 和 $\varepsilon_{\mathrm{m}}^*(\omega)$ 分别为颗粒（细胞）和液体介质的复合介电常数；ω 为角频率（$\omega = 2\pi f$）。其中的复合介电常数 $\varepsilon_i^*(\omega)$ 又可由公式（4-3）计算（i 代表 p 或 m）：

$$\varepsilon_i^* = \varepsilon_i' - j\frac{\sigma_i}{\omega} \tag{4-3}$$

ε_i' 代表复合介电常数的实部，在下文中称为实介电常数。σ_i 为电导率，j 为虚数向量。从此公式中可分析出当细胞的实介电常数大于悬浮媒介的实介电常数时，产生正向介电泳力，细胞会向电场强度更大的方向移动；反之，当细胞的实介电常数小于悬浮媒介的实介电常数时，产生负向介电泳力，细胞向电场强度更小的方向移动[7]（如图 4-2）。

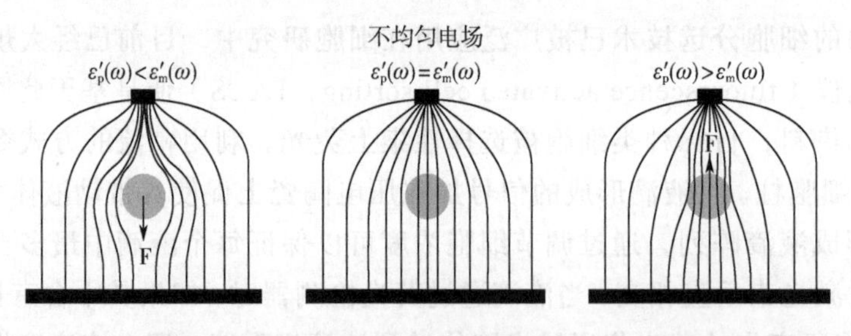

图 4-2　液体中的颗粒在不均匀电场中所受的介电泳力示意图

$\varepsilon_{\mathrm{p}}'(\omega)$ 和 $\varepsilon_{\mathrm{m}}'(\omega)$ 分别代表颗粒和周围悬浮媒介的介电常数的实部

克莱修斯-摸索提实部 $\mathrm{Re}[f_{\mathrm{cm}}(\omega)]$的正负（即 $\varepsilon_{\mathrm{p}}^*(\omega) - \varepsilon_{\mathrm{m}}^*(\omega)$ 实部的正负）与交流电场频率 f 有关（$\omega = 2\pi f$）。在通常的实际应用条件下，在交流电频率较低时，$\mathrm{Re}[f_{\mathrm{cm}}(\omega)]$为负值，细胞受到负向介电泳力（negative dielectrophoresis，简称 n-DEP），倾向于向电场强度降低的方向移动。当交流电场频率 f 提高到低转换频率（lower crossover frequency）时，$\mathrm{Re}[f_{\mathrm{cm}}(\omega)]$变为正值，细胞所受电泳力转变为正向（positive dielectrophoresis，简称 p-DEP），常见细胞的低转换频率通常在 10～500kHz 之间。当交流电场频率 f 继续提高到高转换频率（upper crossover frequency，通常在 20～200MHz）时，$\mathrm{Re}[f_{\mathrm{cm}}(\omega)]$又由正变负，p-DEP 转为 n-DEP[8]。细胞和悬浮媒介的性质是影响转换频率具体值的重要因素，通过调节实验条件可使得不同细胞间转换频率产生明显差异。此时可以通过调节施加的频率来使得目标细胞和其他细胞受到介电泳力方向不同，从而实现分离。此外，在介电泳力方向相同的条件下，细胞所受到的介电泳力大小也会有差异，继而细胞所受合力有差异，在与细胞悬液流动垂直的方向施加不均匀电场的方式可使得不同细胞的移动轨迹偏转程度不同，继而可实现细胞分选分离[9]。

相比于电泳技术，介电泳依靠电场强度的不均匀性促使了细胞的运动而并非依靠电极的（正负）极性，因此介电泳技术可使用交流电，从而避免了电极上发生明显的化学反应而对细胞造成损害。此外，不同种类细胞间的介电性质差异较大（与细胞尺寸、膜形态、膜厚度、膜导电率等多种因素有关）。因此介电泳技术能够更加有效地进行细胞分选，目前该方法已被广泛应用于细胞分选操作中。

图 4-3 展示了一种用于从外周血中分离循环肿瘤细胞（circulating tumor cells，CTCs）的介电泳方法[10]。在该实验条件下，实体瘤细胞的低转换频率通常小于 100kHz，而血细胞的低转换频率通常大于 200kHz，故研究者选择 130kHz 的交流电即可使得肿瘤细胞产生 p-DEP 而其他血细胞仍保持 n-DEP。通过微流控通道的设计，肿瘤细胞和正常血细胞便会因为受到合力（包括沉降力 F_{SED}、流体壁导致的升力 F_{HDLF} 和介电泳力 F_{DEP}）方向的不同而进入不同的通道，实现细胞分选：肿瘤细胞受到正向介电泳力而被电极吸引，最终进入下方通道；血液单核细胞受到负向介电泳力而被电极排斥，最终进入右方通道。其中沉降力是由通道中流速不均匀的流体（越靠近管道中心流速越大）施加的作用导致的（将细胞推向管壁），该力又称为剪切力导致的升力；流体壁导致的升力是管壁通过流体间接对颗粒产生的使之远离管壁的作用力。这两种力在 4.2.5 节中有更加详细的介绍。

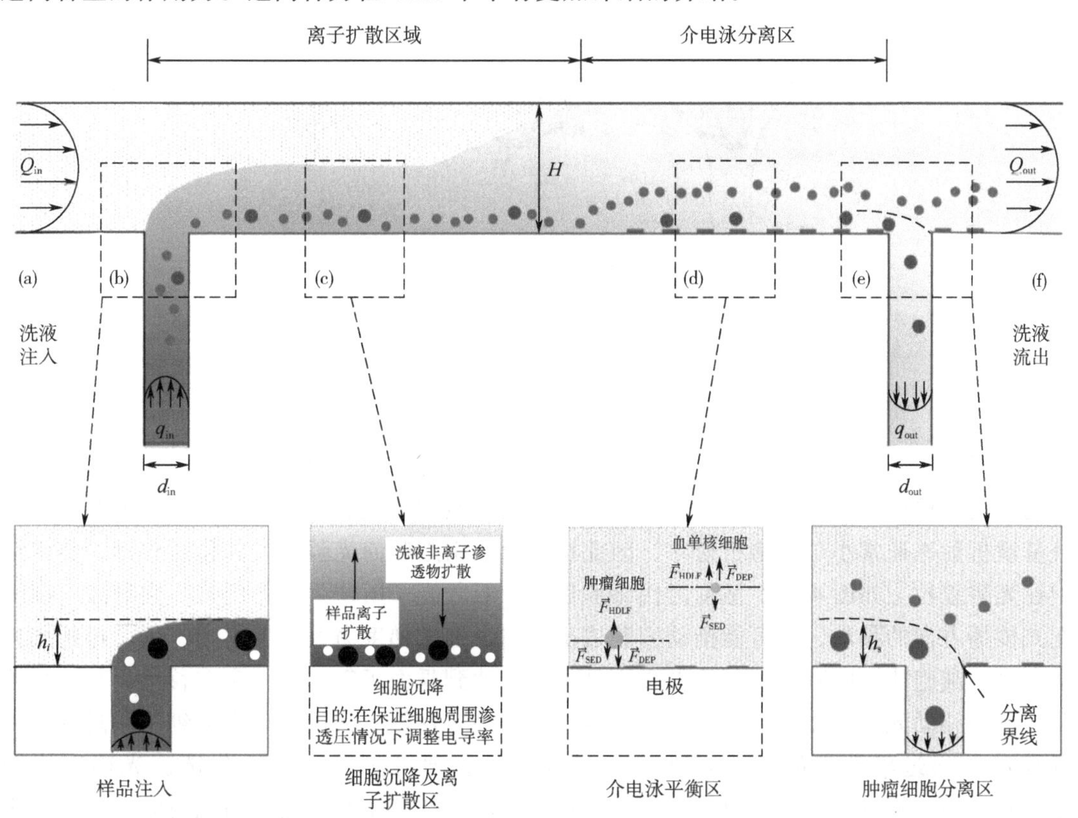

图 4-3　利用微流控介电泳技术实现肿瘤细胞和血单核细胞的分离（修改自文献[10]）

4.2.3 光方法

早在 1970 年，美国研究者亚瑟 · 阿什金就已经发现聚焦激光能够推动颗粒在流体中移动，后来在 1986 年，他用紧密聚焦的激光束实现了稳定的颗粒捕获，这奠定了现代“光学镊子”技术的基础，阿什金也因此获得了 2018 年诺贝尔物理学奖。由于波粒二象性，光束可以看作是光子流，入射光子与被照射物体之间的动量交换导致了光压的产生。光压对于大尺度宏观物体的影响不明显，但对小于 100μm 的粒子影响显著，因此光镊技术能够对微米级别的细胞进行有效的操控。

光照射到物体上会发生折射、散射、反射和吸收等现象，因此光子的动量会改变。由于动量守恒原理，与光子碰撞的物体动量也会发生改变，这导致了颗粒在流体中的移动。颗粒在光场中受到梯度力和散射力共同作用，颗粒的运动行为通常由光梯度力主导，光梯度力依赖于颗粒与周围液体的相对折射率：当颗粒折射率 n_p 小于周围流体 n_f 时，它会向光强度低的区域移动。反之，当颗粒折射率大于周围流体时，它会向光强度高的区域移动（机理如图 4-4 所示）。通常选用的液体介质折射率小于颗粒，因此颗粒会移动到激光照射的位置，实现颗粒的光学捕获，介质与颗粒的折射率差别越大越有利于捕获。

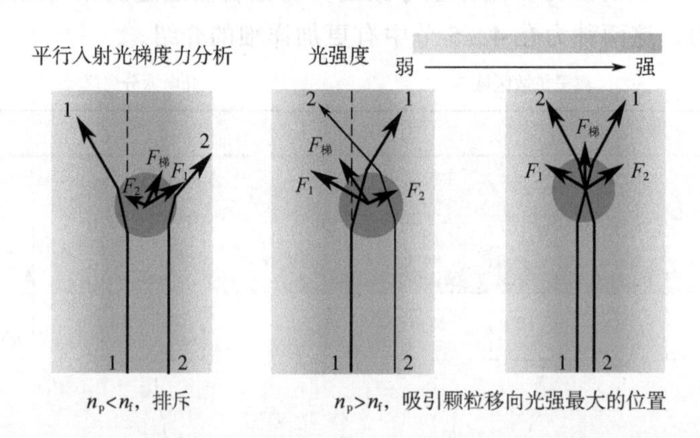

图 4-4　平行光束（中心光强大、边缘光强小）作用下，液体中颗粒所受光梯度力示意图

实际操作中人们通常用聚焦激光束俘获细胞。细胞在光场中也受到梯度力和散射力的共同作用：梯度力是由于光辐射空间不均匀性所导致的力，它与光强梯度成正相关。水溶液基质折射率通常小于细胞折射率，因此梯度力吸引细胞向光强最大的位置移动，会将细胞往光阱里拉（如图 4-5）；散射力由细胞散射、吸收光子所产生的力组成，它导致了细胞在光传播方向的移动，有可能推动细胞逃出光阱。通常梯度力大于散射力，因此可构成光学力阱，细胞能够向阱移动，并在阱内某个位置达到受力平衡，不再定向移动。细胞被捕获后逐渐移动光照射在样品平台（培养皿、微流控芯片等）的位置可引领细胞跟随光照位置移动，通过将选定的细胞移动到指定收集位置即可实现细胞的分选。光镊能施加 10^{-1}pN～1nN 的力，分辨率为 100aN，可有效操控常见尺寸的细胞及细胞内的亚细胞结构（10^{-8}～10^{-5}m）。

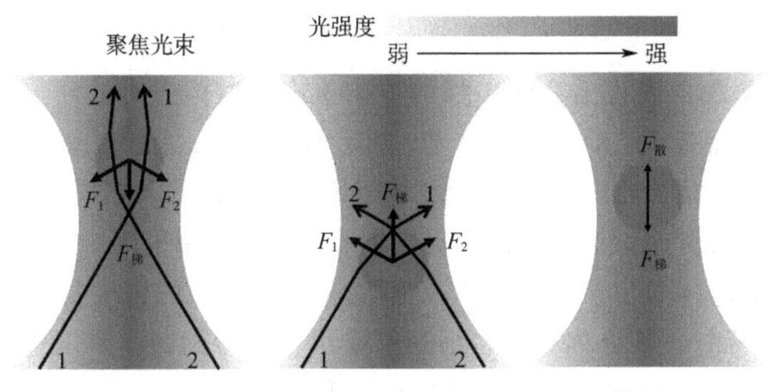

图 4-5 聚焦光束（存在光强最强的点）作用下，液体中颗粒所受光力示意图

细胞能被束缚在三维空间中某一特定的位置

光方法操控有着远距离、非接触等优势，目前已经被用于微流控芯片内的细胞操控分选。相对于电方法，它对细胞活性的负面影响较小，但强汇聚的高能激光仍会对细胞造成一定的损害（如光被吸收会产生热等）。此外，和基于微纳吸量管的机械操控方法类似，光镊子方法通常只能一次操控一个或几个细胞，通量较低，大规模应用的难度较大。为了提升通量，人们会在流动体系中进行光镊操作，以类似流式细胞荧光分选（FACS）的方式实现细胞分选：当检测到流经的细胞是目标种类细胞时，开启光镊装置拖拽细胞脱离原轨迹，使之进入专门的细胞收集通道；当检测到流经的细胞是其他细胞时，不启动光镊装置，细胞将按照原轨迹移动，不会进入收集通道[11]。

4.2.4 声方法

利用声所产生的压力波操控微流控系统内的流体及颗粒（细胞等）的方法称为声流控（acoustofluidics）。声流控是一种新兴的无标记、非接触式的细胞操控技术，由于其利用的是低能声波，因此理论上对于细胞的伤害很小。

根据波动的形式，声波可划分为行波（traveling acoustic waves）和驻波（standing acoustic wave）。行波即为行进的波，按照指定方向传播出去，通常人们利用一个叉指换能器产生定向传播的行波。行波会由于各向异性的散射而对液体中的悬浮颗粒产生声辐射力。人们用无量纲量声辐射力因子 $\kappa=\frac{2\pi r}{\lambda}$ 描述行波施加在颗粒上的有效声辐射力，其中 λ 和 r 分别是液体介质中声波的波长和固体颗粒的半径。如果 $\kappa<1$，则波散射是各向同性的，因而没有净声辐射力施加到粒子上。如果 $\kappa \geqslant 1$，则波散射各向异性，净声辐射力会驱动流体流中的粒子运动。通过精细调控所施加的行波的波长，理论上即可根据细胞大小进行分选。$\kappa \geqslant 1$ 时，行波对于溶液中的细胞往往起到推动作用，即会推着细胞向声波传递的方向移动。目前用行波方法分离细胞的工作较少，主要都是以荧光激活的分选方式进行[12]：细胞通过检测器时用荧光方法检测其是否为目标细胞，若是则启动叉指电极引发声行波推动该细胞进入新轨道；若检测到不是目标细胞，则关闭叉指电极使该细胞运动轨迹不变，进入原轨道，以

此方式实现分离。

驻波是行波的叠加，表观上在波传播的方向上有一些位置上的质点振幅始终为零，另一些位置上的质点振幅最大，前者称为波节，后者称为波腹。驻波的波节与波腹位置不随时间变化，它通常由频率振幅相同、传输相反的两束波叠加而成。驻波通常以垂直的方向施加在微流控通道中，它会对通道流体中的颗粒（细胞）施加声辐射力，力的方向取决于声学对比系数（acoustic contrast factor，记作 Φ）。细胞和周围介质的密度及声速决定了 Φ 值［如式（4-4）］。在驻波场中，当 Φ 为正时，细胞所受声辐射力指向波节位置；当 Φ 为负时，细胞所受声辐射力指向波腹位置。Φ 的计算公式如下所示：

$$\Phi=\frac{5\rho_p-\rho_f}{2\rho_p+\rho_f}-\frac{\beta_p}{\beta_f}=\frac{5\rho_p-2\rho_f}{2\rho_p+\rho_f}-\frac{\rho_f c_f^2}{\rho_p c_p^2} \qquad (4\text{-}4)$$

式中，β_f、ρ_f、β_p 和 ρ_p 分别是所述周围环境流体和颗粒的压缩系数与密度；c_p 和 c_f 分别为声波在颗粒和周围环境溶液中的传输速率。

在驻波场中，可压缩球形物体受到的定向声辐射力 F_R 近似可由公式（4-5）描述：

$$F_R=-\left(\frac{\pi p_0^2 V_p \beta_f}{2\lambda}\right)\Phi\sin\left(\frac{4\pi x}{\lambda}\right) \qquad (4\text{-}5)$$

其中，p_0 为声压；V_p 是颗粒的体积；λ 和 x 分别是声波的波长和颗粒当前位置到波节的距离。具有不同体积、密度或压缩系数的粒子（细胞）可以受到不同方向及大小的声辐射力影响，声辐射力与其他力的共同作用导致细胞的迁移速度及平衡位置差异，进而实现分离。

除了起主要作用的声辐射力，声流也是分离过程中的一个重要现象，它由声波在液体中的黏性衰减产生，声流的大小取决于波衰减的过程和规模：能量从声波转移到流体从而扰动流体的运动状态，被扰动的流体会对悬浮颗粒（细胞）施加额外的流体曳力，从而影响细胞的运动轨迹。曳力 F_d 由斯托克斯方程给出：$F_d=6\pi\mu rv$，其中 μ，r，v 分别是流体的动力黏度、颗粒半径和颗粒相对于流体的速度。这种声流曳力和声辐射力是行波分离装置中的两个主要竞争力。系数 κ 还表征了主导效应——当 $\kappa<1$ 时，无净声辐射力效果，声流是系统中的主导力，悬浮粒子和细胞跟随声流的流动。

声波由压电材料和交流电极产生。根据产生方式和分布区间的不同，声波可划分为体相声波（bulk acoustic waves，简称 BAW）和表面声波（surface acoustic wave，简称 SAW）。将电极加在压电材料两端使之伸缩、剪切等形变而产生的是体相声波，压电材料的整体都在震动；将电极（通常是叉指电极）加在压电材料表面而产生的是表面声波，它沿着基质表面传播，其频率、振幅及波前方向由电极尺寸、材料声速、电信号的输入功率以及叉指电极的设计所决定，可调控性较强[13]。叉指电极与其附近的压电材料作为整体实现了电到声的转变，因此它们统称叉指换能器（interdigitated transducers，简称 IDTs）。

体相声波（BAW）通常以驻波的方式应用在微流控通道中。微流控通道壁通常由高声阻抗的材料制造，如玻璃、硅和不锈钢等。由于这些材料的声阻抗与流体介质明显不匹配，这些材料构成的通道壁能够近乎完美地反射声波。通过调节通道长度和宽度使之与声波半波长的整数倍相匹配，即可制造出声共振器（如图 4-6）[13]。表面声波（SAW）可以以驻波和行波方式应用在微流控系统中：通道底部薄玻璃片下方粘在压电基质上，压电基质上装有叉指电极。叉指换能器能够定向产生表面声波，当有一个叉指换能器时，产生的是行波，推动通道流体内的颗粒向波传播的方向移动。利用两个叉指电极相互配合即可合成驻波，细胞被推向波节（$\Phi>0$）或波腹位置（$\Phi<0$）。通常细胞会被推向波节（$\Phi>0$），但是由于细胞大小不同，其受到的声辐射力也不同，声辐射力、流体曳力、重力等所形成的合力能够促使不同尺寸的细胞产生运动轨迹的差异，进而使目标细胞进入目标轨道而其余细胞进入另一轨道，实现细胞分选[14,15]。

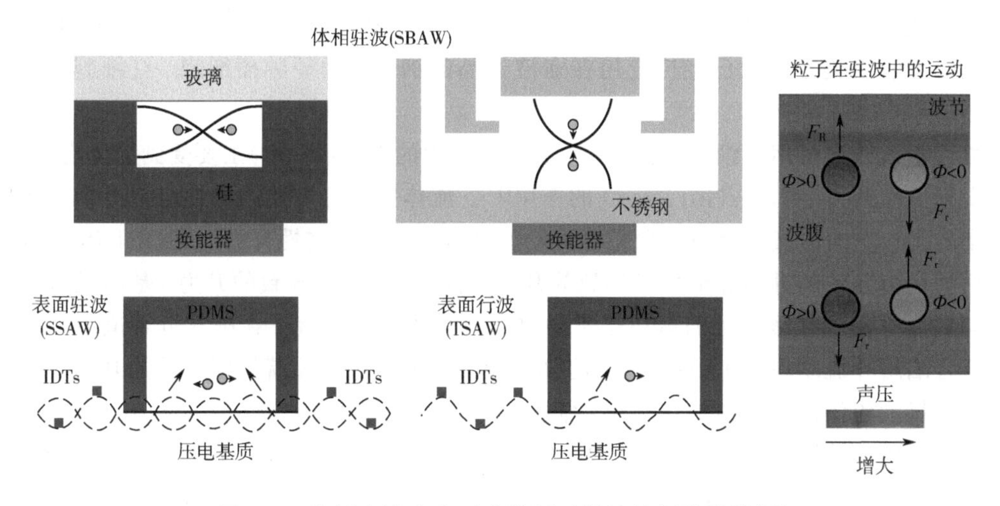

图 4-6　体相声波和表面声波用于微流控细胞操控[13]

4.2.5　流体动力学方法

微流控芯片内的特殊流体现象也能被用于细胞分选。比较常用的方法是确定性侧向位移（deterministic lateral displacement，简称 DLD）和惯性流（inertial）系统。确定性侧向位移是利用芯片内微柱阵列来根据颗粒（细胞）大小进行分选。如图 4-7 所示，半径比临界半径（r_c）小的颗粒能够按照原来的流动方向前进，而半径比临界半径大的颗粒会被转向到另一个预设的方向，偏转方向和临界半径值取决于微柱阵列的设计尺寸。

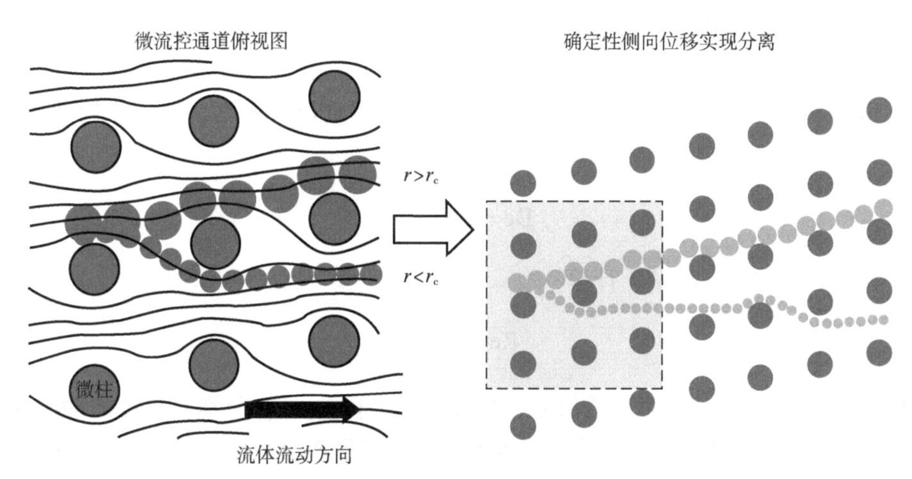

图 4-7　确定性侧向位移（DLD）原理示意图（修改自文献[16]）

通过改变微柱的形状、尺寸、排布及表面修饰可以进一步调控细胞在流体中的运动行为，从而根据细胞尺寸、可变形性、形状、表面电荷等性质的差异进行分选[16]。流体在所设计结构中的流动性质（比如局部的流速、压强、剪切力、流体线、对颗粒运动的影响等）可通过计算流体动力学 CFD 软件进行快捷估算，常见的计算流体动力学模拟软件有 Comsol Multiphysics 和 Fluent 等。在实际应用中，具体的流体运动行为和细胞分离效果因芯片设计的不同而有较大的差异，此处不再一一赘述，有兴趣的同学可查阅相关文献资料。目前该类方法也已经广泛用在血液样品的细胞（循环肿瘤细胞、红细胞等）分离实验中。

惯性微流控也可用于细胞分离。在微流控通道中的颗粒（细胞）主要受到流体曳力（drag force）和惯性升力（inertial lift force）的作用[17]。流体曳力是流体施加在与之有相对速度的颗粒上的力，方向与流体相对于颗粒的运动速度方向相同。惯性升力（inertial lift force）主要包括剪切力导致的升力和流体壁导致的升力，前者（剪切力导致的升力）是由通道中流速不均匀的流体施加在颗粒上的剪切作所导致。通常情况下，流体在越靠近管道中心流速越大（符合泊肃叶流动规律），故而该力将细胞推向管壁。后者（流体壁导致的升力）是由于管壁通过扰动流体而间接施加在颗粒（细胞）上的力，该力推动颗粒（细胞）远离管壁。壁效应和剪切效应共同决定了总惯性升力的方向和大小，通常情况是：在颗粒靠近管壁时，壁效应主导，总惯性升力指向管道中心；在颗粒远离管壁时，剪切作用主导，总惯性升力指向管壁；在颗粒距离管壁一定距离时总升力为零（如图 4-8），该位置称为平衡位置。

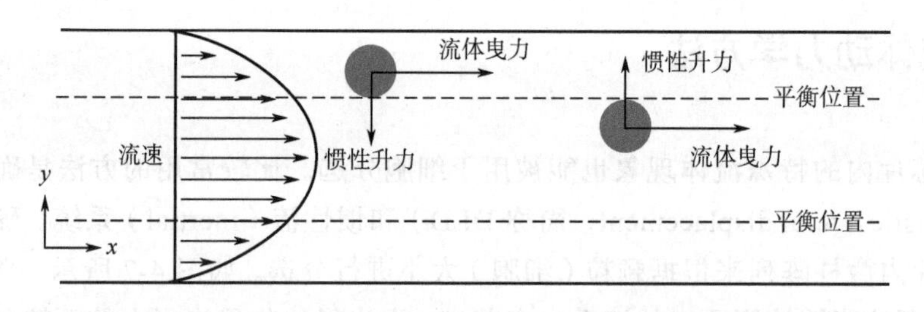

图 4-8 惯性升力和流体曳力示意图（以泊肃叶流动为例）

在一些微流控通道设计中，流体在垂直于一级流的方向（液体主要的流动方向）出现了二次涡流。二次流可在多种微流控结构中产生[18]，其中比较著名的一种是迪恩流（Dean flow），它由 W. R. Dean 在 1920 年研究弯曲通道中的惯性流时命名。他给出的迪恩数（De）公式如下：

$$\mathrm{De}=\mathrm{Re}\sqrt{\frac{H}{2R}} \tag{4-6}$$

其中雷诺数 Re 由式（4-7）计算：

$$\mathrm{Re}=\sqrt{\frac{\rho UH}{\mu}} \tag{4-7}$$

式中，Re 为雷诺数；H 为通道尺寸；R 为曲率半径；μ、ρ 分别为流体的动力学黏度和密度；U 为流速。雷诺数越大，通道尺寸越大，曲率半径越小（曲率越大），无量纲量 De 越大，二次流效果越强。这种二次流会对颗粒（细胞）施加流体曳力，曳力与惯性升力等力的叠加决定了细胞在通道中的最终位置。具有不同性质的细胞（大小、密度、形状等）能够聚焦在通道的不同位置，它们会分别进入不同的下游通道中，从而实现分离。

在不同的微流控结构中，流体的流动行为差异较大，可以用 CFD 软件根据实际的微流控设计进行数值模拟。下面举一个螺旋通道内迪恩流的例子。如图 4-9 所示，在管路中产生的迪恩二次流能在垂直于通道的方向推动颗粒运动，二次流曳力 F_D 和惯性升力 F_L 的共同作用导致了颗粒分布的位置。在该结构中[19]，F_D 正比于 d（颗粒直径），F_L 正比于 d^4，因此颗粒的最终分布位置主要取决于它的直径：大尺寸的颗粒相比于小尺寸的颗粒受到的升力 F_L 和曳力 F_D 均较大，但升力 F_L 大得更多，因此大尺寸的颗粒会因升力的作用更加靠近边缘（但仍在平衡位置以内，总体升力仍指向管壁）。利用该芯片，研究者们实现了人神经母细胞瘤细胞 SH-SY5Y（直径约为 15μm）和 C6 胶质瘤细胞（直径约为 8μm）的分离。迪恩二次流也可以通过其他微流控结构产生，目前该类方法已经成功用于多种细胞分离实验中[20]。

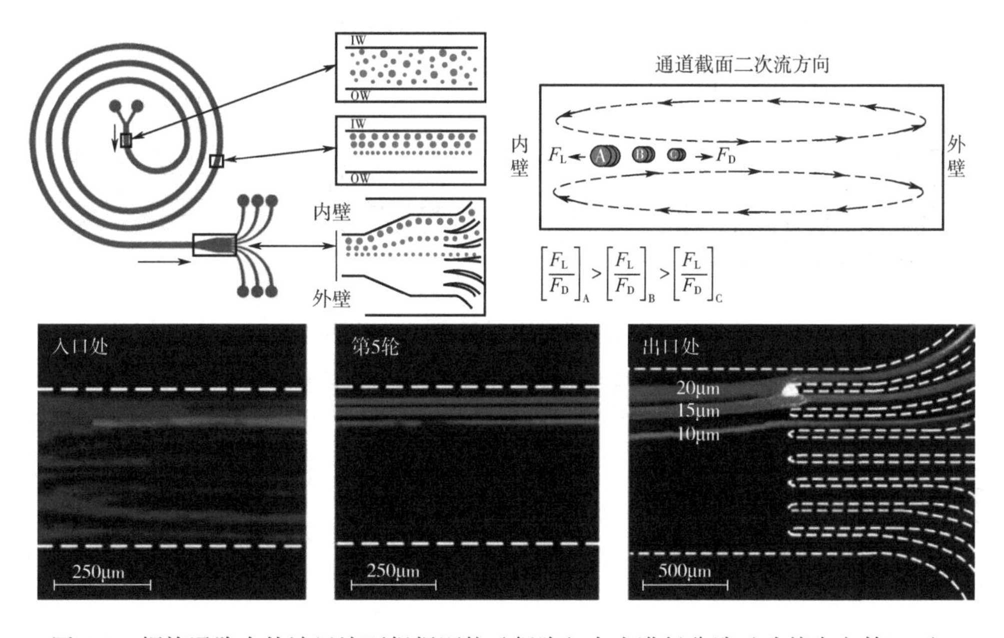

图 4-9 螺旋通路内的迪恩流可根据颗粒（细胞）大小进行分选（改编自文献[19]）

4.2.6 大小和可变形性

前面所介绍的电、声及流体动力学分选方法多数是通过直接给细胞施加力的方式促使细胞运动。这些力（比如介电泳力、声辐射力、流体曳力和惯性升力）往往与细胞大小有关，因此可以根据细胞大小不同进行分选。但是由于细胞所受合力影响因素较多，不同尺寸的细胞受力差异可能并不大，因此不一定能有效地分离不同大小的细胞。接下来我们专门介绍一种最直接有效的根据细胞尺寸及可变形性大小来分选的方法——过滤法。

在生产生活的各个领域，过滤是一种常用的分离不同大小颗粒的方法，该方法在细胞分离中也发挥了重要的作用，它主要针对的是细胞大小及可变形性的差异。需要注意的是，在该方法中细胞大小和可变形性往往作为一个综合指标，无法被明确区分：这是因为即使某种细胞尺寸较大，但如果它能够通过自身变形的方式通过滤筛，那么它可以像小尺寸细胞一样被收集到小细胞对应的通道中，此时可变形性好的大尺寸细胞在这种分选方法里便相当于可变形性较差的小尺寸细胞。

常见的微流控过滤装置包括微柱过滤器、堰式过滤器、交错流过滤器[21]（图 4-10）。微柱过滤器是采用在芯片内部设计微柱的方式，阻止液流中大体积细胞的通过。由于在使用过程中容易导致通道堵塞，因此它通常适用于小体积低浓度的细胞悬液；堰式过滤器结构简单，它在通道中加入坝装结构，坝与通道顶部留下较小的缝隙，只允许小体积细胞通过，进而实现细胞分离，然而该方法仍然容易堵塞。较为先进的方法是交错流过滤器，它有着与液流方向平行的“滤网”：小细胞可以按照原来的轨迹通过滤网进入新通道，从新通道对应的出口流出；大细胞被滤网阻拦只能留在原通道，最终从原通道对应的出口流出[22]。目前该方法已成功应用在白细胞、CTC、细菌等分离应用中。过滤方法由于无需对细胞进行标记，因此制造和使用的操作难度较低，并减少对细胞样品的影响。

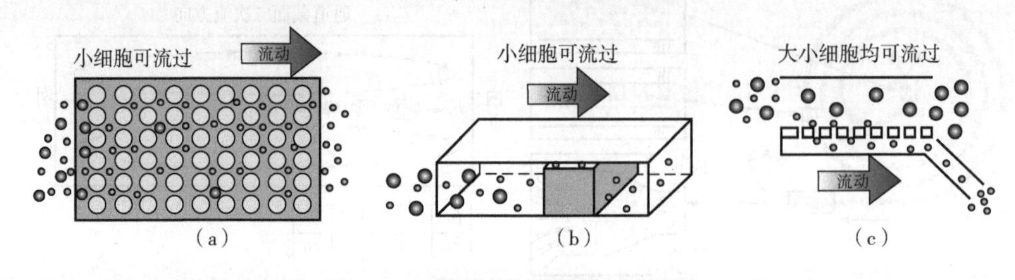

图 4-10　微流控过滤器示意图[21]

（a）微柱过滤器；（b）堰式过滤器；（c）交错流过滤器

4.3　细胞捕获

分选出来的细胞需要被捕获到指定位置，然后才能便于进一步的研究。细胞捕获主要根据的是细胞本身的性质，如细胞表面蛋白结构和细胞尺寸等。此外，也可以利用微纳吸量管等方法，在显微镜下随意选择目标细胞进行提取捕获，这种情况下操作自由度较大，可以不依赖细胞本身的独特性质，但一次只能操作一个或几个细胞，通量很低，不适合大规模操控。在微流控芯片中，常用的细胞捕获方法有抗体识别捕获、核酸适配体识别捕获和微流控结构捕获。

4.3.1　抗体亲和识别

细胞表面的某些蛋白是细胞的“身份标识”，它们能够作为抗原而与外部抗体进行特异性结合。抗体通常是蛋白质，典型的是免疫球蛋白，由天然免疫反应产生。抗原和与之对应的抗体之间存在着空间结构互补性，因此两者可以像锁和钥匙一样，依靠疏水作用力、氢键、范德华力等分子间相互作用进行紧密结合，形成免疫复合物。将与目标细胞表面特征抗原相对应的抗体修饰在基板等微流控捕获结构上，然后使细胞悬液缓慢流过该结构，即可将目标细胞特异性捕获在该结构上[23]。由于抗体来源于天然免疫反应，因而特异性好，但缺点是可操控性较差，即人们无法根据自己的需求任意修改抗体结构以实现其他种抗原的识别，稳定性较差（蛋白容易变性），生产时间长且成本高（难于大规模快速生产），可识别的靶点有限。

4.3.2 核酸适配体识别

核酸适配体是近年来新发展出的一种方法，它也能够特异性识别蛋白、细胞、细菌、病毒等。核酸适配体是一小段寡核苷酸序列（DNA 或 RNA），它由体外筛选得到，能够与靶标分子进行特异性结合。筛选方法称为 SELEX（Systematic evolution of ligands by exponential enrichment），即用目标物质（蛋白、细胞、病毒、甚至是重金属离子）从组合库（利用排列组合的原理合成的多种核酸混合物，比如 40 个碱基的随机序列即对应 4^{40} 种核酸）筛选出能与它特异识别的核酸序列，通过聚合酶链式反应（polymerase chain reaction，PCR）对筛选出的序列进行扩增，然后再一遍遍重复上述过程，直至最后得到的混合物中的核酸均是与目标物质能进行较强的结合作用，筛选过程通常需要重复 6～20 轮。由于适配体是人工合成的寡聚核苷酸，因此相比于天然产生的抗体（大分子蛋白），适配体生产成本较低、稳定性较好、批间差异小、生产成本低且速度快、便于修饰偶联，因此应用前景广泛。通过在微流控芯片内指定结构上修饰适配体，人们可以实现对于流经的细胞进行特异性捕获，捕获之后再用核酸酶切断适配体核酸链即可实现细胞的释放[24]。

4.3.3 微结构捕获

通过在微流控芯片内设计精细的结构，人们可以轻松地实现大规模单细胞捕获。单细胞捕获需要关注两个问题：一是能让单细胞倾向于移动到所设计的结构中并能够稳定在里面而不会被流体冲下来；二是需要保证在微结构捕获到一个细胞之后，不会再有新的细胞进入其中。常用的结构是底部有微小开口的坝状结构，当坝中无细胞时，坝底部孔隙打开，流体会流经坝结构，这时液体中分散悬浮的单细胞也会被冲入坝中。由于开口尺寸较小，不足以让细胞通过，因此细胞会卡在原位，这会导致该开口被堵上，因此流体不会再流经坝内空间，这保证了不会再有新细胞落在该坝状结构中（如图 4-11）。细胞被捕获后，人们可通过细胞特性（比如大小、标记的荧光等）确定所捕获的单细胞是哪种，进而实施下一步的细胞处理及分析。目前，人们已经制造了多种多样的微流控结构用于细胞捕获[25]，但基本原理都比较类似，有兴趣的同学可进一步查阅。

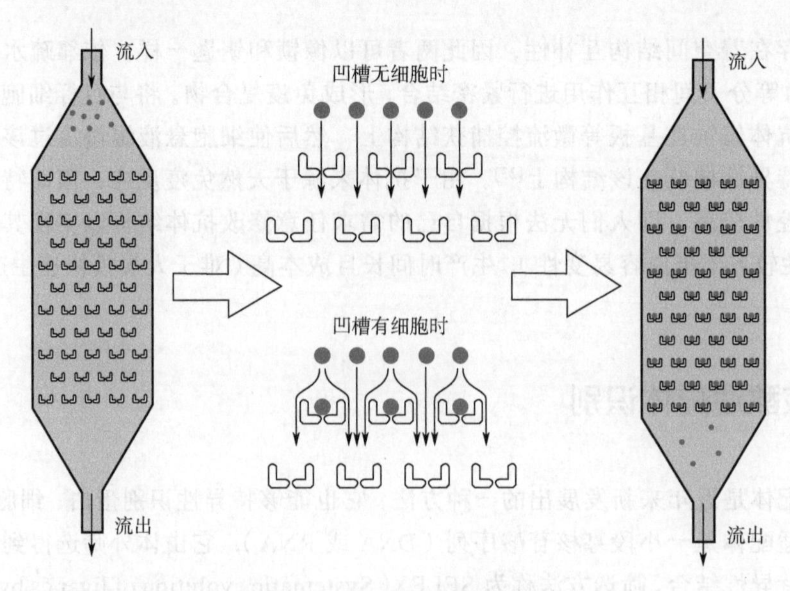

图 4-11　微流控坝捕获细胞

4.4　细胞处理

细胞被捕获后，下一步就需要根据具体实验分析目的进行一定细胞处理操作。常用到的细胞处理包括裂解、配对和融合及细胞膜穿孔。裂解可以打破细胞膜，释放胞内物质，为细胞内成分分析打下基础；配对是将选定的两个细胞放在一起进行共培养融合是将两个细胞合并成一个细胞，这些操作可为细胞间通信及杂交研究打下基础；细胞膜穿孔可以让胞内外物质进行短暂的直接物质交换，此时物质（大分子、质粒等）不需要穿过膜即可进入细胞，为后面的细胞内反应及响应研究打下基础。细胞处理方法的选择及操作质量直接决定了后期分析研究的可靠性及难易程度，宗旨是将所要分析的目标（物质、结构、细胞行为等）凸显出来，同时不影响目标的本来性质（比如要提取测定细胞蛋白时要避免待测蛋白质变性）。

4.4.1　细胞裂解

细胞裂解指的是将细胞膜破损，从而释放出细胞内的物质，进而便于分析检测。根据所采用的方式，细胞裂解方式包括机械裂解、化学裂解、热裂解及电裂解等。

（1）机械裂解法

机械裂解法是采用机械力打破细胞膜，这种力可由穿刺、剪切、压缩等多种方式来施加。微珠击打法（bead beating）是传统的宏观机械裂解法，即在离心管中装入少量样品和微珠（比如 100μm 的玻璃或钢珠）混合物，将离心管进行涡旋混合，里面的微珠会不断击打研磨细胞，导致细胞膜的破损，实现细胞裂解。其破坏效率取决于珠的大小、形状、组成、用量以及细胞的机械抵抗能力。该方法不仅能够破膜，也能够打破细胞壁，因此在藻类细胞的裂解操作中有着独特的优势。虽然微珠击打法已广泛用于多种细胞和组织的裂解应用中，但由于微通道内难以形成剧烈的湍流，因此该方法不大适合微流控系统中的细胞裂解。

反复冻融法是一种常见的细胞裂解法，也被归类为机械裂解法，又称热休克方法。即将细胞置于液氮或-20℃的环境中，胞内液体将结冰，由于冰的密度比水小，因此水结冰后体积增大；此外，由于部分胞液结冰，另一部分未结冰的胞液盐溶度会增高，渗透压效应导致胞外水内流，导致溶胀。这两种效应导致了胞内物质体积增大，从而涨破细胞膜。在 37℃水浴中解冻，解冻过程中引起的胞内物质体积缩小可引起细胞膜收缩，从而也起到破损细胞膜的作用。反复冻融几次之后即可实现细胞的完全裂解。该方法比较温和且有效，通常能够获得 90%以上的细胞裂解率。在微流控芯片中，剧烈的温度变化可能会导致微通道的变形，进而影响芯片的性能，因此反复冻融法少用于微流控系统中。

超声波裂解法是通过震荡胞内外流体的方式裂解细胞，也被归类于机械裂解法。由于超声会产热，热效应又会使 DNA 等生物分子被破坏，因此超声时间不宜过长且间隔要大。一般超声时间在 5s 以内，间隔时间在 5s 以上，从而使产生的热量散去之后再进行下一次超声。通常反复 10 次左右（共超声 50s）即可实现较好的细胞裂解效果。此外，在冰浴中进行超声操作也可减轻热效应对生物分子的损害。预先用非离子型表面活性剂处理细胞，可以使得短时间超声（3～5s）即可达到较好的细胞裂解效果。

微流控系统内的机械裂解法主要是通过在微通道内制作出固体尖锐物（如纳米级别的刀、钉、刺状结构）使通过该结构的细胞被切割、划破、刺穿，实现细胞裂解。比如，可以在芯片内制造纳米级硅晶切割刀，从而能够将流过的细胞切碎[26]；也可以在通道中制造出了尖锐狭窄的边缘，细胞在流过时会被划破[27]。经过多个这样的微结构，细胞会被完全划破，内容物完全释放，实现了高效裂解。

（2）化学裂解法

化学裂解法采用的是以表面活性剂为核心成分的细胞裂解液，它相比于超声、反复冻融等机械法等更加快速温和。裂解液的分布能够被微流控结构进行有效操控，因此该方法易于用在单细胞甚至是亚细胞水平的精准裂解操作中。表面活性剂是两性分子，通常有亲水头部和疏水尾链。细胞膜核心结构为磷脂双分子层，磷脂本身也是两性分子，磷脂分子自组装形成了微囊泡结构，囊泡即为细胞。当细胞裂解液接触细胞膜时，表面活性剂和膜磷脂会互相溶解，进而破坏自组装囊泡结构，导致细胞的瓦解。表面活性剂的选择主要是基于实践经验：离子型表面活性剂能够快速高效裂解细胞，但它们会与蛋白进行结合，进而导致蛋白质变性；非离子型表面活性剂较为温和，裂解细胞速度较慢，裂解完全程度也较低，但能够保持蛋白质活性。通常来讲，在细胞核酸（DNA、RNA）研究中，人们需要完全地裂解细胞而不会重点关注蛋白质的情况，此时倾向于选择离子型表面活性剂（SDS、CTAB 等）；在蛋白提取及分析研究中，人们需要保证蛋白质活性，此时会选择非离子型表面活性剂（Triton X-100、NP-40 等）。表面活性剂只是细胞裂解液的主要活性成分，裂解液中还含有其他辅助成分：比如 Tris（pH 缓冲剂）、NaCl（调整盐浓度保证离子平衡）、EDTA（螯合金属离子）。市面上有各种配制好的细胞裂解液，研究者往往根据自己的需求进行购买并在此基础上进行改进。此外，对于细菌这种含有细胞壁结构的细胞，也可采用溶菌酶降解其细胞壁中的黏多糖成分进而打破细胞壁，促进裂解。

微流控系统擅长控制流体在微尺度空间中的分布，这使得基于表面活性剂的化学裂解法能够方便地用于多种多样的细胞裂解用途。下述范例是笔者所在课题报道的单细胞局部裂解工作[28]：利用开放式微流控探针，在开放区间内形成稳定的层流分布。将目标单细胞置于层流交界处，则该细胞同时受到两种微环境的刺激。当一边是细胞裂解液另一边是培养基时，处在裂解液的那部分细胞区域被裂解，而另一边则被培养基时刻保护，这就实现了单个活细胞的局部裂解（图 4-12）。在切除掉一个脑胶质瘤细胞的触角后，我们观测到了它的再生与修复过程，这为后面的细胞自修复相关研究打下了基础。被裂解的那部分细胞组分从最右侧的通道抽出来，可以进行进一步的成分分析，从而实现活体单细胞的局部位置取样与分析。

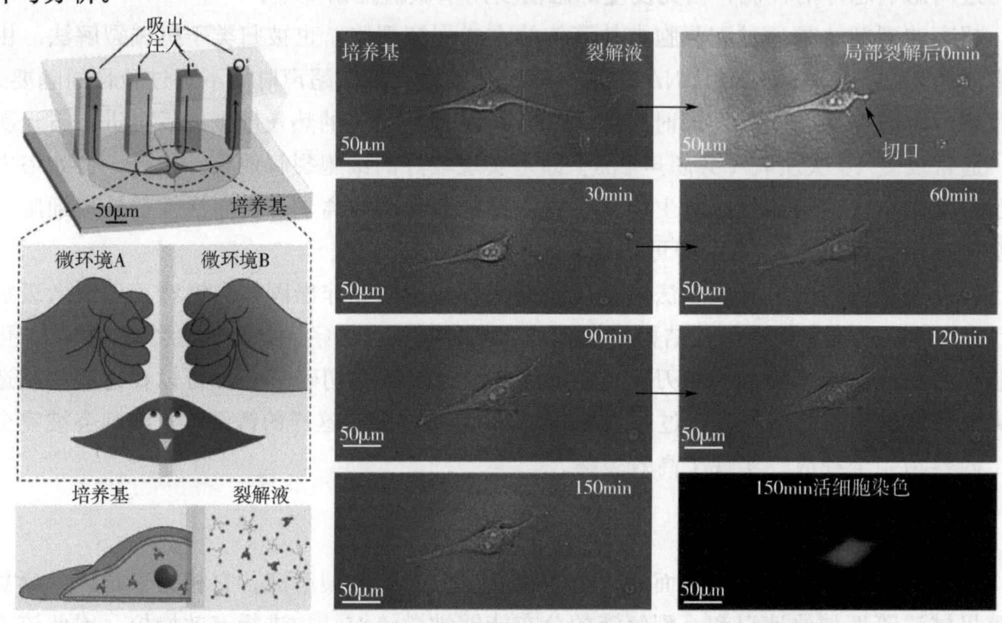

图 4-12　基于微流控探针的活体单细胞局部化学裂解（改编自文献[28]）

（3）热裂解法

为了避免外加表面活性剂对待测物质的污染干扰，人们也发展了热裂解法，即通过高温处理实现细胞裂解。比如在 95℃处理细胞 90s 便可以使细胞膜蛋白变性，继而使细胞膜瓦解。该方法不适合于蛋白质分析，但适用于核酸提取分析，因此主要被用在单细胞液滴核酸 PCR 分析实验中。此外，热裂解法通常至少需要几分钟的时间，因此不适于检测快速过程。

（4）电裂解法

电裂解法指的是利用电场对细胞膜造成破坏，即当电场强度大于跨胞膜电位时会对细胞膜结构造成扰动，电场中的磷脂双分子层组装构象的改变并发生相变，因此细胞膜会产生孔状结构。当电场不大且刺激时间较短时，该孔的形成是可逆的，此时该方法称为电穿孔。当电场较强且刺激时间较长时，所形成的孔破损是永久的。强电场可以引起细胞快速破裂，而不会使目标生物分子变性。此外，也可以根据跨胞膜电位与跨胞器膜的电势差异来选择性破坏细胞膜而保证细胞器膜完整。电裂解法避免了化学裂解法所带来的试剂污染，同时也避免了热裂解法对目标生物分子的损害（热变性）。但是若要在微流控系统中应用电裂解法，则必须在芯片内集成微电极等器件，这一点不如化学裂解方法方便。值得一提的是，直流电和交流电都可以用于细胞裂解。交流电能够较大程度减少水电解和焦耳产热的问题，但其所产生的不连续电场更倾向于使细胞穿孔而并非充分的裂解。反之，尽管直流电有着水电解和焦耳产热的问题，其裂解效率却较高，因此高直流电场是细胞裂解较理想的选择。

下面介绍一个微流控芯片内电裂解范例。如图 4-13 所示，直通道底部交错分布着正负极［直流电场，通过 PDMS 包被电极以减少水电解和焦耳热，结构如（a）图所示］，细胞流经时会受到电场作用而产生膜结构的紊乱，最终膜结构被破坏，细胞被裂解[29]。

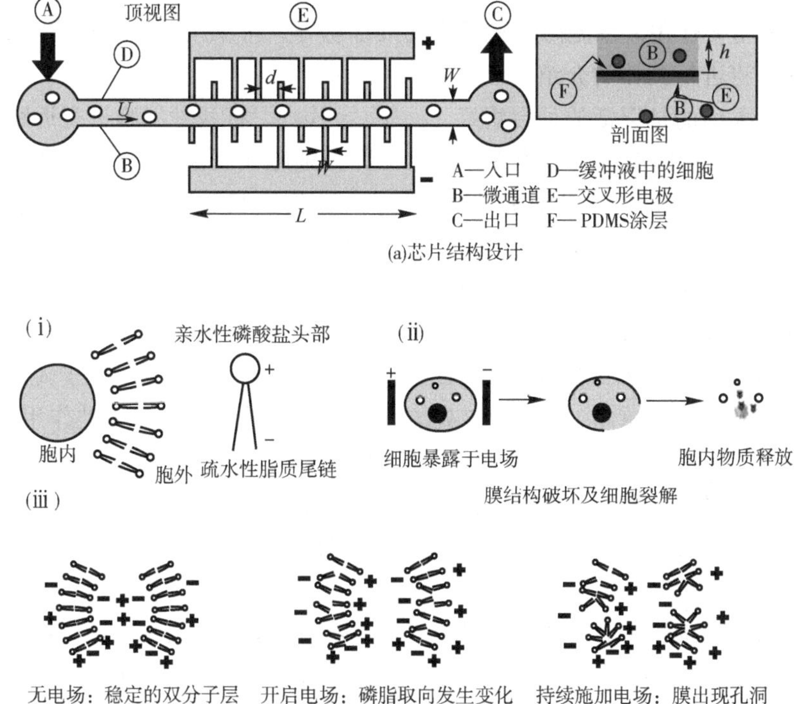

图 4-13 微流控芯片中的电裂解[29]

（b）图中：（i）细胞结构；（ii）电裂解过程；（iii）电裂解过程中细胞膜结构的改变

4.4.2 细胞配对和融合

细胞配对对于研究细胞间相互作用至关重要。微流控中的细胞配对方式通常有两种。第一种方法是利用微坝、凹槽等结构捕获单细胞（细胞 A），将其存储在微结构中，然后继续用该结构进行另一种细胞（细胞 B）的单细胞捕获，并通过某种方式让该单细胞也存储在微结构中，进而形成两种细胞的单细胞配对阵列。比如，在微流控芯片中制造微坝阵列[30]，在低流速（0.1 ~ 3μL/min）条件下捕获单细胞，然后在高流速（50 ~ 500μL/min）条件下将细胞冲刷变形，冲进坝结构内的腔室。然后再对另一种细胞进行同样的捕获及冲进腔室操作，便可得到细胞两两配对的阵列。后期可以将单个微结构腔室内的两个单细胞取出，以便于进一步操作分析。第二类方法是利用液滴包裹细胞的方法，令两个包有不同种类单细胞的液滴融合，最终所形成的液滴便是包有 A、B 两个单细胞配对的体系。液滴包裹的方法也可以先将细胞进行配对，然后一次性形成包有 A、B 两个单细胞配对的液滴[31]。

将多个细胞整合形成一个细胞的操作叫细胞融合，又称细胞杂交，它既可以自发发生也可由人工诱导发生。理论上任何细胞之间都可以产生融合，融合后产生的新型细胞能够继承两种母细胞的特点，因此有可能合成出对生产生活有巨大益处的细胞。不同于有性杂交方式，细胞融合不存在生殖隔离限制，且核外遗传物质（线粒体 DNA 等）也可以发生融合重组，因此人为调控的自由度很高。目前细胞融合已经在单克隆抗体制备（淋巴细胞杂交瘤）等领域发挥重要作用。细胞融合通常需要外部诱导，可采用的方式有生物法、化学法、物理法等，下面将进行具体的介绍。

生物法主要采用的是灭活的仙台病毒（sendai virus）。将两种细胞进行近距离共培养，然后在 4℃下加入灭活病毒，使之附着在细胞上并令细胞相互凝聚。在 37℃，Ca^{2+}和 Mg^{2+}存在下（pH = 8.0 ~ 8.2），病毒与细胞膜发生反应，使细胞膜破损，两细胞连通。在 Ca^{2+}和 ATP 作用下，胞膜修复，两个细胞融合成一个大细胞。

化学法主要用分子量 2000 ~ 6000 的聚乙二醇（PEG）。小分子量的 PEG 细胞毒性较大且融合能力较差，大分子量的 PEG 所配置的溶液太过黏稠不便于操作，因此实践中人们通常采用 50%质量浓度的聚乙二醇 4000（pH = 8.0 ~ 8.2）作为融合剂，它被认为能使两细胞质膜接触处脂质分子疏散重组，进而使该处质膜相互亲和并在表面张力的作用下完成融合。

物理法主要利用的是电融合技术，不同于生物法和化学法，电融合不会造成试剂残留，而且对细胞的刺激时间短暂，因此影响较小，可控性强。利用脉冲电场刺激细胞，细胞膜表面会短暂性形成电穿孔，相互接触的两个细胞在穿孔时会形成连通，在膜修复过程中两个细胞便可以形成一个细胞。

激光也可以促使细胞融合：通过光镊或其他（微纳吸管等）技术让两个细胞接触，然后用激光脉冲照射细胞相接触的点使之形成穿孔，然后两细胞之间形成连通，物质可以相互交换。几分钟后两个细胞便可以融合成一个新的细胞，形态变为球形，细胞核也会逐渐开始融合。

4.4.3 细胞膜穿孔

细胞膜具有选择透过性，但是人们希望将一些无法透过细胞膜的物质及结构（某些糖类、核酸、蛋白、病毒颗粒等）运送进细胞膜以探究细胞的性质，这时就需要可控地暂时性提高细胞膜通透性，需要用到细胞穿孔技术。

实现细胞穿孔最直接的方式就是用微管刺穿细胞，从而向细胞中注入试剂或抽取细胞内液。最常用的是拉细的毛细管，它能在光学显微镜的观察下刺入细胞。较为先进的是流体力显微镜（fluidic force microscopy，FluidFM），它是以原子力显微镜（AFM）为基础，通过在 AFM 悬臂中加入流体管路并在针尖处开孔的方式，实现高精度自动化的细胞穿刺。AFM 的分辨率在三维尺度上都到几个纳米，显著高于光学显微镜（光学衍射极限导致其分辨率难以达到 200nm 以下）。此外，AFM 能够感受探头的力环境并实时做出响应，探头不会对细胞造成明显机械损害。因此基于 AFM 的 FluidFM 技术相比于传统的微管方法更具优势。目前高精度 FluidFM 技术已经逐步商业化，市面上可以看到相关仪器。

穿孔素能够在细胞膜上打孔，它主要由细胞毒性 T 细胞和自然杀伤细胞产生。穿孔素是一种糖蛋白，含有约 534 个氨基酸，属于膜攻击复合物（membrane attack complex，MAC）超家族。在钙离子的刺激下，穿孔素发生空间构象改变而具有了相互结合并插入细胞膜的能力。进入细胞膜的穿孔素首先会形成包含 3～4 个单体的寡聚体，该寡聚体会吸引周围的穿孔素，进而扩增为含有 10～20 个穿孔素单体的聚体，该聚体为中空结构，该中空部分没有胞膜等结构，相当于孔洞，能够允许物质自由通过进出细胞。穿孔的孔径小至 5～20nm，大到 50～160nm。大量大尺寸孔洞会导致细胞膜通透性发生毁灭性改变，完全丧失膜的选择通过性，因而导致细胞死亡。

电穿孔（electroporation）是利用电场瞬时提高膜通透性，从而使平常无法透过细胞膜的物质及结构进出细胞。人们通常用电穿孔仪在细胞溶液中产生静电场：将样品装入比色杯中，然后将比色杯放入电穿孔仪，设置电压和电容并开启开关即可实现对细胞的穿孔（原理与电裂解图 4-13 类似[29]）。在 kV/cm 量级电场强度脉冲刺激微秒至毫秒量级时间下，胞膜会出现微孔。穿孔若在短时间内可恢复，即为可逆电穿孔，它主要用于细胞内外物质的短暂交换，穿孔后需要细胞能进行自修复，能正常生存下去并尽可能保持完整功能，从而研究细胞性质；反之，若孔洞不能恢复或恢复慢（在细胞功能受到致命影响前无法修复），则称为不可逆电穿孔，它主要用于杀菌、脂肪的提取等应用领域。通过控制电场强度、脉冲持续时间、脉冲次数即可调控电穿孔的可逆性。作为一种基本的生物物理现象，电穿孔普遍适用于各种细胞，便于程序化控制、穿孔效率高且无残余毒性，因此应用十分广泛。

超声也可用于细胞穿孔。溶液中由于溶解有空气或其他杂质，其内部会存在微小的空化核（比如微纳米级别的小气泡）。高能超声波作用于流体时会导致溶液内的压强变得不均匀，小压强区域内的空化核容易生长聚集并不断吸收超声波的能量，当空化气泡内部能量足够高时便会产生崩溃闭合。崩溃的瞬间会释放大量能量，在该局部产生高温高压及速度高达百米/秒的微型射流，这会破坏细胞膜结构，造成细胞穿孔。与电穿孔类似，超声方法所造成的细胞穿孔也分为可逆和不可逆：低能声波短时间处理细胞，在撤去声波后，所形成的孔洞可被细胞修复；高能声波长时间处理所导致的细胞膜破坏速度快、规模大，细胞因无法修复损伤而走向死亡。

在微流控系统中，细胞穿孔主要可通过两类手段来进行：一是流动体系，即细胞源源不断地流过微通道，在经过通道特定位置时受到外力作用而被穿孔[32]；二是静态体系，细胞首先被捕获形成单细胞阵列，然后通过施加外力的作用破坏细胞膜，实现细胞穿孔[33]。

4.5 总结与展望

细胞操控是细胞分析的基础，操控的质量高低直接决定了后期分析的难易程度乃至可行性，因此操控至关重要，实践中会根据具体的实验分析目的有针对性地设计操控流程。本章节介绍了细胞操控的基本技术，包括细胞分选、捕获与后续的一些处理。在分离分选方面，介绍了磁、电、光、声、流体动力学等方法实现细胞分选的基本原理；在细胞捕获方面，介绍了抗体、核酸适配体、微流控结构方法；在细胞处理方面，介绍了裂解、配对、融合及穿孔等基本的细胞操作。本书所介绍的内容比较基础浅显，它有助于同学们掌握微流控细胞操控的基本原理和常识，使得大家在以后的学习及研究过程中能够更加容易地理解纷繁复杂的前沿研究成果。对本领域感兴趣的同学可以继续研读其他更高深的书籍论文等资料，进一步扩充知识，提升理论及实践水平。

参考文献

[1] Shields C W t, Reyes C D, Lopez G P. Microfluidic cell sorting: A review of the advances in the separation of cells from debulking to rare cell isolation. Lab Chip, 2015, 15: 1230-1249.

[2] Kim S, Han S I, Park M J, Jeon C W, Joo Y D, Choi I H, Han K H. Circulating tumor cell microseparator based on lateral magnetophoresis and immunomagnetic nanobeads. Anal Chem, 2013, 85: 2779-2786.

[3] Chen P, Huang Y Y, Hoshino K, Zhang J X. Microscale magnetic field modulation for enhanced capture and distribution of rare circulating tumor cells. Sci Rep, 2015, 5: 8745.

[4] Karabacak N M, Spuhler P S, Fachin F, Lim E J, Pai V, Ozkumur E, Martel J M, Kojic N, Smith K, Chen P-i, Yang J, Hwang H, Morgan B, Trautwein J, Barber T A, Stott S L, Maheswaran S, Kapur R, Haber D A, Toner M. Microfluidic, marker-free isolation of circulating tumor cells from blood samples. Nat Protoc, 2014, 9: 694-710.

[5] Johann R, Renaud P. A simple mechanism for reliable particle sorting in a microdevice with combined electroosmotic and pressure-driven flow. Electrophoresis, 2004, 25: 3720-3729.

[6] Lee D, Hwang B, Kim B. The potential of a dielectrophoresis activated cell sorter (dacs) as a next generation cell sorter. Micro Nano Lett, 2016, 4: 2.

[7] Gascoyne P R, Shim S. Isolation of circulating tumor cells by dielectrophoresis. Cancers (Basel), 2014, 6: 545-579.

[8] Michael K A, Hiibel S R, Geiger E J. Dependence of the dielectrophoretic upper crossover frequency on the lipid content of microalgal cells. Algal Res, 2014, 6: 17-21.

[9] Piacentini N, Mernier G, Tornay R, Renaud P. Separation of platelets from other blood cells in continuous-flow by dielectrophoresis field-flow-fractionation. Biomicrofluidics, 2011, 5: 34122-341228.

[10] Shim S, Stemke-Hale K, Tsimberidou A M, Noshari J, Anderson T E, Gascoyne P R. Antibody-independent isolation of circulating tumor cells by continuous-flow dielectrophoresis. Biomicrofluidics, 2013, 7: 11807.

[11] Landenberger B, Hofemann H, Wadle S, Rohrbach A. Microfluidic sorting of arbitrary cells with dynamic optical tweezers. Lab Chip, 2012, 12: 3177-3183.

[12] Li P, Liang M, Lu X, Chow J J M, Ramachandra C J A, Ai Y. Sheathless acoustic fluorescence activated cell sorting (afacs) with high cell viability. Anal Chem, 2019, 91: 15425-15435.

[13] Wu M, Ozcelik A, Rufo J, Wang Z, Fang R, Jun Huang T. Acoustofluidic separation of cells and particles. Microsyst Nanoeng, 2019, 5: 32.

[14] Li P, Mao Z, Peng Z, Zhou L, Chen Y, Huang P H, Truica C I, Drabick J J, El-Deiry W S, Dao M, Suresh S, Huang T J. Acoustic separation of circulating tumor cells. Proc Natl Acad Sci USA, 2015, 112: 4970-4975.

[15] Urbansky A, Ohlsson P, Lenshof A, Garofalo F, Scheding S, Laurell T. Rapid and effective enrichment of mononuclear cells from blood using acoustophoresis. Sci. Rep, 2017, 7: 17161.

[16] Salafi T, Zhang Y, Zhang Y. A review on deterministic lateral displacement for particle separation and detection. Nano-Micro Lett, 2019, 11: 77.

[17] Di Carlo D. Inertial microfluidics. Lab Chip, 2009, 9: 3038-3046.

[18] Stoecklein D, Di Carlo D. Nonlinear microfluidics. Anal Chem, 2019, 91: 296-314.

[19] Kuntaegowdanahalli S S, Bhagat A A, Kumar G, Papautsky I. Inertial microfluidics for continuous particle separation in spiral microchannels. Lab Chip, 2009, 9: 2973-2980.

[20] Kim G Y, Han J I, Park J K. Inertial microfluidics-based cell sorting. BioChip J, 2018, 12: 257-267.

[21] Hosic S, Murthy S K, Koppes A N. Microfluidic sample preparation for single cell analysis. Anal Chem, 2016, 88: 354-380.

[22] Li X, Chen W, Liu G, Lu W, Fu J. Continuous-flow microfluidic blood cell sorting for unprocessed whole blood using surface-micromachined microfiltration membranes. Lab Chip, 2014, 14: 2565-2575.

[23] Liu Y, Germain T, Pappas D. Microfluidic antibody arrays for simultaneous cell separation and stimulus. Anal Bioanal Chem, 2014, 406: 7867-7873.

[24] Shen Q, Xu L, Zhao L, Wu D, Fan Y, Zhou Y, Ouyang W H, Xu X, Zhang Z, Song M, Lee T, Garcia M A, Xiong B, Hou S, Tseng H R, Fang X. Specific capture and release of circulating tumor cells using aptamer-modified nanosubstrates. Adv Mater, 2013, 25: 2368-2373.

[25] Yu X, Wu N, Chen F, Wei J, Zhao Y. Engineering microfluidic chip for circulating tumor cells: From enrichment, release to single cell analysis. Trends Anal Chem, 2019, 117: 27-38.

[26] Yun S S, Yoon S Y, Song M K, Im S H, Kim S, Lee J H, Yang S. Handheld mechanical cell lysis chip with ultra-sharp silicon nano-blade arrays for rapid intracellular protein extraction. Lab Chip, 2010, 10: 1442-1446.

[27] Huang X, Xing X, Ng C N, Yobas L. Single-cell point constrictions for reagent-free high-throughput mechanical lysis and intact nuclei isolation. Micromachines (Basel), 2019, 10: 488.

[28] Zhang Q, Mao S, Khan M, Feng S, Zhang W, Li W, Lin J M. In situ partial treatment of single cells by laminar flow in the "open space". Anal Chem, 2019, 91: 1644-1650.

[29] Pandian K, Ajanth Praveen M, Hoque S Z, Sudeepthi A, Sen A K. Continuous electrical lysis of cancer cells in a microfluidic device with passivated interdigitated electrodes. Biomicrofluidics, 2020, 14: 064101.

[30] Dura B, Servos M M, Barry R M, Ploegh H L, Dougan S K, Voldman J. Longitudinal multiparameter assay of lymphocyte interactions from onset by microfluidic cell pairing and culture. Proc Natl Acad Sci USA, 2016, 113: E3599-3608.

[31] Segaliny A I, Li G, Kong L, Ren C, Chen X, Wang J K, Baltimore D, Wu G, Zhao W. Functional tcr t cell screening using single-cell droplet microfluidics. Lab Chip, 2018, 18: 3733-3749.

[32] Longsine-Parker W, Wang H, Koo C, Kim J, Kim B, Jayaraman A, Han A. Microfluidic electro-sonoporation: A multi-modal cell poration methodology through simultaneous application of electric field and ultrasonic wave. Lab Chip, 2013, 13: 2144-2152.

[33] Li Z G, Liu A Q, Klaseboer E, Zhang J B, Ohl C D. Single cell membrane poration by bubble-induced microjets in a microfluidic chip. Lab Chip, 2013, 13: 1144-1150.

思考题

1. 某细胞混合样品中有四种细胞 A、B、C、D：A 细胞的标志物有 a、b、c；B 细胞的标志物有 b；C 细胞的标志物有 b、c；D 细胞无标志物。请设计磁分选方法将四种细胞分离。
2. 简述本章中利用介电泳方法分离循环肿瘤细胞和外周血单核细胞（peripheral blood mononuclear cells，简称 PBMNs）的原理。
3. 请指出光镊能操控细胞的本质原理。光所产生的力主要有哪两种？这两种力有什么区别？若要将细胞束缚在三维光学势阱，需要入射光束满足哪些条件？
4. 假设环境流体压缩系数 $\beta_f = 4.5\times10^{-10}\text{Pa}^{-1}$，流体密度 $\rho_f = 1.00\text{g/cm}^3$，某种细胞压缩系数 $\beta_p = 3.8\times10^{-10}\text{Pa}^{-1}$，该细胞密度 $\rho_p = 1.08\text{g/cm}^3$。试计算该细胞的声学对比系数 Φ，并说明细胞在声驻波场中所受声辐射力的方向（指向波节还是波腹）。
5. 请简述确定性侧向位移（DLD）分离细胞的原理。
6. 惯性升力包含哪两个主要部分？在无限长直通道的泊肃叶流中，颗粒所受到的总升力方向是？思考平衡位置含义：在无限长直通道的泊肃叶流中，颗粒在通道正中心时所受到的总升力也为零，为什么该位置不是真正的平衡位置？
7. 请简述核酸适配体筛选（SELEX）的基本过程。
8. 请阐述抗体和核酸适配体的异同。
9. 请阐述反复冻融法裂解细胞的基本原理。
10. 查阅试剂信息及购买试剂对于科学研究至关重要，请查阅至少三种市售的细胞裂解液信息，比较其成分和功能差异。若要实现膜蛋白的提取，选择哪些种裂解液比较合适？

第5章
微流控单细胞分析

5.1 概述

5.1.1 单细胞分析与微流控

细胞是组成生命的基本结构单元，对细胞进行分析能够揭示生命科学中一些最基本过程的信息。单细胞分析是分析化学、生物学和医学之间渗透发展形成的跨学科前沿领域，它从传统的细胞分析逐渐发展而来，注重于一个细胞群体中个体细胞的异质性分析。它将分析化学、经典细胞生物学、基因组学和蛋白质组学交叉连接起来。如今，越来越多的学者致力于单细胞分析研究。随着单细胞的研究需求扩大，对于更精密的分析方法的需求也越来越紧迫。

新技术的发展促进了新的生物知识的发现，先进的分析手段有助于获取细胞内丰富的生物分子的详细信息，这导致了分子和细胞分析的快速增长。然而，许多细胞平均信号的检测结果在许多领域如血液学、干细胞生物学、组织工程和癌症生物学中都难以解释。这可以归因于样本的不同时间动态和细胞内的种群异质性。因此，对细胞群的测量将会产生误导，这就需要在分子生物学中使用单细胞方法。

详细来讲，群体中的单细胞异质性是单细胞分析的核心焦点，与传统的测定细胞群体中分子平均水平的方法不同。通常，从细胞群体中获取分子信息的分析技术并不适用于复杂的异质细胞样本。在一个标准的样本分子分析步骤中，样本内所有的细胞都在相同的条件下处理，然后通过仪器分析获得这个细胞群体的信号。这些步骤虽然可操作性强，但可能会错误地导致样本中所有细胞行为的平均分布。例如，由于每个细胞的时间周期不同，单个细胞的时间响应信号就在细胞群体的平均信号下被掩盖［图 5-1（a）］。由于表观遗传的差异和细胞内信号的随机性，即使是具有相同基因的细胞对刺激的反应也不同，因此获取群体中单细胞的信号就显得非常重要[1]。此外，复杂样本中的关键细胞通常是存在于细胞群体中。在这种情况下，仪器所检测到的关键细胞对刺激的反应信号会与其他细胞的反应信号混合在一起，这种反应是微弱到会被群体的平均信号掩盖。这样的分析结果则不能显示关键细胞的信息［图 5-1（b）］。考虑到当细胞群体对外界条件做出动态反应时具有双峰表达水平的情况，即有两个不同的群体对外界刺激表现出两种不同的信号[2]，对该群体的平均测量将输出两个信号的平均值，该平均值无法代表任何一个亚群体［图 5-1（c）］。还有一种情况是具有丰富信息的细胞在细胞群体中只占很小的比例，对该群体的平均测量将导致获得的信号不能准确代表这些关键细胞的情况［图 5-1（d）］。因此，只有通过测量单个细胞的信号，才能分析细胞种群的真正异质性和行为。

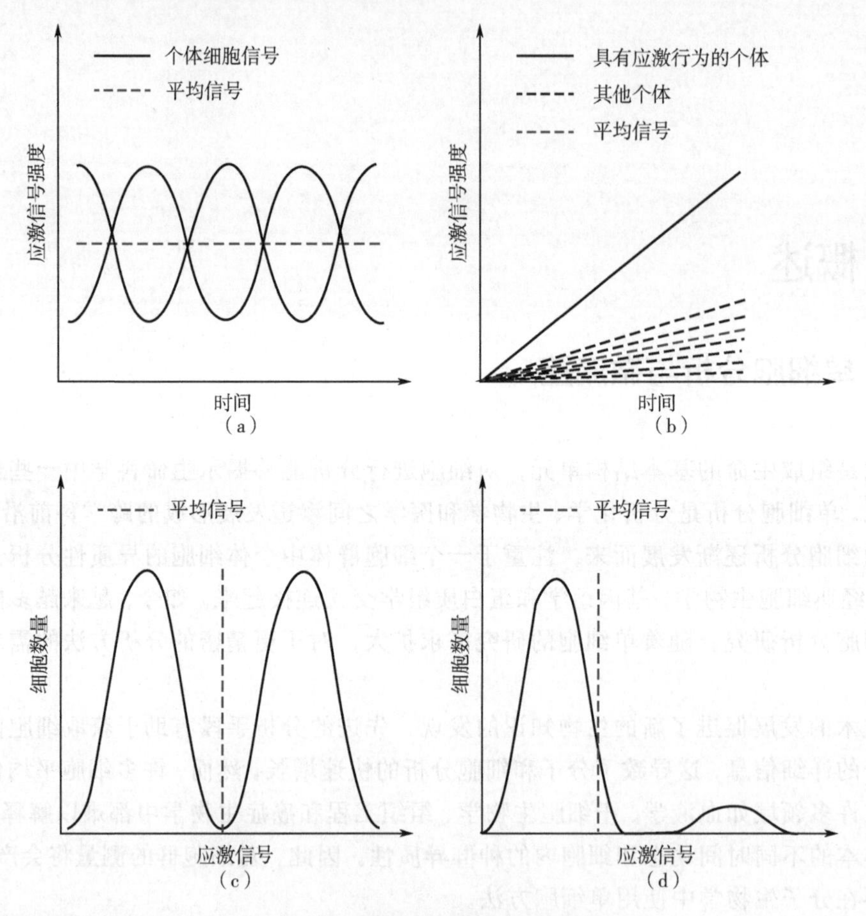

图 5-1　细胞在种群中的异质性

（a）根据时间周期响应的细胞信号；（b）一群细胞中只有少数个体具有应激信号时，平均信号无法反映该个体的应激信号；（c）一个细胞群体有两种不同信号反应时，平均信号不代表任一亚群的实际情况；（d）细胞群体中有少数细胞具有不同信号时，会导致平均信号不准确

细胞在种群中的异质性研究促进了研究者对系统生物学、干细胞生物学和癌症生物学领域的理解。随着单细胞分析技术的发展，上述领域同时受益[3]。肿瘤的异质性已经在癌症生物学中被发现[4]。从基因组异质性推断肿瘤发展是可能的[5]。利用单细胞技术，动态蛋白质组学已被应用于测量单细胞对药物刺激的反应[6]。此外，单细胞基因表达技术已发展为干

细胞的研究[7]。利用单细胞转录组分析，可以观察到高度异质性的基因表达谱，这是传统方法难以实现的。

微流控技术的发明极大地促进了单细胞分析。传统的多细胞检测系统可以通过该技术的应用提高单细胞的分选能力，也可以从复杂样本中分离单个种群。随着微米级加工技术的发展，传统的分析平台已经可以小型化到微米尺度，并集成在一个芯片上，成为微流控芯片实验室平台。这些集成的分析工具支持机械和化学通路的精确控制[8]，并能够从高通量分析中收集高度可定量的单细胞数据[9]。这些微型芯片的重点是分析细胞-细胞间相互作用[10]和细胞-环境间相互作用[11]。传统的分析平台无法实现体内微米尺度环境的仿真，而微流控技术可以轻松实现[12]。在分析血液、肿瘤组织等复杂成分的实际样品时，需要采用高通量的方法。微流控技术可以满足在阵列中精确定位或在流动中定位的要求。单细胞分析在微流控技术的发展下已经衍生出多种单细胞操控方法，如机械捕获[13]、惯性分离[14]、介电泳分离[15]和声波分离法[16]。

21 世纪以来，微流控技术在单细胞分析领域得到了广泛的发展[17-19]。微流控芯片的微观结构能够适配于单细胞的体积，目前是一种很有发展潜力的单细胞分析技术。微流控技术的优点如下：①可将细胞的操控、传输、收集、定位、裂解、分离和检测集成在一个微流控芯片上。可采用微泵和微阀控制系统，实现一体化和自动化。②微流控技术提供了对单细胞的高通量分析，实现了对细胞代谢、基因表达和药物筛选的高速研究。③显著降低试剂消耗。微流控芯片所需的样品采用纳升至微升级测量，大大降低了实验成本。④精确时间灵敏度的微流控器件可用于连续监测活细胞受刺激释放分子响应过程。⑤封闭的操作环境有助于降低样品污染风险，保证细胞活性及存活率。

5.1.2 单细胞分析技术发展历程

单细胞分析的发展可以追溯到 1965 年（表 5-1），Matioli 等人[20]报道了分离和直接观察单个红细胞中的血红蛋白。然后，大量的常规技术被开发出来用于单细胞分析，如微薄层色谱（mTLC），气相色谱-质谱联用（GC-MS），高效液相色谱-电化学检测（HPLC-EC）和放射性标记等[21-24]。然而，这些技术通常在多组分测试中灵敏度有限，因此没有得到广泛的发展。mTLC 需要多个细胞来获得足够的信号强度，这并不是严格的单细胞分辨率。GC-MS 仅用于挥发性化合物的分析。若目标分子不易挥发，需要衍生化，限制了其应用。HPLC-EC 检测结果与细胞大小和浓度密切相关，而这些决定因素难以控制。放射性标记只能同时检测一种化合物，且不适合检测未知化合物。

流式细胞仪的发展[25]广泛应用于细胞生物学领域。当样本复杂，包含多个细胞种群时，流式细胞术能够检测单种细胞的物理和化学参数。如大小、体积、数量，甚至蛋白质和核酸的含量等参数都可以实现高通量采集。然而，流式细胞仪在单细胞分析中也存在局限性，限制了其通用性，如昂贵的仪器成本、复杂的细胞表面标记物、较长的样品预处理时间、降低细胞活性以及样品污染风险等。

膜片钳是由 Neher 和 Sakmann[26]在 1976 年发明的，这项技术被用于发现细胞中单一离子通道的功能，并于1991年获得诺贝尔生理学或医学奖。该方法的高灵敏度和高空间分辨率在单细胞生物超微环境下的快速反应动力学研究中具有很大的潜力。

单细胞分析面临着巨大的挑战，需要更灵敏、更有选择性、更定量、信息更丰富的方法，并且可以同时检测到更多的分析物。1987年，Kennedy等人[27]首先发明了用于单个神经元电化学分析的开放式液相色谱法。在这种方法中，分析了来自螺旋蜗牛食管下神经中枢中的单个神经元细胞。对产生的神经递质多巴胺和5-羟色胺及其前体氨基酸——酪氨酸和色氨酸进行了分析和定量。但该方法的装置和微操作技术复杂，难以对体积小单细胞进行分析，这项技术的后续发展受到了限制。

毛细管电泳（CE）可以满足单细胞分析的要求，具有样品体积小、灵敏度高、选择性好、多组分分析、反应速度快的特点。Ewing团队[28]通过体内分析从单个神经细胞中提取多巴胺，开发出了单细胞毛细管区带电泳（CZE）。由于哺乳动物的细胞比神经元要小得多，该装置的小型化工作仍需要进行可行性研究分析。

Sweedler团队[29-32]在单细胞分析方面进行了研究，并专注于分析复杂微环境的分析方法的开发，包括CE、基于激光的探测器和MALDI取样技术。他们利用MALDI-MS实现了神经肽在神经细胞不同部位空间分布的检测。其他研究包括新陈代谢、动态释放神经肽和经典的递质在细胞间传递方式。

Dovichi的课题组在2000年提出了单细胞蛋白质组学[33]。他们试图开发用于研究蛋白质组的二维CE工具，并结合激光诱导荧光（LIF）或质谱检测。该课题组的长期目标似乎是研究单细胞中的蛋白质表达，并确定蛋白质表达在癌症进展和胚胎发育过程中如何在细胞群中发生变化。到目前为止，他们已经取得了重要的成就[34-36]。然而，总体上讲，单细胞蛋白质组学的研究还只是一个开始。

Zare课题组在微流控单细胞分析方面做了出色的研究[37-39]。在他们早先的工作中[40]，开发了用于单细胞分析的多层式微流控芯片。微流控通道能够将单个细胞从复杂的细胞悬

表5-1 单细胞分析研究发展中的重要里程碑

年份	研究内容	参考文献
1965	分离和直接观察单个红细胞中的血红蛋白	[20]
1976	膜片钳	[26]
1987	单个神经元电化学分析的开放式液相色谱法	[27]
1988	单细胞毛细管区带电泳	[28]
2000	单细胞蛋白质组学	[33]
2000	微阀门	[50]
2005	液滴	[56]
2009	活体单细胞质谱	[44]
2015	单细胞-MALDI-MS研究	[32]
2018	活体单细胞提取器	[11]

浮液中分离出来，集成的阀门和泵能够精确地将纳升体积的试剂输送到细胞中。可以实现如细胞活力分析，离子载体介导的胞内 Ca^{2+}通量测量，多步受体介导的 Ca^{2+}测量等各种应用分析。与宏观尺度的细胞分析相比，该实验在试剂消耗、分析时间和时间分辨率方面有显著的改进。

Ramsey 团队一直致力于微流控技术的研究[41-43]。他们以在演示微加工化学分析装置方面的开创性工作而闻名。相比传统微加工技术，他们开发的这些微加工装置改进了几个数量级的精度。目前，这种技术被世界各地的一些研究机构和公司采用，并可能成为化学和生物化学实验的一般模型。

近年来，林金明团队也在微流控单细胞分析这一领域进行了系统的研究。在细胞分选方面，基于二维有序聚苯乙烯微球的微孔阵列[45]被开发用于高通量单细胞分析。在这项工作中，利用苯乙烯微球在聚二甲基硅氧烷基底压成单层圆底微孔阵列，微孔尺寸在 10～20μm 范围内可调，能够高效捕获贴壁或非贴壁细胞。此外，设计的微孔结构使我们能够启动靶细胞表面与生物分子的强相互作用[46]。通过在三维结构的微孔上修饰 DNA 适配体，可以获得一个满意的单细胞捕获率。在单细胞封装方面，提出了一种微流控方法，在微通道内生成水凝胶微球结构，以控制单细胞的封装[47]。该方法能够将不同类型的细胞固定在具有不同形态的水凝胶微结构中进行表征分析。2018 年报道了一种活单细胞提取器，用于提取组织培养中的单个贴壁细胞，以了解细胞异质性和各种单细胞行为之间的联系[11]。利用该技术探索了细胞黏附强度与细胞形态的关系以及细胞黏附强度与细胞内代谢产物的关系。最近，还报道了一种基于微流控的单细胞萃取器与电喷雾离子化质谱串联装置（图 5-2），可以实现对贴壁培养的细胞进行原位在线萃取检测分析，能够在线对实验室培养的不同细胞系和实际肿瘤样本细胞进行磷脂表达的异质性分析。

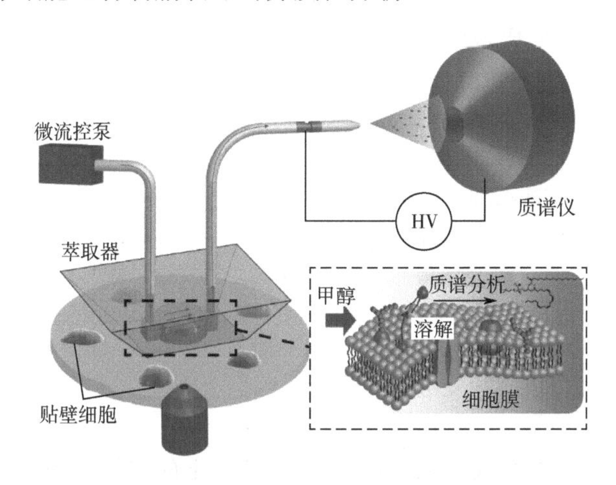

图 5-2　基于微流控单细胞萃取与质谱联用装置[48]

微流控单细胞分析是一个广阔的研究领域，本章按照微流控方法在单细胞分析中的作用，将这个领域分成微流控单细胞分离、微流控单细胞裂解和适配的单细胞分析检测方法三个部分进一步讲解。

5.2 单细胞分离

利用微流控装置将单细胞从细胞群体中分离有许多优势[49]。在这项技术中，微流控芯片中的单细胞分离室可以被尽量缩小以减少后续细胞裂解液的稀释，这对于分析单个细胞中的低丰度分子是很重要的；另外，低成本、高通量，且大多数微流控芯片是自动和封闭系统，具有低污染风险，这些优势都至关重要。在本节中，将介绍各种微流控单细胞分离技术，以方法和原理为主，具体的实例读者可以参考文中引用的文献进一步学习。

5.2.1 微阀门技术

微型化的阀门可以用来在显微镜下控制流体通道的开关，这为单细胞分离提供了一种容易转化为微观尺度的方法。在微通道中，可以利用阀门来调节流体流量和控制流向。Quake的课题组[50,51]在微流控芯片上开发了一种叫做“Quake 阀”的微阀门系统，这种阀门通常用于单细胞分离的过程。微流控系统中常见的阀是双层气动阀，顶层为气动阀门集成通道。当气体通过通道时，气压将迫使底层通道关闭，此时单个细胞被捕获在一个密闭腔室中（图 5-3）。阀门一般采用计算机控制程序，操作简单，但制造复杂，增加了它的使用成本。这种方法的实验通量是有限的，因为需要显微镜来确认单细胞捕获。也许自动反馈控制阀和显微镜的结合将使被动的单细胞分离成为可能，并提高实验通量。

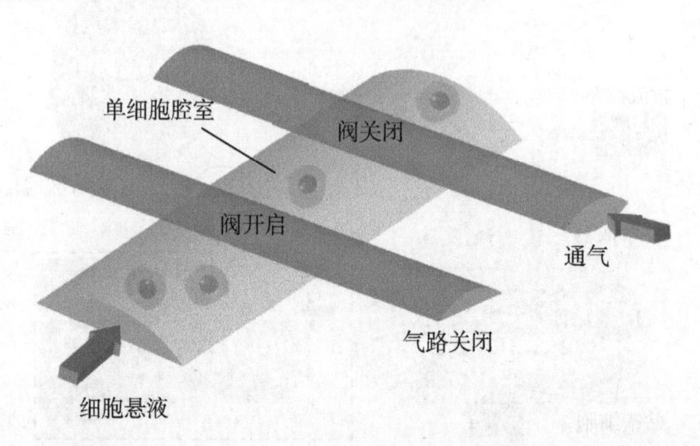

图 5-3 Quake 阀在微流控芯片上的工作原理

5.2.2 微孔和微坝

利用物理边界的单细胞分离可以很容易地通过微流控芯片来实现。受到多孔板分离培养细胞群的启发，在微流控芯片中制造的微米级孔可以作为一种工具进行单细胞分离。在这种方法中，在微流控通道底部生成合适尺寸的微孔，单细胞流经通道的过程中由于重力落在单个微孔中，多余的细胞将被通道中流体冲走（图 5-4）。通过调节微孔的大小和形状，可以提高微孔捕获单细胞的效率。分离的单细胞数量取决于微流控芯片中微孔阵列的规模。然而，这种方法不适合于单细胞研究中的分子分析。由于没有绝对隔离封闭的单细胞腔室，单细胞的裂解物容易稀释并混合。关于这项技术的更多研究工作，读者可以从发表的综述中获取更多的信息[52,53]。

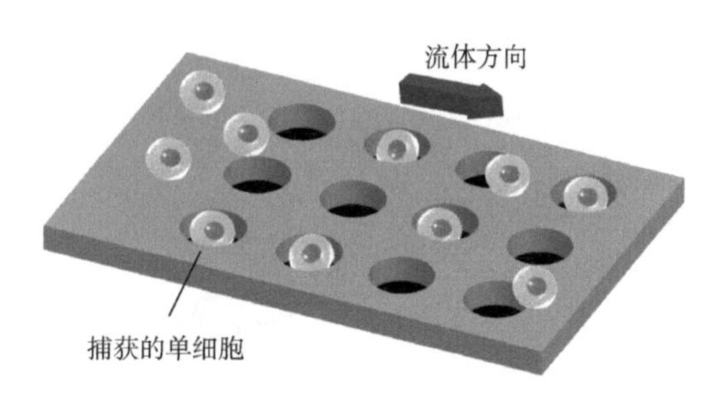

图 5-4　微流控芯片上利用微孔分离单细胞

另一种使用物理边界的单细胞分离方法称为微坝。大多数以 U 形杯的形式捕获微流控通道上的单个细胞（图 5-5）。微坝的形状设计需要有一个能让流体通过空坝的切口，从而微流控通道堵塞。这个方法具有被动分离细胞的特性，并适用于各种细胞大小和形状。然而，由于同样没有封闭隔离的单细胞腔室，这种方法的主要应用于单细胞培养和显微成像分析，而不是单细胞裂解液分析。

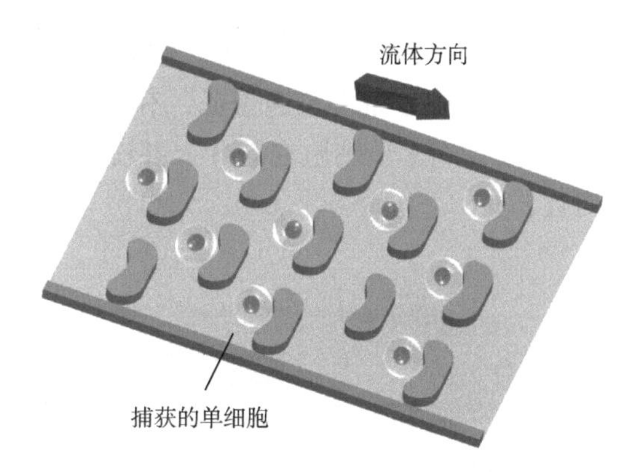

图 5-5　微流控芯片上利用微坝分离单细胞

5.2.3　流体动力分离

单细胞分离可以通过流体动力学机制被动实现。这种方法不需要复杂的制造系统，因此也有很多相关的工作报道。在这种方法中，在微流控通道中产生循环流体流动，流动过程中产生的旋涡用于细胞捕获。据文献报道[54]，由围绕微柱的声波诱导流体振荡产生的四个周围涡流可以用于捕获单个细胞（图 5-6）。这种方法同样因为它具有被动分离性质，并且适用于各种细胞大小和形状而被广泛研究。然而类似的，这种方法主要应用于单细胞培养和瞬态成像分析，而不是单细胞裂解液分析。要了解更详细深入的流体动力学单细胞分离方法，读者可以参考已发表的综述论文[55]。

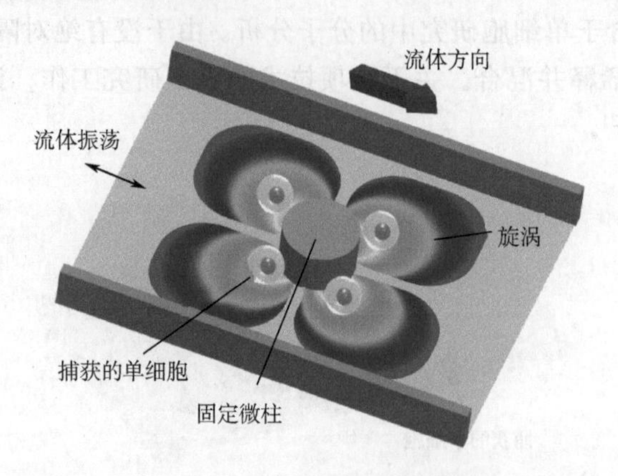

图 5-6 微流控芯片上利用流体力分离单细胞

5.2.4 介电泳

用介电泳法分离单细胞目前已取得了很大的进展。在这种方法中，将一对能够捕获单细胞的电极集成到的微流控芯片中，称为介电泳笼。通过控制电极的电压形成捕获单细胞的介电泳腔室并从通道中捕获单细胞（图 5-7）。在捕获过程之后，通过显微镜找到捕获的单细胞，并被转移到其他捕获器或从芯片上分离出来。该方法可用于从真实血液样本中分离罕见的癌细胞。然而，该方法的局限性是实验通量低，不适用于较小的样本，且由于需要大量显微镜操作，人工成本较高。此外，单细胞在芯片上并没有严格的分离，这就降低了后续单细胞裂解液分析的适用性。

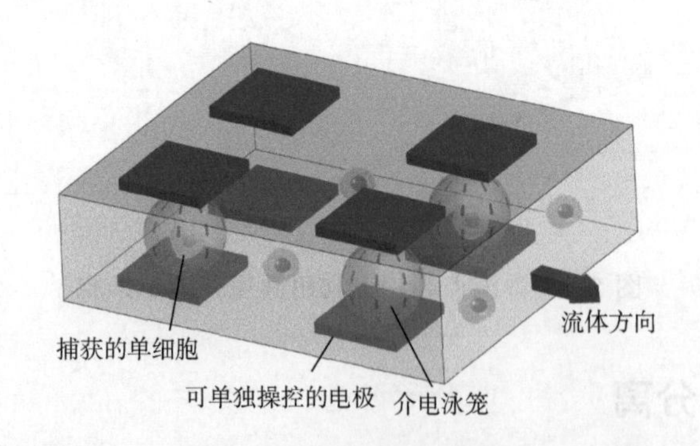

图 5-7 微流控芯片上利用介电泳笼分离单细胞

5.2.5 液滴法

液滴法近年来已成为单细胞分离的一种流行方法。顾名思义，液滴是由两种不相溶的液体切开而形成的油包水或水包油体系。可以用于单细胞封装和分离[56]（图 5-8）。这种方法特别适用于单细胞裂解物的分子分析。在这种方法中，每个液滴作为一个单独的化学反应器，与其他液滴之间没有物质交换。为了便于操作，微流控系统的制作也得到了简化。液滴产生是在连续流中实现的，可以实现高通量的单细胞封装。此外，每滴液滴的体积可以最小化到皮升甚至飞升。这大大减少了单细胞分析时细胞裂解液的稀释。单细胞捕获率主要基于泊松分布，不能达到 100%。提高捕获率可以通过预聚焦或后处理步骤来实现。液滴已成为单细胞分析中的强大分析工具。更详细的机制可以在几个综述论文中找到[57,58]。

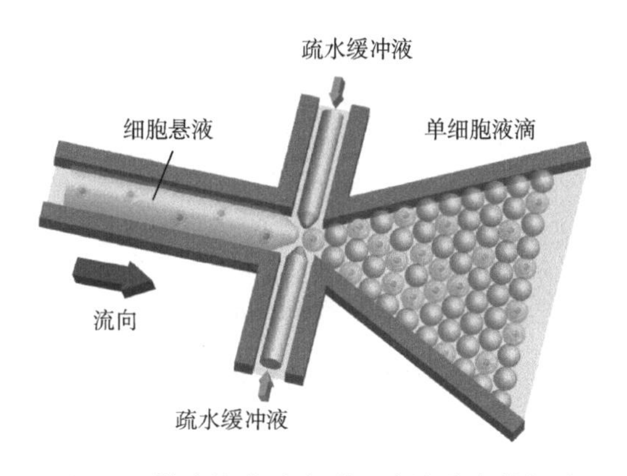

图 5-8　微流控芯片上利用液滴分离单细胞

5.3　单细胞裂解

从细胞群体中分离出单细胞后，为了更好地分析细胞内各种生物分子和小分子的信息，单细胞裂解技术就应运而生。微流控技术为单细胞裂解提供了一个理想的平台。微流控通道可以设计成任何特殊的几何形状，流体流动可以精确控制，这使得单细胞裂解的过程可以被精确控制。单细胞裂解室的尺寸可以直接与单个细胞的大小相匹配，以最大限度地减少裂解液的稀释，从而获得更好的灵敏度。大多数微流控器件是光学透明的，增加了荧光检测的适用性。微流控裂解室设计为密闭独立的空间，最大限度地减少样品污染。到目前为止，已经发展了多种微流控单细胞裂解的方法。研究人员通常根据需求会选择合适的方法来达到想要的结果。在本节中，讨论了几种常用的微流控单细胞裂解模型，包括化学法、机械法以及通过电、光、热等裂解方法。读者也可以参考一些重要的综述论文了解更多信息[59,60]。

5.3.1　化学法

细胞的化学裂解是通过含有表面活性剂的溶解缓冲液来溶解细胞膜上的脂质和蛋白质来实现的。这一过程在细胞膜上形成小孔，并逐渐导致完整的细胞破裂[61-63]。微流控装置具有精确控制流体流动的优点，能够尽可能少地使用裂解缓冲液，从而减少对于细胞内生物分子的稀释（图 5-9）。虽然化学法是一种简单方便的单细胞裂解方法，但其局限性很明显，裂解缓冲液中的化学试剂会对单细胞样品分析造成污染，去除污染的影响是一项比较复杂的工作，为后续样品处理增添了额外的步骤。

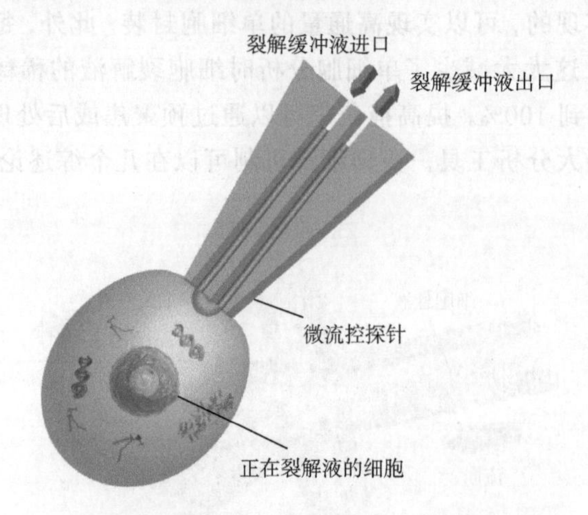

图 5-9 利用微流控探针进行化学法裂解单细胞

5.3.2 机械法

通过机械手段裂解细胞是通过利用机械力（如剪切力、摩擦力或压应力）撕裂或刺穿细胞膜来实现的[64-66]。这种方法通过设计不同形状的微流控通道，挤压或者剪切实现单细胞的裂解，直接破坏了细胞结构，释放细胞内分子（图 5-10）。机械法使单细胞裂解可以减少对细胞内蛋白质结构的破坏，这相比于其他方法是一个很大的优势。然而，机械裂解产生的细胞碎片使随后的分离过程变得复杂。

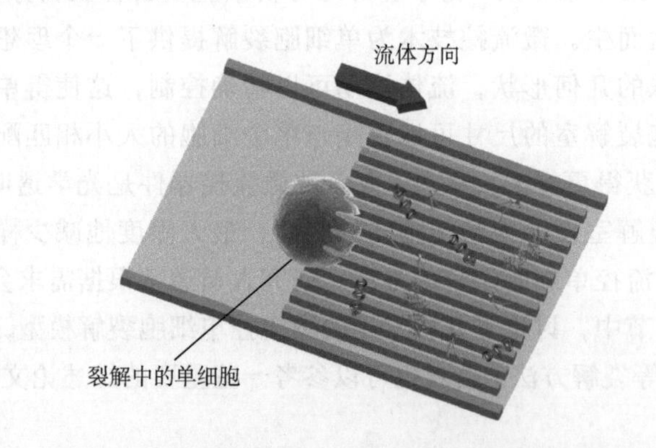

图 5-10 利用微流控芯片进行机械法裂解单细胞

5.3.3 电裂解法

单细胞的电裂解通常是在细胞膜上产生小孔来破坏细胞，也称为电穿孔裂解[67,68]。在这种方法中，细胞被置于一个外部电场下，电场在细胞膜内外产生电位差（也被称为跨膜电位）。当电势在 0.2 ~ 1.0V[69]范围内达到一定阈值时，细胞膜上则会产生小孔。在温和的电场作用下，产生孔洞是可恢复的。然而，当电场达到足够高的程度时，穿孔将成为永久性的，并实现细胞的完全裂解[70]（图 5-11）。通常可逆电穿孔用于小分子的检测，永久性电穿孔更适合于 DNA、蛋白质等大分子的检测。利用电场实现单细胞裂解的优势在于毫秒水平上超高的裂解效率，并且通过调节电场对不同类型的细胞膜有更好的选择性[71,72]。但其局限性是电场的精度控制导致操作过程相对复杂以及微流控芯片设计上的复杂程度。使用时还应注意电极寿命的问题。

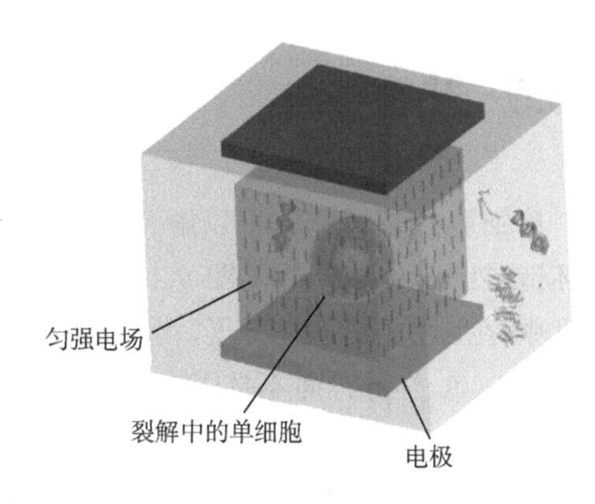

图 5-11　利用微流控芯片进行电场法裂解单细胞

5.3.4　激光法

通过激光进行单细胞裂解的可以解释为由聚焦激光产生的流体运动引起的细胞破裂[73-75]。在这种方法中，激光脉冲聚焦在细胞表面周围的缓冲界面上。高能激光将产生局部气泡，气泡的膨胀和运动与周围的流体波动一起助于细胞膜破裂[76]（图 5-12）。光学单细胞裂解具有选择性高、效率高、裂解区域小等优点，将激光脉冲集成到微流控芯片中也可以提供方便控制细胞裂解的空间。此外，微通道还可以抑制气泡的过度膨胀，有利于控制气泡的体积[77]。然而，其局限性是显而易见的，激光对于细胞内的生物分子尤其是蛋白质等同样具有破坏作用[78]，且光学系统的复杂集成大大增加了实验成本。

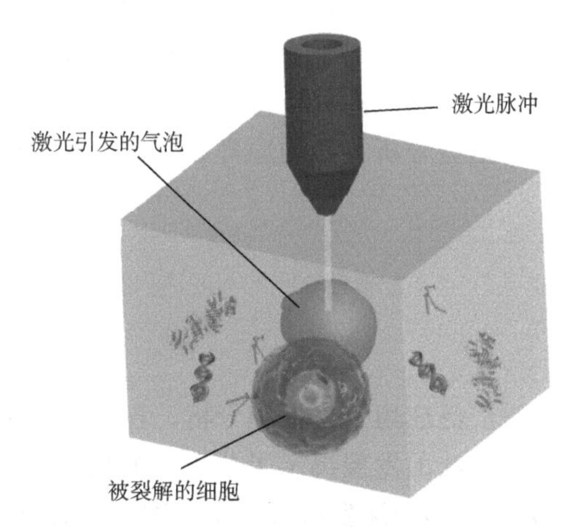

图 5-12　利用微流控芯片进行激光法裂解单细胞

5.3.5 热裂解法

单细胞热裂解方法可以解释为利用高温使细胞膜上的蛋白质变性，从而对细胞膜结构破坏造成细胞破裂[79,80]（图 5-13）。热裂解具有裂解强度高、简单易行等优点。但是，由于细胞中存在许多热敏性分子，温度应谨慎设置并精确控制。因此，单细胞热裂解最常用于芯片上的 PCR 分析，而不是蛋白质分析[81,82]。

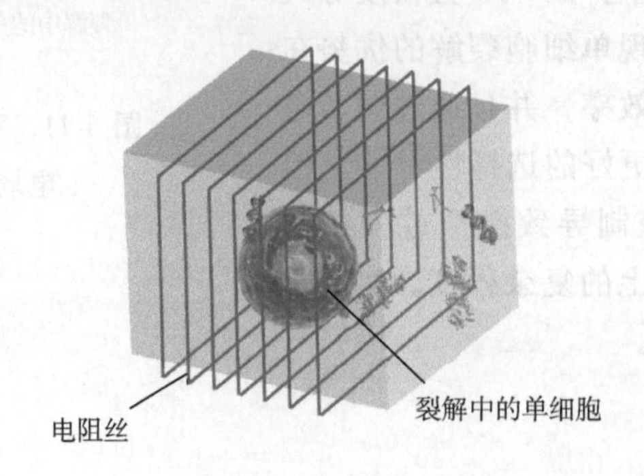

图 5-13　利用微流控芯片进行加热法裂解单细胞

5.4 单细胞检测分析

微流控单细胞分析在生物和化学研究中有着重要的应用，不仅是因为微流控装置可以方便地实现单细胞的样品处理，同时微流平台与各种检测分析平台的集成适配性也是不可忽略的。将单细胞样品经过分离、裂解后达到理想的分析条件后，可以方便地在表型水平（基因/蛋白表达）和基因组测序水平（DNA 分析）上进行研究。这些信息的大部分最终会归结为分子水平的分析，我们将单细胞的分析方法主要分为光学分析、电化学分析和质谱分析三大类别。本节重点讲述这些分析方法的原理和实例，其与微流控装置的适配集成可参阅相关的参考文献。

5.4.1 光学分析

长期以来，显微镜技术被广泛应用于单细胞分析。直接可视化细胞形态的能力使其成为一种非常流行的方法。荧光方法的发展揭示了分子、细胞器的空间分布或生物过程中的动态状态。近年来，基于荧光光谱的快速发展技术使生物分子的快速跟踪成为可能，超分辨率显微镜的诞生使图像的分辨率降低到纳米级别[83]。下面重点介绍荧光技术的最新进展，包括各种标记/免标记方法，最后介绍有关活细胞成像技术。

（1）荧光成像

先进的荧光技术现在能够针对目标分子在单细胞上达到亚微米的分辨率。近年来主流的单细胞荧光成像包括荧光共振能量转移（FRET）、荧光原位杂交（FISH）和荧光超分辨率显微镜（SRM）等方法。

荧光共振能量转移技术被广泛应用于生物化学反应和细胞生物学研究中，这个方法关键在于从受激的供体荧光基团到受体分子的能量转移[84]。其优点是，当供体能量与目标结合时，无需进行更多的衍生步骤就能发出荧光。Son 等人[85]开发了一种微流控平台，集成了光降解的微图案水凝胶阵列，实现了单细胞外泌物分析。荧光共振能量转移的多肽被包裹在微腔室中，以监测单细胞分泌的蛋白酶分子的活性。Ng 等人[86]开发了多色荧光共振能量转移为基础的酶底物，并集成到微流控平台中，在液滴中同时测量单细胞的多种特异性蛋白酶活性。

荧光原位杂交技术用于检测和定位单细胞中 DNA 或 RNA 分子的特定序列。在牺牲了实验通量的情况下，它是在单细胞或复杂的组织中适合于确定基因表达异质性的方法。Perez-Toralla 等人[87]开发了一种允许在细胞悬液中固定细胞，并通过 FISH 对其进行表征的分析方法。Moffitt 等人[88]介绍了一种高通量宽容荧光原位杂交（MERFISH）的新方法，该方法具有比传统方法更高的实验通量。

荧光超分辨率显微镜的光学成像分辨率只有 10nm。这在单细胞研究中可以用于定位细胞中的目标分子。Jungmann 等人[89]报道了一种新方法，虽然样品在强光下暴露，但具有多通道同时实验的功能，提高了实验通量。他们采用了有序标记和一种图像采集手段（exchange-PAINT），能够实现 10nm 以下的分辨率。Niehörster 等人[90]利用光谱分辨荧光寿命成像显微镜（sLFIM）在小鼠 C2C12 细胞中同时观察到多达 9 种不同的目标分子。结果表明，sFLIM 适合于利用受激发射损耗（STED）进行超分辨率多目标成像。对于其他相关工作，读者可以参考更多的文献来获取相关信息[91-92]。

（2）免标记光学成像法

有几种光学显微镜技术可以用于单细胞分析，而且不需要荧光标记或染色。接下来介绍其中三种被广泛应用的方法：拉曼光谱、表面等离子体共振（SPR）和干涉散射显微镜（iSCAT）。

拉曼光谱是近年来广泛用于单细胞分析的一种观察系统振动、旋转等低频模式的光谱技术[94,95]。Casabella 等人[96]报道了一种用于单细胞拉曼光谱的自动微流控平台。该工作结合了传统的光镊与拉曼光谱技术用于区分活上皮前列腺细胞和淋巴细胞。Kang 等人[97]利用拉曼光谱结合荧光显微镜来检测分析单细胞给药动力学。此外，拉曼光谱还可以用于单细胞分选。对这一领域感兴趣的读者可以关注相关的综述论文[98]。

表面等离子体共振成像被用于阐明两个分子的结合/解离过程，可用于单细胞分析。Stojanović 等人[99]利用表面等离子体共振成像检测和定量单个杂交瘤细胞分泌的抗体，将上皮细胞黏附分子（EpCAM）预先固定在表面等离子体共振成像传感器上，诱导杂交瘤细胞分泌单克隆抗体。结果表明，在单细胞水平上能够定量测定细胞抗体的产生。

干涉散射显微镜也是一种不需要标记的光学显微镜技术。干涉散射显微镜是基于散射光和参照光场的干涉，主要用于观察细胞膜或检测细胞内分子的运动[100,101]。Agnarsson 等人[102]发明了一种光散射显微镜，基于衰减场测量单细胞与特定基底的结合动态过程（图 5-14）。理论分析结果表明，在不使用荧光标记的情况下，单表面脂质囊泡可以根据其光散射信号大小进行表征分析。

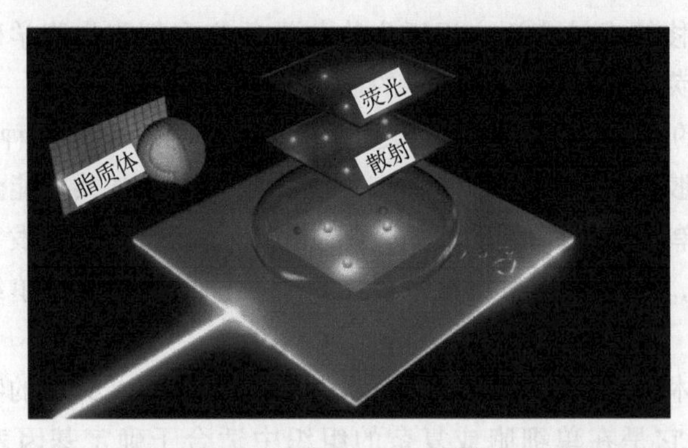

图 5-14　单细胞光学分析方法光散射显微镜原理图[102]

（3）活细胞成像

活细胞成像通常侧重于对细胞增殖和代谢过程的长期分析。这种方法可以利用荧光标记，也可以不使用标记[103,104]，与超分辨率显微镜具有较好的兼容性[105]。Moffitt 等人[106]通过 30～40 代的延时研究实现了对单个细菌和细菌群落的活细胞监测。Hoffman 等人[107]利用绿色荧光蛋白转染细菌的活细胞成像来区分可逆和不可逆黏附。在一般情况下，正常细胞不表达荧光蛋白分子。因此，诱导额外的染色剂进入细胞可能会影响细胞活力，这将在动态长期细胞成像的研究中具有一定限制。为了解决这个问题，Krämer 等人[108]建立了一套对细胞无创的碘化丙啶（PI）复染色灌注系统用于单细胞活性分析。在他们的研究中，通过改变常规的 PI 染色浓度和检测 PI 对细胞活力的诱导作用，建立了一种连续监测细胞活力的无毒方法。

5.4.2 电化学分析

近年来，电化学分析在单细胞分析领域的应用取得了很大进展[109,110]。电化学技术是微流控平台适配集成的理想技术，由于不要求严格光学透明，微电极可以在聚合物、硅和玻璃等一系列基片上集成。由于电化学技术对多种生物分子的敏感性，尤其适用于通过测量神经递质释放来研究神经元细胞。Liu 等人[111]报道了一种基于金纳米电极的高空间分辨率检测大鼠嗜铬细胞瘤释放多巴胺的方法。通过循环伏安扫描，可以可控地制备半径 3～970nm 的金纳米电极。除此之外，碳纤维微电极也具有优异的电学性能，可用于检测单细胞的单个囊泡释放的递质。Robinson 等人[112]利用纳米线电极阵列来跟踪多个相互连接的神经元的信号。在他们的实验中，所使用的垂直纳米线电极阵列可以刺激和记录大鼠皮质神经元细胞内的神经元活动，也可以用来反映多个单突触连接。该平台与硅纳米制造技术的适配性为同时连接数百个单个神经元提供了有效的途径。Li 等人[113]报道了一种细胞内囊泡电化学细胞检测方法，在这种方法中，将碳纤维微电极制成锥形纳米尖端，裂解单个 PC12 细胞内的单个纳米级囊泡，并检测电活性神经递质的总含量（图 5-15）。结果表明，在胞吐过程中，只有一小部分神经递质被释放。Wigström 等人[114]介绍了一种具有 16 个铂带电极的柔性薄膜微电极阵列（MEA）探针的光刻微加工技术。利用该装置检测了牛肾上腺髓质细胞的单细胞的外泌释放过程，展示了神经递质释放在二维定位上的可行性。

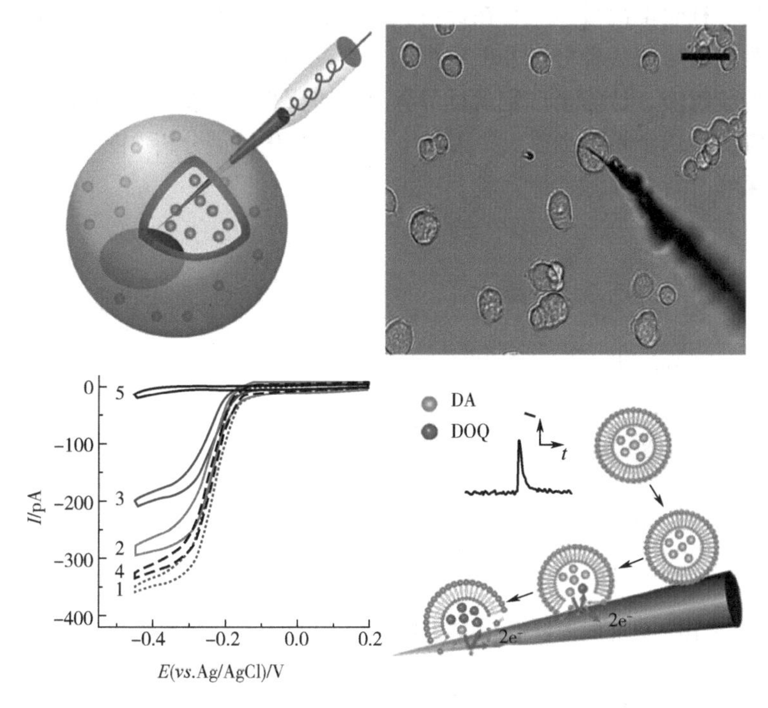

图 5-15 单细胞电化学分析方法-碳纤维微电极在细胞囊泡电化学细胞检测中的应用[113]

电化学方法在单细胞分析中的另一个重要参数是氧化应激。Piskounova 等人[115]在一项对于人类黑色素瘤细胞进行的研究报道中，详细揭示了氧化应激抑制癌细胞的转移和侵袭。此外，铂电极还可以检测氧化应激释放的离子，如自由基和过氧化物。Dick[116]报道了利用电化学检测分析单细胞活性氧（ROS）的工作。该检测是通过表面活性剂辅助分析单细胞内容物与微电极碰撞的消耗来实现的。结果显示，急性淋巴母细胞淋巴瘤 T 细胞与正常胸腺细胞的信号区别存在千倍的差异。电化学单细胞分析中还有很多先进的技术，如电化学酶分析[117-119]、阻抗谱[120,121]和扫描电化学显微镜[122-124]。对此领域感兴趣的读者可参考上述相关文献。这个领域未来的挑战是利用该技术的高灵敏度来研究极小细胞内容物和细胞外泌物的性质，深入研究单细胞生物学。

5.4.3 质谱分析

质谱法（MS）具有高检测限、高灵敏度、无标记检测以及能够从单个样品中分析数百个生物分子的优点[125,126]。质谱技术在单细胞分析中很有吸引力，因为它可以在单个细胞内生成高维度数据。以下将从质谱的离子化形式进行分类，讲解不同的单细胞质谱分析技术。主要包括：电喷雾离子化质谱（ESI-MS）、基质辅助激光解吸离子化质谱（MALDI-MS）、二次离子质谱（SIMS）和电感耦合等离子体质谱（ICP-MS）。不同的电离技术对生物分子的检测有不同的侧重点。

电喷雾离子化是通过高压作用于液体而产生气溶胶喷雾，喷雾液滴在高温挥发下产生电离离子。这是一种软电离技术，它在保持大分子完整的同时，又能获得离子化的效果。这对于分析单细胞内生物的各种分子非常有吸引力。使用电喷雾离子化质谱的单细胞分析需要获得单个细胞的裂解液，这需要一定的样品预处理步骤以获得更好的性能[127]。Fujii 等人[128]利用微毛细血管提取单个植物细胞，并采用电喷雾离子化质谱分析（图 5-16）。该方法能够以高灵敏度快速采样分析单细胞代谢产物。

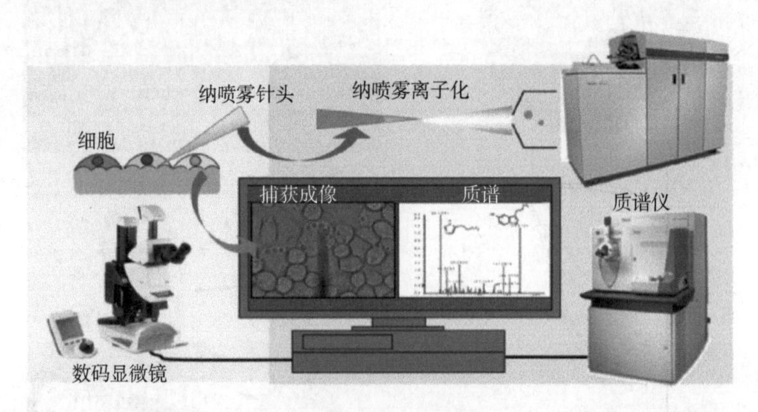

图 5-16　单细胞探针结合电喷雾离子化质谱分析植物细胞内含物[128]

基质辅助激光解吸离子化质谱技术也是一种相对较软的获得气相中小分子离子的方法。在离子化的过程中对分子破坏作用同样较小，与电喷雾离子化法非常相似。不同之处在于 MALDI 在离子化的过程中需要利用基质吸收激光能量来帮助产生离子。基质辅助激光解吸离子化质谱在过去几年中已被应用于单细胞分析。Ong 等人[32]开发了一种单细胞 MALDI-MS 方法，该方法能够基于肽谱对内分泌系统中的细胞进行免标记的分类。在他们的工作中，分析了包括来自大鼠不同器官的细胞在内的各种内分泌和神经系统细胞类型。Krismer 等人[129]利用 MALDI 以单细胞分辨率筛选不同群体的莱茵衣藻，采用集成了微孔阵列的不锈钢板捕获单细胞，通过快速冷冻和基质沉积获得单细胞质谱数据。

二次离子质谱技术利用聚焦的初级离子束溅射样品表面，收集喷射出的二次离子进行分析。该方法用于分析固体表面和薄膜的分子组成，是目前灵敏度最高的表面检测技术之一。该方法具有检测限低、空间分辨率高的优点。但在离子化的过程中需要达到超高真空的条件，限制了其对生物的分析检测的进一步研究。Graham 等人[130]利用 3D-TOF-SIMS 在单个海拉细胞中定位纳米颗粒。由 TOF-SIMS 结果和荧光标记聚合物纳米颗粒孵育细胞的光学图像进行对比表明：纳米颗粒在细胞内聚集与细胞核内体包封过程相关联。

电感耦合等离子体质谱利用电感耦合等离子体对样品进行离子化，能够在极低浓度下用无干扰的低背景同位素检测样品中的金属元素和几种非金属元素，可以对单细胞进行高灵敏度的无机物定性定量分析。电感耦合等离子体质谱法分析未标记单细胞是近年来发展起来的一个新领域。Wang 等人[131]开发了一种时间分辨电感耦合等离子体质谱方法用于检测单细胞中必需的矿物元素。在实验中，对几种元素在不同种类单细胞中的含量和分布进行了分析，结果有明显差异。这种方法为在单细胞水平上分析矿物元素提供了应用。Van Malderen 等人[132]首次实现了基于激光刻蚀的电感耦合等离子体质谱的细胞内成像和基于细胞内元素分布分析，并与同步辐射 X 射线荧光元素分析进行交叉评价。同时使用这两种技术，在单细胞中可视化地观察到一个信号中心。这项工作展示了激光刻蚀-电感耦合等离子体质谱在亚细胞水平生物成像中的潜在应用。

单细胞质谱能够对单细胞中的化合物进行分析和成像，对一系列单细胞的个体分析能够揭示细胞异质性的重要信息。然而，由于质谱方法的空间分辨率有限，且目前一个单细胞只能获得一套质谱数据，这限制了质谱对于单细胞分析的进一步应用。开发各种更精密的亚细胞-质谱分析手段将能更深入地帮助了解单细胞生物学。

5.5 总结与展望

微流控单细胞分析是目前迅速发展的一个领域。领域内不断报道的新型微流控平台快速地推动单细胞生物学的发展。在本章中，介绍了单细胞分析的发展，按照微流控平台对于单细胞分析的用途，分为单细胞分离、单细胞裂解两个部分讲解了不同的微流控单细胞分析方法，然后通过研究文献列举了一些可以与微流控平台集成或者串联的单细胞内分子的检测分析方法。而随着研究的不断深入，这个领域还会不断出现更精密、高效的分析方法等待读者探索和学习。

在单细胞分析领域内，各种生物化学分析技术的发展使研究者能够越来越深入地研究细胞这一生命的基本单位。这一领域的新概念已经不断建立并完善，如单细胞基因组学、单细胞蛋白质组学和单细胞免疫学。然而，目前在很多单细胞分析工作中，都是将所分析的细胞从它们的原生环境中分离出来，以进行更方便的操作和分析。然而这将使得所分析的细胞在培养或是生存过程中脱离了原始环境的影响，从而改变细胞的某些生物学行为。因此，更新的研究往往关注于细胞原有的空间环境，这将会揭示出更多的生物原理。然而，当革命性的单细胞组学的建立和创新的微流控方法被发明出来之前，目前的成果仅仅只是微流控单细胞分析领域内的一个开始。

参考文献

[1] Elowitz M B, Levine A J, Siggia E D, Swain P S. Stochastic gene expression in a single cell. Science, 2002, 297: 1183-1186.

[2] Fiering S, Northrop J P, Nolan G P, Mattila P S, Crabtree G R, Herzenberg L A. Single cell assay of a transcription factor

reveals a threshold in transcription activated by signals emanating from the T-cell antigen receptor. Genes Dev, 1990, 4:1823-1834.

[3] Hosic S, Murthy S K, Koppes A N. Microfluidic sample preparation for single cell analysis. Anal Chem, 2016, 88: 354-380.

[4] Dexter D L, Kowalski H M, Blazar B A, Fligiel Z, Vogel R, Heppner G H. Heterogeneity of tumor cells from a single mouse mammary tumor. Cancer Res, 1978, 38: 3174-3181.

[5] Navin N, Krasnitz A, Rodgers L, Cook K, Meth J, Kendall J, Riggs M, Eberling Y, Troge J, Grubor V, Levy D, Lundin P, Maner S, Zetterberg A, Hicks J, Wigler M. Inferring tumor progression from genomic heterogeneity. Genome Res, 2010, 20: 68-80.

[6] Cohen A A, Geva-Zatorsky N, Eden E, Frenkel-Morgenstern M, Issaeva I, Sigal A, Milo R, Cohen-Saidon C, Liron Y, Kam Z, Cohen L, Danon T, Perzov N, Alon U. Dynamic proteomics of individual cancer cells in response to a drug. Science, 2008, 322: 1511-1516.

[7] Zhong J F, Chen Y, Marcus J S, Scherer A, Quake S R, Taylor C R, Weiner L P. A microfluidic processor for gene expression profiling of single human embryonic stem cells. Lab Chip, 2008, 8: 68-74.

[8] Murphy T W, Zhang Q, Naler L B, Ma S, Lu C. Recent advances in the use of microfluidic technologies for single cell analysis. Analyst, 2018, 143: 60-80.

[9] Huang Q S, Mao S F, Khan M, Lin J M. Single-cell assay on microfluidic devices. Analyst, 2019, 144: 808-823.

[10] Chen Q S, Wu J, Zhuang Q C, Lin X X, Zhang J, Lin J M. Microfluidic isolation of highly pure embryonic stem cells using feeder-separated co-culture system. Sci Rep, 2013, 3: 2433.

[11] Mao S F, Zhang W L, Huang Q S, Khan M, Li H F, Uchiyama K, Lin J M. In Situ scatheless cell detachment reveals correlation between adhesion strength and viability at single - cell resolution. Angew Chem Int Ed, 2018, 57: 236-240.

[12] Lin L, Lin X X, Lin L Y, Feng Q, Kitamori T, Lin J M, Sun J S. Integrated microfluidic platform with multiple functions to probe tumor–endothelial cell interaction. Anal Chem, 2017, 89: 10037-10044.

[13] Rettig J R, Folch A. Large-scale single-cell trapping and imaging using microwell arrays. Anal Chem, 2005, 77: 5628-5634.

[14] Di Carlo D, Edd J F, Irimia D, Tompkins R G, Toner M. Equilibrium separation and filtration of particles using differential inertial focusing. Anal Chem, 2008, 80: 2204-2211.

[15] Wang X B, Yang J, Huang Y, Vykoukal J, Becker F F, Gascoyne P R. Cell separation by dielectrophoretic field-flow-fractionation. Anal Chem, 2000, 72: 832-839.

[16] Evander M, Johansson L, Lilliehorn T, Piskur J, Lindvall M, Johansson S, Almqvist M, Laurell T, Nilsson J. Noninvasive acoustic cell trapping in a microfluidic perfusion system for online bioassays. Anal Chem, 2007, 79: 2984-2991.

[17] Sibbitts J, Sellens K A, Jia S, Klasner S A, Culbertson C T. Cellular analysis using microfluidics. Anal Chem, 2018, 90: 65-85.

[18] Armbrecht L, Dittrich P S. Recent advances in the analysis of single cells. Anal Chem, 2017, 89: 2-21.

[19] Lin L, Chen Q H, Sun J S. Micro/nanofluidics-enabled single-cell biochemical analysis. TrAC-Trend. Anal Chem, 2018, 99: 66-74.

[20] Matioli G T, Niewisch H B. Electrophoresis of hemoglobin in single erythrocytes. Science, 1965, 150: 1824-1826.

[21] Osborne N N, Szczepaniak A C, Neuhoff V. Amines and amino acids in identified neurons of Helix pomatia. Int J Neurosci, 1973, 5: 125-131.

[22] McAdoo D J. The Retzius cell of the leech Hirudo medicinalis. In: Osborne N. N. (ed) Biochemistry of Characterised Neurons. Amsterdam: Elsevier, 1978.

[23] Lent C M, Mueller R L, Haycock D A. Chromatographic and histochemical identification of dopamine within an identified neuron in the leech nervous-system. J Neurochem, 1983, 41: 481-490.

[24] McCaman R E, Weinreich D, Borys H. Endogenous levels of acetylcholine and choline in individual neurons of Aplysia. J Neurochem, 1973, 21: 473-476.

[25] Melamed M R, Lindmo T, Mendelsohn M L, Bigler R D. Flow cytometry and sorting. Am J Clin Oncol, 1991, 14: 90.

[26] Neher E, Sakmann B. Single-channel currents recorded from membrane of denervated frog muscle fibres. Nature, 1976, 260: 799-802.

[27] Kennedy R T, Stclaire R L, White J G, Jorgenson J W. Chemical-analysis of single neurons by open tubular liquid-chromatography. Mikrochim Acta, 1987, 2: 37-45.

[28] Wallingford R A, Ewing A G. Capillary zone electrophoresis with electrochemical detection in 12.7-Mu-M diameter columns. Anal Chem, 1988, 60: 1972-1975.

[29] Croushore C A, Supharoek S A, Lee C Y, Jakmunee J, Sweedler J V. Microfluidic device for the selective chemical stimulation of neurons and characterization of peptide release with mass spectrometry. Anal Chem, 2012, 84: 9446-9452.

[30] Rubakhin S S, Lanni E J, Sweedler J V. Progress toward single cell metabolomics. Curr Opin Biotechnol, 2013, 24: 95-104.

[31] Comi T J, Do T D, Rubakhin S S, Sweedler J V. Categorizing cells on the basis of their chemical profiles: progress in single-cell mass spectrometry. J Am Chem Soc, 2017, 139: 3920-3929.

[32] Ong T H, Kissick D J, Jansson E T, Comi T J, Romanova E V, Rubakhin S S, Sweedler J V. Classification of large cellular populations and discovery of rare cells using single cell matrix-assisted laser desorption/ionization time-of-flight mass spectrometry. Anal Chem, 2015, 87: 7036-7042.

[33] Zhang Z R, Krylov S, Arriaga E A, Polakowski R, Dovichi N J. One-dimensional protein analysis of an HT29 human colon adenocarcinoma cell. Anal Chem, 2000, 72: 318-322.

[34] Hu S, Zhang L, Newitt R, Aebersold R, Kraly J R, Jones M, Dovichi N J. Identification of proteins in single-cell capillary electrophoresis fingerprints based on comigration with standard proteins. Anal Chem, 2003, 75: 3502-3505.

[35] Zhu G J, Sun L L, Yan X J, Dovichi N J. Single-shot proteomics using capillary zone electrophoresis–electrospray ionization-tandem mass spectrometry with production of more than 1 250 escherichia coli peptide identifications in a 50 min separation. Anal Chem, 2013, 85: 2569-2573.

[36] Qu Y Y, Sun L L, Zhang Z B, Dovichi N J. Site-specific glycan heterogeneity characterization by hydrophilic interaction liquid chromatography solid-phase extraction, reversed-phase liquid chromatography fractionation, and capillary zone electrophoresis-electrospray ionization-tandem mass spectrometry. Anal Chem, 2018, 90: 1223-1233.

[37] Shear J B, Fishman H A, Allbritton N L, Garigan D, Zare R N, Scheller R H. Single cells as biosensors for chemical separations. Science, 1995, 267: 74-77.

[38] Huang B, Wu H, Bhaya D, Grossman A, Granier S, Kobilka B K, Zare R N. Counting low-copy number proteins in a single cell. Science, 2007, 31581-84.

[39] Zare R N, Kim S. Microfluidic platforms for single-cell analysis. Annu Rev Biomed Eng, 2010, 12: 187-201.

[40] Wheeler A R, Throndset W R, Whelan R J, Leach A M, Zare R N, Liao Y H, Farrell K, Manger I D, Daridon A. Microfluidic

device for single-cell analysis. Anal Chem, 2003, 75: 3581-3586.

[41] Mellors J S, Jorabchi K, Smith L M, Ramsey J M. Integrated microfluidic device for automated single cell analysis using electrophoretic separation and electrospray ionization mass spectrometry. Anal Chem, 2010, 82: 967-973.

[42] McClain M A, Culbertson C T, Jacobson S C, Allbritton N L, Sims C E, Ramsey J M. Microfluidic devices for the high-throughput chemical analysis of cells. Anal Chem, 2003, 75: 5646-5655.

[43] Broyles B S, Jacobson S C, Ramsey J M. Sample filtration, concentration, and separation integrated on microfluidic devices. Anal Chem, 2003, 75: 2761-2767.

[44] Masujima T. Live single-cell mass spectrometry. Anal Sci, 2009, 25 (8): 953.

[45] Liu C S, Liu J J, Gao D, Ding M Y, Lin J M. Fabrication of microwell arrays based on two-dimensional ordered polystyrene microspheres for high-throughput single-cell analysis. Anal Chem, 2010, 82: 9418-9424.

[46] Chen Q S, Wu J, Zhang Y D, Lin Z, Lin J M. Targeted isolation and analysis of single tumor cells with aptamer-encoded microwell array on microfluidic device. Lab Chip, 2012, 12: 5180-5185.

[47] Liu J J, Gao D, Mao S F, Lin J M. A microfluidic photolithography for controlled encapsulation of single cells inside hydrogel microstructures. Sci China Chem, 2012, 55: 494-501.

[48] Huang Q S, Mao S F, Khan M, Li W W, Zhang Q, Lin J M. Single-cell identification by microfluidic-based in-situ extracting and online mass spectrometric analysis of phospholipids expression. Chem Sci, 2020, 11: 253-256.

[49] Nilsson J, Evander M, Hammarstrom B, Laurell T. Review of cell and particle trapping in microfluidic systems. Anal Chim Acta, 2009, 649: 141-157.

[50] Unger M A, Chou H P, Thorsen T, Scherer A, Quake S R. Monolithic microfabricated valves and pumps by multilayer soft lithography. Science, 2000, 288: 113-116.

[51] Thorsen T, Maerkl S J, Quake S R. Microfluidic large-scale integration. Science, 2002, 298: 580-584.

[52] Kim S H, Lee G H, Park J Y. Microwell fabrication methods and applications for cellular studies. Biomed Eng Lett, 2013, 3: 131-137

[53] Lindström S, Andersson-Svahn H. Miniaturization of biological assays—Overview on microwell devices for single-cell analyses. BBA-Gen Subjects, 2011, 1810: 308-316.

[54] Lutz B R, Chen J, Schwartz D T. Hydrodynamic tweezers: 1. Noncontact trapping of single cells using steady streaming microeddies. Anal Chem, 2006, 78: 5429-5435.

[55] Karimi A, Yazdi S, Ardekani A M. Hydrodynamic mechanisms of cell and particle trapping in microfluidics. Biomicrofluidics, 2013, 7: 21501.

[56] Utada A S, Lorenceau E, Link D R, Kaplan P D, Stone H A, Weitz D A. Monodisperse double emulsions generated from a microcapillary device. Science, 2005, 308: 537-541.

[57] Tran T M, Lan F, Thompson C S, Abate A R. From tubes to drops: droplet-based microfluidics for ultrahigh-throughput biology. J Phys: D. Appl Phys, 2013, 46: 114004.

[58] Guo M T, Rotem A, Heyman J A, Weitz D A. Droplet microfluidics for high-throughput biological assays. Lab Chip, 2012, 12: 2146-2155.

[59] Brown RnB, Audet J. Current techniques for single-cell lysis. J R Soc Interface, 2008, 5: S131-138.

[60] Nan L, Jiang Z, Wei X. Emerging microfluidic devices for cell lysis: a review. Lab Chip, 2014, 14: 1060-1073.

[61] Kotlowski R, Martin A, Ablordey A, Chemlal K, Fonteyne P A, Portaels F. One-tube cell lysis and DNA extraction

procedure for PCR-based detection of Mycobacterium ulcerans in aquatic insects, molluscs and fish. J Med Microbiol, 2004, 53: 927-933.

[62] Marcus J S, Anderson W F, Quake S R. Microfluidic single-cell mRNA isolation and analysis. Anal Chem, 2006, 78: 3084-3089.

[63] Cichova M, Proksova M, Tothova L, Santha H, Mayer V. On-line cell lysis of bacteria and its spores using a microfluidic biochip. Cent Eur J Biol, 2012, 7: 230-240.

[64] Martin-Laurent F, Philippot L, Hallet S, Chaussod R, Germon J C, Soulas G, Catroux G. DNA extraction from soils: old bias for new microbial diversity analysis methods. Appl Environ Microbiol, 2001, 67: 2354-2359.

[65] Sad S, Dudani R, Gurnani K, Russell M, van Faassen H, Finlay B, Krishnan L. Pathogen proliferation governs the magnitude but compromises the function of CD8 T cells. J Immunol, 2008, 180: 5853-5861.

[66] Doebler R W, Erwin B, Hickerson A, Irvine B, Woyski D, Nadim A, Sterling J D. Continuous-flow, rapid lysis devices for biodefense nucleic acid diagnostic systems. Jala, 2009, 14: 119-125.

[67] Weaver J C. Electroporation of cells and tissues. IEEE. T. Plasma. Sci. 2000, 28: 24-33.

[68] Weaver J C. Electroporation of biological membranes from multicellular to nano scales. IEEE T Dielect El In, 2003, 10: 754-768.

[69] Tsong T Y. Electroporation of cell membranes. Biophys J, 1991, 60: 297-306.

[70] Hjouj M, Last D, Guez D, Daniels D, Sharabi S, Lavee J, Rubinsky B, Mardor Y. MRI study on reversible and irreversible electroporation induced blood brain barrier disruption. PLoS One, 2012, 7: e42817.

[71] Fox M B, Esveld D C, Valero A, Luttge R, Mastwijk H C, Bartels P V, Berg A, Boom R M. Electroporation of cells in microfluidic devices: a review. Anal Bioanal Chem, 2006, 385: 474-485.

[72] Wang S N, Lee L J. Micro-/nanofluidics based cell electroporation. Biomicrofluidics, 2013, 7: 11301.

[73] Vogel A, Busch S, Jungnickel K, Birngruber R. Mechanisms of intraocular photodisruption with picosecond and nanosecond laser pulses. Lasers Surg Med, 1994, 15: 32-43.

[74] Shaw S J, Jin Y H, Schiffers W P, Emmony D C. The interaction of a single laser - generated cavity in water with a solid surface. J Acoust Soc Am, 1996, 99: 2811-2824.

[75] Vogel A, Noack J, Nahen K, Theisen D, Busch S, Parlitz U, Hammer D X, Noojin G D, Rockwell B A, Birngruber R. Energy balance of optical breakdown in water at nanosecond to femtosecond time scales. Appl Phys B, 1999, 68: 271-280.

[76] Sims C E, Meredith G D, Krasieva T B, Berns M W, Tromberg B J, Allbritton N L. Laser-micropipet combination for single-cell analysis. Anal Chem, 1998, 70: 4570-4577.

[77] Quinto-Su P A, Lai H H, Yoon H H, Sims C E, Allbritton N L, Venugopalan V. Examination of laser microbeam cell lysis in a PDMS microfluidic channel using time-resolved imaging. Lab Chip, 2008, 8: 408-414.

[78] Dhawan M D, Wise F, Baeumner A J. Development of a laser-induced cell lysis system. Anal Bioanal Chem, 2002, 374: 421-426.

[79] Cordero N, West J, Berney H. Thermal modelling of Ohmic heating microreactors. Microelectron J, 2003, 34: 1137-1142.

[80] Fu R, Xu B, Li D. Study of the temperature field in microchannels of a PDMS chip with embedded local heater using temperature-dependent fluorescent dye. Int J Therm Sci, 2006, 45: 841-847.

[81] Waters L C, Jacobson S C, Kroutchinina N, Khandurina J, Foote R S, Ramsey J M. Microchip device for cell lysis, multiplex PCR amplification, and electrophoretic sizing. Anal Chem, 1998, 70: 158-162.

[82] Zhu K, Jin H, Ma Y, Ren Z, Xiao C, He Z, Zhang F, Zhu Q, Wang B. A continuous thermal lysis procedure for the large-scale preparation of plasmid DNA. J Biotech, 2005, 118: 257-264.

[83] Sydor A M, Czymmek K J, Puchner E M, Mennella V. Super-resolution microscopy: from single molecules to supramolecular assemblies. Trends Cell Biol, 2015, 25: 730-748.

[84] Hohng S, Lee S, Lee J, Jo M H. Maximizing information content of single-molecule FRET experiments: multi-color FRET and FRET combined with force or torque. Chem Soc Rev, 2014, 43: 1007-1013.

[85] Son K J, Shin D S, Kwa T, You J, Gao Y, Revzin A. A microsystem integrating photodegradable hydrogel microstructures and reconfigurable microfluidics for single-cell analysis and retrieval. Lab Chip, 2015, 15: 637-641.

[86] Ng E X, Miller M A, Jing T Y, Chen C H. Single cell multiplexed assay for proteolytic activity using droplet microfluidics. Biosens Bioelectron, 2016, 81: 408-414.

[87] Perez-Toralla K, Mottet G, Guneri E T, Champ J, Bidard F C, Pierga J Y, Klijanienko J, Draskovic I, Malaquin L, Viovy J L. FISH in chips: turning microfluidic fluorescence in situ hybridization into a quantitative and clinically reliable molecular diagnosis tool. Lab Chip, 2015, 15: 811-822.

[88] Moffitt J R, Hao J J, Wang G P, Chen K H, Babcock H P, Zhuang X W. High-throughput single-cell gene-expression profiling with multiplexed error-robust fluorescence in situ hybridization. PNAS, 2016, 113: 11046-11051.

[89] Jungmann R, Avendaño M S, Woehrstein J B, Dai M J, Shih W M, Yin P. Multiplexed 3D cellular super-resolution imaging with DNA-PAINT and Exchange-PAINT. Nat Methods, 2014, 11: 313-318.

[90] Niehörster T, Löschberger A, Gregor I, Krämer B, Rahn H J, Patting M, Koberling F, Enderlein J, Sauer M. Multi-target spectrally resolved fluorescence lifetime imaging microscopy. Nat Methods, 2016, 13: 257-262.

[91] Mishina N M, Mishin A S, Belyaev Y, Bogdanova E A, Lukyanov S, Schultz C, Belousov V V. Live-cell STED microscopy with genetically encoded biosensor. Nano Lett, 2015, 15: 2928-2932.

[92] Andrade D M, Clausen M P, Keller J, Mueller V, Wu C Y, Bear J E, Hell S W, Lagerholm B C, Eggeling C. Cortical actin networks induce spatio-temporal confinement of phospholipids in the plasma membrane – a minimally invasive investigation by STED-FCS. Sci Rep, 2015, 5: 11454.

[93] Dudok B, Barna L, Ledri M, Szabó S I, Szabadits E, Pintér B, Woodhams S G, Henstridge C M, Balla G Y, Nyilas R. Cell-specific STORM super-resolution imaging reveals nanoscale organization of cannabinoid signaling. Nat Neurosci, 2015, 18: 75-86.

[94] Wang Y, Huang W E, Cui L, Wagner M. Single cell stable isotope probing in microbiology using Raman microspectroscopy. Curr Opin Biotechnol, 2016, 41: 34-42.

[95] Kann B, Offerhaus H L, Windbergs M, Otto C. Raman microscopy for cellular investigations — From single cell imaging to drug carrier uptake visualization. Adv Drug Deliv Rev, 2015, 89: 71-90.

[96] Casabella S, Scully P, Goddard N, Gardner P. Automated analysis of single cells using laser tweezers raman spectroscopy. Analyst, 2016, 141: 689-696.

[97] Kang B, Afifi M M, Austin L A, El-Sayed M A. Exploiting the nanoparticle plasmon effect: observing drug delivery dynamics in single cells via raman/fluorescence imaging spectroscopy. ACS Nano, 2013, 7: 7420-7427.

[98] Song Y Z, Yin H B, Huang W E. Raman activated cell sorting. Curr Opin Chem Biol, 2016, 33: 1-8.

[99] Stojanović I, Velden T J G, Mulder H W, Schasfoort R B, Terstappen L W. Quantification of antibody production of individual hybridoma cells by surface plasmon resonance imaging. Anal Biochem, 2015, 485: 112-118.

[100] Wit G D, Danial J S H, Kukura P, Wallace M I. Dynamic label-free imaging of lipid nanodomains. PNAS, 2015, 112: 12299-12303.

[101] Ortega J A, Andrecka J, Spillane K M, Billington N, Takagi Y, Sellers J R, Kukura P. Label-free, all-optical detection, imaging, and tracking of a single protein. Nano Lett, 2014, 14: 2065-2070.

[102] Agnarsson B, Lundgren A, Gunnarsson A, Rabe M, Kunze A, Mapar M, Simonsson L, Bally M, Zhdanov V P, Höök F. Evanescent light-scattering microscopy for label-free interfacial imaging: from single sub-100 nm vesicles to live cells. ACS Nano, 2015, 9: 11849-11862.

[103] Nienhaus K, Nienhaus G U. Fluorescent proteins for live-cell imaging with super-resolution. Chem Soc Rev, 2014, 43: 1088-1106.

[104] Linde S V D, Heilemann M, Sauer M. Live-cell super-resolution imaging with synthetic fluorophores. Annu. Rev Phys Chem, 2012, 63: 519-540.

[105] Lee K R, Kim K, Jung J, Heo J H, Cho S, Lee S, Chang G, Jo Y J, Park H, Park Y K. Quantitative phase imaging techniques for the study of cell pathophysiology: from principles to applications. Sensors, 2013, 13: 4170-4191.

[106] Moffitt J R, Lee J B, Cluzel P. The single-cell chemostat: an agarose-based, microfluidic device for high-throughput, single-cell studies of bacteria and bacterial communities. Lab Chip, 2012, 12: 1487-1494.

[107] Hoffman M D, Zucker L I, Brown P J B, Kysela D T, Brun Y V, Jacobson S C. Timescales and frequencies of reversible and irreversible adhesion events of single bacterial cells. Anal Chem, 2015, 87: 12032-12039.

[108] Krämer C E M, Wolfgang W, Dietrich K. Time-resolved, single-cell analysis of induced and programmed cell death via non-invasive propidium iodide and counterstain perfusion. Sci Rep, 2016, 6: 32104.

[109] Bucher E S, Wightman R M. Electrochemical analysis of neurotransmitters. Annu. Rev. Anal Chem, 2015, 8: 239-261.

[110] Vasdekis A E, Stephanopoulos G. Review of methods to probe single cell metabolism and bioenergetics. Metab Eng, 2015, 27: 115-135.

[111] Liu Y Z, Li M N, Zhang F, Zhu A W, Shi G Y. Development of au disk nanoelectrode down to 3 nm in radius for detection of dopamine release from a single cell. Anal Chem, 2015, 87: 5531-5538.

[112] Robinson J T, Jorgolli M, Shalek A K, Yoon M H, Gertner R S, Park H. Vertical nanowire electrode arrays as a scalable platform for intracellular interfacing to neuronal circuits. Nat Nanotechnol, 2012, 7: 180-184.

[113] Li X C, Majdi S, Dunevall J, Fathali H, Ewing A G. Quantitative measurement of transmitters in individual vesicles in the cytoplasm of single cells with nanotip electrodes. Angew Chem Int Ed, 2015, 54: 11978-11982.

[114] Wigström J, Dunevall J, Najafinobar N, Lovric J, Wang J, Ewing A G, Cans A S. Lithographic microfabrication of a 16-electrode array on a probe tip for high spatial resolution electrochemical localization of exocytosis. Anal Chem, 2016, 88: 2080-2087.

[115] Piskounova E, Agathocleous M, Murphy M M, Hu Z P, Huddlestun S E, Zhao Z Y, Leitch A M, Johnson T M, Deberardinis R J, Morrison S J. Oxidative stress inhibits distant metastasis by human melanoma cells. Nature, 2015, 527: 186-191.

[116] Dick J E. Electrochemical detection of single cancer and healthy cell collisions on a microelectrode. Chem Commun, 2016, 52: 10906-10909.

[117] Safaei T S, Mohamadi R M, Sargent E H, Kelley S O. In situ electrochemical elisa for specific identification of captured cancer cells. ACS Appl Mater Inter, 2015, 7: 14165-14169.

[118] Chen X J, Wang Y Z, Zhang Y Y, Chen Z H, Liu Y, Li Z L, Li J H. Sensitive electrochemical aptamer biosensor for

dynamic cell surface n-glycan evaluation featuring multivalent recognition and signal amplification on a dendrimer–graphene electrode interface. Anal Chem, 2014, 86: 4278-4286.

[119] Chen J, Xue C C, Zhao Y, Chen D Y, Wu M H, Wang J B. Microfluidic impedance flow cytometry enabling high-throughput single-cell electrical property characterization. Int J Mol Sci, 2015, 16: 9804-9830.

[120] Kim J, Cho H, Han S I, Han K H. Single-cell isolation of circulating tumor cells from whole blood by lateral magnetophoretic microseparation and microfluidic dispensing. Anal Chem, 2016, 88: 4857-4863.

[121] Haandbæk N, With O, Bürgel S C, Heer F, Hierlemann A. Resonance-enhanced microfluidic impedance cytometer for detection of single bacteria. Lab Chip, 2014, 14: 3313-3324.

[122] Koch J A, Baur M B, Woodall E L, Baur J E. Alternating current scanning electrochemical microscopy with simultaneous fast-scan cyclic voltammetry. Anal Chem, 2012, 84: 9537-9543.

[123] Zhang M N, Ding Z F, Long Y T. Sensing cisplatin-induced permeation of single live human bladder cancer cells by scanning electrochemical microscopy. Analyst, 2015, 140: 6054-6060.

[124] Filice F P, Michelle S M L, Henderson J D, Ding Z F. Mapping Cd^{2+}-induced membrane permeability changes of single live cells by means of scanning electrochemical microscopy. Anal. Chim. Acta. 2016, 908: 85-94.

[125] Comi T J, Do T D, Rubakhin S S, Sweedler J V. Categorizing cells on the basis of their chemical profiles: progress in single-cell mass spectrometry. J Am Chem Soc, 2017, 139: 3920-3929.

[126] Yang Y, Huang Y, Wu J, Liu N, Deng J and Luan T, TrAC-Trend. Anal Chem, 2017, 90, 14-26.

[127] Zhang L W, Foreman D P, Grant P A, Shrestha B, Moody S A, Villiers F, Kwak J M, Vertes A. In Situ metabolic analysis of single plant cells by capillary microsampling and electrospray ionization mass spectrometry with ion mobility separation. Analyst, 2014, 139: 5079-5085.

[128] Fujii T, Matsuda S, Tejedor M L, Esaki T, Sakane I, Mizuno H, Tsuyama N, Masujima T. Direct metabolomics for plant cells by live single-cell mass spectrometry. Nat Protoc, 2015, 10: 1445-1456.

[129] Krismer J, Sobek J, Steinhoff R F, Fagerer S R, Pabst M, Zenobi R. Screening of chlamydomonas reinhardtii populations with single-cell resolution by using a high-throughput microscale sample preparation for matrix-assisted laser desorption ionization mass spectrometry. Appl Environ Microb, 2015, 81: 5546-5551.

[130] Graham D J, Wilson J T, Lai J J, Stayton P S and Castner D G. Three-dimensional localization of polymer nanoparticles in cells using TOF-SIMS. Biointerphases, 2015, 11: 02A304.

[131] Wang H L, Wang B, Wang M, Zheng L N, Chen H Q, Chai Z F, Zhao Y L, Feng W Y. Time-resolved ICP-MS analysis of mineral element contents and distribution patterns in single cells. Analyst, 2015, 140: 523-531.

[132] Van Malderen S J M, Vergucht E, Rijcke M D, Janssen C R, Vincze L, Vanhaecke F. Quantitative determination and subcellular imaging of Cu in single cells via laser ablation-ICP-mass spectrometry using high-density microarray gelatin standards. Anal Chem, 2016, 88: 5783-5789.

思考题

1. 请简述微流控单细胞分析的概念。
2. 请根据本章内容画出微流控单细胞分析的步骤流程图。

3. 查阅相关文献资料，总结并概述单细胞分析里程碑中的任意三个工作。
4. 本章中介绍了利用微流控芯片进行单细胞分离主要哪几种方法?
5. 单细胞分离也可以分为主动分离和被动分离，本章所介绍的几种方法分别属于哪一种?
6. 设计一块带有圆形微孔阵列的微流控芯片用于单细胞分离，可以制作微孔的芯片面积为 $0.25cm^2$，微孔的直径为 10μm，且任意两个微孔之间的横向间距不小于 10μm，如何设计微孔的排布可以实现最大化利用芯片的面积？这样一块芯片的理想单次最大捕获细胞数是多少?
7. 使用液滴法分离单细胞，思考为什么其单细胞封装率是依据泊松分布?
8. 本章中介绍了利用微流控芯片进行单细胞裂解哪几种方法?
9. 查询相关资料，找出一种市售常用细胞裂解缓冲液的表面活性剂主要成分，并画出它的结构式。
10. 请比较光学法、电化学分析和质谱分析在单细胞分析研究中的优缺点。
11. 定量分析单细胞内部的磷脂含量用哪种单细胞分析方法最合适？为什么?
12. 设想本章所介绍的三种单细胞分析方法与不同微流控单细胞分离、裂解装置进行集成串联，哪种单细胞分析方法的适用性最强?
13. 假设由于实验需要，你需要对培养皿中培养的多个不同细胞系进行单细胞分析鉴定，请根据目前所学，选择合适的分析方法设计一套可行的实验方案，画出必要的流程图和实验装置图。

第6章 开放式微流控细胞分析

6.1 概述

单细胞分析为了解重大疾病过程和疾病诊断提供了关键信息。但是，几乎所有当前方法都在悬浮液中进行单细胞测量，这不仅破坏细胞外环境，而且可能干扰细胞内物质代谢。需要开发新的方法研究贴壁组织培养中单个细胞行为及物质代谢水平的关系。单细胞方法学的进步推进了单细胞生物学，并为科学家探索开辟了新的前景。如何实现单细胞和亚细胞分子输注的精确操作是研究人员面临的关键问题。并且，随着用于研究单细胞的技术的发展，需要复杂的分析工具来理解单细胞的各种行为和组成及其在黏附组织培养中的关系。微流体芯片已被证明是一种优越的单细胞分析方法。近年来，单细胞探针的发展为操作开放微流体进行单细胞提取、单细胞质谱分析、单细胞黏附分析和亚细胞操作开辟了新途径。

6.2 开放式微流控的基本概念

常规的流体及微流体都是在封闭管路中流动的。因而，使用流体处理样品需要提前将样品植入到封闭管路中。这些操作对样品尺寸和形态有一定要求，且常常无法满足生物样品对培养环境的需求。近年来，使用推拉的管路设计，实现了流体在非固体管壁环境的流动。使用流体作用力将目标流体限制在一定区域，可直接用于处理样品。开放微流体的特点是破除了管壁对流体的束缚，使得流体可以与样品直接交互。许多应用都需要从微尺度到纳米尺度精准控制化学物质和生物化学样品的接触和交互。例如，与贴壁细胞的相互作用是在工程学的生物医学研究中非常重要的研究，对调节干细胞微环境用于再生医学具有重要的意义；在了解细胞和细胞的发育过程，以及在各种场合分配化学药品用于药物筛选和毒理学研究中都有极其重要的贡献。微流体的体积和长度尺度通常是与生命科学中的研究尺度相一致的，而且此技术使用范围必须具有生物相容性。

能有效实现开放微流体的技术包含流体显微镜探针（FluidFM）、纳米移液器、两相液体系统、推-拉流体系统。其中，推拉流体系统具有显著优势，包括稳定性高、流速易于控制、对流体没有显著要求等。该技术在表面微纳修饰、微纳组装、单细胞分析、表面电化学分析等领域都有突出的贡献。

6.3 活体单细胞提取器

6.3.1 基本原理

活体单细胞提取器是基于推拉流体系统设计的单细胞研究技术。通过并行双通道的设计，一个通道注入溶液（如图 6-1），同时另一个通道抽回液体。提取器靠近细胞样品，其末端浸入到细胞培养液中。提取器末端与细胞间的距离定义为间距。适当调节间距，在液体抽取速度与液体注入速度的比值足够大时，在器件末端与细胞之间会形成稳定的微小区域流体。在细胞提取时，注入的溶液为胰蛋白酶。因而，在开放微流体区域为胰蛋白酶溶液，能够分解细胞与基板之间的细胞粘连蛋白。

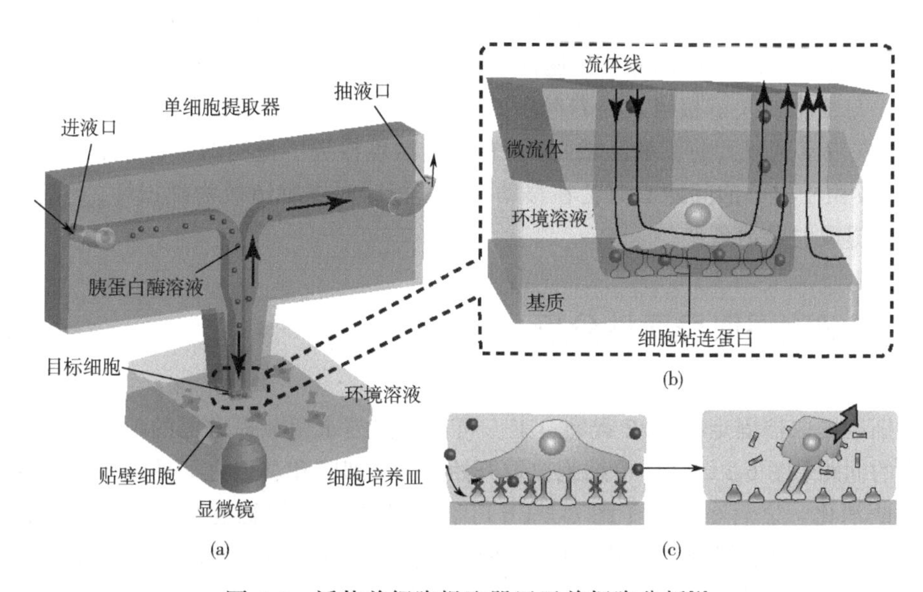

图 6-1　活体单细胞提取器用于单细胞分析[1]

（a）单细胞提取示意图；（b）开放微流体与单细胞的作用界面；（c）单细胞提取过程中细胞黏附分子酶解过程

6.3.2 计算流体力学模拟

为了全面了解单细胞提取器和基材之间存在的开放微流体，使用 Comsol Multiphysics 软件进行了流体动力学模拟。模拟中使用了 Navier-Stoke 方程和对流扩散方程。间距设置为 50μm，进样流速设置为 2μL/min，并且在所有模拟和实验中均保持恒定。单细胞提取器在流体动力学模拟中的几何形状与实验中的相同。液体抽取流速和注射流速之间的流量比最初设置为 5。浓度为 1μg/mL 的荧光素溶液作为扩散物质表示开放微流体区域。荧光素的扩散系数为 500μm^2/s。图 6-2（a）展示了流体线的底视图。在基板的两个孔之间存在相对于大气压的负压［图 6-2（b）］。沿 z 轴的正方向，压力在注射通道出口下方增加，而在抽吸通道入口下方降低。基材表面的剪切应力如图 6-2（c）所示，并在抽吸孔的内边缘达到最大值（1.27Pa）。如此低的剪切应力对活细胞和组织不会产生损害。同时获得了横切面［图 6-2（d）］和基底面［图 6-2（e）］上的荧光素浓度分布。观察到了由扩散引起的浓度梯度。浓度高于原始扩散物质浓度的 10%的点被定义为有效溶液边界［图 6-2（e）］。当将扩散物质原始浓度的 10%作为边界时，会观察到边界［图 6-2（e）中的灰色边界］。在其内部，扩散物质的浓度高于其原始浓度的 10%。之后，定义并计算了基板上灰色边界的长度和宽度［图 6-2（e）］。

在实验中，通过使用包含荧光素的溶液作为注射溶液来确认微流体的边界。并且，评估了是否有来自微流体区域的溶质泄漏。首次施加 10μL/min 的抽取流速时，获得了具有稳定边界的微流体区域［图 6-2（f）］。随着流量比的增加，开放微流体区域逐渐变小。实验结果与分析结果数据一致［图 6-2（g）和（h）］。当流量比从 2.5 增加到 10 时，微流体区域的长度可以在 260～130μm 的范围内［图 6-2（g）］。同时，微流体的宽度可以在 220～80μm 的范围内［图 6-2（h）］。贴壁培养中细胞的大小（以 U87 细胞为例）可以达到 100μm，因此它们的大小与细胞的大小相当。随着间距的增加，微射流中的胰蛋白酶浓度和微射流的大小均减小，并观察到较大的扩散区域。胰蛋白酶的浓度接近于最初的浓度，并且微射流的边界是清晰的。由于过小的间距有时会在移动样品基板时对细胞造成物理损坏，因此 50μm 的间距是细胞提取的合适条件。

6.3.3 单细胞提取异质性分析

将单细胞提取器固定在 *XYZ* 载物台上，可以按照需求调节提取器的位置以及提取器和样品之间的间距［图 6-3（a）］。单细胞提取开始，位于细胞和基板之间的细胞粘连蛋白渐渐被胰蛋白酶消化。之后在负压［图 6-2（b）］的作用下，单细胞逐渐从培养皿的底部脱离［图 6-3（b）］。选定的细胞被成功提取，并在经过 4.5min 后吸入到右孔中［图 6-3（c）］。在所有实验中，温度均保持在 30℃；将温度控制在 37℃时，可以在 10s 到几十秒内提取单个细胞。在后一种情况下，提取过快很难揭示细胞异质性。对于高细胞密度的样品，由于不同的细胞需要不同的处理时间，因此仍然可以逐个提取细胞。通过增加胰蛋白酶浓度和优化温度，可以将 U87 细胞的提取时间缩短到 30s 以下。如果将细胞样品用胰蛋白酶预先处理

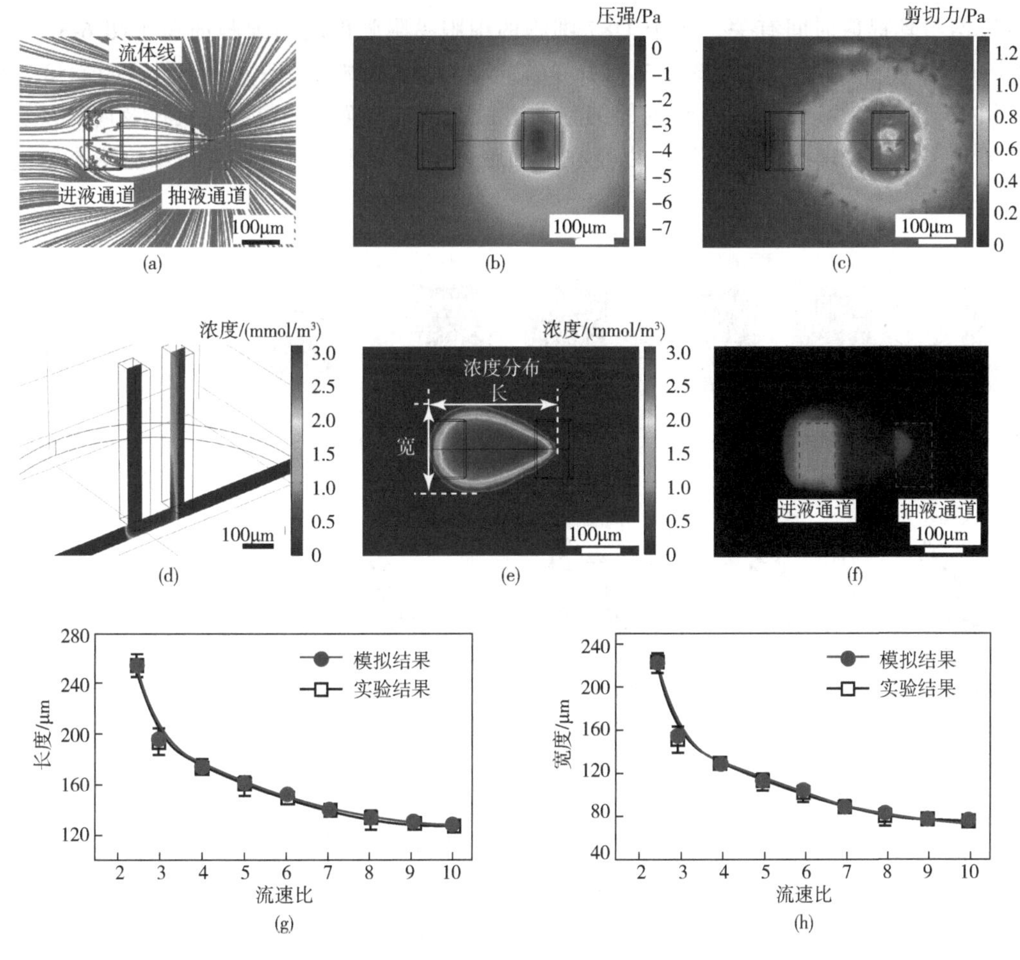

图 6-2 位于单细胞提取器底端的开放微流体[1]

（a）流体线；（b）靠近基板的压强分布；（c）靠近基板的流体剪切力分布；（d）位于间距中部横切面上的浓度分布；（e）位于基板上的浓度分布；（f）开放微流体的实验结果；（g）不同流速比下开放微流体区域的长度；（h）不同流速比下开放微流体区域的宽度

20s，则 U87 细胞可在 5s 中被一一提取。这意味着该工具具有高通量分析的潜力。当短的提取时间有利于高通量分析时，长的提取时间将有利于细胞异质性。

将培养皿中不同位置的单个细胞一一提取[图 6-3(d)]，并同时记录提取所需的时间。使用 Image-Pro plus 软件分析了每个单细胞的面积、费雷特直径和周长。皮尔逊相关系数（PCC）是使用 IBM SPSS Statistics 软件 22.0 计算的。结果表明，在单个细胞分辨率下，每个单细胞的细胞黏附强度都与其面积紧密相关[图 6-3(e)]。而且，每个单个 U87 细胞的细胞黏附强度均与其费雷特直径 [图 6-3（f），PCC = 0.656] 和周长 [图 6-3（g），PCC = 0.652] 有关。在单细胞分辨率下，特定细胞的细胞黏附强度与面积、费雷特直径及周长成正比。

此外，还在与 U87 相同的实验条件下研究了 HepG2 细胞的细胞黏附强度与其形态之间的联系。结果表明，每个单细胞提取所需的时间是不同的。每个单细胞的面积、费雷特直径及周长均与其提取时间有关。每个 U87 细胞的细胞黏附强度均与细胞面积［图 6-3（h），PCC = 0.871］、费雷特直径［图 6-3（i），PCC = 0.723］及周长［图 6-3（j），PCC = 0.745］呈正相关。同样，每个 HepG2 细胞的细胞黏附强度也与其面积、费雷特直径及周长密切相关。证明了细胞在形态上的差异，以及在单细胞分辨率下细胞黏附强度与细胞形态之间的联系。

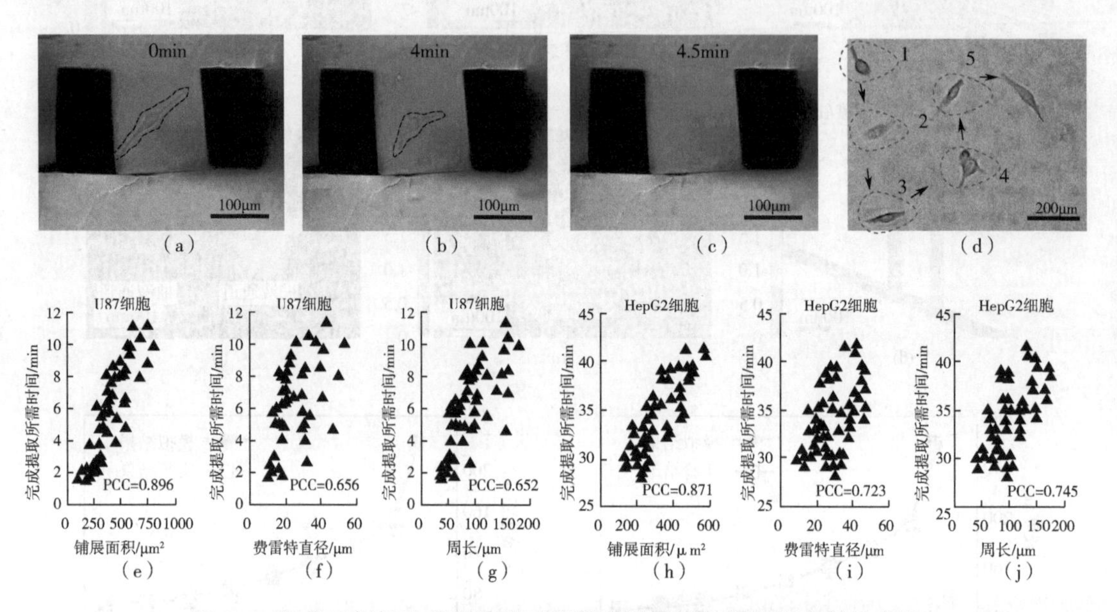

图 6-3　原位无损提取单细胞揭示细胞黏附强度与细胞形态的关联[1]

（a）~（c）展示了细胞提取过程中不同时间的细胞形态变化；（d）逐个提取单细胞的示意图；单个 U87 细胞、HepG2 细胞的提取时间与细胞的面积（e，h）、费雷特直径（f，i）、周长（g，j）的关联

6.3.4　单细胞水平上细胞黏附强度与细胞活性关联性分析

细胞本身不仅具有单独的细胞形态，而且还具有独特的细胞内容物，例如代谢产物和细胞器。黏附的培养细胞在磷酸盐缓冲液（PBS，pH 7.4，0.01mol/L）中由 2,3-萘二甲醛（NDA，10μmol/L）、二氢乙锭（DHE，25μmol/L，Sigma）、Mitotracker Red（1μmol/L）和 HOE（1μmol/L）共染色，分别代表还原型谷胱甘肽（GSH）、氧化型谷胱甘肽（GSSG）、线粒体和细胞核状态。具有较高的归一化荧光强度（NFI）的细胞具有较高的染色目标物含量。U87 细胞内，NDA 和 DHE 染色的目标物如图 6-4（a）所示。在共聚焦显微镜观察下，将不同的细胞标记上不同的编号。然后通过单细胞提取器提取不同编号的细胞以测量细胞黏附强度。因此，单个细胞的细胞黏附强度方便地与不同细胞内容物的量关联。每个 U87 细胞的细胞黏附强度均与代表 GSH 含量的 NDA 染色 NFI 呈正相关［图 6-4（b），PCC = 0.928］，与细胞中代表 GSSG 含量的 DHE 染色 NFI 呈负相关［图 6-4（c），PCC = −0.916］。由 MitoTrack Red 和 HOE 共同染色的贴壁 U87 细胞如图 6-4（d）所示。每个 U87 细胞的细胞黏附强度与代表细胞中线粒体含量的 MitoTracker 染色 NFI 呈现出良好的正相关关系［图 6-4（e），

PCC = 0.964]。然而，每个 U87 细胞的细胞黏附强度与代表细胞核含量的 HOE 染色 NFI 呈低负相关 [图 6-4（f），PCC = −0.768]。

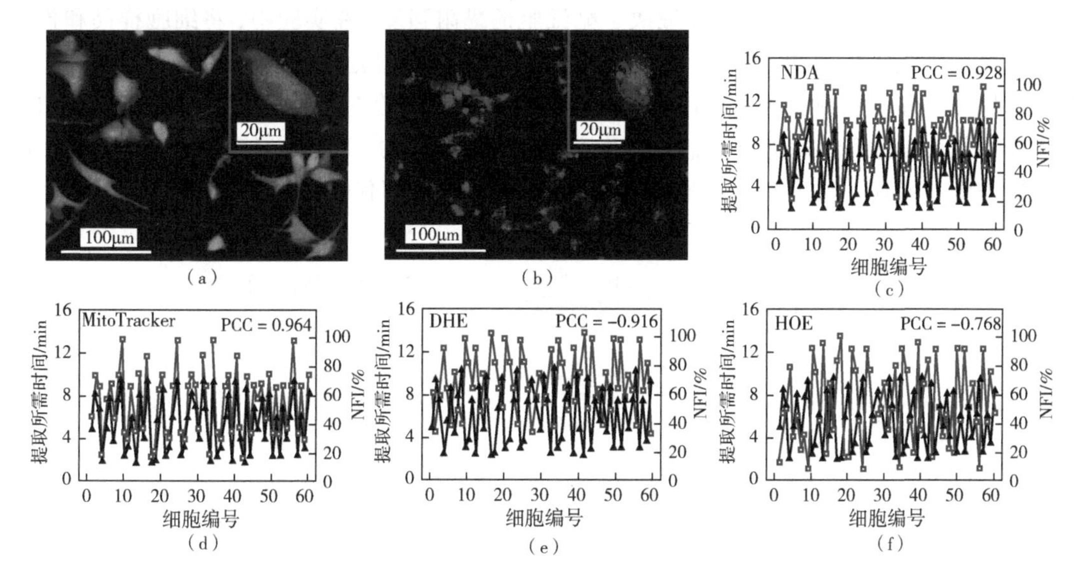

图 6-4　细胞异质性分析及细胞黏附性与细胞活性的关联[1]

（a）NDA 和 DHE 共染的 U87 细胞；（b）MitoTrack 和 HOE 共染的 U87 细胞；（c）~（f）NDA、MitoTracker、DHE、HOE 染色荧光强度与细胞提取时间的关联性

6.4　单个循环肿瘤细胞在内皮细胞层上的黏附分析

利用开放微流体的胰蛋白酶溶液从内皮细胞层上提取肿瘤细胞，研究了多种类型的单循环肿瘤细胞（CTC）的黏附强度以及药物对喜欢肿瘤细胞黏附的影响。结果表明，不同类型的 CTC 保持不同的黏附强度，并且每种类型中很少有单个 CTC 对 HUVEC 细胞层具有很强的黏附能力。

6.4.1　细胞−细胞黏附分析测量原理

循环肿瘤细胞附着在血管内壁上是肿瘤转移的关键步骤（图 6-5）。首先，将循环肿瘤细胞悬浮液加载到贴壁培养的内皮细胞层上 [图 6-5（a），第 i 部分]，然后将循环肿瘤细胞贴在内皮细胞层上 [图 6-5（a），第 ii 部分]。使用稳定的开放微流来研究单个循环肿瘤细胞的黏附强度 [图 6-5（a），第 iii 部分]。在所有实验中均使用含有 0.25%胰蛋白酶和 0.02% EDTA 的市售溶液。胰蛋白酶溶液（如果没有特别说明，其浓度始终为 3mmol/m^3）通过左侧微通道的上孔注入系统，并通过下孔流出。胰蛋白酶不断更新，可以及时清除反应产物。

靶细胞始终被浓度稳定的新鲜胰蛋白酶包围［图 6-5（a），第 iii 部分］。将温度控制在 37℃，并且由于培养基的缓冲作用，pH 值也保持恒定（pH 7.4）。

在恒定条件下，提取时间主要取决于靶细胞的黏附强度。在实验中，将细胞样品和提取器浸入含有 10%胎牛血清（FBS）的细胞培养基中。一旦将胰蛋白酶溶液抽回到器件中，胰蛋白酶将被培养基稀释。因此，过量的胰蛋白酶将被足够的 FBS 中和，以防止细胞蛋白质的持续消化。细胞间黏附是由细胞黏附分子（CAM）介导的［图 6.5（b）］。当操作条件（胰蛋白酶浓度、流速、温度和 pH 值）保持恒定时，分离时间代表细胞黏附强度。

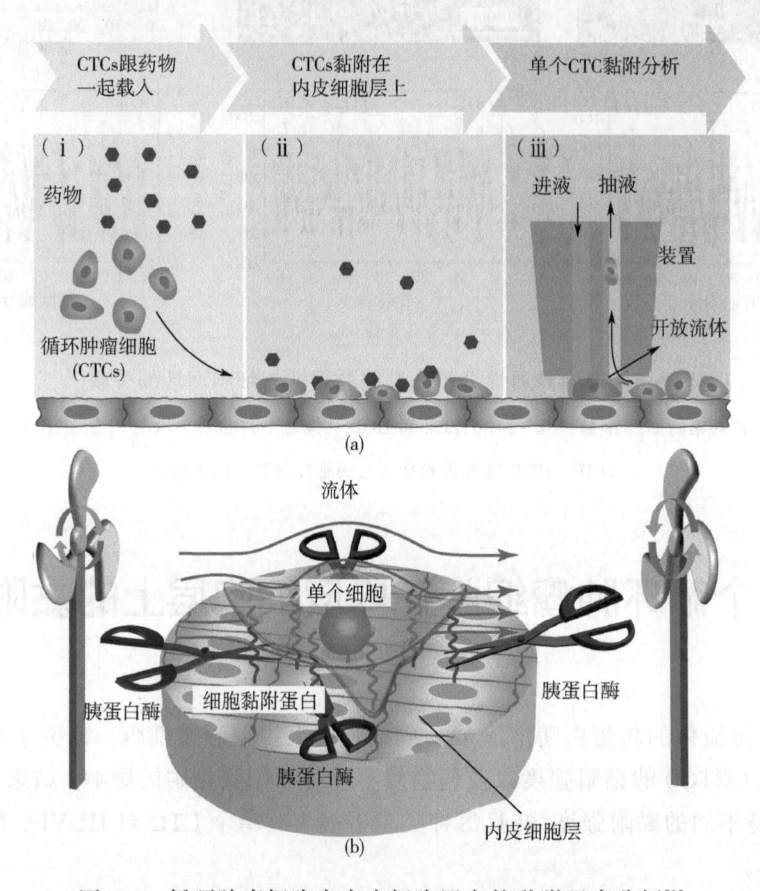

图 6-5 循环肿瘤细胞在内皮细胞层上的黏附强度分析[2]

（a）循环肿瘤细胞与内皮细胞层的共培养及评价药物的影响；

（b）使用提取时间评价单个肿瘤活细胞在内皮细胞层上的黏附强度

6.4.2 计算流体力学模拟

通过 COMSOL Multiphysics 模拟，细胞周围的开放微流体特性如图 6-6 所示。在模型中［图 6-6（a）］，在模拟中，如果没有特别说明，则进样流速 R_i = 10μL/min，抽吸流速 R_a = 50μL/min，间距= 50μm。胰蛋白酶区域［图 6-6（b）］与实验结果一致。通过调节通道尖端和基底表面之间的间距，可以很好地控制胰蛋白酶的 3D 分布［图 6-6（c）］。靶细胞附近的胰蛋白酶浓度随着靶细胞附近的间距（100μm）的增加而降低。结果表明，较高层的细胞被较高浓度的胰蛋白酶覆盖，从而缩短了消化时间。当区域的边界设置为最大胰蛋白酶浓度的 10%时，胰蛋白酶区域随流量比的增加而减小［图 6-6（d）］。过低的流量比会导致胰蛋白酶的泄漏，而过高的流量比会使小的扩散区域无法完全覆盖靶细胞。为了将胰蛋白酶高浓度地限制在小范围内，进一步优化了流量比。

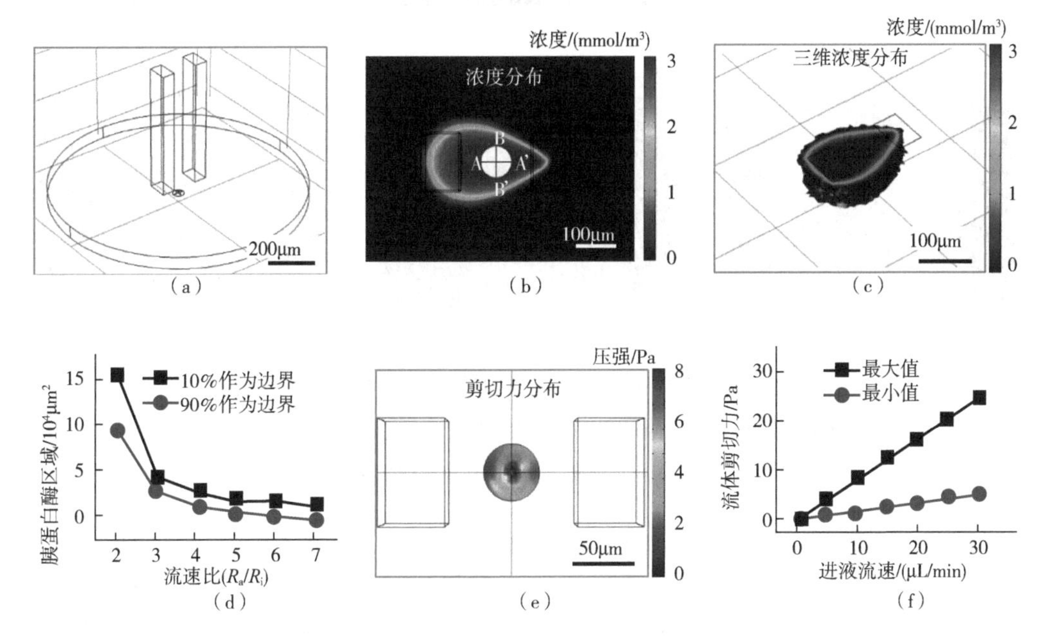

图 6-6　开放微流体区域的流体动力学模拟[2]

（a）模拟的 3D 模型；（b）基底表面的胰蛋白酶浓度分布；（c）胰蛋白酶的 3D 分布；（d）不同流速比下的胰蛋白酶区域大小；（e）细胞模型表面的流体剪切力分布；（f）流体剪切力随进样流速的变化

6.4.3　循环肿瘤细胞在内皮细胞层上的黏附分析

选择具有较好黏附能力的细胞（以 HUVEC 细胞为例）作为基底细胞层，并预处理了基底以增强细胞层在基质上的黏附力。因而，可以在基底细胞层受到明显影响之前提取上层细胞。HUVEC 细胞作为基底细胞，U87 细胞作为循环肿瘤细胞。一个观察微区的明场图像中的细胞层上有三个单细胞［图 6-7（a）］。为了将 U87 细胞与 HUVEC 细胞区分开来，将前者用 1,1′-二十八烷基-3,3,3′,3′-四甲基吲哚羰花青高氯酸盐（Dil）染色，并带有红色荧光，以便在 HUVEC 细胞层上观察单个 U87 细胞［图 6-7（b）］。通过比较荧光图像［图 6-7（b）］和明场图像［图 6-7（a）］，将 1 号细胞确认为 U87 细胞。然后，从基底细胞层上提取单个循环肿瘤细胞［图 6-7（c）～（f）］。通常，单个 U87 细胞在被胰蛋白酶消化后会逐渐移动并离开 HUVEC 细胞层。完成细胞提取所需的时间可以反映单个 U87 细胞在 HUVEC 细胞层上的黏附强度。根据计算，U87 细胞在流动环境下的平移速度几乎恒定（0.1μm/s），这表明某些 U87 单细胞仅依靠物理吸附在 HUVEC 层上。

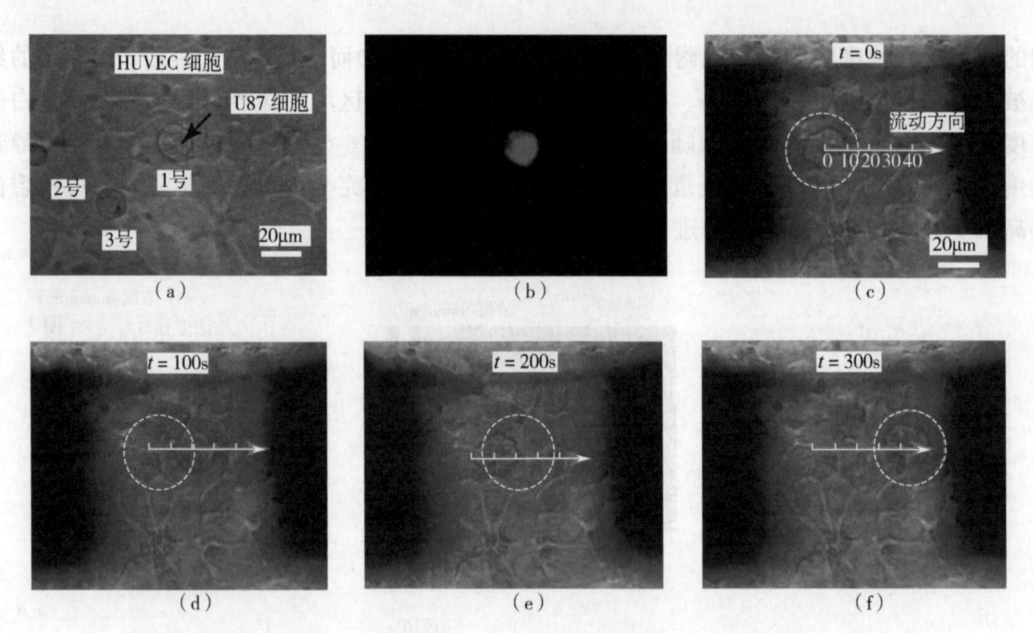

图 6-7 循环肿瘤细胞在内皮细胞层上的黏附和提取分析[2]

(a)明场下基底细胞层上的肿瘤细胞；(b)荧光模式下基底细胞层上的肿瘤细胞成像；

(c)～(f)内皮细胞层上的循环肿瘤细胞提取过程

原则上，胰蛋白酶的浓度、流体阻力（取决于流速）和低于大气压共同促进了提取[图 6-5（b）]。在恒定流量比下，提取时间随 R_i 和相关 R_a 的增加而增加［图 6-8（a）]。随着流速的增加，细胞边缘附近胰蛋白酶的浓度［图 6-6（b）中的 A 点和 B 点］没有明显变化[图 6-8（b）]。相反，随着流速增加的流体曳力和负压缩短了提取时间。当流速比从 3 增加到 5 时，升高的流体曳力和负压会导致提取时间的减少[图 6-8（c）]，这是因为胰蛋白酶在细胞边缘附近的浓度无明显差别［图 6-8（d）]。然后，由于流量比变为 6 时胰蛋白酶浓度的急剧下降，提取时间反而增加了[图 6-8（d）]。当比率高于 7 时，U87 细胞无法在 30min 内离开细胞基底，因为胰蛋白酶无法接触到细胞。因而，流量比（$R_a/R_i = 5$）是最佳的。

6.4.4 药物对细胞-细胞黏附的影响

将 U87 细胞，Caco-2 细胞和 HepG2 细胞共培养并黏附至基底细胞层上，对其进行了分析。提取时间除以细胞接触表面积归一化之后，以表示细胞的黏附强度。使用 Image-Pro plus 软件计算细胞铺展面积。每种类型的 CTC 在 HUVEC 细胞层上均表现出明显不同的黏附强度［图 6-9（a）]。HepG2 细胞表现出较强的黏附能力。

预防循环肿瘤细胞在血管内壁的黏附可能是预防肿瘤转移的有效方法。在培养皿中培养的 HUVEC 细胞随后形成细胞层，将含有抗肿瘤药物替莫唑胺（TMZ）的 U87 细胞悬浮液添加到 HUVEC 细胞层上。3h 后，将细胞周围的培养基替换为没有药物的新鲜细胞培养基，去除死细胞或非黏附细胞，黏附每个 U87 细胞以评估 TMZ 的影响并揭示其在癌症治疗中的作用。结果表明，TMZ 显著减弱了单个 U87 细胞在 HUVEC 细胞层上的黏附力，并且黏附强度随着 TMZ 浓度的增加而进一步降低 [图 6-9（b）]。TMZ 导致肿瘤细胞凋亡并破坏 DNA，导致异常蛋白质分泌，因此黏附力减弱。实验结果表明，TMZ 不仅对化学疗法有效，而且对预防肿瘤转移也有效。

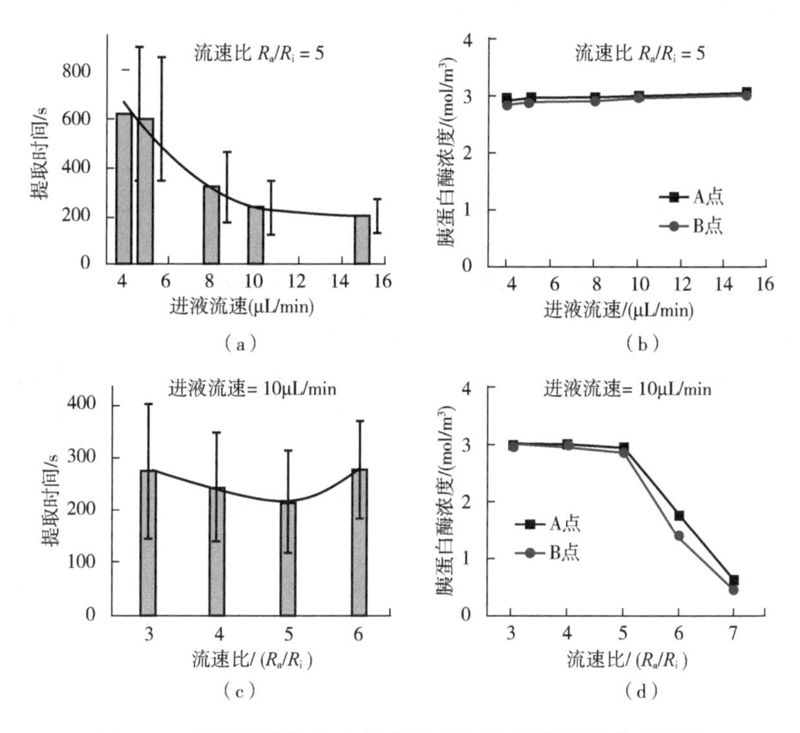

图 6-8 循环肿瘤细胞在基底细胞层上的黏附强度分析[2]

（a）不同流速下的细胞提取时间；（b）理论计算得出的细胞表面的胰蛋白酶浓度随流速的变化；（c）细胞提取时间随流速比的变化；（d）理论计算得出的细胞表面的胰蛋白酶浓度随流速比的变化

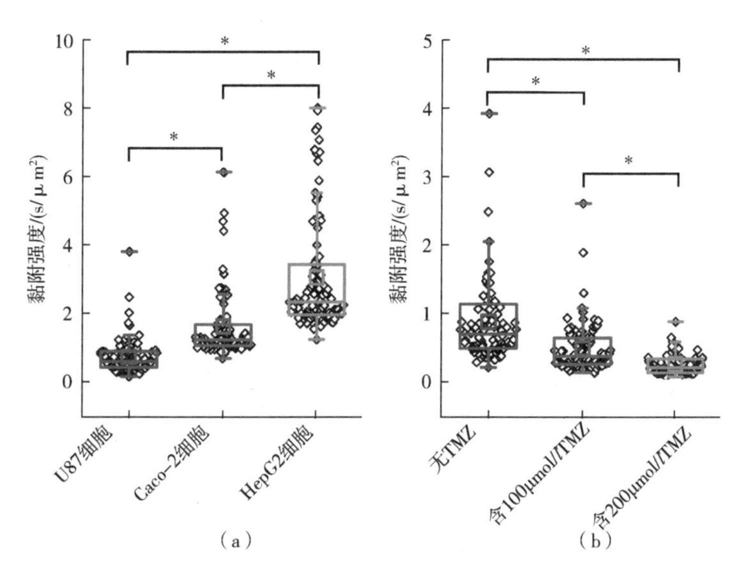

图 6-9 单个循环肿瘤细胞在基底细胞层上的黏附强度分析[2]

（a）不同肿瘤细胞在基底细胞层上的黏附强度分析；（b）药物对内皮细胞层上肿瘤细胞黏附性的影响

6.5 微流控细胞切割刀技术

6.5.1 基本原理

流体细胞切割刀包含四个孔的对称结构 [图 6-10（a）]。在使用过程中，将流体细胞切割刀的尖端和细胞样品浸入细胞培养基中。流体细胞切割刀的尖端垂直于细胞样品表面放置，并且在流体细胞切割刀的尖端和样品表面之间存在“间隙”[图 6-10（a）]。通过两个相对的孔，使用由一个泵驱动的两个独立的气密注射器将溶液 A 和溶液 B 注入流体细胞切割刀[图 6-10（b）]。另外两个孔通过与两个由同一台注射泵驱动的气密注射器连接来进行溶液抽吸。因而，两种溶液在底面的中心相遇形成稳定的界面。在实验中，调整细胞的位置，使得细胞的一部分浸入溶液 A 中，另一部分浸入溶液 B 中 [图 6-10（b）]。当溶液 A 为细胞培养基，溶液 B 为细胞裂解缓冲液时，溶液 B 中的部分将被切除，而另一部分则被细胞培养基很好地保护 [图 6-10（c）]。当溶液 A 和溶液 B 包含不同的物质时，细胞的不同部分将注入不同类型的分子 [图 6-10（d）]。实现了亚细胞分子输送，用于部分细胞染色和细胞器转运分析。

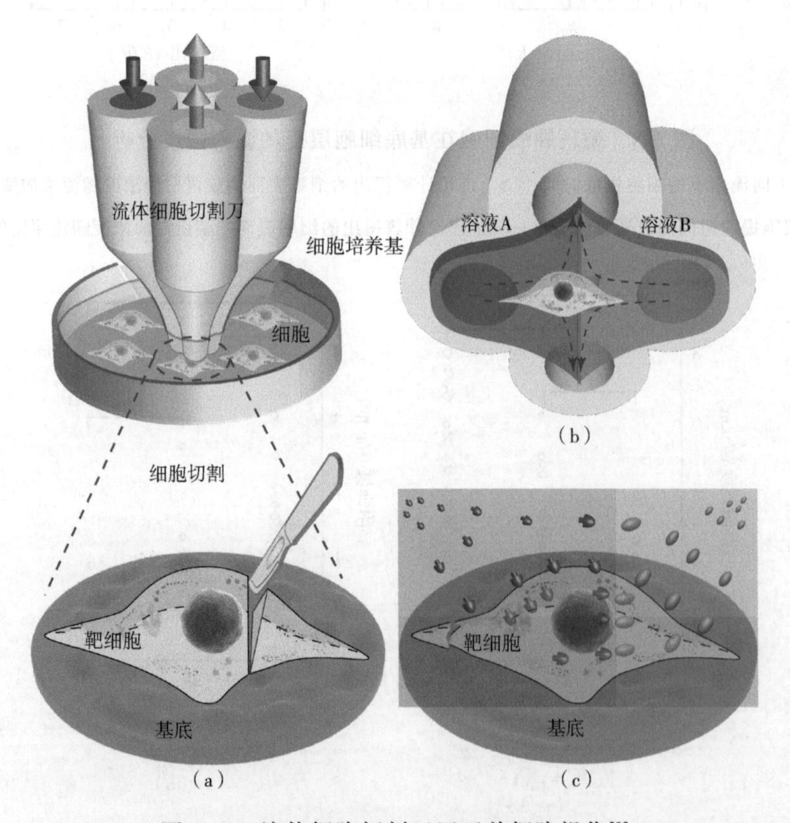

图 6-10 流体细胞切割刀用于单细胞操作[3]

（a）流体细胞切割刀的设计及单细胞切割示意图；（b）流体控制原理；（c）亚细胞水平分子刺激

6.5.2 计算流体力学模拟

使用商用软件 COMSOL Multiphysics 5.3（Comsol）通过有限元分析（FEA）对流体细胞切割刀的流体进行模拟。模型中的模型尺寸与实验中的尺寸相同［图 6-11（a）］。流体进样流速 R_i = 1μL/min，抽吸流速 R_a = 10μL/min，间距 = 50μm。注入的荧光素溶液（1μg/mL）作为扩散物质表示微流体区域。荧光素的扩散系数为 500μm²/s。图 6-11（b）和（c）分别显示了流体线的底视图和基板处的速度场。

在模拟结果中，物质的浓度分布沿线 *XX'*存在浓度梯度［图 6-11（e）]，在中心附近沿线 YY'观察到均匀的浓度［图 6-11（f）]。由于细胞对流体切应力（FSS）敏感，因此计算了基底附近的 FSS 分布［图 6-11（g）]。靠近中心的点（距离小于 50μm）的 FSS 足够低于 0.1Pa［图 6-11（h）和（i）]，不会损害细胞。

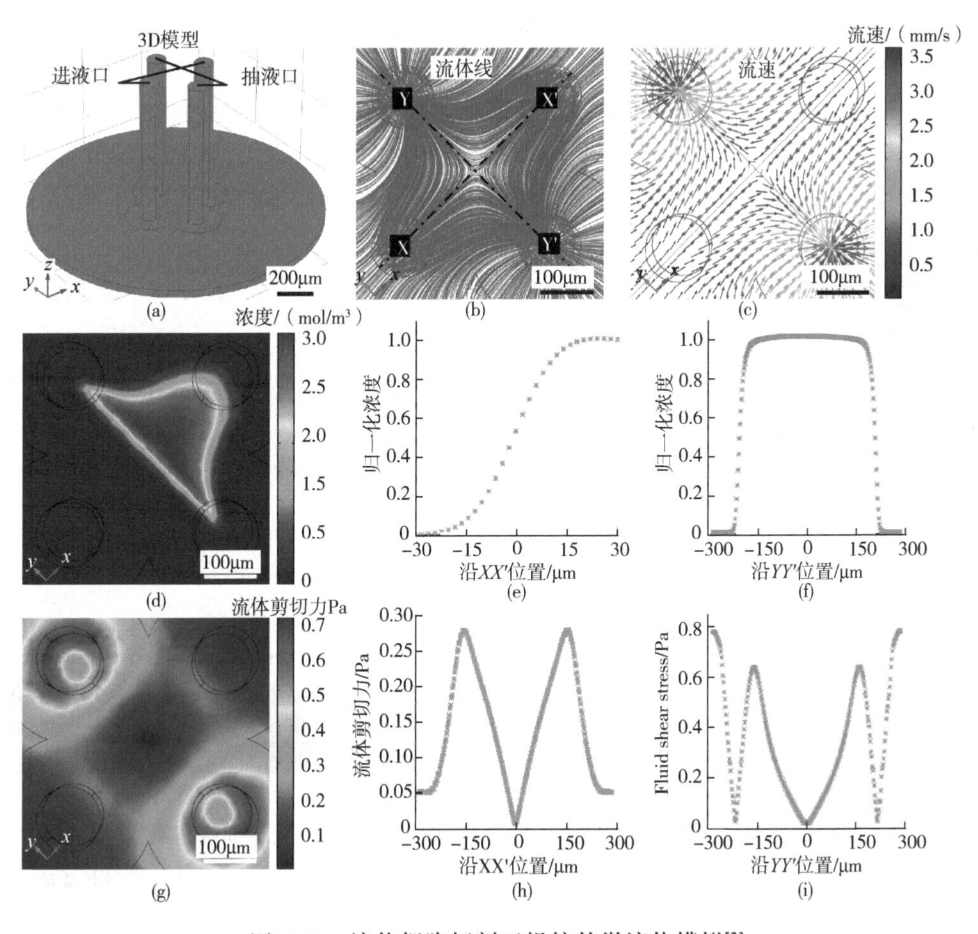

图 6-11　流体细胞切割刀操控的微流体模拟[3]

（a）模拟中的流体模拟尺寸；（b）流体线分布；（c）基板上的线流速分布；

（d）溶质在基板上的浓度分布；（e）*XX'*上的浓度趋势；（f）*YY'*上的浓度趋势；

（g）基板上的流体剪切力；（h）*XX'*上的流体剪切力分布；（i）*YY'*上的流体剪切力分布

6.5.3 细胞切割与损伤修复

将荧光素钠加入到进样溶液中使得流体区域可视化［图 6-12（a）］。流体的波动性分析如［图 6-12（b）］和［图 6-12（c）］所示。将单个细胞的一部分浸入界面附近的特定溶液环境中，因此该环境溶液中的分子将选择性处理细胞的所需部分。在亚细胞切割手术中，将非变性组织裂解缓冲液注入右上孔，并将细胞培养基注入左下孔。裂解缓冲液用于切割细胞的一部分，而细胞培养基则用于保护细胞的其他部分。间隙为 50μm。进样和抽吸流速分别为 1μL/ min 和 10μL/min。不同细胞的切割所需时间如图 6-12（d）。首先将贴壁培养的 U87 细胞置于细胞培养基环境中，然后逐渐移向并穿过层流界面。将浸没在裂解缓冲液环境中的细胞部分迅速切下（少于 20s）［图 6-12（e）］。裂解时间定义为从最初将一部分细胞浸入裂解缓冲区［图 6-12（e），第（i）部分］到其整个切割［图 6-12（e），第（ii）部分］的时间。单个 U87 细胞的裂解时间在 10s 到 20s 的范围内变化。此外，成功地从所需位置切割了包括 HUVEC、Caco-2、MCF-7 和 HepG2 细胞在内的四种其他类型的贴壁细胞。结果表明，流体细胞切割刀适用于各种类型的贴壁细胞。任何两种不同类型的细胞的裂解时间均显示出显著差异。开始时，U87 细胞处于贴壁培养中［图 6-12（e），第（i）部分］。整个切割后［图 6-12（e），第（ii）部分］，观察到伤口修复［图 6-12（e），第（iii）部分］。

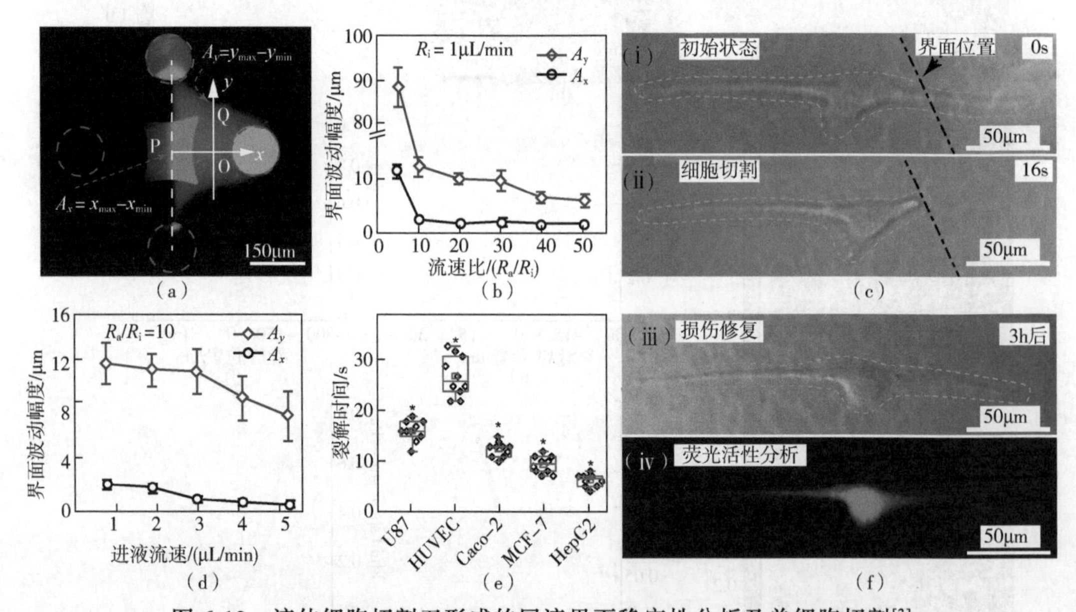

图 6-12 流体细胞切割刀形成的层流界面稳定性分析及单细胞切割[3]

（a）流体细胞切割刀形成的荧光区域；（b）层流界面上的波动性分析；（c）进样溶液边界上的流体波动；

（d）不同细胞的裂解时间；（e）单细胞切割和损伤修复

6.5.4 细胞器传输速度测定

选择线粒体作为细胞器的模型。两种进样溶液分别为线粒体荧光染料（0.5μmol/L）

和细胞培养基。为方便起见，在将微流体细胞切割刀移开时，线粒体运输的记录时间开始［图 6-13（a）中（i）］。将染色部分的轮廓设置在荧光强度比背景强度高三倍的边界处（S/N = 3）。图 6-13（a）中显示了跨时间的荧光图像，并显示了染色的线粒体分布区的轮廓。图 6-13（a）中（vi）显示了这些轮廓的颜色叠加，并且观察到了沿 *XX'* 线染色的线粒体的传输。在 0min 和 40min 的时间归一化荧光强度（NFI）的轮廓沿 *XX'* 线出现了显著的空间扩展［图 6-13（b）］。图 6-13（c）记录了 A 点和 B 点的荧光强度随时间的变化。A 点的 NFI 逐渐降低，这是由于染色的线粒体向右上方的运输和荧光猝灭的影响所致。在开始时，B 点的 NFI 逐渐增加，然后在连续荧光猝灭和减弱染色的线粒体向 B 点的转运作用下下降。通过计算荧光前端的移动距离［图 6-13（b）］除以传输时间，可以计算出不同时间段的平均运输速率（*v*）。随着时间推移，荧光便随移动速率降低［图 6-13（d）］。

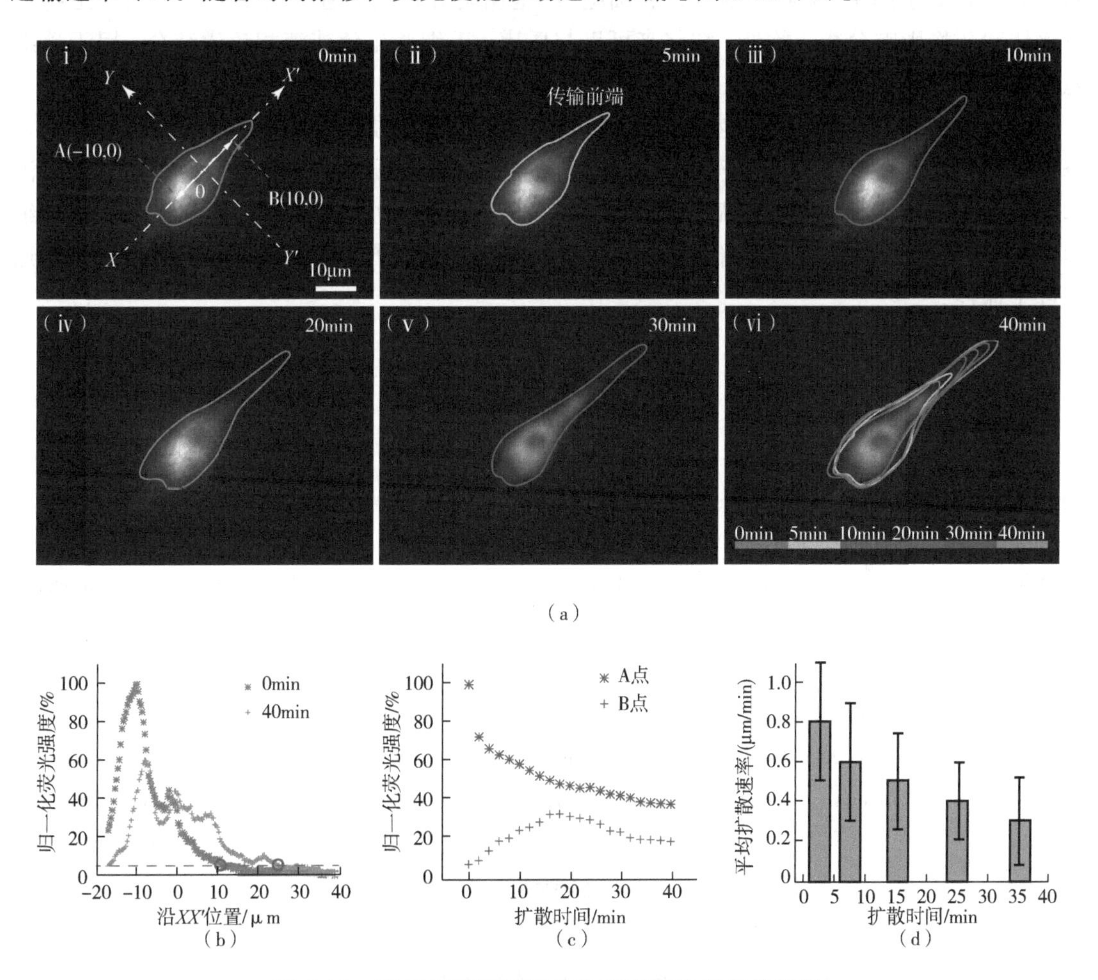

图 6-13　对局部细胞精准染色研究细胞器的传输[3]

（a）不同时间的荧光图像；（b）细胞在 0min 和 40min 时，沿 *XX'* 线上荧光强度的分布；（c）细胞的 A 点和 B 点上的荧光强度随时间的变化；（d）线粒体在细胞内的传输速率

6.6 总结与展望

本章介绍的开放微流控探针为开放式微流控单细胞分析提供了新途径。基于活体单细胞提取器，建立了一种用于原位活细胞分析的新方法，该方法能够研究单细胞分辨率下的细胞异质性并阐明细胞黏附强度与活力之间的联系。细胞黏附强度成功地与其形态和细胞内代谢产物相关。对于单细胞生物学研究，该方法被证明是一种非接触、灵活且区域选择性的方法。它对于细胞-基质黏附分析和细胞-细胞黏附分析具有强大的功能，可用于生物材料评估和药物影响分析。此外，它将来可以与质谱、毛细管电泳或液相色谱结合，用于单细胞分析和组织成像的潜在工具。

随着单细胞和亚细胞分析变得越来越重要，技术发展的进步将极大地促进这些研究。修复对于细胞的生存来说也是至关重要的。信号传输和传质对于细胞的行为非常重要。流体细胞切割刀为活体单细胞的局部处理提供了方法，通过这种方法研究细胞损伤修复和细胞器运输。该技术为亚细胞微环境控制、精确的细胞切割、伤口修复分析和亚细胞分子输送开辟了途径。

参考文献

[1] He Z Y, Chen Q S, Chen F M, Zhang J, Li H F, Lin J M. DNA-mediated cell surface engineering for multiplexed glycan profiling using MALDI-TOF mass spectrometry. Chem Sci, 2016, 7: 5448-5452.

[2] Mao S, Zhang W L, Huang Q S, Khan M, Li H F, Uchiyama K, Lin J M. In situ scatheless cell detachment reveals correlation between adhesion strength and viability at single-cell resolution. Angew Chem Int Ed, 2018, 57:236-240.

[3] Mao S, Zhang Q, Li H, Zhang W, Huang Q, Khan M, Lin J M. Adhesion analysis of single circulating tumor cells on a base layer of endothelial cells using open microfluidics. Chem Sci, 2018, 9:7694-7699.

[4] Mao S, Zhang Q, Liu W, Huang Q, Khan M, Zhang W, Lin C, Uchiyama K, Lin J M. Chemical operations on a living single cell by open microfluidics for wound repair studies and organelle transport analysis. Chem Sci, 2019, 10:2081-2087.

思考题

1. 开放微流控具有怎样的特征？与常规微流控有什么区别？
2. 与闭合管路的流体相比，开放微流控有什么优势？开放微流控包括哪些技术？
3. 在活体单细胞提取过程中主要破坏的是什么物质？
4. 细胞黏附强度与细胞铺展面积、费雷特直径及周长有什么样的关联？
5. 细胞染色过程中，还原型谷胱甘肽和氧化型谷胱甘肽分别可以用什么荧光探针标记？
6. 活体单细胞提取器为何能够将上层肿瘤细胞提取，而同时保证基底细胞层不从基板被提取？

7. 根据本章的结果，替莫唑胺除了具有导致肿瘤细胞凋亡的功能外，还有哪些可能的潜在功能？
8. 流体细胞切割刀为何能够形成稳定的层流界面？波动水平如何？
9. 使用流体细胞切割刀进行细胞局部切割时，为何能够维持细胞结构保持细胞活性？请简述可能的原因。
10. 细胞中线粒体的传送速度在什么水平？

第7章 微流控细胞迁移研究

7.1 概述

细胞迁移也称为细胞移动，指的是细胞在接收到外界迁移信号或感受到某些物质的梯度后而产生的移动。细胞迁移是生物进化的基本过程，一些原核细胞能够使用鞭毛等特殊结构在流体介质中游动，或者使用滑动、滑行等方式实现移动。一些单细胞真核细胞，诸如变形虫，在营养物质的刺激下能够进行趋化作用。在高等生物中，不同的细胞类型在响应各种细胞外刺激时能够表现出各种迁移模式。细胞迁移的过程由三个步骤组成，分别是传感、极化和运动。以真核细胞为例，细胞将感受到的外界刺激进行信号转导，在细胞前端，肌动蛋白自组装，使细胞向前进方向伸出突触/伪足；肌球蛋白Ⅱ收缩，拉动胞体向前移动。细胞不断循环这一过程，从而能够实现持续性的细胞迁移。

根据细胞类型和微环境的不同，细胞迁移可以分为单细胞迁移和多细胞迁移。其中单细胞迁移主要有两种形式——间充质类型的迁移和变形虫样迁移，这两种类型的主要区别是穿过细胞外基质孔隙的形式：间充质类型的细胞迁移主要依赖于基质金属蛋白酶对细胞外基质的降解，而变形虫样迁移则依赖于类似变形虫的变形过程。相比于变形虫样迁移，间充质迁移的细胞形态更长，细胞极性更加确定，且细胞迁移速度更慢。多细胞迁移可以分为集体迁移和流动迁移，二者的主要区别在于，集体迁移类型的细胞彼此紧密接触，处于迁移方向前端的先导细胞主要负责进行传感和基质降解，以便为后续的细胞开辟道路，后续细胞则更多地依赖于与先导细胞之间细胞连接的牵引力实现“被动”迁移；而在流动迁移类型中，不论是先导细胞，还是其他细胞，都能够主动进行传感和迁移，而且细胞并不总是紧密地直接接触。细胞迁移的基质取决于细胞类型、微环境因子和细胞外基质的性质。

细胞迁移是真核细胞很多生理活动的基础，例如血管生成、胚胎发育、伤口愈合和免疫过程等。在胚胎发育过程中，原肠胚的形成与细胞迁移密不可分，在这一阶段，胚泡内的大量细胞以片状形式集体迁移进而形成三层胚胎结构。这些胚胎层中的细胞最终迁移到整个发育中的胚胎的目标位置，并进一步分化形成各种组织和器官。细胞迁移在免疫监督过程中也发挥着重要作用，一方面，白细胞能够通过细胞迁移到周围的组织中摄取细菌，从而实现机体的保护；另一方面，细胞迁移失败或迁移到不合适的位置会导致异常的生理活动，甚至会造成危及生命的严重后果。例如，神经元迁移的缺陷会使得大脑发育出现先天性的缺陷，从而导致精神障碍。一些病理过程也与细胞迁移息息相关，比如血管疾病、慢性炎症以及肿瘤的形成和转移等。正因如此，细胞迁移是目前细胞生物学研究的一个重要课题。当前，尽管人们对于细胞迁移过程的了解不断加深，但很多关键机制尚不明确。值得庆幸的是，研究细胞迁移的手段和工具正在蓬勃发展，从最早的划痕实验到 Boyden 小室，再到如今的微流控技术，借助这些先进的工具，科学家们能够在时间和空间上更加精准地对细胞迁移过程进行调控，从而解释其背后的复杂机制。

本章将先介绍细胞迁移的几种传统方法，包括细胞划痕法、培养插入法、电阻抗传感法、Boyden 小室法，然后着重介绍微流控技术在细胞迁移中的应用，包括趋化性、趋电性和趋触性。

7.2 细胞迁移研究的传统方法

7.2.1 细胞划痕法

细胞划痕法又称作细胞愈伤试验，是一种简单的测定二维细胞迁移运动与修复能力的方法，通过在细胞单层上进行刮擦并通过延时显微拍摄细胞运动轨迹实现细胞迁移的测定。这一方法最先由 Nobes 和 Hall 在 1999 年提出[1]，具体而言，在体外培养皿或平板上培养单层贴壁细胞至长满，使用移液器枪头等工具刮擦以形成类似切口的间隙，随后加入无血清培养基对细胞进行培养。无血清培养基能够抑制细胞分裂，从而能够最大限度消除细胞增殖对于细胞迁移过程的干扰。划痕试验的操作流程如图 7-1 所示。

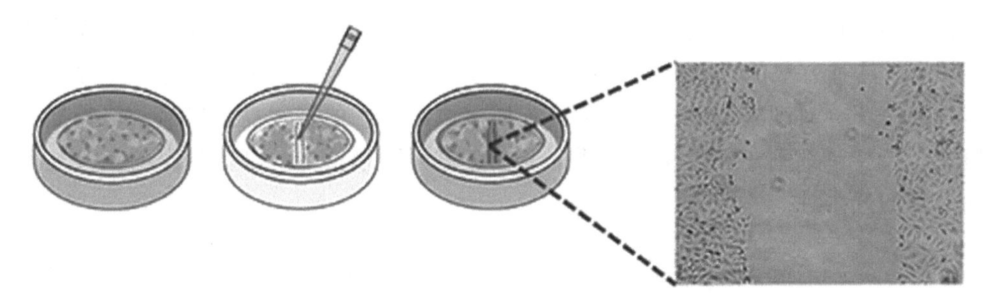

图 7-1 划痕试验的操作方法及划痕处的显微照片

划痕后的细胞单层放在显微镜上进行拍摄并定义为初始时刻，此后每隔固定时间再次对相同区域进行拍摄，最后根据迁移距离和迁移时间求得细胞迁移率，计算公式如下：

$$R_M=(W_i-W_f)/t \tag{7-1}$$

其中，R_M 为细胞迁移率；W_i 为初始划痕宽度；W_f 为最终划痕宽度；t 为迁移持续时间。

相对伤口密度公式如下：

$$\%RWD(t)=[(\omega_t-\omega_0)/(c_t-\omega_0)] \tag{7-2}$$

其中，ω_t为t时刻伤口区域的密度；c_t为t时刻细胞区域的密度。

从功能角度来看，细胞划痕试验有两个主要优势：一是能够在一定程度上模拟细胞在体外的迁移，不论是无法形成紧密结构的成纤维细胞，还是能够形成紧密结构的内皮细胞等，划痕实验都能够进行较好的模拟；二是能够用于研究细胞-细胞外基质以及细胞-细胞之间的相互作用，这一点要优于 7.2.4 要介绍的 Boyden 小室法，这是由于后者在测试前需要制备细胞悬液，这一操作会破坏细胞-细胞外基质以及细胞-细胞相互作用。然而，细胞划痕实验也有相当大的局限性：一方面，在手动操作时，很容易造成划痕宽度不一致，这种参差不齐的边缘会给数据分析带来一定的困难，已有研究表明，细胞的迁移速度也会受到划痕边缘的几何形状的影响，从而影响实验的重复性和一致性；另一方面，这种操作不仅会造成划痕边缘的细胞损伤，导致细胞迁移困难，而且损伤的细胞可能会释放某些物质进入培养基中，从而对其他细胞产生影响；此外，细胞划痕试验只能研究均匀刺激物浓度下的细胞迁移过程，无法构建化学梯度，也无法研究非化学梯度（如表面形貌、硬度等）对于细胞迁移的影响。

从操作角度来看，细胞划痕试验的优点在于成本低，操作简单，不需要过多专业设备，所需的所有材料都能够在普通的细胞生物学实验室获得，并且能够进行实时测量。然而，该方法所花费的时间较长，单层细胞的生长需要 1~2 天，随后的细胞迁移过程又需要 8~18h，由于细胞划痕实验通常在组织培养皿中进行测定，因此需要大量的细胞和化学物质，尤其是当细胞或化学物质本身比较昂贵时，该方法会大大增加实验成本。

7.2.2 培养插入法

为了避免划痕实验引入的不规则细胞划痕和对细胞的损伤，科研工作者进一步开发了培养插入试验。培养插入物是一类具有规则间隔的硅胶模具，在进行细胞迁移实验时，首先把培养插入物固定在培养皿或多孔板底部，接着在每一个分隔的腔室中加入细胞悬液进行培养，待细胞长满后取出培养插入物并进行细胞迁移测定。培养插入试验的操作方法如图 7-2 所示。这种方法的优势在于，划痕的宽度非常一致，而且模具可进行重复使用；另外，这种方法不会对细胞造成损伤，是传统划痕试验良好的替代品。然而，培养插入试验与划痕试验一样，都不能进行梯度构建，无法更进一步模拟体内细胞生存的真实环境，因此存在一定的局限性。

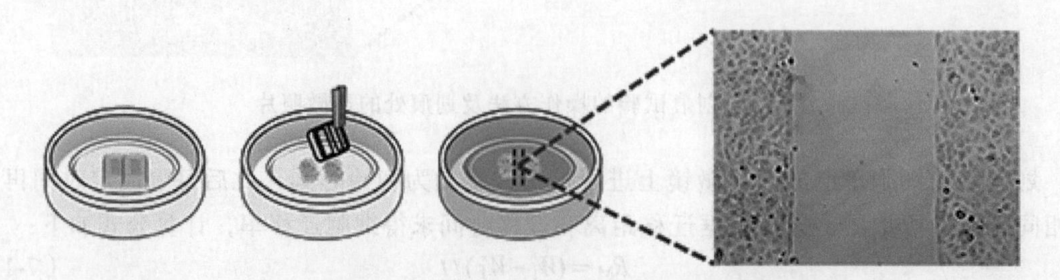

图 7-2 培养插入试验的操作方法及间隙处的显微照片

7.2.3 电阻抗传感法

电阻抗传感（electric cell-substrate impedance sensing，ECIS）是一种基于阻抗的实时、无标记细胞迁移测定方法，这种测定技术由 Ivar Giaever 和 Charles R. Keese 两位科学家发明[2]，细胞培养在具有特定腔室的圆形金电极阵列上（图 7-3），在电极之间施加一定频率的恒定交流电，随后使用仪器对电势进行测量，根据交流电中的阻抗公式，可以得出阻抗数据：

$$|Z(f)|=\sqrt{(R^2+X(f)^2)}\ ,\ \varphi=\arctan(X/R) \quad (7\text{-}3)$$

当细胞生长在金电极表面时，细胞膜的绝缘特性会导致阻抗的增加，阻抗的变化与细胞数量、形态和黏附性质相关，因此可以通过测量阻抗变化对细胞黏附、生长和迁移过程进行实时研究。

此外，研究表明，施加的交流电频率会对实验结果造成影响，当施加低频交流电（<40000Hz）时，大多数电流从细胞和细胞之间的间隙流过（图 7-4）；当施加高频交流电（>40000Hz）时，更多的电流直接穿过绝缘的细胞膜（图 7-5）。低频阻抗结果一定程度上反映了细胞和基底之间黏附、细胞-细胞之间的空隙状况，高频阻抗结果则更多地反映了细胞在电极表面的覆盖度，因此通过改变电流频率，可以揭示细胞行为的多个方面。

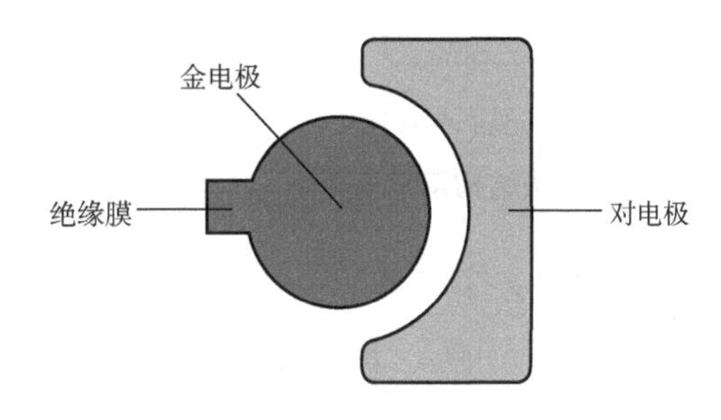

图 7-3 细胞生长的圆形金电极和对电极示意

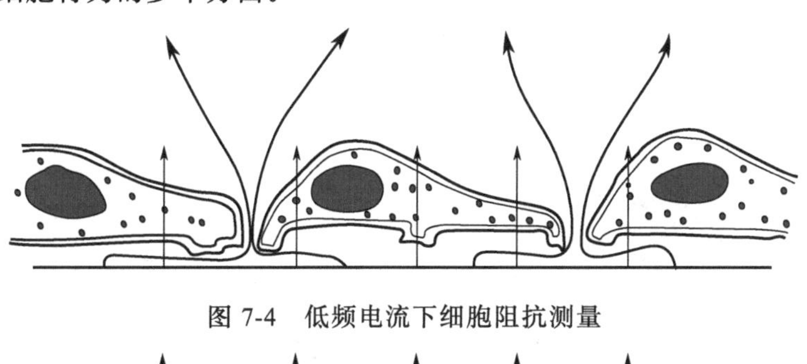
图 7-4 低频电流下细胞阻抗测量

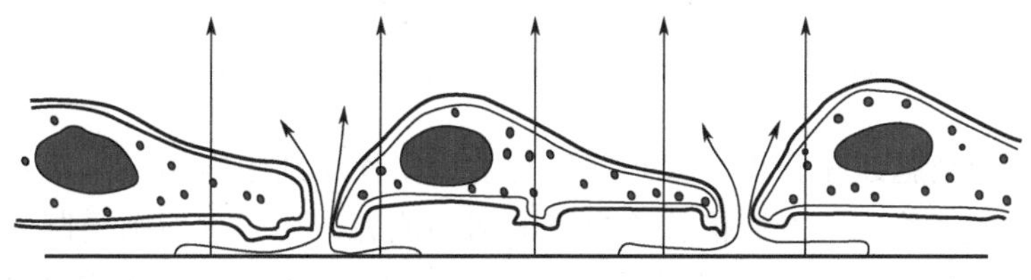
图 7-5 高频电流下的细胞阻抗测量

电阻抗传感法的优点在于能够将细胞迁移过程转化为电信号进行自动化精确测定，而且不会对细胞造成损伤，使用金电极阵列能够实现高通量测试。但与此同时，这一方法的成本也相对高昂，因此应用范围不如前两种方法广泛。

7.2.4 Boyden小室法/Transwell法

1962 年，Boyden 发明了 Boyden 小室试验[3]，用于分析白细胞的趋化性。经过几十年的发展，Boyden 小室试验已经成为评估细胞运动性和侵袭性的最常用的工具之一，目前使用的 Transwell 试验即是在 Boyden 小室试验的基础上进行的改进。这一方法的基本构造如图 7-6 所示，Boyden 小室主要由孔板和嵌套在孔板内的圆柱形细胞培养插入物组成，插入物的底部为聚碳酸酯多孔膜，将细胞接种在无血清培养基的多孔膜上方，而将血清或类似的趋化因子置于下方的孔板中，在趋化因子的诱导下，细胞穿过多孔膜进入下层隔室。经过一定时间的孵育后，对细胞进行固定、染色并计数，从而实现细胞趋化性分析，相应的实验流程如图 7-7 所示。Boyden 小室的优势在于，可以根据不同的细胞类型选择不同孔径的多孔膜。例如，3μm 的孔径适合白细胞或淋巴细胞迁移，5μm 的孔径适合成纤维细胞、癌细胞、单核细胞和巨噬细胞等，8μm 的孔径适合包括内皮细胞在内的大部分细胞。Boyden 小室的另一个优势在于，可以使用胶原蛋白或纤连蛋白等细胞外基质成分对多孔膜进行修饰，进而实现细胞-细胞外基质相互作用的研究。

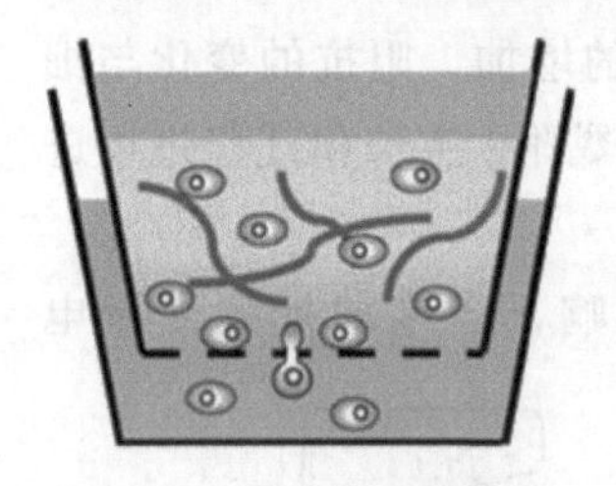

图 7-6 Boyden 小室法/Transwell 法结构示意图

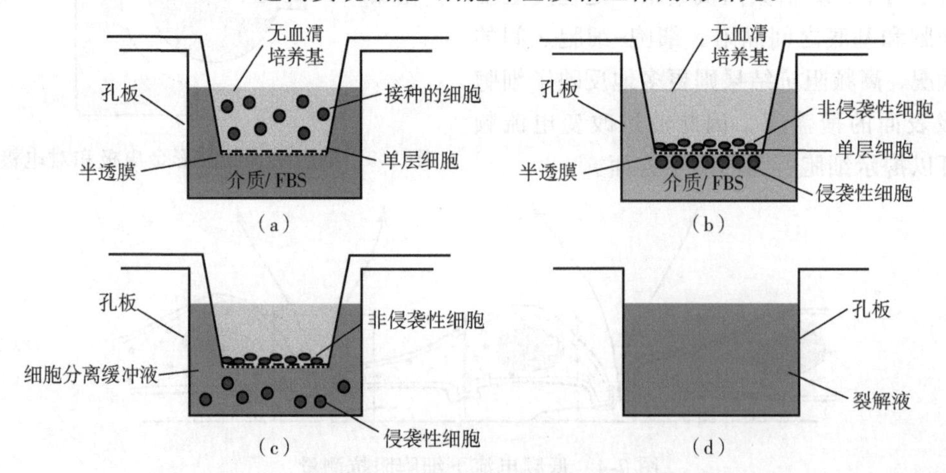

图 7-7 Boyden 小室试验流程

(a) 细胞接种；(b) 细胞迁移；(c) 细胞分离；(d) 细胞裂解检测

此外，以往的细胞迁移分析大多是将细胞的运动性和细胞间相互作用耦合在一起，也即，细胞想要完成迁移，一方面依赖于自身的运动能力，另一方面则受制于细胞间相互作用，而这两者很大程度上受不同机制的控制。以上皮细胞为例，必须在明显可测量的距离释放细胞与细胞的接触，才能够完成迁移。一些趋化因子能够刺激细胞迁移，但却不能破坏细胞间的相互作用，这可能会使细胞迁移分析得出错误的结论，因此需要对细胞间相互作用和细胞运动性进行解耦。Boyden 小室试验能够在进行细胞运动性分析时有效排除细胞间相互作用的影响，这是该方法的又一大优势。

Boyden 小室的灵活度较高，不仅可以进行细胞趋化性分析，还能够用于进行细胞共培养，通过研究上层细胞向下层细胞的迁移，实现肿瘤侵袭等病理过程的模拟。尽管 Boyden 小室方法比较容易实施，但同样也存在一定的局限性：一、Boyden 小室试验只能进行“end-point measurement”，也即只能得到最终透过多孔膜的细胞总数，无法对细胞迁移进行动态实时研究；二、试验中添加的趋化因子的量是一定的，因此在静态条件下，无法形成稳定的化学梯度。

除了以上提到的几种细胞迁移的方法，科学家们还陆续开发了 Dumn chamber[4]、多腔室（multiwell chamber）[5]等其他方法，但由于篇幅限制，不做过多介绍。

7.3 微流控芯片在细胞迁移中的应用

微流控技术可以处理从微米到毫米的微小体积的液体，因此非常适合用于产生高度可控的梯度并应用于细胞迁移，其中，应用最为广泛的是化学梯度（即可溶性因子）的产生和细胞趋化性研究，此外还能够用于产生表面梯度和电梯度，分别用于研究细胞的趋触性和趋电性，下面将分别进行介绍。

7.3.1 趋化性

趋化性指细胞响应细胞外化学梯度而定向移动的现象。体内细胞的化学微环境由细胞因子、生长因子、激素和其他生物分子组成，这些分子共同组成复杂的信号通路，对细胞的行为进行调控。无论细胞微环境是物理的还是化学的，其本质都是在细胞附近形成梯度进而调控细胞的功能和行为。一般而言，化学梯度的产生是基于扩散效应，而基质硬度或组成的梯度则存在于组织结构的异质性中。由于梯度在包括细胞迁移、血管生成和肿瘤发生在内的许多过程中具有重要作用，因此越来越多的研究集中在梯度对细胞的影响上，这是一种对细胞通信研究的合理简化。

（1）扩散梯度

微流控芯片的一大优势是对于液体的精准操控，因此非常适合用于梯度产生。近年来，研究人员已经开发了多种微流控芯片梯度产生器，根据梯度产生形式可以分为两种：基于扩散的梯度产生器和基于对流的梯度产生器。建立扩散梯度的主要方法有三种：层流、膜/水凝胶以及自由扩散。其中层流法非常简单，但是由于对流会产生流体剪切力，可能会影响细胞行为，比如使细胞的迁移方向发生改变等。另外这一方法无法应用于悬浮细胞，因而没有得到广泛应用。Abhyankar 等人[6]开发了一种无需液体流动即可产生稳定梯度的方法，其核心在于芯片入口下方的聚酯薄膜。膜的高流体阻力限制了系统压力差引起的液体流动，但是化学物质能够通过膜上的纳米孔扩散到通道中。由于没有流体流动，细胞产生的信号分子在通道内积累，因而可以用于自分泌和旁分泌等一系列细胞通信的研究。但由于液体是一次性加入，经过足够长的时间后会均匀混合。另外，细胞产生的代谢物可能会对梯度形成或细胞功能产生不利影响，因此这种方法不能用于长期或动态的梯度研究。即使小心地消除了外部流动，也会因为重力和扩散导致液体流动，进而破坏已建立好的梯度。为了量化这一过程中溶质梯度引起的液体流动，Bishop 等人[7]在三通道装置内实现了生物聚合物膜的原位形成，如图 7-8（a）所示，将中间通道与侧通道分开，然后通过对中间通道中的荧光聚苯乙烯微球的示踪实现对流的量化分析，并根据流体动力学模型和系统参数对这种对流进行了预测。为了形成基于扩散的连续稳定梯度，需要将对流与扩散进行分离，其中一种思路是使用刚性膜或水凝胶来避免对流。Wu 等人[8]开发了一种基于水凝胶的三通道微流控芯片并用于研究细菌和哺乳动物细胞的趋化性。作者选择了成本低、易制备且生物相容性好的琼脂糖凝胶作为芯片材料，利用软光刻技术在琼脂糖上构建了微通道形貌，中间通道用于培养细胞，两侧通道分别通入含有趋化剂的溶液和空白溶液，通过琼脂糖扩散到中间通道形成梯度。由于两侧通道内的溶液不断更新，且大部分营养物质和细胞生长因子都能够在凝胶中扩散，因此这一方法形成的梯度是长期稳定的。但是由于琼脂糖和玻璃基底无法通过常规方法键合，而且凝胶容易受溶液的影响而产生溶胀等形变，因此这一体系需要使用外部夹具进行固定，这在一定程度上增加了体系的复杂度。为了解决水凝胶的溶胀问题，Chen 等人[9]基于甲基丙烯酰化的葡聚糖凝胶，当将甲基丙烯酸的官能化水平从 3%提高到 70%时，水凝胶的溶胀率从 55%降至 0，如图 7-8（b）所示。由于这一方法没有增加交联度，因此可以将溶胀与基质硬度解耦。进一步作者将这种凝胶与微流控结合，在凝胶中构建了两个平行通道，一个用于培养内皮细胞，另一个灌流血管内皮生长因子以产生扩散梯度，进而研究了基质交联度对血管出芽的影响。

另一种思路是通过控制流速来平衡通道内的压力。Atencia 等人[10]开发了一种微流控调色盘，无需膜或凝胶即可产生扩散梯度。在一维情况下，对流单元 1 中的质量平衡表明，匹配入口和出口的流速可防止液体流经主通道，同时允许溶质通过扩散进行传递，最终在主通道内形成长期稳定的梯度。这一概念可进一步扩展到二维，通过引入三个对流单元，可以同时产生多个化学梯度并对其进行时间和空间上的控制。利用这一工具，作者研究了铜绿假单胞菌的趋化性，通过改变梯度的空间分布，可以观察到细菌趋化方向的变化。相比于使用膜或凝胶，这种方法能够更快地进行梯度改变，但是对外接注射系统的精度要求较高。Monack 等人[11]开发了一种趋化性芯片用于筛选抑制树突状细胞迁移的微生物毒力因子。他们在细胞培养腔和两个侧通道之间设计了截面为 15μm×10μm 的微通道阵列，相比于主通道和侧通道，微通道阵列中的流体阻力很大，因此可以在主通道内产生扩散梯度。Jeon 等人[12]开发了一种使用单个设备在时间和空间上生成动态化学梯度和脉冲的为流体设备，如图 7-8（c）所示，可以至少提供 12h 的连续刺激，可用于观察哺乳动物细胞的反应，微流控设备与活细胞成像的结合有助于在单细胞水平上观察细胞的动态反应，结果显示，在 EGF 的脉冲刺激和斜刺激下能够观察到 HEK 细胞的细胞外信号调节激酶活性。

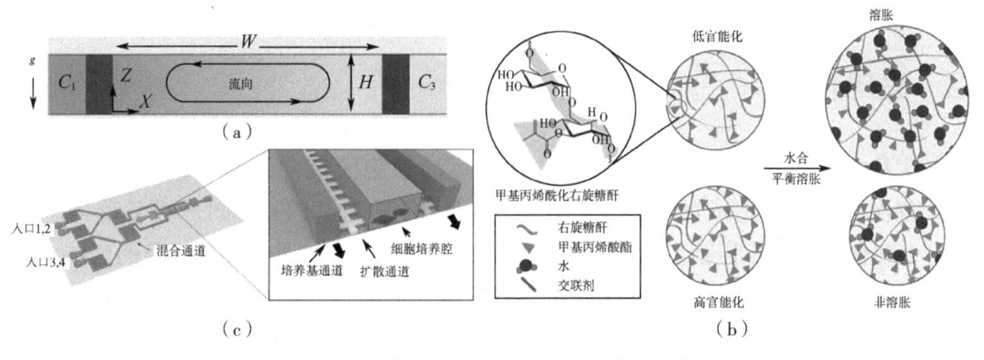

图 7-8 微流控芯片上的扩散梯度研究

(a)原位形成的生物膜用于研究扩散梯度中的微弱对流[7];(b)低膨胀性凝胶用于血管出芽研究[9];(c)细通道阵列的横截面积小，流体阻力大，能够在中间通道产生扩散梯度[12]

(2)对流梯度

建立对流梯度的最常用方法是树状梯度生成器，又称为圣诞树模型，这一模型最早由Whitesides[13]课题组于 2000 年报道。圣诞树模型芯片由具有多个分支点的水平和垂直通道网络组成，流体在网络中不断经过分裂、混合和重组，经过几代分支后，每个出口产生浓度不同的溶液并在公共通道中形成梯度。该方法既能够产生长时稳定的梯度，又可以通过改变流量和入口数量对梯度分布进行灵活调整，甚至是产生复杂形状的梯度[图 7-9(a)]，因此受到广泛欢迎。利用这一模型，研究人员研究了多种细胞的趋化性，比如神经细胞、乳腺癌细胞、中性粒细胞、肺泡癌细胞等。此外，Levenberg 等人[14]开发了一种沿数百个纳升细胞培养腔室产生稳定的数字化化学梯度的方法。这一方法结合了纳升体积的液滴阵列和 Y 形混合器，如图 7-9(b)所示，能够在不改变芯片几何形状的情况下进行梯度的调节。作者使用空气代替油对液滴阵列进行剪切，这有利于梯度的再一次构建。利用这一装置，作者在每一个腔室中培养了少量的酵母细胞并通过 Y 形通道产生了不同比例的葡萄糖/半乳糖以观察酵母细胞的决策。

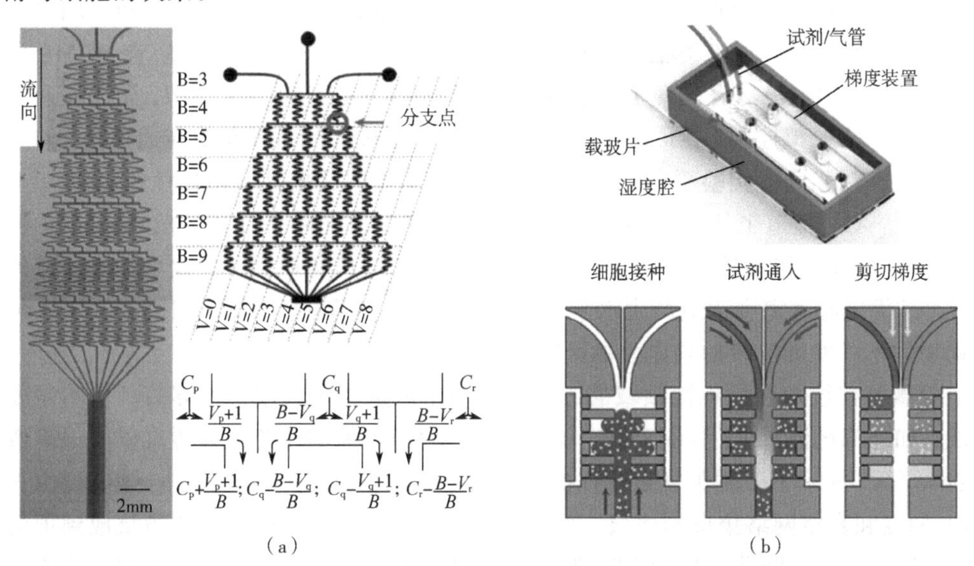

图 7-9 微流控芯片上的对流梯度产生

(a)圣诞树模型[13];(b)Y 字形对流梯度产生器[14]

7.3.2 趋电性

趋电性是指直流电场（dcEF）引起的贴壁运动细胞的定向迁移。150 多年前 EDBois-Reymond 首次在人手指造成的小表皮创伤下观察到内源性 dcEFs。dcEF 在各种细胞活动中起关键的生理作用，包括胚胎发育，神经发生和伤口愈合。在这些 dcEF 诱导的影响中，dcEF 导向的细胞迁移引起了相当多的重视，并得到了深入的研究。例如，已经观察到，细胞能够通过感测这种 dcEF 来诱导它们向伤口的运动来修复损伤。体外研究已经证明，各种细胞类型和生物体都显示出趋电性。大多数细胞类型向阴极迁移，包括神经嵴细胞、成纤维细胞、大鼠前列腺癌细胞和角膜上皮细胞，而只有少数细胞向阳极迁移，如许多内皮细胞类型。目前已报道各类癌细胞的趋电性行为。具有几至几百毫伏/毫米强度的内源性 dcEF 源于体内上皮内电位（TEP）的差异，其涉及极化上皮细胞上离子通道的差异分布。例如，细胞变形过程中 TEP 的变化会在癌组织和正常组织之间产生电压梯度。

细胞趋电性的机制经过几十年的研究，已经提出了一系列模型，例如细胞表面受体的不对称分布和细胞极性的重建，由 dcEF 诱导的原位电泳驱动或电渗。此外，据报道，包括 dcEF 诱导的钙，PI（3）Kγ 和 PTEN 的几种信号转导途径均会参与到趋电性中。在尚未有权威解释的情况下，我们需要投入更多的精力来了解和整合趋电性的机理，从而确定其生理作用和应用。近来，微流控装置逐渐应用于趋电性研究中，该类装置具有许多优点，包括更好地控制电场的均匀性和稳定性，减少焦耳热效应和高通量分析等。接下来我们将按照单电场和多电场分别进行介绍。

（1）单电场

许多研究表明，免疫细胞如淋巴细胞能够在呈现在应用的生理学相关 dcEF 中时向阴极迁移。为了了解免疫细胞趋电性的机制，Li 等人[15]分别开发了基于 PDMS 和玻璃的微流体装置用于研究单个激活的 T 淋巴细胞向 dcEF 的阴极迁移［图 7-10（a）］。在 PDMS 微流体装置中，将两个铂电极耦合到两个介质容器中，并将导线连接到直流电源。微流控通道中的电场均由计算机模拟控制。在玻璃微流体装置中，铂电极阵列直接集成在通道上。使用两个微流体装置，在相同的实验平台中实现了相同细胞类型的趋电性和趋化性的比较。

Rezai 等人[16]报道了使用 PDMS 微流体环境来研究秀丽隐杆线虫（C. elegans）的趋电性［图 7-10（b）］。该装置由三个部分组成：直通道、标尺和电极。将线虫加入通道的中间区域。通过优化通道宽度避免产生水平运动。标尺用于测量迁移速度。研究者利用该装置开展了动物的不同发展阶段的趋电性的区别。

随着微流控技术在趋电性领域的进一步应用，但是其集成度仍不够高。仍然需要一系列模块，如外部电源和 EF 控制系统。除此之外，使用当前的微流控装置难以实现高通量分析。Zhao 等[17]展示了一种独立可操作的微流体平台 ETC［图 7-10（c）］。该装置由三层组成：EF 梯度和真空网络集成到底层，而电池、可变电阻、电压表和开关被集成到顶层和中间层。装置上一系列圆孔来检测 EF。然后在不同电压下对 ETC 装置进行评估，与传统装置得到了相一致的结果。该装置能够实现人角膜上皮细胞的高通量趋电性筛选。

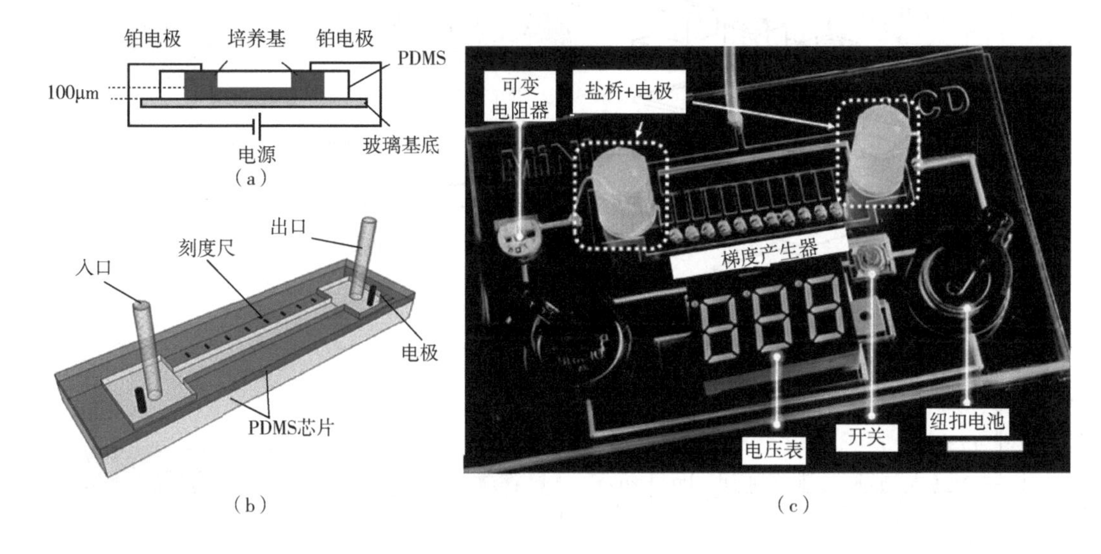

图 7-10 单电场趋电性研究

（a）PDMS 微流体趋电性装置的示意图，其中两个铂电极放置在介质储层中[15]；
（b）将具有两个电极微通道嵌入储存区域的装置示意图[16]，使用微通道一侧的标尺来计算速度；
（c）基于三层 PDMS 的 ECT 的示意图[17]

（2）多电场

单电场装置一次只能产生一种电场强度，这无疑会增加时间成本。Huang 等人[18]提出了一种密封细胞培养装置，用于肺癌细胞的长期趋电性研究［图 7-11（a）］。在微通道中顺序排列具有相同长度但不同宽度的三个通道以产生多个电场强度。进而在微通道中培养 CL1-5 和 CL1-0 细胞并检测其趋电性。结果表明，高迁移性的 CL1-5 细胞表现出比 CL1-0 细胞更强的趋电性。使用这种微流体装置，作者在一个实验中研究了 EF 导向的细胞向三种不同 EF 强度的迁移。

前述方法尽管能够利用宽度不同产生强度不同的电场，但由于通道宽度不同流速不同，可能对实验结果产生干扰。为了解决这个问题，Tsai 等[19]报道了具有均匀流芯片（MFUF 芯片）的多电场研究口腔鳞状癌细胞的趋电性［图 7-11（b）］。在保持流速均匀的同时产生多重电场。梯形微流体装置的主通道由一系列垂直通道分为四个部分。通过入口 1 将培养基注入出口，同时分别通过组合入口 2 和出口的端口引入电场。流场和电场的分离允许主流道能够保证流场均匀。MFUF 芯片通过肺腺癌细胞得到验证，并且用于研究 HSC-3 口腔鳞状细胞癌细胞的电迁移。

总之，微流体电迁移装置近年来取得了长足的进步。与常规测定相比其通量得到极大的提升，同时降低了试剂/样品的消耗。除此之外，电场还能够进行精确调控。除了上一部分的趋化性研究，还可以在同一装置内同时研究细胞的趋电性和趋化性，从而能够更好地模拟体内真实环境。

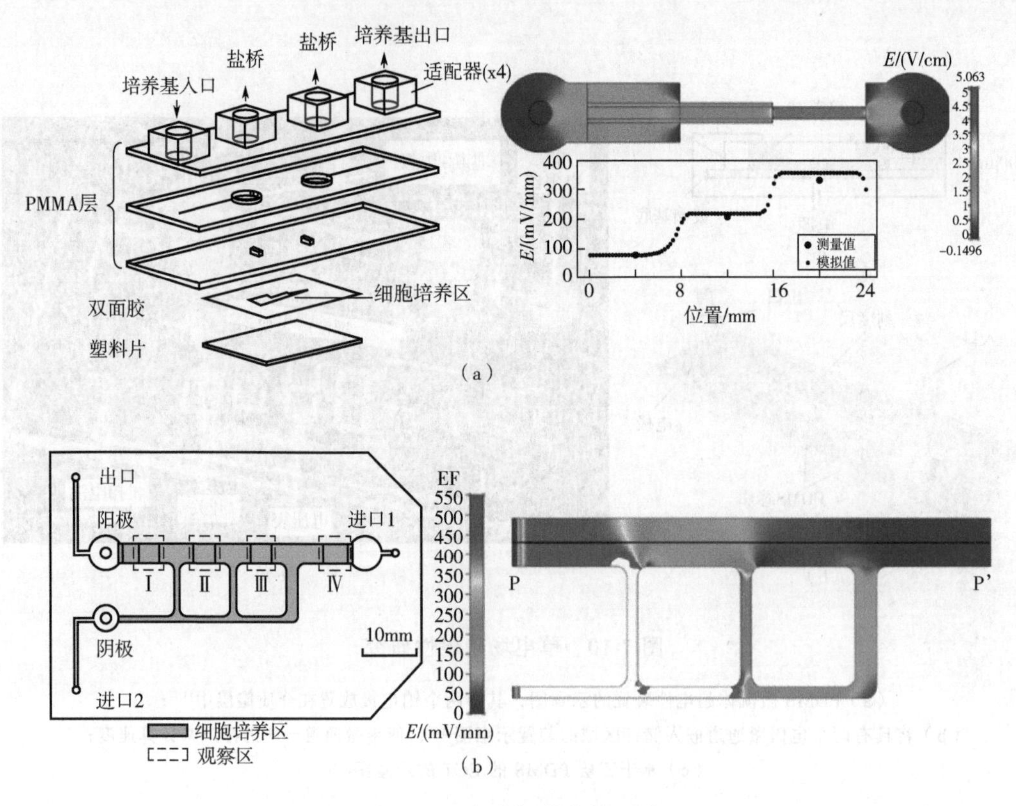

图 7-11　多电场趋电性研究

（a）多电场强度趋电性芯片的 3D 图，可以看出在工作区域中能够形成三种不同且稳定的电场强度[18]；（b）均一流速的多电场强度芯片示意图具有均匀流芯片的多电场示意图，右边为主通道电场的模拟[19]

7.3.3　趋触性

趋触性（haptotaxis）是由 Carter 在 1967 年提出的，用于描述细胞在具有黏附性梯度的表面上的定向移动过程。例如，在白细胞跨过血管内皮和结缔组织基质向炎症部位迁移时，除了受到可溶性因子梯度的影响外，还受到黏附表面的影响，因此，为了更好地理解细胞迁移行为，趋触性研究也是必不可少的一个方面。

基于微流控技术的优势，研究人员已经开发出一系列用于产生表面梯度的方法，其中最简单、应用也最广泛的是对流型梯度产生器，比如 T 形芯片或者圣诞树型芯片，前者能够产生简单的梯度，后者则能够产生可调控的、相对复杂的梯度，这在原理上与趋化性中化学梯度的构建是一致的。所不同的是，表面梯度的构建利用的是表面吸附过程，即溶液中的物质转移到芯片通道底部，比如蛋白质等大分子。例如，Dertinger 等人[20]使用这一方法成功在预涂聚赖氨酸的底物上构建了层纤连蛋白的表面梯度，并用于研究大鼠海马神经元的响应。Wang 等人[21]同时构建了非线性的层纤连蛋白表面梯度和 BNDF 的扩散梯度，并用于研究非洲爪蟾脊髓神经元的响应，这也是有报道的第一个双梯度研究，为后续的复杂梯度下细胞迁移行为的研究打下了基础。

从原理上讲，不论是对流型梯度产生器，还是扩散型梯度产生器，都可以用于产生表面梯度，但需要注意的是，由于微流体的高比表面积，表面上修饰的浓度往往高于溶液本体中的浓度，并且随着微流体向前流动，前段通道底部的蛋白修饰会达到饱和，甚至会形成多层修饰，而后段通道底部则会因为溶液本体中修饰蛋白的耗尽而导致不完全修饰，由此造成前后修饰不均匀的现象。因此，如何量化修饰过程并实现均匀修饰是未来研究的重点。

除了应用于封闭体系，微流控技术还能应用于开放体系的表面梯度构建。Juncker 等人开发了结合微流体和扫描探针的微流体探针技术，可以分别通过微型控制器和电动平台操控微流体探针的位置和基底的移动，通过控制流速和探针在基底上的移动速度，实现了基底表面蛋白梯度的构建。利用这一方法，作者在基底表面快速构建了 16 个荧光标记 IgG 蛋白的表面梯度阵列。相比于封闭体系的表面梯度构建方法，该方法需要使用显微镜和电动平台对微流控探针进行精准操控，使用门槛相对较高。

7.4 总结与展望

细胞迁移在各种生理和病理过程中起重要作用，对一定条件下诱导定向细胞迁移的个别因素或综合因素的详细了解对于研究体内动态和复杂行为至关重要。本章主要介绍了细胞迁移的研究方法，其中，细胞划痕法是最早发明也是最为经典的细胞迁移研究方法，但是这一方法会不可避免地造成细胞损伤，而且划痕参差不齐，培养插入法和电阻抗传感法能够很好地避免以上问题，但是都难以构建有效的趋化因子梯度，因此无法用于研究细胞的定向迁移过程。Boyden 小室法能够在上下两个腔室间形成一定的梯度，实现上层细胞定向跨膜迁移，但是这种梯度是静态的、不稳定的，而且这一方法只能观察细胞迁移的起止状态，无法实现实时动态分析。相比之下，微流控芯片技术具有诸多优势，通过对流型和扩散型两种不同的梯度产生器设计，可以在通道内形成长时稳定的化学梯度，是研究细胞迁移的理想工具。微流控芯片还能够构建三维培养环境，能够更真实地模拟体内环境。更重要的是，微流控芯片技术除了可以用于构建可溶性因子的化学梯度外，还能用于构建电梯度和表面梯度甚至是双梯度，能够帮助我们更好地理解细胞迁移过程。相信随着微流控技术的不断发展和进步，我们能够更好地利用体外模型对细胞迁移的机理进行研究。

参考文献

[1] Nobes C D, Hall A. Rho GTPases control polarity, protrusion, and adhesion during cell movement. J Cell Biol, 1999, 144 (6): 1235-1244.

[2] Wegener J, Keese C R, Giaever I. Electric cell–substrate impedance sensing (ECIS) as a noninvasive means to monitor the kinetics of cell spreading to artificial surfaces. Exp Cell Res, 2000, 259 (1): 158-166.

[3] Boyden S. The chemotactic effect of mixtures of antibody and antigen on polymorphonuclear leucocytes. J Exp Med, 1962, 115 (3): 453-466.

[4] Zicha D, Dunn G A, Brown A F. A new direct-viewing chemotaxis chamber. J Cell Sci, 1991, 99 (4): 769-775.

[5] Minkin C, Bannon Jr D J, Pokress S, Melnick M. Multiwell chamber chemotaxis assays: improved experimental design and data analysis. J Immunol Methods, 1985, 78 (2): 307-321.

[6] Abhyankar V V, Lokuta M A, Huttenlocher A, Beebe D J. Characterization of a membrane-based gradient generator for use in cell-signaling studies. Lab Chip, 2006, 6 (3): 389-393.

[7] Gu Y, Hegde V, Bishop K J. Measurement and mitigation of free convection in microfluidic gradient generators. Lab Chip, 2018, 18 (22): 3371-3378.

[8] Cheng S Y, Heilman S, Wasserman M, Archer S, Shuler M L, Wu M. A hydrogel-based microfluidic device for the studies of directed cell migration. Lab Chip, 2007, 7 (6): 763-769.

[9] Trappmann B, Baker B M, Polacheck W J, Choi C K, Burdick J A, Chen C S. Matrix degradability controls multicellularity of 3D cell migration. Nat Commun, 2017, 8 (1): 1-8.

[10] Atencia J, Morrow J, Locascio L E. The microfluidic palette: a diffusive gradient generator with spatio-temporal control. Lab Chip, 2009, 9 (18): 2707-2714.

[11] McLaughlin L M, Xu H, Carden S E, Fisher S, Reyes M, Heilshorn S C, Monack D M. A microfluidic-based genetic screen to identify microbial virulence factors that inhibit dendritic cell migration. Integr Biol, 2014, 6 (4): 438-449.

[12] Song J, Ryu H, Chung M, Kim Y, Blum Y, Lee S S, Pertz O, Jeon N L. Microfluidic platform for single cell analysis under dynamic spatial and temporal stimulation. Biosens Bioelectron, 2018, 104: 58-64.

[13] Jeon N L, Dertinger S K, Chiu D T, Choi I S, Stroock A D, Whitesides G M. Generation of solution and surface gradients using microfluidic systems. Langmuir, 2000, 16 (22): 8311-8316.

[14] Avesar J, Blinder Y, Aktin H, Szklanny A, Rosenfeld D, Savir Y, Bercovici M, Levenberg S. Nanoliter cell culture array with tunable chemical gradients. Anal Chem, 2018, 90 (12): 7480-7488.

[15] Li J, Nandagopal S, Wu D, Romanuik S F, Paul K, Thomson D J, Lin F. Activated T lymphocytes migrate toward the cathode of DC electric fields in microfluidic devices. Lab Chip, 2011, 11 (7): 1298-1304.

[16] Rezai P, Siddiqui A, Selvaganapathy P R, Gupta B P. Electrotaxis of Caenorhabditis elegans in a microfluidic environment. Lab Chip, 2010, 10 (2): 220-226.

[17] Zhao S, Zhu K, Zhang Y, Zhu Z, Xu Z, Zhao M, Pan T. ElectroTaxis-on-a-Chip (ETC): an integrated quantitative high-throughput screening platform for electrical field-directed cell migration. Lab Chip, 2014, 14 (22): 4398-4405.

[18] Huang C W, Cheng J Y, Yen M H, Young T H. Electrotaxis of lung cancer cells in a multiple-electric-field chip. Biosens Bioelectron, 2009, 24 (12): 3510-3516.

[19] Tsai H F, Peng S W, Wu C Y, Chang H F, Cheng J Y. Electrotaxis of oral squamous cell carcinoma cells in a multiple-electric-field chip with uniform flow field. Biomicrofluidics, 2012, 6 (3): 034116.

[20] Dertinger S K, Jiang X, Li Z, Murthy V N, Whitesides G M. Gradients of substrate-bound laminin orient axonal specification of neurons. Proc Natl Acad Sci, 2002, 99 (20): 12542-12547.

[21] Wang C J, Li X, Lin B, Shim S, Ming G l, Levchenko A. A microfluidics-based turning assay reveals complex growth cone responses to integrated gradients of substrate-bound ECM molecules and diffusible guidance cues. Lab Chip, 2008, 8 (2): 227-237.

思考题

1. 细胞迁移都有哪些类型，各自的特点是什么？
2. 细胞迁移的三个步骤是什么？试以真核贴壁细胞为例对此进行具体解释。
3. 你认为相比于传统方法，微流控技术在细胞迁移研究中的优势有哪些？
4. 微流控芯片上的化学梯度构建方法可以分为哪两种？如果要研究悬浮细胞的趋化性，需要采用哪一种方法，为什么？
5. 有哪些生物相容性材料可以用来构建扩散梯度，试举出一两例。
6. 如果要形成复杂形状的梯度，你会采用哪种方法？
7. 试举出一到两个细胞趋电性的例子，并说明细胞趋电性的生理意义。
8. 如何在单通道内构建多种电场强度？试给出方案并说明这一方案的优势和劣势。
9. 通过梯度产生器构建表面梯度的优势和不足分别是什么？
10. 请谈谈你对多梯度细胞迁移研究的理解。

第8章
微流控液滴制备方法与应用

8.1 概述

自 1990 年，Manz 等人[1]提出了微全分析系统（μTAS）概念后，微流控技术开始出现在人们的视野中，早期的应用领域主要涉及单相流芯片的简单应用。随后，于 1995 年 Whitesides 等人[2]提出了软光刻技术后，微流控芯片的微结构开始变得复杂化，当下众多的应用自那时开始萌生。其中，液滴微流控技术便是当时众多兴起技术的其中之一，受乳液制造的启发，2001 年 Thorsen 等人[3]率先提出了 T 形交叉结构的片上液滴制造模型，之后于 2003 年和 2004 年，Anna 等人[4]和 Cramer 等人[5]分别先后提出了聚焦流结构和同流结构的片上液滴制造模型，这三种最具概括性的被动液滴制造结构的提出彻底揭开了液滴技术的序幕。在此之后的几年间，有关于微液滴的制造方法和生成方式被广泛地提出和探究，其中包括 Link 等人[6]于 2006 年提出的电驱动液滴制造法，Nguyen 等人[7]于 2007 年提出的热驱动液滴制造法等主动液滴制造法进一步弥补了被动液滴制造方式在生物工程领域的空白。每一项新技术的提出都伴随着大量文章对其原始理论的丰富与纠正，驱使了各个领域的研究人员加入其中，随之而来的，与其相关的应用性文章也呈现爆炸性增长。

如今，液滴微流控技术已迅速发展为当今生物医学的关键技术之一，其以高通量和高可控的特性著称，为微量研究开辟了新的实验可能性。近年来，随着微流体操控技术的发展和材料科学的进展，液滴系统在尺寸裁剪、形貌控制、多组分封装等方面得到了长足的发展，各种丰富的多功能液滴被开发并展现出生物学相关的巨大潜力，包括药物传递、生物传感器、类器官模型和人工细胞。在这一章，我们概述了包括 T 形流、同流和聚焦流在内的被动液滴制造模式的特征和机理，阐述了新兴的主动液滴制造技术包括基于电驱动、基于磁驱动和基于热驱动的液滴制造方法。这些液滴微流控技术所涉及的生物材料、微粒结构和新兴的生物学应用都将进一步被概述。最后，总结并展望了未来液滴微流体的发展趋势，希望有助于加深读者对微流控液滴技术发展的理解。

8.1.1 液滴的基本概念

微流控技术是一门系统的科学技术，特点是在微/纳米尺度上操纵和研究微流体。精确的现代加工技术推动了微流控系统的发展，包括蚀刻技术、光刻技术、激光烧蚀技术以及 3D 打印技术等在内的现代化技术的推出解决了复杂微流控装置制造的难题。同时，材料科学的充分发展为制造技术的最终实施提供了重要支撑，各种价格低廉的材料如玻璃、有机聚合物、塑料等已被应用于微流控装置的设计制造。此外，通过将芯片通道与阀门、泵、传感器等微装置集成的统一系统被称“芯片上实验室”或“微全分析系统”。自此，微流控装置成为了研究者手中的强有力工具，并广泛应用于生化分析，以满足复杂的分析要求。

液滴微流控技术作为微流控技术的一个重要组成部分是一个正在迅速发展的科学领域，其重点是在微观尺度下研究不相容的多相流体间的相互作用和开发其在生命科学、材料科学和微生物学领域中的潜在应用。微流控液滴是在微通道中制造、操纵和分析纳升至皮升级液滴的技术。与连续流动的微流体体系不同，液滴微流控体系专注于在不相容的连续相中制造和分析离散的微体积流体。例如，在被动液滴制造装置中，研究人员通常将典型的水相（分散相）引入典型的油相（连续相）中来制造微液滴。通过调节制造参数、液滴的产生模式、制造速率、尺寸等特性可以根据科学需求被轻松地调节。除此之外，光、电、磁等精确可控的主动液滴制造方式进一步丰富了液滴参数的设计可能。

8.1.2 液滴的功能与主要特征

一般来说，离散微液滴具有如下特点：

① 小体积　微流控液滴技术所制得的微液滴体积范围可在纳升甚至飞升范围内，一方面小体积增加了液滴的比表面积和传质性能可用于样品混合和生化反应，另一方面小体积液滴极大减少了分析时对样品量的需求，这一优势对于单细胞和珍贵试剂样品的分析极为重要。

② 参数可控性　表现为制造频率可控制和液滴尺寸可控制。液滴制造频率可根据研究人员的需求通过采用不同的主/被动方式控制，通常液滴制造频率为 0.1~2000Hz。这种高效液滴制造方法可用于在短时间内制造大量平行单元，适用于高通量的生化分析。液滴尺寸方面同前者类似，通常也可按需调节且兼具单分散性良好的优点，这对于生化反应中的定量分析十分重要。

③ 重复性好　在液滴体系中，每个微液滴被互不相容的连续相包裹，液滴之间互不干扰，这使得液滴间彼此相互独立，避免了内部组分间交叉污染。同时，惰性的连续相将液滴与外部环境隔绝，增强了液滴内组分的抗干扰性。这些优势使得研究人员可在一定时间内将每个微液滴视为一个独立的分析单元，从而提高研究分析的重复性。

④ 可定制性　将液滴通过多种手段塑造为工程微粒是当前液滴微流控功能多样性的重要体现。其着重强调了液滴微流控技术通过对多种流体的精细操控，以制造令人惊

奇的功能微粒。这些微粒往往具有高度的可定制性，例如颗粒的外形结构可被制造为正方体、球体、类字母外观的粒子，内部结构可被调节为核壳、多隔室等复杂设计。基于此，各种复合功能材料通过液滴微流控技术可被封装在微粒的内部和表面，从而赋予液滴优异的性能。

以上这些液滴的特点为现代生化分析带来了巨大优势，例如：试剂用量少、检测通量高、分析时间短和可操纵性高等，激发了液滴在 DNA、蛋白质、RNA、单细胞领域和组织工程领域的崭新应用。

8.1.3 液滴生成原理

了解微流体的流动行为不仅对于微液滴制造科学具有重要意义，而且对于开发其潜在应用具有指导意义。在微流体装置中，微液滴的破碎涉及各种相互竞争的物理效应，几个关键的无量纲参数可用于分析破碎期间各关键力之间的相对重要性，如雷诺数、毛细管数、韦伯数和邦德数[8]。

① 雷诺数是一个表征惯性力与黏性力的关系的无量纲数，其表达式如下：

$$\mathrm{Re} = \rho v d/\mu \tag{8-1}$$

式中，ρ，v，d，μ 分别为流体的密度（kg/m^3）、流速（m/s）、特征长度（m）与黏性系数 [kg/(m·s)]。当雷诺数较小时（Re<2300），黏性力对流场的影响大于惯性力，流体流动稳定，为层流；反之，若雷诺数较大时，惯性对流场的影响大于黏性力，流体流动较不稳定。在微流体装置中，Re 通常较小，微流体呈现典型层流流动。

② 毛细管数是一个表征黏性力与界面张力的关系的无量纲数，其表达式如下：

$$\mathrm{Ca} = \mu v/\gamma \tag{8-2}$$

其中，μ、v、γ 分别为两相流体中连续相的黏度 [kg/(m·s)]、特征剪切速度（m/s）连续相和分散相之间的界面张力（N/m）。在微流控液滴形成过程中，毛细管数通常为 10^{-3}~10。

③ 韦伯数是一个用于描述作用于流体的惯性力与界面张力比值的无量纲数，其表达式如下：

$$\mathrm{We} = \rho v^2 L/\gamma \tag{8-3}$$

其中，ρ、v、L、γ 分别为流体密度（kg/m^3）、特征速度（m/s）、特征长度（m）、流体表面张力系数（N/m）。

④ 邦德数是一个用于表述重力表面力与表面张力比值的无量纲数，其表达式如下：

$$\mathrm{Bo} = \Delta\rho g L^2/\gamma \tag{8-4}$$

其中，$\Delta\rho$、g、L、γ 分别为流体密度的差异（kg/m^3）、重力加速度（$m{\cdot}s^2$）、特征长度（m）、两流体之间的表面张力（N/m）。通常情况下，$\Delta\rho$ 和 L 的值非常小，导致 Bo<<1，重力对微液滴的影响通常可以忽略不计。

液滴液生成的方法多种多样，主要源于流体的不稳定性。首先，分散相流体和流动相流体在界面处形成不相容界面，随之界面发生不稳定形变，最终，不稳定界面发生破碎并形成微液滴。通过对以上无量纲数的分析，可以确定控制液滴生成的物理参数。

8.2 微流控液滴制备方法

液滴微流体系统的优势在于形成均匀、准确的液滴和颗粒，因此，对液滴的大小、形状和单分散性进行精细控制至关重要。研究人员广泛使用三种主要的被动方式来产生液滴，即 T 形交叉结构、聚焦流结构和同流结构。

8.2.1 T形交叉结构法

T 形装置作为最为常见的液滴微流控方法之一，其特点为分散相和流动相在微通道中以垂直角度汇合，如图 8-1（a）所示，其中分散相在垂直通道中与连续相相遇，并阻碍连续相，最终在连续相的作用下，分散相被挤压拉长并破裂形成微液滴，随着连续相向下游移动。该装置最早由 Thorsen 等人[3]在 2001 年提出，作者通过压力驱动油相切割水相产生稳定的离散液滴，同时通过控制流体压力探究了压力改变对液滴制造的影响。T 形通道中，液滴破碎模式主要分为有限约束破碎和无约束破碎两个模式。在有限液滴破碎模式中，连续相流体流动被限制在液面和微通道壁之间的薄膜上，导致连续相上游压力增加，从而驱动液滴破碎。在无约束破碎模式中，液滴破碎主要由局部剪切力引发，不会阻碍连续相，这一过程通常发生在连续相宽度远大于分散相宽度的微流控装置中。该过程可进一步细分为挤压、滴落和喷射。当 Ca 值较低时，分散相阻碍主通道，液滴上游通道的压力增大，颈部变窄，最后夹断生成液滴，液滴生成模式为挤压。Ca 值足够高时，黏性剪切力克服界面张力，液滴生成模式为滴落。Ca 值进一步增大，液滴在通道下游破裂，液滴生成模式为喷射[9]。此外，通过修改几何结构、流体速度和流体特性等液滴制造参数将对液滴产生的造成影响。在生化分析中，液滴的尺寸、制造参数、内部组成十分重要，以 T 形通道为基础，通过添加一条出口通道设计出 K 形通道，改善了以单细胞封装为例的样品处理功能[10]；V 形通道结构外观类似于 K 形通道，提供了对于液滴制造在尺寸、间距和频率方面的稳定调节[11]。

8.2.2 聚焦流结构法

典型的聚焦流结构装置设有三条入口通道，如图 8-1（b）所示，其中分散相从中央通道注入，连续相从中央通道两侧的对称通道注入，连续相和分散相在通道汇聚处相遇，最终分散相被连续相夹断形成液滴。聚焦流应用广泛，装置也多种多样，其装置设计通常分为二维平面和三维轴对称两类。其中二维平面装置是以微流控芯片一类为代表的平面装置，最早由 Anna 等人[4]提出，并对芯片上微液滴成型机理进行了探究。三维轴对称常见于将圆形毛细管插入底部中央带有小孔的腔体中，该装置最早由 Gañán-Calvo 等人在 1998 年提出[12]，相比于二维平面结构，三维轴对称结构中分散相和液滴全部被连续相包裹，避免了液滴与壁面的接触，进而避免了壁面润湿对液滴的影响。聚焦流结构法中，液滴通常在三种不同的模式中破碎，分别为挤压、滴落和喷射。挤压的主要特征是滴尺寸大致等于孔口尺寸，尺寸具有高度单分散性。增加 Ca 值会导致挤压到滴落模式的转变，液滴破碎的过程保持在孔口的固定位置，生成的液滴具有高度单分散性。随着 Ca 值进一步增加，滴落模式向喷射转变，液滴破碎位置延伸到孔的下游，液滴的尺寸比在滴落模式下制造的大，并且液滴失去单分散性。相比于 T 形通道，流动聚焦装置制备的液滴具有更大的尺寸控制范围，同时兼具稳定性。因此，流动聚焦液滴制造法在药物载体，类器官研究和生物传感等应用领域有着更广泛的作用。

8.2.3 同流结构法

同流装置最简单的几何形式为一组同轴毛细管通道，其中，较细毛细管位于粗毛细管中心，如图 8-1（c）所示，分散相从内部毛细管注入，连续相从外部毛细管注入，分散相平行流入连续相中。Cramer 等人[5]首次设计了同轴流实验装置，并对液滴生成过程进行了初步探究。同轴流装置中，液滴破碎主要表现为滴落和喷射两种模式，滴落模式中液滴破碎发生在分散相毛细管出口处，喷射模式中液滴破碎发生在分散相毛细管下游延伸处。在同流的流体中，两种流体的流速都较低时会发生滴落，周期性在尖端形成单个液滴。由滴落到喷射的转变方式有两种类型：第一种是连续相流体流速驱动的，随着连续相流速增加，尖端形成的液滴尺寸减小，直到喷射形成；第二种是分散相流速驱动的，随着分散相流速增加，液滴生成的位点被推向下游。

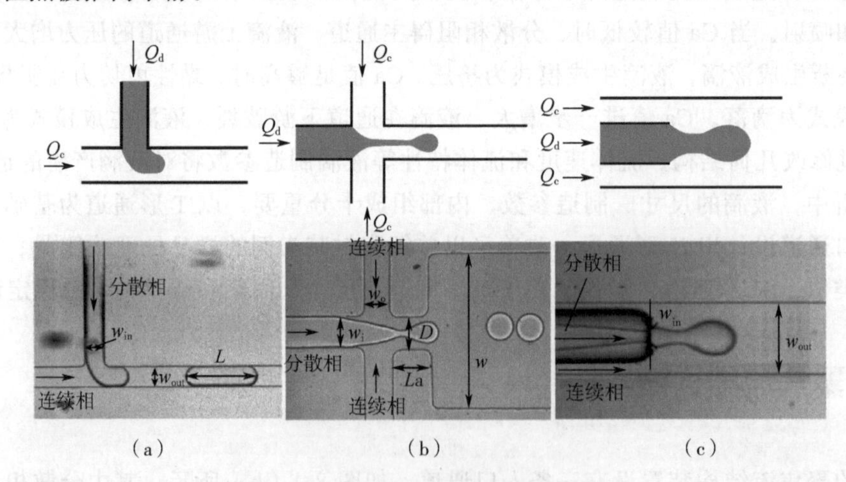

图 8-1　被动液滴微流控制造方式[13]

（a）T 形通道微流控芯片液滴制造法；（b）聚焦流微流控芯片液滴制造法；（c）同流微流控芯片液滴制造法

8.2.4 其他方法

相较于被动液滴制造方式，主动液滴制造方式通常受限于需要复杂的装置，然而主动液滴制造方式也有一些不可替代的优势，主要体现在：①稳定的液滴尺寸；②可控的液滴制造频率，这些优势赋予了液滴按需定制的可能性。主动液滴制造方式需要外力驱动液滴产生，包括电驱动、磁驱动、气驱动等。

（1）电驱动

根据电场的应用，电驱动分为直流电驱动和交流电驱动两种类型，在直流电驱动中，电压方向和大小保持不变。在交流电驱动中，电压方向和大小随时间呈周期性变化，并依据液滴产生频率分为高频和低频。典型的例子是：将 ITO 电极与 PDMS 芯片结合设计了直流电驱动的流动聚焦装置用于制造液滴，如图 8-2（a）所示，水为导体、油为绝缘体，电荷在界面累积，在电场作用下，附加的电场力辅助液滴的形成，通过调节电压可在不改变流体流速的情况下减小液滴体积，通过增大电压可以实现对液滴尺寸的精确控制并获得飞升体积的液滴。除此之外，交流电驱动液滴生成可以通过电润湿效应，电润湿通过在液体和基板间施加电压，改变液体在基板上的湿润性，即改变接触角，使液滴发生形变、分裂、迁移的现象。将电润湿与流动聚焦装置结合，如图 8-2（b）所示，在零电压下，油水界面的尖端在中心位置，增加施加电压时减小液滴接触角，界面位置移向基板，液滴产生过程变得越来越类似于接触线的不稳定性，通过以电压和分散相入口压力作为控制参数可以提供广泛而连续的液滴大小范围，通过改变施加的电压可以快速调节液滴大小，实现相比于传统流动聚焦方法在液滴尺寸范围和生成速率方面更优异的控制性。

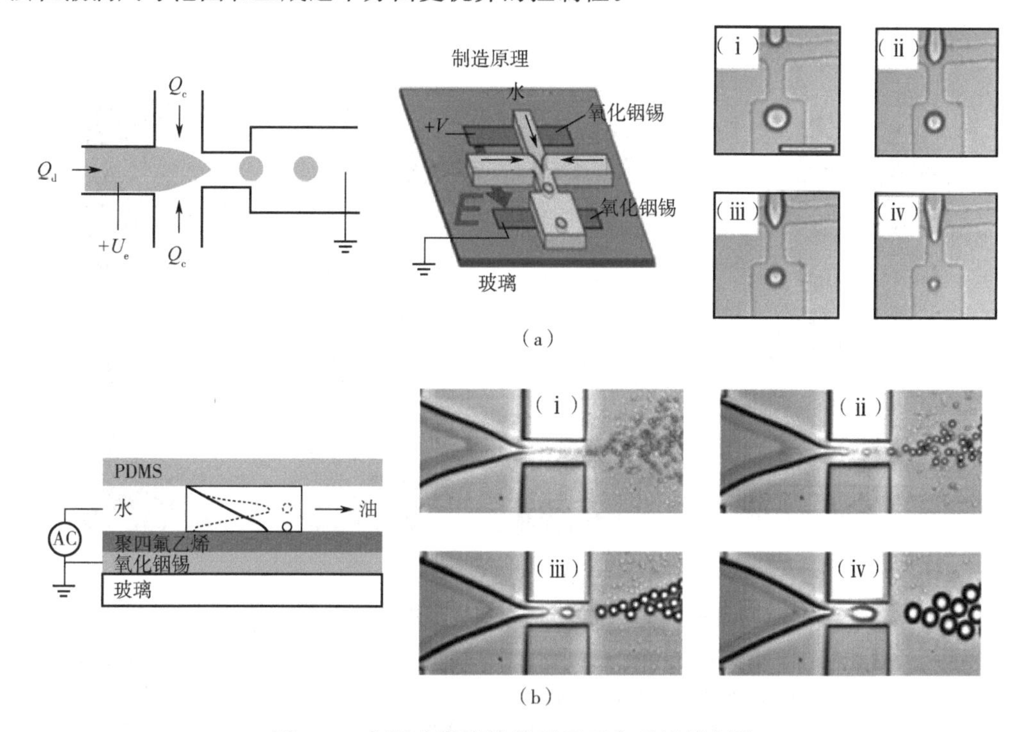

图 8-2 电驱动微流控装置用于主动液滴制造

（a）基于直流电液滴制造方法、制造原理及液滴制造图[6]：（i）V=0V；（ii）V=400V；（iii）V=600V；（iv）V=800V；（b）基于交流电液滴制造方法及液滴制造图[14]：（i）P_w=3.46kPa，V=70V；（ii）P_w=3.61kPa，V=70V；（iii）P_w=3.75kPa，V=70V；（iv）P_w=4.34kPa，V=70V（P_w为分散相压）

（2）磁驱动

磁流体是一种含有悬浮磁性纳米颗粒的流体，通过具体的磁场的控制可以用于灵活地产生液滴，当施加磁场时可以使其磁化，均匀的磁场可以提供额外的磁力，移除磁场时可以使其退磁，如图 8-3（a）所示，液滴尺寸与磁场强度成正相关，并且对磁场的敏感性取决于连续相和分散相流体的流量。除此之外，利用外部磁体和乳化装置可以设计一种基于磁力诱导的无泵磁流体液滴生成技术，如图 8-3（b）所示，在磁场的作用下，磁流体向一种具有较大宽度和高度的油层连接处运动，随后由于沟道高度的突变，表面张力迅速变化导致液滴形成。液滴生成速率可以通过调节表面张力、黏度、通道数和磁力强度来控制。

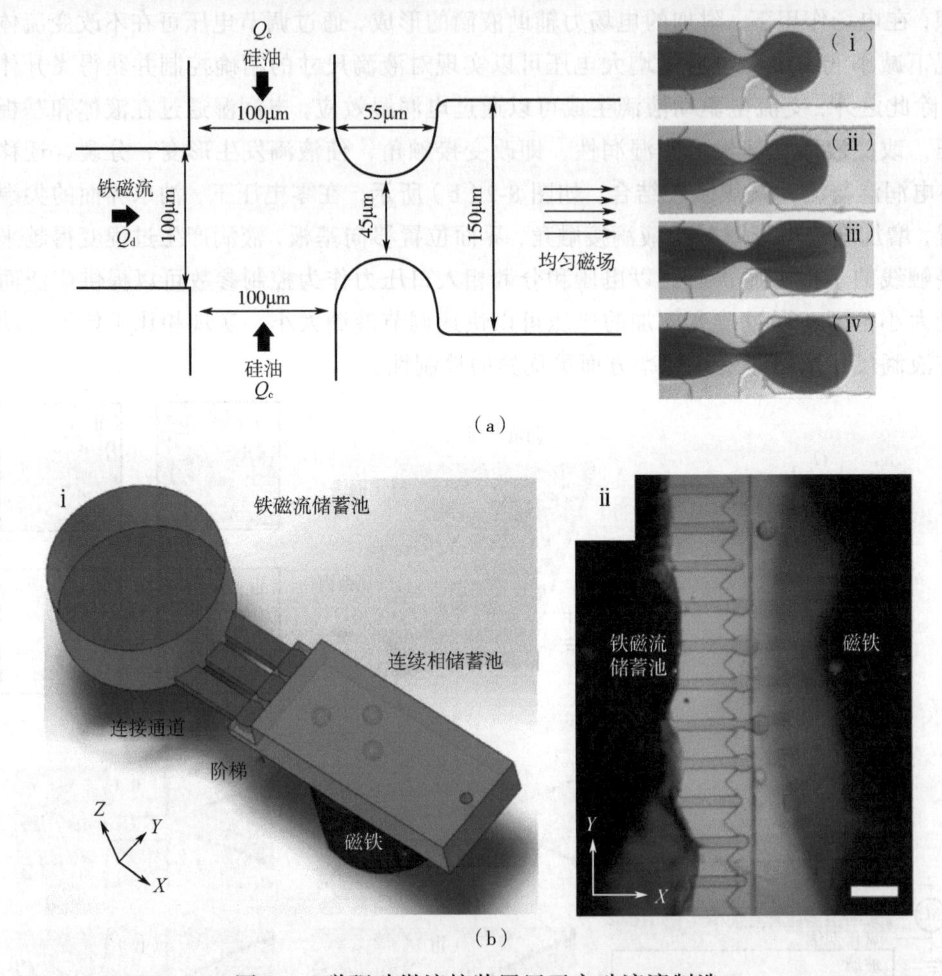

图 8-3 磁驱动微流控装置用于主动液滴制造

（a）基于磁驱动液滴制造方法[15]及不同磁场力和界面张力比值（B_m）时磁流体尖端在破裂前的形状：（i）$B_m = 0.37$；（ii）$B_m = 1.44$；（iii）$B_m = 8.19$；（iv）$B_m = 11.85$；

（b）基于无泵磁驱动液滴制造方法[16]：（i）三维液滴制造装置图；（ii）高通量液滴生成时的快照图

（3）热驱动

热驱动指的是通过在微流体装置中引入热源来制造微液滴，热控制基于对流体特性的改变，主要影响黏度和界面张力。对于大多数流体来说，黏度和界面张力会随着温度的升高而降低。根据引入热的方式，液滴制造分为两种方法：①利用电阻在液滴形成处局部加热；②利用激光光束实现局部加热。电阻在液滴形成处局部加热方法如图 8-4（a）所示，将温度传感器和加热器集成在流动聚焦微流控装置中，探究了温度参数对于液滴直径的控制效果，归一化液滴直径的依赖关系被描述为

$$D^*(\Delta T) \propto \frac{\gamma^*(\Delta T)}{\eta^*(\Delta T)} = e^{0.02(\Delta T)} \tag{8-5}$$

式中，D^*、γ^*、η^*分别为归一化的液滴直径、界面张力和黏度。由此公式可知，随着温度升高，液滴直径将会增大。另一方面，脉冲激光可驱动液滴产生［图 8-4（b）]，驱动机制是基于激光脉冲感应生成迅速膨胀的空化气泡，当强激光脉冲聚焦在诸如水之类的液体介质中时，强光场会引起水分子分解，从而在焦点处产生热等离子体，热量迅速消散到介质中，并产生迅速膨胀的空化气泡，扰动稳定的油水界面，并将邻近的水推入油道，形成水滴，可以通过调整脉冲激光能量或激光激发位置来调整注入的液滴的体积，可控制激光脉冲的数量以及每个激光脉冲之间的间隔调整液滴制造频率。

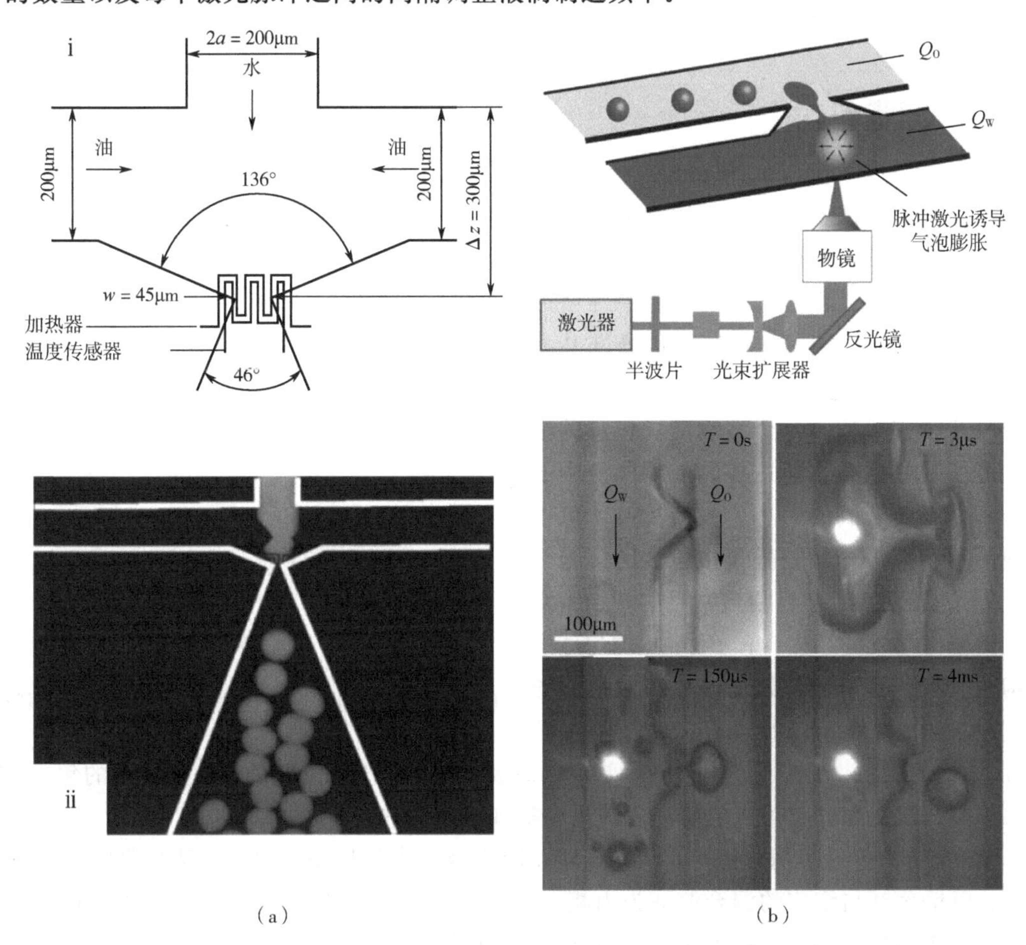

图 8-4　热驱动微流控装置用于主动液滴制造

（a）基于电阻局部加热的液滴制造方法[7]：（ⅰ）装置原理图；（ⅱ）加热时的液滴制造快照图；（b）基于激光光束局部加热的液滴制造方法及液滴生成的时间序列图[17]

8.3 液滴微流体的生物医学应用

8.3.1 细胞载体

人们普遍知道，在天然的人体组织和器官中，细胞存在于复杂的三维微环境中，其间包括细胞-细胞、细胞-细胞外基质的相互作用，细胞的代谢也需要一系列复杂的生化系统支持、调控。这些性质对细胞的表型和功能有很强的影响。在离体的生物医学领域，如药物筛选、组织工程，迫切需要一种能够充分表达或复制细胞特性的细胞载体。水凝胶液滴是一种新型的三维细胞包封平台。微型化的水凝胶液滴固有的孔隙结构和高表面积/体积比有利于氧气、养分和废物的交换，从而使细胞的生长、功能和新陈代谢达到最佳。此外，生物相容性的水凝胶材料可以在结构、功能等方面容易地模拟天然的细胞外基质微环境，从而实现更仿生的细胞培养和组织工程。

8.3.2 细胞包封

液滴微流控技术可以以高通量的方式连续产生单分散性良好的水凝胶微粒。在一个典型的细胞包封过程中，含有细胞悬浮液的水相被直接乳化成液滴，细胞被包裹进 W/O 乳状液中，然后再配合凝胶法制得含有细胞的交联的凝胶微粒。每个液滴随机包裹的细胞数遵循泊松分布，通过控制前体溶液中的细胞密度以及液滴的大小，微流控技术可以实现精准调控每个凝胶微粒中包裹的细胞数量，直至单细胞水平。目前最常见的载细胞水凝胶微粒包括三种结构：单一材料、均匀球形结构的微粒；具有液体核心或水凝胶核心的核-壳结构的微粒；以及含有多个子隔室的 Janus 结构的微粒。图 8-5 列出了一些常见的凝胶结构。对于水凝胶微粒内多细胞的包裹，细胞的种类、数量和分布可以随研究者的需求实现定制设计。

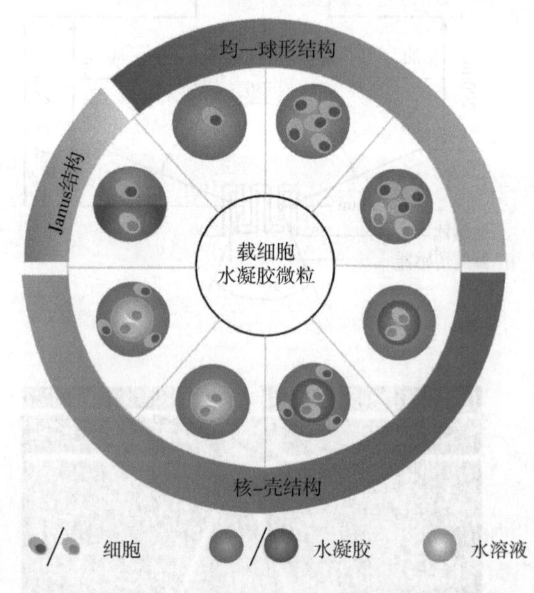

图 8-5　载细胞水凝胶微粒中的细胞分布示意图

核-壳结构包封实例如图 8-6（a）所示：使用聚焦流芯片制备细胞负载海藻酸钠水凝胶球体，以培养基与细胞的混合溶液为内相，含 Ca-EDTA 复合物的海藻酸钠为中间相，以含表面活性剂氟化油和含乙酸的氟化油为连续相。在第一个交叉连接处，由于低雷诺数，内相与中间相形成层流。在第二个交叉连接处，连续相将分散相切割成单分散性水凝胶液滴。在第三个交叉连接处，乙酸从氟化油中快速扩散入海藻酸钠液滴，触发液滴内的 Ca-EDTA 释

放 Ca^{2+}离子，Ca^{2+}离子进一步引发海藻酸钠交联形成预设结构的液滴。

多室颗粒结构包封实例如图 8-6(b)所示：使用聚焦流芯片制备海藻酸钠水凝胶球体，以含 Ca-EDTA 复合物的海藻酸钠为分散相，含乙酸和表面活性剂的氟化油为连续相，根据特殊的芯片设计，多相水凝胶在一个通道中汇聚成层流，随后经过连续相切割和乙酸固化即可得到预设颗粒。液滴交联原理前文已经描述，然而值得一提的是，在典型的聚焦流模式中，不可避免的剪切应力会加剧对流输送。然而，快速扩散控制海藻酸钙凝胶化能够消除这种影响，导致两个隔间之间的边界非常尖锐。相邻隔室边界的稳定性对于严格的隔室划分至关重要。因此，在这里需要考虑微球的内部结构与乙酸浓度之间的关系。不同界面的形成受乙酸浓度的影响，较高浓度的乙酸可以形成清晰的微粒结构。浓度降低会扰乱分界线，从而在相邻隔室之间出现轻微混合。较低的浓度会导致球体破碎，影响水凝胶微球的力学性能。该方法中，采用较高的乙酸浓度，并且液滴切割和固化是同时发生的，可以制造稳定的液滴结构。

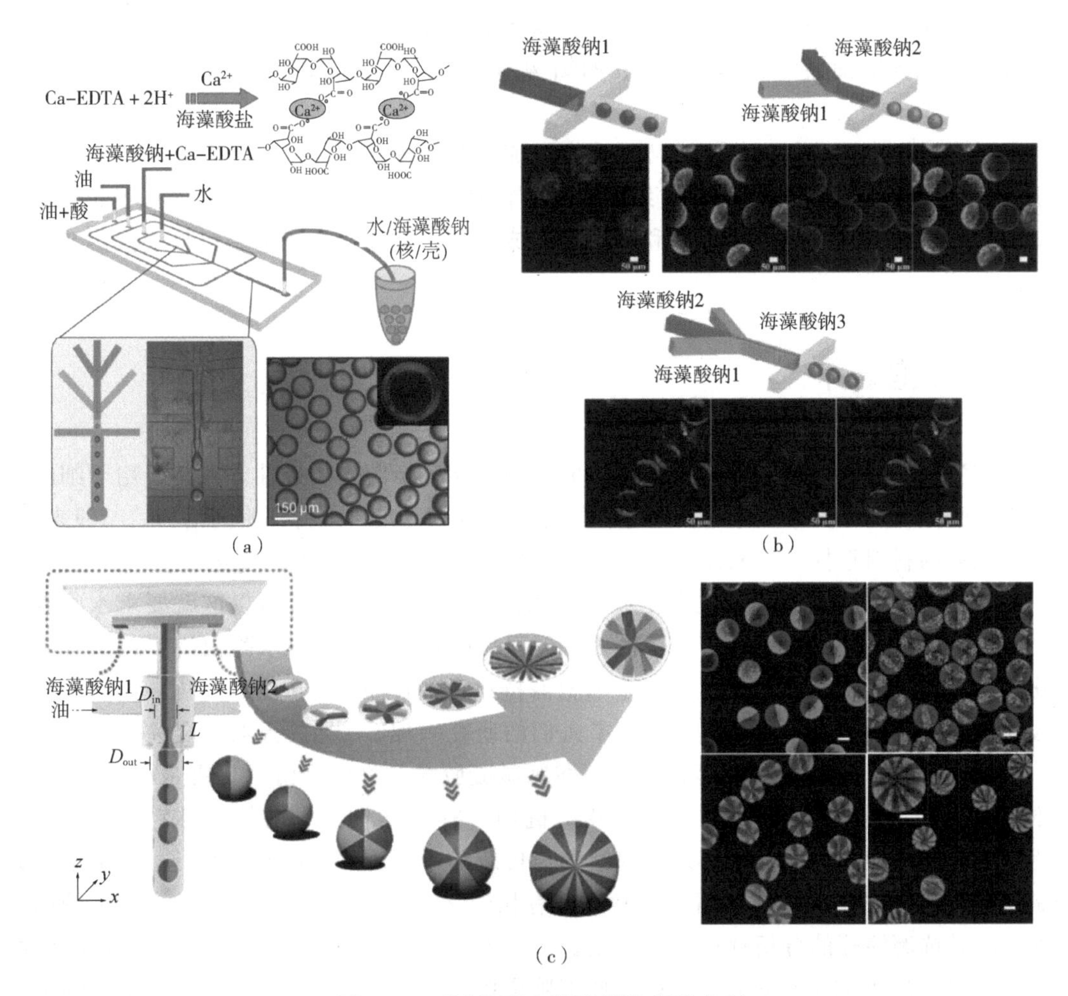

图 8-6　不同类型水凝胶结构细胞包封

(a) 核-壳结构包封实例[18]；(b) 多室颗粒结构包封实例[19]；(c) 三维多室颗粒结构包封实例[20]

将二维的液滴微流控策略拓展到三维可以极大地提高多室颗粒的复杂度。典型的三维微流控装置如图 8-6（c）所示，该装置由微流控芯片和毛细管装置组成，其中微流控芯片设计为中心对称分布的多通道微结构，毛细管装置为典型的聚焦流液滴切割设计，在微粒制造过程中，多相海藻酸钠溶液分别由水平放置的微流控芯片的入口注入液滴发生器系统内，多股液流在芯片的中心出口处汇合，一起被推进到与芯片出口相连的输入毛细管内，由于分散相微流体的雷诺数较小，在竖直放置的输入毛细管内可保持稳定的层流状态共流，汇聚的多分散相溶液与连续相溶液在毛细管的出口处相遇，分散相被两个对称的连续相完全包裹，挤压在毛细管装置的轴心线上，这避免了分散相润湿通道壁。两相不相溶的溶液在进入输出毛细管内后，分散相溶液在通道的中心线上被分解成一个一个的单分散微液滴，与上文凝胶交联的方式相同，因为连续相中含有乙酸，乙酸可以扩散到液滴内部，触发分散相溶液中的 Ca-EDTA 释放 Ca^{2+}离子，Ca^{2+}离子进一步与海藻酸钠发生离子交联形成“蛋壳状”网络结构。藻酸钙的快速原位交联稳定了产生液滴时液滴内部发生的扰动，这是保证多室颗粒内部结构形成的关键。值得一提的是，在该组合方式中，微流控芯片的设计最终将流体的图案化映射到了微粒的结构细节中，可以获得多达 20 个甚至更多数量隔室的微粒。

通过对以上例子分析可知，灵巧地改变微流控芯片的几何结构，可以制造相应微球用于细胞包封，基于丰富的设计灵感，细胞包封结构将可以按需定制，这些设计和包封手段将对所包含的细胞的后续活性、表型和代谢等造成影响，选择合适的细胞包封手段是非常重要的。

8.3.3 细胞培养

载细胞水凝胶微粒体系的稳定性是开展生物医学分析的先决条件。在制备用于细胞培养的水凝胶微粒时，要重点考虑构建适合细胞生长的微环境，维持细胞高活力。一般来说，水凝胶微粒的材料选择、结构设计、制备条件都会显著地影响细胞的命运。

由于细胞在被包封进液滴之前是悬浮在水凝胶前体溶液中的，所以这就要求水凝胶材料必须是生物相容性的，适合细胞生存。在更理想的状态下，要求水凝胶材料还应提供生物化学微环境和一定的机械性能，刺激细胞保持自身的性质，促进组织再生。天然材料因其较高的生物相容性和可降解性，引起了人们的研究兴趣。常见的天然聚合物包括海藻酸钠、明胶、胶原蛋白、琼脂糖等。以海藻酸钙微凝胶粒子为例，由于其快速凝固动力学，在细胞包封和培养方面得到了广泛的应用。例如，Yu 等人[21]提出在海藻酸钙水凝胶微粒可用于构建多细胞肿瘤球模型，并且观察到与传统的单层肿瘤细胞培养相比，三维培养方法制备出的肿瘤球体与实体肿瘤或肿瘤结节有相似之处，其显示出对阿霉素抗癌药较高的抗性。这对抗癌治疗的分析评估至关重要。为了进一步模拟细胞微环境，需要在水凝胶材料上修饰黏附序列或生物素化肽，以促使细胞黏附。与天然聚合物不同，合成聚合物可以进行化学改性，具有性能可调的优点。以聚乙二醇为例，Seiffert 等人[22]将液滴微流控技术与生物正交硫醇-烯单击反应相结合用于制备出超支化聚丙三醇和聚乙二醇单体共同构建的载细胞水凝胶微粒用于细胞培养，这个过程中，由于无自由基的使用，降低了细胞毒性，并且随着 PEG 分子量的改变，可以得到不同性质的微凝胶，从而影响包封细胞的存活率和新陈代谢。

复杂的细胞培养研究通常会设计更复杂的结构以实现预期的功能。由 W/W/O 或者 W/O/W 双乳液制备的水凝胶微粒用于细胞培养，将细胞置于微粒核心，核心的材料可选择液体核心或者水凝胶核心。Alessandri 等人[23]观察到在以培养基为核心，海藻酸钠为壳的微粒中培养的多细胞球体，在核壳边界发现明显的细胞重组，外周细胞表现出增强的运动能力。此外，为细胞构建核/壳结构的生长环境，还可以为它们抵挡酶的攻击和紫外线的照射等，增强它们对外界效应的抵抗力。基于 W/O/W 双乳液液滴，将细胞包裹在海藻酸钠-RGD 核心内，与传统的单乳液滴相比较，该生物反应器在油相外部引入一个附加的水相来提高包封细胞的活力，并且封装后的人骨髓间充质干细胞可以在 150min 内聚集成多细胞球体，而其他的技术则需要 1~4 天[24]。

载细胞水凝胶微粒的制备条件是另一个重要的考虑因素。在微流控装置上完成液滴的乳化和凝胶化之后，需要经历离心、洗涤等操作将载细胞水凝胶微粒转移至新鲜的培养基溶液中进行培养。这些过程会影响细胞的活力，降低收集的颗粒产量。通过使用集成的微流控分析平台，上游的液滴生成芯片用于生产载细胞水凝胶微粒，下游的芯片作为微粒收集通道，设置一组微细连接小通道引入拉普拉斯阻力，阻碍液滴移动，从而实现片上快速分离油相中的载细胞微粒，使细胞的活力得以明显的提高[25]。

8.3.4 细胞冷冻、复苏、释放

为了长期保存和方便运输细胞，需要对细胞进行冷冻和复苏。一方面基于液体核心/海藻酸钠壳的载细胞水凝胶微粒[18]，可以在核心包封肝细胞，壳中包封纤维细胞，组装成三维肝脏模型。异种细胞在同一个微粒中均表现长期稳定的高活力，在−80℃冷冻两周后 37℃解冻，细胞结构依然完整并且活性不受影响 [图 8-7（a）]。另一方面，通过在微流控装置上集成了一个热电冷却器 T[26]，包裹细胞的液滴可以在片上被选择性地冻结和解冻，细胞活力不受影响。这些实验结果说明在液滴中建立独立封装和冷冻细胞的库成为可能，极大地激发了生物医学领域细胞运输、移植的应用潜力。

水凝胶溶解允许释放内封的细胞，以供进一步分析。这可以通过化学或者生物学的方法来实现。化学释放依赖于竞争性亲和试剂的加入。以海藻酸钠微球为例，在收集的海藻酸钙微粒溶液中引入 Na_2EDTA 试剂 [图 8-7（b）]，EDTA 螯合剂选择性与 Ca^{2+}离子结合，导致水凝胶支架立刻溶解，可以快速地将微囊内的细胞分离出来[27]。另外，引入透明质酸酶溶解包封细胞的透明质酸微粒也具有相同的效果：透明质酸酶的浓度和暴露的时间长短会影响水凝胶的降解。将细胞封装，然后使用 10000U/mL 透明质酸酶回收，在透明质酸酶作用下，透明质酸水凝胶随时间降解，表现为微球在 24h 内变得越来越不明显，并且可以从表面洗去细胞。相反，在没有透明质酸酶的情况下孵育的透明质酸水凝胶在同一时间段内不会降解[28]。

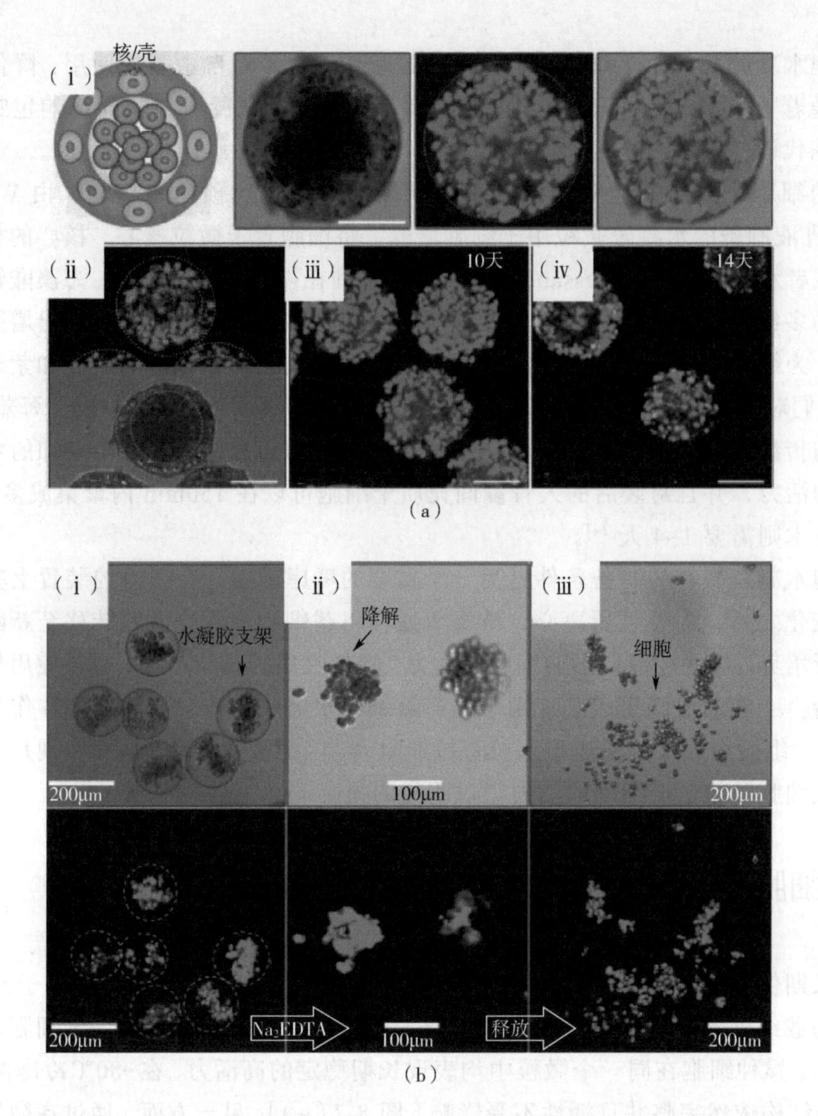

图 8-7 液滴内形成人工肝及包装细胞的释放过程

(a) 液滴内形成人工肝[18]：(i) 液体核心肝细胞和水凝胶壳成纤维细胞共培养构建的人工肝模型；(ii) −80℃冷冻两周后 37℃解冻包裹在微粒中的细胞高活力；(iii) 包裹在微粒中的细胞共培养 10 天，细胞保持高活力；(iv) 培养 14 天的细胞存活率略有下降；(b) 控制包封细胞从水凝胶粒子中释放[27]：(i) 细胞封装在水凝胶微粒中；(ii) 引入 Na_2EDTA 选择性竞争 Ca^{2+} 降解水凝胶支架；(iii) 触发内封细胞的释放和分散

8.4 单细胞研究

众所周知，每个细胞都经历了影响其发育和功能的独特的微环境，即使是在同一组织内，细胞的表型表达可能也存在很大的差异。正是由于细胞存在异质性，典型的群体平均反应可能会导致误导性解释。所以，单细胞分析已经成为生物医学研究中一项关键技术。最近

液滴微流控技术逐渐成为单细胞分析的强有力工具，可以精确地将单细胞封装进单分散的微滴内，用于高通量的灵敏度分析。液滴微流控技术的优势使得其在单细胞包封与培养、单分子分选、单细胞分析检测等方面得到了广泛的应用。

8.4.1 单细胞包封与培养

悬液中的细胞在微流体通道内随机分散，到达液滴形成区域被包封进液滴，液滴内的细胞数量遵循泊松分布。对于随机单细胞封装，通常将细胞悬液高度稀释以避免液滴含有多个细胞，大量空白液滴因此产生。为了控制高通量的单细胞包封，可以利用多种方法。例如，一种将单细胞高效地包封在海藻酸钙水凝胶微粒的方法[29]：将预涂有碳酸钙纳米粒子的细胞与海藻酸盐聚合物水溶液混合作为分散相，被含有酸的油相乳化并介导钙离子的释放，导致水凝胶交联。与不进行预包涂的细胞悬液相比，该方法将含单细胞的水凝胶微粒的比例提高了 10 倍，封装效率超过 90%；惯性排序的方法[30]：设计出高纵横比的微通道，使得高密度的细胞悬液在被动快速通过此通道时，会自发组织形成两个均匀间隔的流路，细胞以液滴形成的频率进入液滴发生器，克服了泊松分布的固有限制，确保了几乎每个液滴都仅包含一个细胞。

与水性液滴相比，水凝胶液滴更适合用于包封和培养细胞。在实际应用中，要仔细选择水凝胶成分和交联方式，以控制微粒的生物相容性和降解性能等。例如，在 Matrigel 微粒中包封单个前列腺细胞，在不与邻近细胞发生任何相互作用的情况下，能够在 6 天内增殖并分化为腺泡[31]。另一项研究将液滴微流控技术与生物正交硫醇-烯点击化学结合，通过温和、无自由基的方式制备了含有细胞结合位点纤维蛋白原的透明质酸微粒，用于培养单个人间充质干细胞，在培养 14 天后观察到人间充质干细胞分化为脂肪细胞，甚至可以在微粒内维持生长长达 4 周[32]。

8.4.2 单细胞分选

除了提高单细胞的包封效率之外，获得高通量的单细胞乳液的更有效的方法是在包封后对生成液滴进行分选。典型的，喷墨打印平台上是制备了单细胞液滴的新兴方式，首先使用按需喷墨单元打印技术，单个细胞被封装在具有高包封率的大小受控的液滴中，在重力和推力的作用下，所产生的液滴可以通过直线毛细管精确地进入介电泳微流控芯片通道，利用介电泳通道将单个细胞限制在液滴的一个小区域内（图 8-8），并利用芯片上的 Y 形分叉结构将液滴分割成两个不对称的子液滴，其中包括含培养基的较大液滴和包含单细胞的较小液滴，含单细胞的液滴可进一步被提取检测[33]。

使用流体力学方法根据液滴的大小对液滴进行分类，其中液滴中细胞的存在会改变其尺寸。利用确定性横向位移柱阵列可以进行细胞封装后的分选，直径低于确定性横向位移分离临界尺寸的小的空白液滴，遵循其在微柱阵列内部的原始流动方向，直达废物出口；封装细胞的直径大于临界尺寸的液滴从其原始方向偏向侧壁，并在观察室中被捕获[34]。这些方法都极大地提高了用于产生大量单细胞包封的液滴的分选效率和速度。

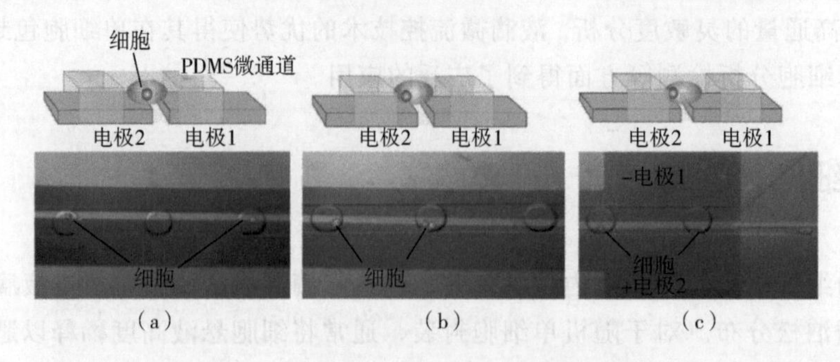

图 8-8 利用介电泳分选单细胞液滴[33]

（a）~（c）为细胞在通道内的三个不同位置的显微图像截面，描述了在介电泳力的作用下单细胞在液滴内逐渐聚焦的过程

8.4.3 单细胞分析检测

液滴微流体技术的优势是体积小，可以降低成本，使用最少的试剂进行分析检测；单分散的液滴保障了个体独立反应，避免了试剂的交叉污染；更重要的是液滴系统将目标物集中在密闭狭窄的空间内提高了检测灵敏度。这些特性可用于单细胞的深度表征和分析。具体而言，可以使用液滴微流控技术实现各种测定，包括基因、蛋白质的表达和细胞代谢分析。

液滴数字聚合酶链式反应（droplet digital polymerase chain reaction，DdPCR）已经成为生物医学研究领域中成熟应用的核酸分析技术。简单来说，将样品稀释并分配到数百万个单分散的液滴中，每个液滴中平均包含一个靶标序列，随后在液滴分散的溶液体系中添加基因扩增的底物试剂，即可在单液滴的纳升反应器内实现高效的基因扩增。扩增完成之后，通过计数“阳性”“阴性”液滴进行相关的筛选和诊断。例如，将单细胞和引物修饰的珠子一起包封在琼脂糖水凝胶内，随后加入十二烷基硫酸钠裂解液和蛋白质酶 K 释放基因组 DNA，将含有基因组 DNA 的琼脂糖水凝胶微粒与 PCR 试剂一起温育、洗涤，琼脂糖的多孔结构易于去除未结合的荧光引物并将 DNA 分子截留在液滴内部，在液滴内部完成高效的 PCR 扩增，继而通过破乳和溶解琼脂糖释放扩增后的引物珠，用流式细胞仪快速定量分析荧光珠，实现对单细胞靶基因的测序[35]。

除了单细胞的 DNA 序列，深入了解单细胞的 RNA 序列和转录组学同样有助于解析细胞功能相关的异质性基因表达。液滴微技术可用于单细胞逆转录 PCR 反应[36]：单细胞和逆转录 PCR 试剂封装进琼脂糖水凝胶微粒内，可在单细胞水平上研究不同类型的癌细胞上癌症标记物上皮细胞黏附分子的 mRNA 基因表达的区别。

单细胞异质性也发生在蛋白质水平，与核酸相比，蛋白质的浓度更低，更难监测。微流体液滴技术通过结合整合酶促扩增反应来检测液滴内单细胞上的低丰度表面蛋白。可以在液滴内部引入滚环扩增技术和抗原抗体识别系统，放大并检测到了上皮细胞黏附分子的表达[37]。具体来说，特定的靶向上皮细胞黏附分子的生物素化抗体标记 PC3 细胞，然后将链霉素蛋白桥与特异性 DNA 引物偶联，结合在细胞表面的抗体上，进而将构建的修饰有引物的单细胞与滚环扩增试剂一起包封进液滴内进行扩增，最终高密度的荧光产物积聚在细胞表面可实现观察检测。除了表面蛋白，液滴技术也可用于实时分析分泌蛋白。将 IL-2、TNF-α 或 IFN-γ 抗体特异性标记的聚苯乙烯珠与 Jurkat T 单细胞一起包封在水凝胶微粒内[38]，细胞分泌的细胞因子被同一液滴内的抗体功能化的珠子捕获，随后引入荧光基团标记的二抗进行孵育，最后使用流式细胞仪进行分析，以确定单细胞的分泌蛋白表达。

与细胞蛋白相似，单细胞水平的细胞代谢物也是低丰度存在，难以直接检测，结合液滴微流控技术使之成为可能。将细胞包封在小体积的液滴内，代谢物在狭小的空间内积聚使得体积浓度迅速增加到可检测水平。基于“Warburg 效应”，可以通过测量密闭液滴内的 pH 值变化分析细胞的糖酵解代谢，鉴定并计数循环肿瘤细胞[39]。

8.5 组织工程

为了改变传统“以创伤修复创伤”的医学治疗模式，迈入“无创修复”的新阶段，人们提出一种组织再生的技术手段，即在体外，在生物相容性良好的生物材料上培养细胞，细胞在生物材料上黏附和增殖形成细胞-材料混合物，将该复合物移植入体内，修复缺损组织或暂替器官的部分功能，达到延长生命活动的目的。载细胞的水凝胶微粒既可以以高度可控的方式将不同类型的细胞包封组合进水凝胶微粒中，模拟天然组织的多细胞相互作用；又可以方便地改变水凝胶的组成、结构，可调控地设计细胞生长的细胞外环境，构建细胞和细胞外基质间的相互作用。载细胞的水凝胶微粒可以作为组织工程的“基础模块”，在组织工程的诸多研究领域，如类器官、可注射疗法和干细胞治疗都已经得到了广泛的应用。

8.5.1 类器官

多细胞之间的通信和相互作用对于维持正常的器官和组织的结构和功能至关重要。为了在体外模拟功能化的器官，需要在三维的基质环境中排布封装不同类型的细胞。液滴微流控技术提供了这样一个实用的平台，它可以在微尺度空间内以任意比例包封两种或两种以上不同类型的细胞。典型的例子是：将两种不同的细胞悬液（包含人类巨细胞白血病细胞 M07e 的细胞悬液和因子依赖性支持细胞 MBA2 的细胞悬液）以层流共流形式引入微流控装置中[40]，经乳化和凝胶化将不同类型的细胞包封进水凝胶微粒中，通过改变相应细胞悬液的流速调控了微粒内不同细胞的比例组成，揭示了以不同比例包封进微粒内的 IL-3 旁分泌 MBA2 细胞可以调节 M07e 细胞的活力。另外一个值得注意的例子是以脑胶质瘤细胞在水凝胶核心、内皮细胞在水凝胶外壳构建的肿瘤模型，与没有共培养的对照组相比，血管内皮生长因子 VEGF 有了明显增强的表达［图 8-9（a）］，证明了水凝胶微粒平台上的类器官模型反映了更真实的细胞功能。可想而知，这在抗癌药物筛选的领域具有重要的应用意义。除此之外，一种多隔室的微粒平台被提出，在一个水凝胶微粒中的多隔室内包封了两种细胞并且可以根据时空顺序编码识别这两种细胞［图 8-9（b）］，无论液滴在培养过程中如何旋转、移动，后期研究人员都可以识别不同隔室的内含细胞类别，这一结果将来可以应用在癌症药物的靶向性研究上。

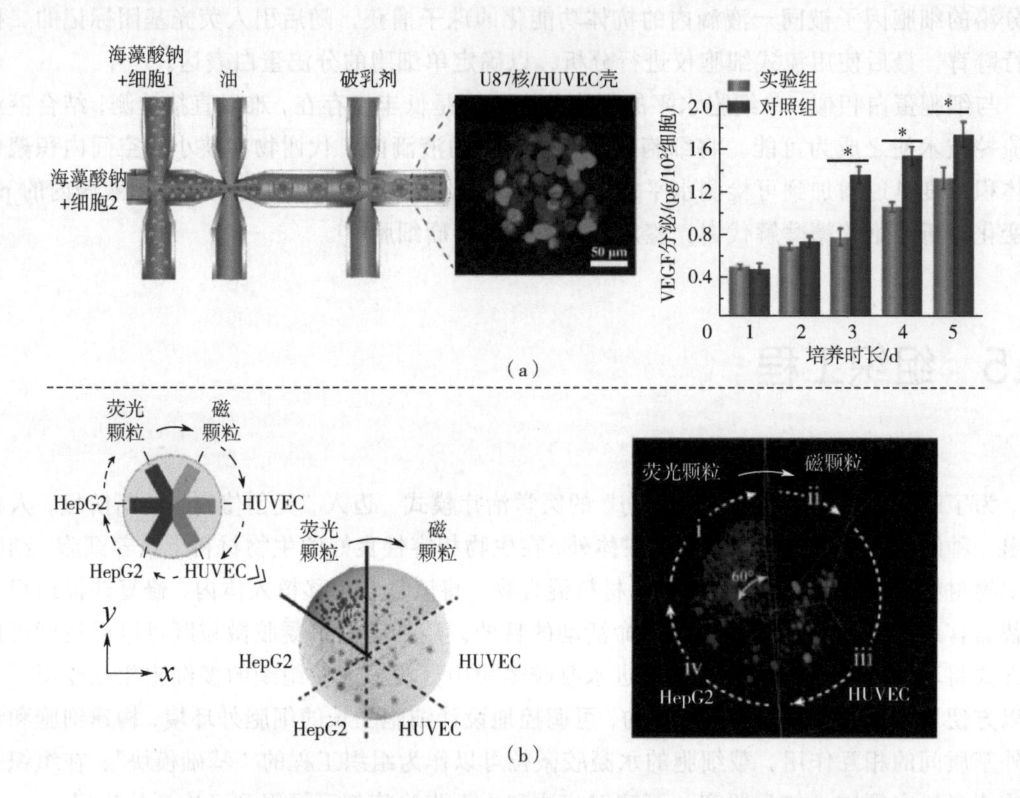

图 8-9 （a）在海藻酸钠水凝胶微粒中共培养内皮细胞（HUVEC）和脑胶质瘤细胞（U87）[25]：脑胶质瘤细胞-内皮细胞包封进核-壳结构海藻酸钠微粒中的示意图（左）；构建的肿瘤模型和对照组的血管内皮因子的分泌检测（右）；（b）在编码的多隔室结构的海藻酸钠水凝胶微粒中共培养内皮细胞和肝癌细胞（HepG2）[20]：肝癌细胞-内皮细胞包封进多隔室结构海藻酸钠微粒中的示意图（左）和荧光图（右）

8.5.2 可注射疗法

微米级别的水凝胶微粒作为可注射的细胞输送体统是一个有潜力的治疗疾病的方法，因为它可以使用注射器直接将细胞递送到受损的组织区域，并且水凝胶外壳的包封还可以保护细胞在递送过程中免受伤害。典型的例子是：制备一种可光交联的明胶微粒，将细胞培养在明胶微粒的表面，并在细胞外层覆盖一层二氧化硅水凝胶保护壳，以保护细胞免于暴露在体内环境接触到反应性氧化物质，保护细胞免受宿主的免疫反应以及保护细胞免受注射过程中的机械应力，这些都是造成移植后细胞低活力的主要外部因素。将有二氧化硅水凝胶保护壳的实验组细胞与空白对照组的细胞置于相同的氧化应激环境下，发现实验组细胞的活力仅降低 8%，而无保护壳的对照组细胞活力则下降了 50%［图 8-10（a）］；另外，利用海藻酸盐和琼脂糖微球做模板可制备空心的细菌纤维素微粒，以形成高孔隙率的可注射支架，该模型在培养 48h 后，包封在细菌纤维素微粒内的细胞增殖速率增加了 2 倍，通过使用大鼠皮肤伤口愈合模型测试支架的促伤口愈合能力，在开始的 3 天内观察到有效的伤口愈合，并且在治疗 7 天后伤口面积减少了 33%，结果证明高孔隙率的空心细菌纤维素微粒构建的支架显著促进了伤口闭合［图 8-10（b）］。

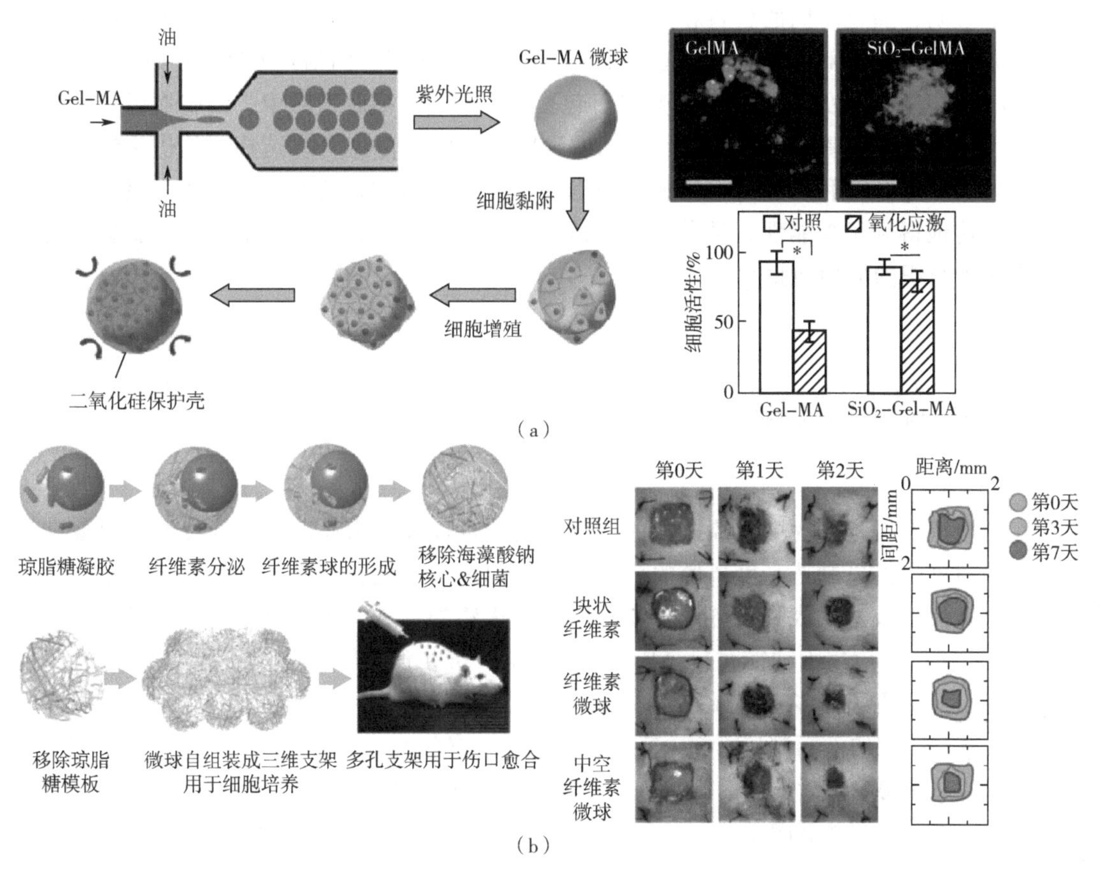

图 8-10　（a）基于微流体制备的甲基丙烯酰化明胶（Gel-MA）-二氧化硅核壳结构的水凝胶微粒用作注射支架[41]:（左）制备过程示意图;（右）经受氧化应激的 Gel-MA 微凝胶和涂有二氧化硅水凝胶的 Gel-MA 微凝胶上细胞的荧光图像及活性统计;（b）多孔的空心细菌纤维素微粒用于伤口愈合的可注射支架[42]:（左）制备过程示意图;（右）不同治疗方案下大鼠表皮伤口愈合的代表性图像

8.5.3　干细胞治疗

干细胞是人体内一类特殊的细胞群体，它具有独特的双重特性，既可以自我更新又可以产生特殊的新型细胞，在生物体的发育以及生命后期的维护和再生中起着关键作用。为了充分地利用干细胞在治疗和药物应用中的潜力，需要一种可拓展的策略来定制干细胞生长微环境，进而控制诱导干细胞的特定分化。水凝胶微粒不仅可以维持内封干细胞的多功能性，还可以通过调节基质的物理和化学特性来指导干细胞的分化。如将人骨髓间充质干细胞包封在巯基改性的透明质酸水凝胶微粒中培养 14 天后，趋向于成脂分化[32]；而将同样的干细胞包封在含有致孔剂（可降解的水凝胶微珠）的纤维蛋白水凝胶微粒中，大孔隙基质环境增强了细胞功能，骨髓间充质干细胞产生了肌源性分化，成功地形成多核肌管[43]。使用 RGD 黏附肽修饰的水凝胶可以对干细胞行为和分化趋势产生影响，结果表明，原始的 PEG 水凝胶诱导心源性分化，当引入 RGD 序列后则具有驱动内皮细胞分化的主要作用[44]。这些例子表明，通过不同的材料和生物分子的刺激可以引导各种干细胞进入不同的分化途径。目前已经利用液滴技术和干细胞疗法探究了多种组织损伤的治疗方案，例如，将骨髓间充质干细胞和骨形态发生蛋白 2（BMP2）包裹 Gel-MA 水凝胶微粒中，细胞在微粒内稳定增殖，在被植入兔股骨缺损模型后，成功诱导了强健的骨再生[45]；选择天然仿生纳米纤维微粒为载体，在结构和功能上模拟天然细胞外基质，在微重力条件下培养间充质干细胞三周后，成功地得到了功能性软骨微组织，植入小鼠膝关节软骨缺损模型进一步验证了它们在修复软骨组织的应用前景[46]。

8.6 总结与展望

液滴微流控技术作为微流控技术的重要分支，可以表述为通过在微观尺度上对复杂微流体提供精准操控以制造高度离散的微液滴并对此进行研究和分析。液滴微流控平台除了继承典型微流控技术低成本、微设备和易操作等优势外，进一步拓展了高通量和低消耗等特性，因此被成功应用于功能材料合成、生物化学分析和食品加工等领域。尽管液滴微流控技术目前已经取得了许多令人瞩目的成功，但仍然存在许多挑战和待解决的问题。

在液滴微流控的液滴制造方面，T 形流、同流、聚焦流等被动方式被广泛采用，它们操作简便且容易获得。随后发展的电驱动、磁驱动和热驱动等主动方式为液滴破裂提供了精准的操控性，弥补了被动液滴制造上对频率和结构控制上的不足。目前对液滴破碎方式的物理学研究已经十分深入，包括挤压、滴落、喷射在内的液滴破碎模式在各种液滴制造方法中被广泛讨论。然而，研究者在分析液滴现象时普遍采用简化后的包含单一组分的液滴，对含有多组分的复杂液滴制造却鲜有涉猎。因此，未来对于多组分的液滴制造应值得被学者关注和研究。除此之外，在液滴制造时，控制液滴结构的塑造成为热烈讨论的话题，核-壳液滴、多室液滴和不规则液滴等结构的开发给液滴领域带来了新的生机与活力，激发了液滴工作者对液滴新兴应用的热情。然而，这也对液滴制造工艺提出了极高的要求。我们注意到，目前的液滴结构主要依赖于微流体在微通道中的蠕动流，转变这一思想可能会启发我们开发新的结构。例如，随着惯性流液滴制造方式的开发赋予了液滴新的结构。未来液滴结构的精准调控依然会是一个炙手可热的领域，通过研究物理参数和流体时空变化将有希望在这方面创造奇迹。

在液滴微流控的实际应用方面，工业技术和材料科学的发展推动了液滴微流控的实际应用的进程。以组织工程为例，各种自然和人造的材料被根据需求应用在了不同领域。目前自然提取材料包括海藻酸盐、透明质酸、明胶、壳聚糖等，人工合成材料包括聚乙二醇、聚乙烯醇、聚 *N*-异丙基丙烯酰胺等，被广泛用于细胞微载体的构建，此时这些材料通常被优化为具有良好的机械性能和优异的生物相容性。然而，随着人们逐渐认知细胞与细胞外基质间的相互作用对于细胞命运调控的重要性，更具功能性和生物相容性的材料需要被研究和开发。以生化分析为例，液滴分析对更高精度、更复杂仪器提出了要求。液滴微流控分析相比于传统分析具有高通量、智能化的优势，然而，在典型的液滴微流控分析中，大数量、高频率、微体积的液滴分析通常需要一种甚至多种高精度分析仪器的配合，如何实现多系统的合理集成在未来仍然需要进一步的探讨和研究。

总的来说，液滴微流控技术已经发展为多学科交叉的前沿研究。在本章我们主要概述了微液滴的制造方法和液滴微流控技术在生物医学领域的前沿应用。未来仍然需要广大的科研工作者们投入更多的热情去解决剩余的挑战，将液滴微流控技术从学术研究推广到真正的实际应用中。

参考文献

[1] Manz A, Graber N, Widmer H M. Miniaturized total chemical analysis systems: A novel concept for chemical sensing. Sensors Actuators B: Chem, 1990, 1: 244-248.

[2] Kim E, Xia Y, Whitesides G M. Polymer microstructures formed by moulding in capillaries. Nature, 1995, 376: 581-584.

[3] Thorsen T, Roberts R W, Arnold F H, Quake S R. Dynamic pattern formation in a vesicle-generating microfluidic device. Phys Rev Lett, 2001, 86: 4163-4166.

[4] Anna S L, Bontoux N, Stone H A. Formation of dispersions using "flow focusing" in microchannels. Appl Phys Lett, 2003, 82: 364-366.

[5] Cramer C, Fischer P, Windhab E J. Drop formation in a co-flowing ambient fluid. Chem Eng Sci, 2004, 59: 3045-3058.

[6] Link D R, Grasland-Mongrain E, Duri A, Sarrazin F, Cheng Z D, Cristobal G, Marquez M, Weitz D A. Electric control of droplets in microfluidic devices. Angew Chem Int Ed, 2006, 45: 2556-2560.

[7] Nguyen N T, Ting T H, Yap Y F, Wong T N, Chai J C K, Ong W L, Zhou J, Tan S H, Yobas L. Thermally mediated droplet formation in microchannels. Appl Phys Lett, 2007, 91: 084102.

[8] Zhu P A, Wang L Q. Passive and active droplet generation with microfluidics: a review. Lab Chip, 2017, 17: 34-75.

[9] Guillot P, Colin A. Stability of parallel flows in a microchannel after a T junction. Phys Rev E, 2005, 72: 066301.

[10] Lin R, Fisher J S, Simon M G, Lee A P. Novel on-demand droplet generation for selective fluid sample extraction. Biomicrofluidics, 2012, 6: 024103.

[11] Ding Y, Solvas X C I, Demello A. “V-junction”: a novel structure for high-speed generation of bespoke droplet flows. Analyst, 2015, 140: 414-421.

[12] Ganán-Calvo M A. Generation of Steady Liquid Microthreads and Micron-Sized Monodisperse Sprays in Gas Streams. Phys Rev Lett, 1998, 80: 285-288.

[13] Baroud C N, Gallaire F, Dangla R. Dynamics of microfluidic droplets. Lab Chip 2010, 10: 2032-2045.

[14] Gu H, Malloggi F, Vanapalli S A, Mugele F. Electrowetting-enhanced microfluidic device for drop generation. Appl Phys Lett, 2008, 93: 183507.

[15] Liu J, Tan S H, Yap Y F, Ng M Y, Nguyen N T. Numerical and experimental investigations of the formation process of ferrofluid droplets. Microfluid Nanofluid, 2011, 11: 177-187.

[16] Kahkeshani S, Di Carlo D. Drop formation using ferrofluids driven magnetically in a step emulsification device. Lab Chip, 2016, 16: 2474-2480.

[17] Park S Y, Wu T H, Chen Y, Teitell M A, Chiou P Y. High-speed droplet generation on demand driven by pulse laser-induced cavitation. Lab Chip, 2011, 11: 1010-1012.

[18] Chen Q S, Utech S, Chen D, Prodanovic R, Lin J M, Weitz D A. Controlled assembly of heterotypic cells in a core-shell scaffold: organ in a droplet. Lab Chip, 2016, 16: 1346-1349.

[19] Zheng Y J, Wu Z N, Lin J M, Lin L. Imitation of drug metabolism in cell co-culture microcapsule model using a microfluidic chip platform coupled to mass spectrometry. Chin Chem Lett, 2020, 31: 451-454.

[20] Wu Z N, Zheng Y J, Lin L, Mao S F, Li Z H, Lin J M. Controllable Synthesis of Multicompartmental Particles Using 3D Microfluidics. Angew Chem Int Ed, 2020, 59: 2225-2229.

[21] Yu L F, Chen M C W, Cheung K C. Droplet-based microfluidic system for multicellular tumor spheroid formation and anticancer drug testing. Lab Chip, 2010, 10: 2424-2432.

[22] Rossow T, Heyman J A, Ehrlicher A J, Langhoff A, Weitz D A, Haag R, Seiffert S. Controlled Synthesis of Cell-Laden Microgels by Radical-Free Gelation in Droplet Microfluidics. J Am Chem Soc, 2012, 134: 4983-4989.

[23] Alessandri K, Sarangi B R, Gurchenkov V V, Sinha B, Kiessling T R, Fetler L, Rico F, Scheuring S, Lamaze C, Simon A, Geraldo S, Vignjevic D, Domejean H, Rolland L, Funfak A, Bibette J, Bremond N, Nassoy P. Cellular capsules as a tool for multicellular spheroid production and for investigating the mechanics of tumor progression in vitro. Proc Natl Acad Sci USA, 2013, 110: 14843-14848.

[24] Chan H F, Zhang Y, Ho Y P, Chiu Y L, Jung Y, Leong K W. Rapid formation of multicellular spheroids in double-emulsion droplets with controllable microenvironment. Sci Rep, UK, 2013, 3: 3462.

[25] Zheng Y J, Wu Z N, Khan M, Mao S F, Manibalan K, Li N, Lin J M, Lin L. Multifunctional Regulation of 3D Cell-Laden Microsphere Culture on an Integrated Microfluidic Device. Anal Chem, 2019, 91: 12283-12289.

[26] Sgro A E, Allen P B, Chiu D T. Thermoelectric manipulation of aqueous droplets in microfluidic devices. Anal Chem, 2007, 79: 4845-4851.

[27] Chen Q S, Chen D, Wu J, Lin J M. Flexible control of cellular encapsulation, permeability, and release in a droplet-templated bifunctional copolymer scaffold. Biomicrofluidics, 2016, 10: 064115.

[28] Khademhosseini A, Eng G, Yeh J, Fukuda J, Blumling J, Langer R, Burdick J A. Micromolding of photocrosslinkable hyaluronic acid for cell encapsulation and entrapment. J Biomed Mater Res A, 2006, 79a: 522-532.

[29] Mao A S, Shin J W, Utech S, Wang H N, Uzun O, Li W W, Cooper M, Hu Y B, Zhang L Y, Weitz D A, Mooney D J. Deterministic encapsulation of single cells in thin tunable microgels for niche modelling and therapeutic delivery. Nature Mater, 2017, 16: 236-243.

[30] Edd J F, Di Carlo D, Humphry K J, Koster S, Irimia D, Weitz D A, Toner M. Controlled encapsulation of single-cells into monodisperse picolitre drops. Lab Chip, 2008, 8: 1262-1264.

[31] Dolega M E, Abeille F, Picollet-D'hahan N, Gidrol X. Controlled 3D culture in Matrigel microbeads to analyze clonal acinar development. Biomaterials, 2015, 52: 347-357.

[32] Ma Y, Neubauer M P, Thiele J, Fery A, Huck W T S. Artificial microniches for probing mesenchymal stem cell fate in 3D. Biomater Sci, 2014, 2: 1661-1671.

[33] Zhang W F, Li N, Lin L, Huang Q S, Uchiyama K, Lin J M. Concentrating single cells in picoliter droplets for phospholipid

profiling on a microfluidic system. Small, 2020, 16: 1903402.

[34] Jing T Y, Ramji R, Warkiani M E, Han J, Lim C T, Chen C H. Jetting microfluidics with size-sorting capability for single-cell protease detection. Biosens Bioelectron, 2015, 66: 19-23.

[35] Novak R, Zeng Y, Shuga J, Venugopalan G, Fletcher D A, Smith M T, Mathies R A. Single-cell multiplex gene detection and sequencing with microfluidically generated agarose emulsions. Angew Chem Int Ed, 2011, 50: 390-395.

[36] Zhang H F, Jenkins G, Zou Y, Zhu Z, Yang C J. Massively parallel single-molecule and single-cell emulsion reverse transcription polymerase chain reaction using agarose droplet microfluidics. Anal Chem, 2012, 84: 3599-3606.

[37] Konry T, Smolina I, Yarmush J M, Irimia D, Yarmush M L. Ultrasensitive detection of low-abundance surface-marker protein using isothermal rolling circle amplification in a microfluidic nanoliter platform. Small, 2011, 7: 395-400.

[38] Chokkalingam V, Tel J, Wimmers F, Liu X, Semenov S, Thiele J, Figdor C G, Huck W T S. Probing cellular heterogeneity in cytokine-secreting immune cells using droplet-based microfluidics. Lab Chip, 2013, 13: 4740-4744.

[39] Del Ben F, Turetta M, Celetti G, Piruska A, Bulfoni M, Cesselli D, Huck W T S, Scoles G. A method for detecting circulating tumor cells based on the measurement of single-cell metabolism in droplet-based microfluidics. Angew Chem Int Ed, 2016, 55: 8581-8584.

[40] Tumarkin E, Tzadu L, Csaszar E, Seo M, Zhang H, Lee A, Peerani R, Purpura K, Zandstra P W, Kumacheva E. High-throughput combinatorial cell co-culture using microfluidics. Integr Biol-UK, 2011, 3: 653-662.

[41] Cha C E Y, Oh J, Kim K, Qiu Y L, Joh M, Shin S R, Wang X, Camci-Unal G, Wan K T, Liao R L, Khademhosseini A. Microfluidics-assisted fabrication of gelatin-silica core-shell microgels for injectable tissue constructs. Biomacromolecules, 2014, 15: 283-290.

[42] Yu J Q, Huang T R, Lim Z H, Luo R C, Pasula R R, Liao L D, Lim S, Chen C H. Production of hollow bacterial cellulose microspheres using microfluidics to form an injectable porous scaffold for wound healing. Adv Healthc Mater, 2016, 5: 2983-2992.

[43] Liu J, Xu H H K, Zhou H Z, Weir M D, Chen Q M, Trotman C A. Human umbilical cord stem cell encapsulation in novel macroporous and injectable fibrin for muscle tissue engineering. Acta Biomater, 2013, 9: 4688-4697.

[44] Schukur L, Zorlutuna P, Cha J M, Bae H, Khademhosseini A. Directed differentiation of size-controlled embryoid bodies towards endothelial and cardiac lineages in RGD-modified poly (ethylene glycol) hydrogels. Adv Healthc Mater, 2013, 2: 195-205.

[45] Zhao X, Liu S, Yildirimer L, Zhao H, Ding R H, Wang H N, Cui W G, Weitz D. Injectable stem cell-laden photocrosslinkable microspheres fabricated using microfluidics for rapid generation of osteogenic tissue constructs. Adv Funct Mater, 2016, 26: 2809-2819.

[46] Wang Y S, Yuan X L, Yu K, Meng H Y, Zheng Y D, Peng J, Lu S B, Liu X T. Fabrication of nanofibrous microcarriers mimicking extracellular matrix for functional microtissue formation and cartilage regeneration. Biomaterials, 2018, 171: 118-132.

思考题

1. 什么是液滴微流控技术？液滴分析技术与传统的分析方法相比较具有哪些优势？

2. 了解至少三种主动液滴制造方式与原理，并讨论被动液滴制造法和主动液滴制造法的各自优劣势是什么？
3. 试述T形流中，如何通过改变制造参数对液滴的制造产生影响？如何调节液滴生成频率、尺寸、破裂模式等？
4. 如何制造工程微粒？请了解并列举至少3个例子。
5. 为什么要开发液滴作为细胞载体？它的优势是什么？
6. 实现细胞的冷冻、复苏、释放具有什么意义？
7. 液滴单细胞分析具有什么意义？
8. 可注射疗法的应用前景是什么？
9. 干细胞治疗有什么意义？试述液滴干细胞治疗的适用范围。
10. 试述液滴微流控在任意领域的应用前景和待解决的问题。

第9章
液滴单细胞分析

9.1 概述

细胞是生命结构与功能的基本单位，细胞在增殖、分化和代谢的过程中内因和外因共同作用，造就了细胞之间的差异性。在对生命健康与疾病研究的探索中，因细胞极小（直径8~15μm），样品量少（pL~fL），被测组分含量低（fmol~zmol），检测方法的灵敏度不够，常需以群体细胞研究为基础获得一个稳态的平均结果，使得不可避免地掩盖了许多个体细胞的独特信息，导致生物学及医学等领域的发展受到限制。为了更全面探索生命，更好地服务人类健康，单细胞分析愈发受到重视，其难点在于对单个细胞的捕获、刺激以及检测分析等，而基于液滴水平下的单细胞研究，因其具有高单分散性、封闭性、高灵敏度、高通量等优点，已成为单细胞操控与分析的有力工具。

液滴技术是微流体的一个子类别，利用液滴技术来进行常规实验室操作的思路已经发展了近半个世纪，主要是因为液滴具有以下优点：液滴体积小，适合微量物质的检测，有利于提高灵敏度；液滴提供了密闭的检测环境，相当于大量的微反应器，有利于提高反应通量；试剂被限制在滴液中避免了在通道壁上的沉积，提高了结果的重现性；液滴内部存在特殊的对流流动特性，传质和传热得到改善，可增强物质的混合。近十年来，微液滴技术被广泛应用到生物领域，尤其是单细胞分析的研究中。这主要是因为液滴尺寸微小且可调，与细胞的大小在同一个数量级上，有利于单细胞的操控和分析。此外，微液滴技术可与多种操控技术相耦合，扩大了单细胞分析的应用范围。

单细胞分析因能够反映细胞间的异质性而受到越来越多的关注。在常规的批量实验中，单细胞之间的信号变化往往被群体信号所掩盖，因此很难对单个细胞进行分析。液滴技术能够以高度可控的方式进行单细胞的分析，主要包括基因组分析、转录组分析、蛋白质分析和代谢分析。

9.1.1 单细胞基因组和转录组分析

基因组和转录组异质性经常是由于随机复制错误或环境刺激而引起的，是导致单细胞异质性的直接因素之一。对大量细胞进行单细胞 DNA 和 mRNA 的分析是亚群分类和突变鉴定的重要方法。单细胞及其基因组可被包裹在单个液滴中，并通过 PCR 扩增和 DNA 测序进一步分析。常见液滴单细胞基因组扩增方法如下：将单细胞与引物修饰的微珠封装在液滴中，然后开始加热来裂解细胞释放其基因组 DNA，随后在微珠上进行 PCR 扩增。扩增完成后，液滴破裂，微珠继续进行后续分析。

9.1.2 单细胞蛋白质分析

单细胞蛋白质分析是表征细胞表型异质性的重要方法。与核酸相比，蛋白质不仅浓度非常低，也无法直接扩增。常规使用荧光流式细胞仪进行单细胞蛋白质的分析，但这种方法无法对超低丰度样品进行检测，也缺乏实时监测和定量的能力。而液滴技术已被证明可在超低浓度下对单细胞蛋白质进行动态测量和定量。单细胞蛋白质检测既包括细胞表面蛋白分析，也包括细胞内的蛋白质分析和细胞分泌蛋白质的分析。对细胞表面蛋白质分析有助于确定某些疾病对应的生物标志物，这对理解生化过程和细胞功能以及疾病诊断至关重要。一种典型单细胞表面低丰度生物标志物检测方法原理如下：首先用生物素化抗体标记细胞，然后通过生物素-链霉亲和素连接将链霉亲和素-β-半乳糖苷酶偶联到细胞表面。将修饰后的细胞悬液注射到微流控芯片中，并与另一包含半乳糖苷酶底物的流体混合，然后产生液滴将单细胞封装并孵育一段时间也进行足够的酶转化。使用光电倍增管对液滴进行高通量分析，可获得较高的信号分辨率。

9.1.3 单细胞代谢分析

细胞代谢物是分子量较小的一类分子，也能够反映细胞所处的生命活动。与细胞蛋白质类似，细胞的代谢物也存在含量低，难以直接扩增的问题。常规方法通常反映代谢物在细胞群体中的平均水平，因而忽略了单个细胞的变异。液滴技术为单细胞代谢物的分析提供了强有力的平台，并可在单细胞水平进行动态监测。在液滴中进行单细胞代谢分析的一个经典应用是根据液滴的 pH 值变化来捕获肿瘤细胞。该方法的原理是基于“Warburg（温伯格）效应”，即相比于正常细胞，肿瘤细胞即使在有氧条件下也具有糖酵解代谢的特性，因此会分泌乳酸，使微环境 pH 值降低。这种方法可用于临床试验来监测癌症病人外周血中的循环肿瘤细胞（CTC）。将单个细胞封装在微型化的液滴中，与白细胞相比，含有 CTC 的液滴中乳酸快速积累使 pH 值迅速降低。

9.2 液滴的形成

在第 8 章 8.1.3 节中介绍了液滴的生成原理，其主要过程是通过施以足够大的作用力以扰动连续相与分散相之间存在的界面张力使之达到失稳。通常，当待分散相某处施加的力大于其界面张力时，该处微量液体会突破界面张力进入连续相中形成液滴。多年来液滴的生产方法经历了大量研究，各式各样的生产模式已经发展起来。总的来说，这些方法主要包括被动方式和主动方式两类。被动方式主要是依据不同的微流控几何结构，如水动力法（T 形交叉结构法、聚焦流结构法和同流结构法等，详见 8.2 节），该方法生产液滴的过程简单、高效、快捷，因此被广泛研究和使用。而主动方式主要通过外加场的扰动来生成液滴，如气压驱动、光驱动、热驱动、电场驱动等方法。通过该方法能够更好地控制生成液滴的尺寸、频率，对微流控结构依赖性较小，但是生成的液滴速度相对于主动方式较慢。在本节中主要通过介绍喷墨打印液滴制备技术和芯片液滴制备技术来阐述不同方式液滴形成过程和原理。

9.2.1 喷墨打印技术

喷墨打印技术主要是利用外力迫使成型材料以微细液滴（或液流）的形式从喷头容腔的小孔（喷嘴）射至基板上，形成二维图形文字、点阵或三维实体。喷墨打印所产生的“液滴”的尺寸大小可精确控制至微米级别水平，其体积范围可精确控制到微升至飞升量级水平。

喷墨打印系统的核心器件是喷头，喷头是指依据控制信号，将液体从喷腔中喷出到指定位置的设备。按照喷墨打印头喷射液滴的方式，可分为连续式 [continuous printing（CP）或 continuous ink-jetting（CIJ）] 和按需式 [Drop-on-Demand（DOD），又称随机式或脉冲式] 两类，如图 9-1 所示。

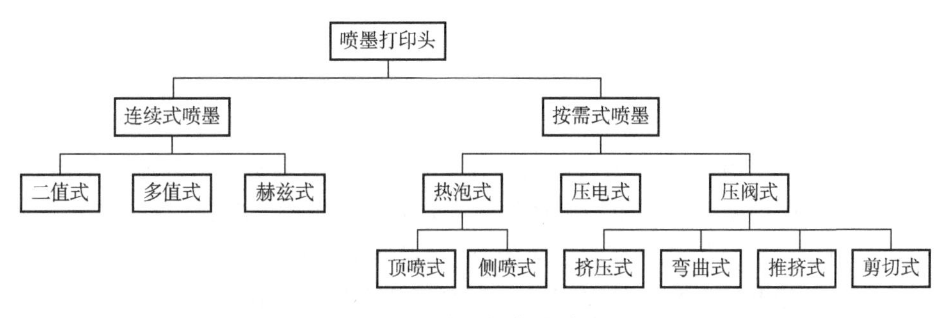

图 9-1　喷墨打印头分类

（1）连续式喷墨打印

连续式喷墨打印的工作原理是利用高频振荡产生恒定压力作用在腔室内的墨水上，使其在空中形成一个细长的液柱，由于表面张力的作用，液柱会断裂成一个个均匀的液滴，当液滴经过充电电极带上相应的电荷（极化），再经偏转电场控制液滴的喷射方向；若施加电场，液滴发生偏转沉积到基板形成相应的图像；若未施加电场，液滴会因自身重力的作用下保持直线运动方向落入回收室，重复利用。如图 9-2 所示。

优势：打印速度快（最高可以达到兆赫），对图像载体表面平滑度要求不高，不受被印材料厚度的影响。

缺点：无法对喷射的液滴的速度和体积进行精密的控制，对硬件系统要求复杂，如充电电极、偏转装置以及液滴回收室等，使其购买和维护成本相对比较高，并且存在解析度不高，误差较大等问题。

应用方向：主要用于工业印刷方向，如大批量包装盒标签制品的生产应用。

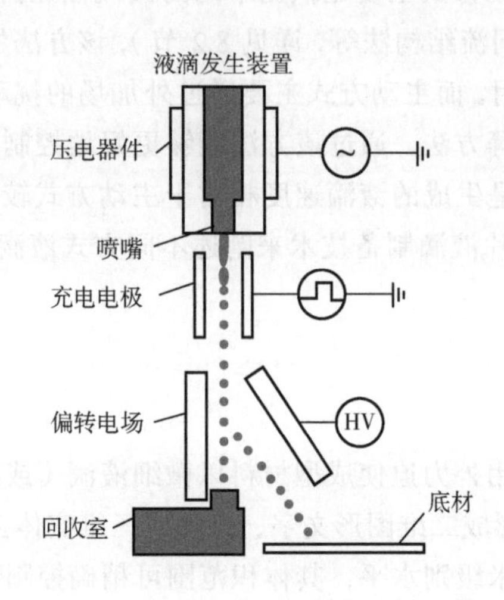

图 9-2 连续式喷墨打印工作原理

（2）按需式喷墨打印

按需式喷墨打印又称为随机喷墨打印，液体只有在打印需要时才喷射。它与连续式喷墨打印相比，结构简单、成本低、可靠性强，但是，因受射流惯性的影响液滴喷射速度低。根据产生液滴的驱动原理，DOD 式喷墨系统分为压电式、热泡式及压阀式等类型。其中热泡式与压电式喷头应用最广泛，压阀式因其分辨率较低，对其研究逐渐减少。

（a）热泡式喷墨打印

热泡式喷墨打印又称为热气泡致动式，其工作原理是对喷头壁上的薄膜电阻器施加短脉冲信号，在短时间内使靠近电阻器附件的液体温度急剧加热至沸点，从而汽化形成气泡，由此产生压力迫使一定量的液体克服表面张力，从喷嘴处喷射而出。当停止加热信号，腔室液体逐渐冷却，气泡开始收缩，从而完成一次喷射的过程。如图 9-3 所示。

优势：热发泡喷墨打印具有小体积、低操作频率、高喷嘴数、印点分辨率高以及低成本等特点。

缺点：腔室内液体只能使用被热量蒸发的水溶液；喷头长期在高温、高压环境中工作，除喷嘴腐蚀严重外，同时容易引起液滴飞溅和喷嘴堵塞等；在使用过程中，液体受热（约

300℃），易发生化学变化，性质不稳定，色彩真实性就会受到一定程度的影响；由于液滴是通过气泡喷射出来的，液滴方向性和体积大小不好精确控制，一定程度上影响打印质量。

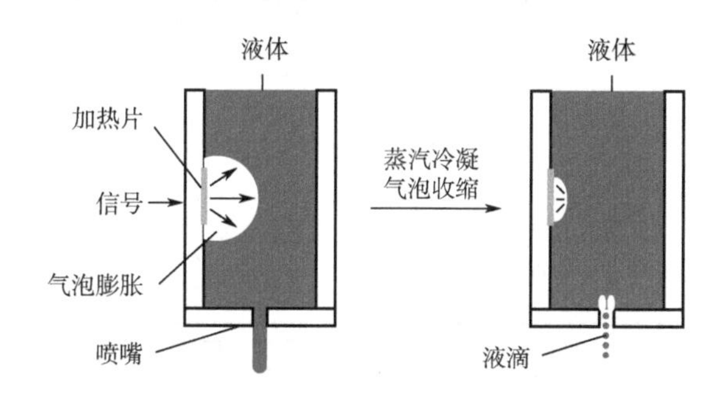

图 9-3　热泡式喷墨打印液滴工作原理

（b）压电式喷墨打印

压电式喷头是根据压电材料的逆压效应而设计的，主要工作原理是在压电器件上施加一定电压信号，使其产生形变，迫使腔室内的液体从喷嘴喷出，形成液滴，如图 9-4 所示。压电式喷头主要由压片陶瓷、储液腔室、喷嘴和液体组成。常用的压片材料有压电晶体（如石英晶体）和压电陶瓷（如锆钛酸铅与钛酸钡系列的压电陶瓷）。

压电式喷墨打印喷出液滴分为以下阶段：

① 初始状态，没有施加驱动电场；

② 挤出阶段，施加驱动电场，陶瓷发生形变，挤出一定的液体在喷嘴处形成一个凸起，随着表面张力的影响，液滴前端会凝聚成球形；

③ 喷墨阶段，驱动电场消失，压片陶瓷恢复原状，前段球形液滴与液体断裂形成液滴；

④ 恢复初始状态，从腔室补充液体，恢复至初始状态，为下一个喷墨周期做准备。

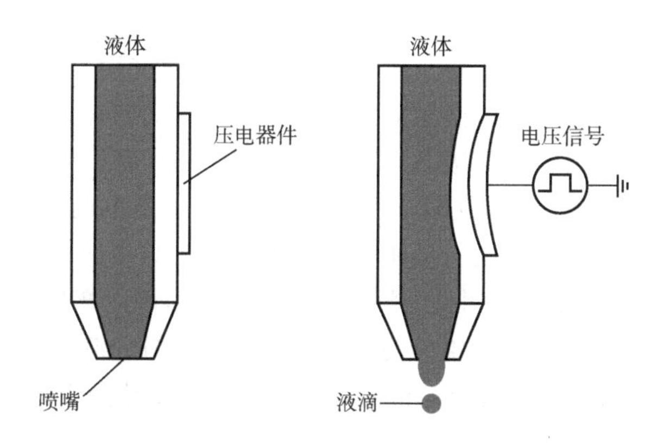

图 9-4　压电式喷墨打印液滴工作原理

压电式喷墨打印根据其形变方式可分为四种，分别为挤压模式、弯曲模式、推挤模式和剪切模式，其工作方式如图 9-5 所示。不同模式的工作过程略有不同，但基本过程都遵守以上四个阶段的循环。

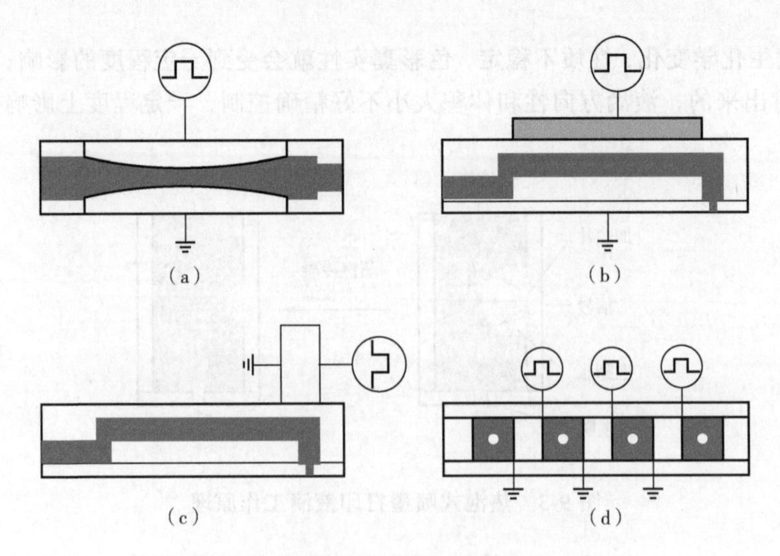

图 9-5 四种压电式喷墨打印工作方式

(a) 挤压模式; (b) 弯曲模式; (c) 推挤模式; (d) 剪切模式

优势: 对液体的控制能力强, 可实现高精度的喷射, 液体体积不均匀度控制在±2%以内; 反应速度快, 喷射频率可高达 10~40kHz; 液滴容积与驱动电压之间呈线性关系, 能通过调节驱动电压来改变液滴体积大小; 具有较宽的黏度及张力适应范围, 可以打印任何种类的墨水, 包括水溶性、溶剂性等。

缺点: 难以将多个喷嘴集成至一个喷头上, 打印速度相对较慢; 喷头需保持清洁, 防止堵塞, 每次使用都需进行清洗。

9.2.2 芯片上的液滴制备技术

微流控芯片作为液滴产生的主要工具, 具有体积小、速度快、尺寸均匀、系统密闭和单分散性好等优点。微流控芯片上液滴生成的本质是利用流动剪切力与表面张力之间的相互作用将连续流体分割成离散的纳升级及以下体积的液滴的一种微纳技术。当前, 微流控芯片上液滴生成的方式主要包括水动力法、气动法、光控法以及电动法等。其中水动力法被认为是当前芯片液滴生成的主流方式, 具体可分为 T 形交叉结构法、聚焦流结构法和同流结构法等, 详见 8.2 节。微流控芯片制备液滴技术不仅被认为可以产生均匀的液滴, 而且还可以在液滴内进行化学反应和生物传感, 两种及以上的不同组分溶液可通过芯片结构设计汇聚到液滴腔室内充分混合反应, 这是喷墨打印技术所不能设计操作的。

(1) 水动力法

水动力法是微流控芯片上被动液滴生成的主要方式, 是指液滴生成过程中仅存在流体的水动力压力作用下, 无需外部能量的输入, 通过改变芯片微通道的几何结构和液相的流动特性控制液相流动产生液滴的方法。目前, 生成方法主要有 T 形交叉结构法、聚焦流结构法和同流结构法等, 详见章节 8.2。

（2）气动法

气动法是指通过在液相流动过程中，利用外部气体压力（正压或负压）作为剪切力和驱动力来实现液滴的生产方法，通过控制气体在通道中的压力，可以改变生成液滴量的大小。Hosokawa 等[1]采用该原理报道了在以硅和玻璃组成的微流控芯片上利用空气压力生成了 600pL 的液滴。蒋稼欢等[2]曾利用十字交叉微通道芯片装置，控制压缩氮气在通道内的压力，实现离散微液滴的生成，如图 9-6 所示。由于芯片通道内存在部分液滴暴露在气体中，所以，该方法并不适用于含有挥发性成分的液滴操控。

（3）光控法

光控法是一种利用光场力操纵流动中的粒子是微流控领域的一种实用方法。这种方法也被用于两相微液滴的生成。Park 等[3]利用脉冲激光诱导空化驱动产生液滴，如图 9-7 所示，整体芯片结构由两个微通道（一种水和一种油）组成，微通道通过喷嘴形的开口相连。当强激光脉冲聚焦在诸如水之类的液体介质中时，强光场会引起水分子分解，从而在焦点处产生热等离子体。热量迅速消散到介质中，并形成快速膨胀的空化气泡，扰动稳定的油水界面，并将邻近的水推入油相，形成水滴。从激光激发到破裂的气泡寿命决定气泡的大小，气泡的寿命从几十微秒到数百微秒不等，大致生成 1~150pL 大小不同的液滴。

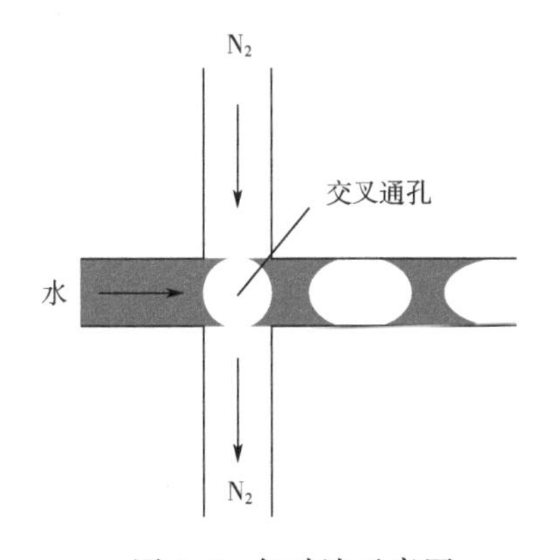

图 9-6　气动法示意图

两垂直交叉通道通过交叉通孔沟通，受压气体通过此沟通小孔突入液相通道使其分隔为液滴

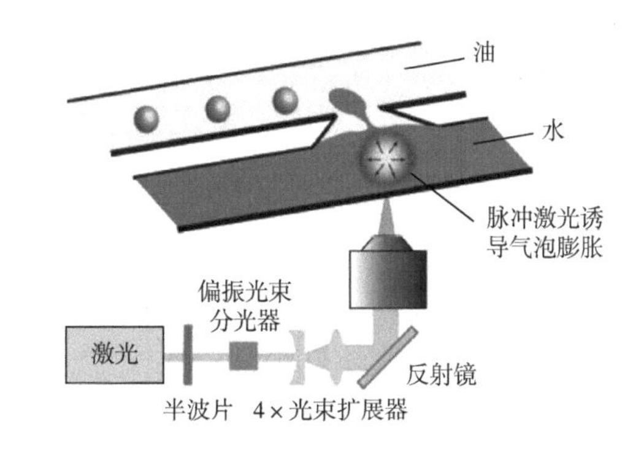

图 9-7　脉冲激光驱动液滴生成

（4）电动法

电动法是利用施加电压于微通道中的流体实现微液滴的生成与控制。当前主要报道的电动法有介电泳法和电湿润法。

介电泳法指在空间非均一电场下，电解质液体发生电迁移，在表面张力的作用下生成液滴，如图 9-8 所示[4]。

电润湿法是基于介质上的一种电控表面张力驱动法。通过在微通道内施加电压，改变通道的润湿特性，使液相与通道表面的接触角发生改变，致使液相局部产生压强差，造成液体的两端不对称形变，从而在表面张力的作用下实现液滴的生成，如图 9-9 所示[5]。电润湿法最大的优点是可以实现单个液滴的按需生产，以及微液滴的精准操控、拆分、传输和混合。但需要集成微电极以及配置相应的开关控制系统，对芯片系统制造要求较高。

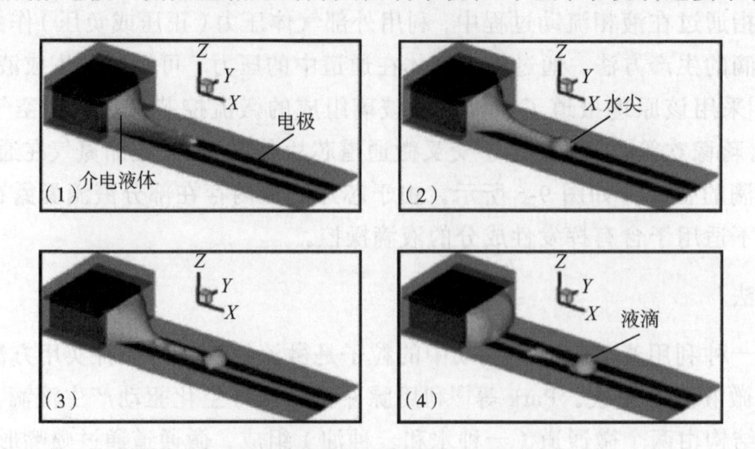

图 9-8 介电泳液体驱动和液滴形成过程（1~4）

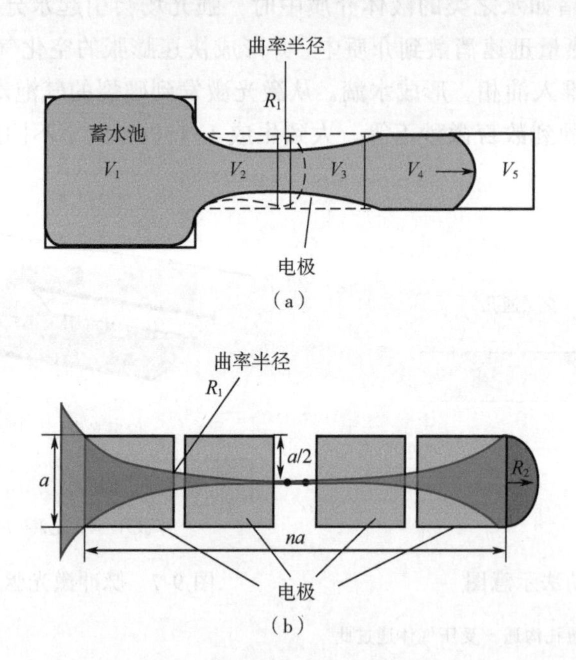

图 9-9 电润湿法液滴产生示意图

（a）液滴产生过程顶视图；（b）液滴产生临界示意图（其中，a 表示每个电极的边长；n 表示电极的数量）

9.3 单细胞封装

液滴在单细胞分析上具有天然的优势，因为液滴能够提供一个限定的环境，通过对细胞装载方式的调节，比较容易得到单细胞液滴，而细胞能够在液滴中长时间存活，并且细胞的分泌及代谢均在狭窄的空间中，这也方便了后续的分析与检测。

单细胞分析的关键之一是将单细胞从一大群细胞中分离且独立出来，而利用液滴包裹单细胞主要有两种方式：被动封装和主动封装。被动封装是通过对两相流速、细胞浓度以及通道宽度等一系列因素进行调节，使细胞进入液滴的方式[6]。这种方式操作方便、快捷、高通量，缺点是液滴中细胞呈现泊松分布，每个液滴中的细胞数目不定，并且相当多的液滴中不含细胞。而主动封装是利用一系列外加因素如力、声、电、光、磁等产生液滴以包裹细胞[7]。这种方式较为精准，单细胞液滴比例较高，但缺点是通量低、产生液滴慢。

9.3.1 被动封装法

被动封装法是现如今单细胞液滴最常用的方式，主要分为随机封装法和排列封装法，其通量高，分析速度快，更适合于批量细胞的分析，但是封装效率相对较低。

（1）随机封装法

随机封装法主要是由于细胞的空间分布和到达聚焦区域的时间均为随机的，使得每个液滴中细胞数目并不均一，封装结果呈现泊松分布。即

$$f(\lambda,n)=\frac{\lambda^{n}e^{-\lambda}}{n!} \tag{9-1}$$

其中，n 是液滴中细胞的数目；λ 是每个液滴中细胞的平均数，可以通过调整 λ 来控制细胞浓度。Weitz 等[8]首先提出了基于微流控技术的液滴单细胞封装研究，该方法为完全随机封装，封装结果呈泊松分布，单细胞封装率仅为 22%，如图 9-10 所示。

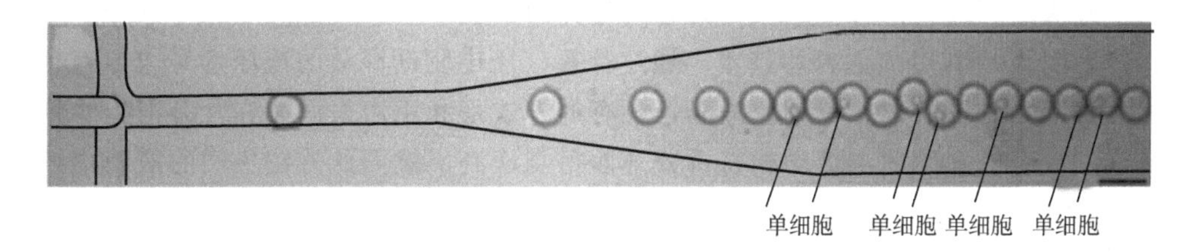

图 9-10　随机单细胞封装图（单个细胞封装在 33pL 液滴中）

（2）排列封装法

排列封装法是指在一种高深度比的微通道中进行细胞单一有序的排列，控制细胞进入频率与液滴产生的频率相一致，实现有效的单细胞包裹率。鉴于此，Weitz 等[9]利用这一原理实现建立在一系列的流体动力学基础上，如水动力斥力效应、驱避效应和抛物线剪切梯度，分别使得细胞在长、宽、高上有序排列，通过合理调节，最高封装率可达 89%，对细胞的封装速度为 14.9kHz，如图 9-11 所示。

Kemna 等[10]通过引入迪恩流（也称二次流），这种方法是利用微结构控制细胞在溶液中呈现有规律排布，或排成一列，或排列紧列，进而进行细胞封装，有效提高可单细胞液滴比例，封装率可达 77%，封装速度为 2700 个/秒，如图 9-12 所示。

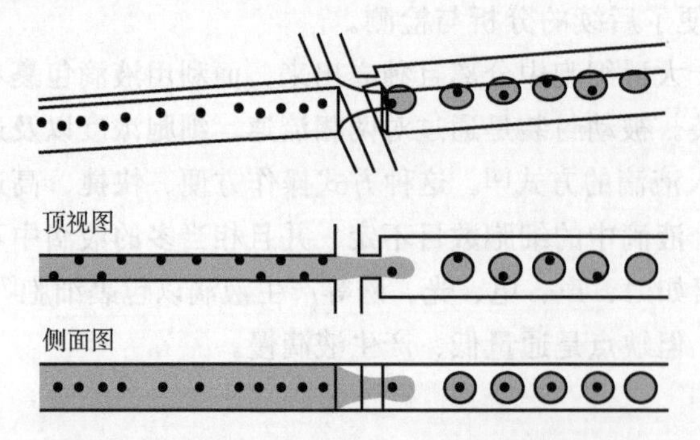

图 9-11 流体动力学相互作用导致颗粒沿着微通道的一侧自组织或形成对角线/交替图案

当油的两个侧向流以与颗粒相同（或更高）的频率从水流中拉出液滴时，沿流动方向（见侧面图）的均匀间距会导致形成单颗粒液滴

图 9-12 迪恩流排列封装单细胞示意图

9.3.2 主动封装法

主动封装是指在液滴产生时有外力进行辅助，其主要优势是能够较为精准地产生单细胞液滴。例如，可以在细胞靠近两相界面时施加声、电、光、磁力等驱使细胞进入聚焦区域，从而控制产生单细胞液滴。

He 等[11]运用光镊法技术，利用激光聚集形成光阱，使细胞受光压而被束缚在光阱处，通过这个方法捕获细胞位置，一旦其到达两相界面则立即对其施加高压脉冲以产生单细胞液滴。林金明等[12]利用喷墨打印技术，通过计算，压电驱动释放的电压信号与细胞有限稀释密度完美结合，进而生成单细胞液滴。还有的方式是利用声表面波在含有细胞的分散相中生成得到液态桥，然后由流动相将桥分开而得到液滴，然而此方法生产的液滴中细胞数目不确定[13]。

显而易见的是，通过主动方式的封装法生成的单细胞液滴，由于需要对细胞的位置进行精确的控制才能施加外力，这就导致生成的单细胞液滴的速度很低，而在单细胞分析中，往往需要很大的样本进行对比分析。因此，如何有效地提高产生单细胞液滴的速度则是该类方法面对的一个重要难题。

9.4 液滴单细胞质谱分析

质谱分析作为一种强大的分析技术，能够对多组分进行快速高灵敏度的同时分析，检测的分子范围广，种类涵盖小分子、脂质、肽和蛋白，非常适用于细胞组分和药物代谢物等生物分子的结构鉴定，故在生物医学研究中占据重要的地位。在液滴单细胞质谱分析中，一个关键过程是如何将液滴与质谱相结合。这主要是因为液滴处于流动相中，而流动相往往会干扰质谱检测，同时也会稀释液滴内的目标物，使其含量降低；其次，当液滴中包含有细胞时，其中的细胞培养基中含有大量盐分而不能直接用于质谱分析；再次，液滴的高通量也限制了其与质谱的联用。为了克服这些问题，研究人员首先想到的是将液滴从流动相中分离出来，以减少流动相的干扰，即先将液滴收集并储存，然后再重新注入与质谱相连的微流控芯片中。此外，还可以在芯片中构建油水两相界面，利用电场将生成的液滴从油相推入水相中，进而流入熔融石英喷管中，产生电喷雾进入质谱检测。另外一种常见方法则是直接在玻璃板上产生液滴单细胞阵列，然后将细胞萃取物吸入与质谱相连的毛细管中进行检测。

9.4.1 单细胞脂质分析

生物膜由化学成分不同，数量和比例不同的脂质组成，这些脂质在膜结构、能量存储、信号转导、蛋白质募集和蛋白质脂质的翻译后修饰中起着重要作用。通常体内脂质平衡的改变与多种疾病有关。为了揭示单个细胞之间脂质变化的异质性，需要发展具有高通量、小体积和区室化优势的液滴系统。目前，按需滴定的喷墨印刷技术由于试剂消耗量低而备受关注。林金明团队开发了一系列能够产生皮升级液滴单细胞的打印方法。液滴的大小可通过调节驱动电压和脉冲宽度来灵活控制，液滴的产生速度可通过调节频率进行控制。为了避免流动相对质谱检测的影响，林金明等人首先开发了一种如图 9-13 所示的利用压电陶瓷挤压含有细胞的有机溶剂来生成液滴的方法，生成的单细胞液滴直接滴到高压钨针针尖上进行喷雾和 ESI-MS 检测，这种方法存在的问题是只能分析浸在有机溶剂中的死细胞的脂质[14]。另外一种方法则是直接利用压电陶瓷挤压细胞培养基重悬的活细胞悬液，并将生成的单细胞液滴打印在氧化铟锡玻璃上，细胞磷脂则可通过 MALDI-MS 分析平台进行检测[15]。但由于这两种方式产生的液滴都是直接喷向空气中，因此液滴的大小不够均一稳定，单细胞的包裹率也相对较低。

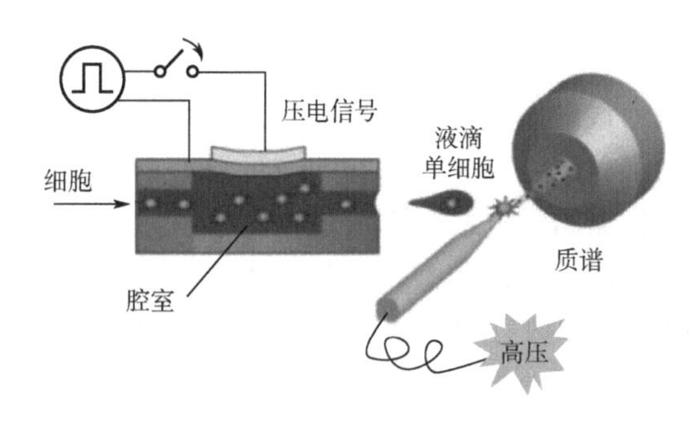

图 9-13　喷墨打印和探针电喷雾电离质谱的单细胞分析

为了产生稳定的单分散液滴，并且能够使细胞在进入质谱分析之前尽可能地保持活性和原有状态，林金明研究团队进一步开发了一种新的技术方法，将喷墨打印头浸入到油相中，利用压电陶瓷挤压含有细胞培养基重悬的细胞悬液，这种方法得到的液滴单细胞包裹率显著提高。整体系统包括喷墨打印系统、介电电泳通道以及芯片上去乳化界面。使用按需滴定的喷墨打印技术，将单个细胞封装在单分散液滴中，所产生的液滴可以在重力及外加推力作用下通过毛细管进入微流控芯片上的介电泳通道。在介电泳力的操控下单个细胞被限制在液滴的一个小区域中，并利用芯片上 Y 形分叉结构将液滴分成两个不对称的子液滴。仅含有培养基的较大液滴进入废液通道以减少基质干扰，而含有单个细胞的较小液滴则进入去乳化界面去除油相的干扰，随后细胞被推入甲醇通道进行质谱检测。这种集成的微流体系统提供了自动的活单细胞脂质谱分析。利用该平台可探究不同细胞系间脂质的差异，同时也可探究同一种细胞用药前后脂质的变化（图 9-14）[12]。

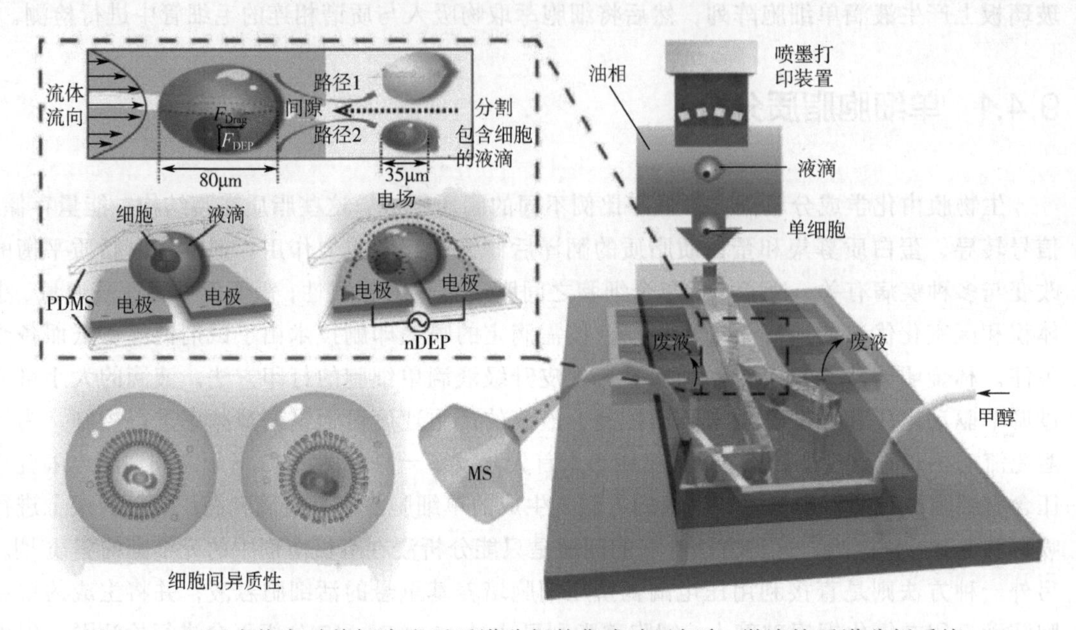

图 9-14　用于在线实时单细胞脂质质谱分析的集成喷墨打印-微流控质谱分析系统

9.4.2　单细胞代谢物分析

代谢物分析对于单细胞代谢组学至关重要，因为代谢物的浓度直接反映了代谢状态和复杂代谢网络的调节。测量单个细胞中代谢物的浓度还有助于揭示细胞之间的异质性。目前已经开发了许多单细胞代谢组学方法，而质谱由于具有定性和定量检测、高灵敏度以及同时分析多种分析物的能力而成为应用最广泛的技术之一。基于串联质谱的精确质量测量和结构解析，已鉴定出单细胞中数百种代谢物。但是，因哺乳动物细胞体积极小（1~10pL）和代谢物的量很低（amol~fmol），单个细胞中代谢物的定量仍存在许多挑战。

目前通过质谱定量单个细胞中的代谢物主要通过外标法和内标法来实现。与外标法相比，内标法可有效降低基质干扰和离子抑制的影响，实现更准确的代谢物定量。通过内标校准进行可靠的单细胞定量分析的关键是将内标物准确引入极小体积的单细胞中。微流控作为一种能准确控制痕量液体的技术，可实现在捕获单细胞的同时引入内标，有助于对单细胞进行高通量且准确的代谢物分析。一个典型的案例，清华大学张新荣研究团队通过将微孔阵列与液滴微萃取-质谱偶联，将单个细胞捕获在微孔中，然后利用微量移液器抽吸一定体积的含有内标的甲醇溶液加入微孔中，来提取细胞代谢产物。一定时间后，将提取物吸回针尖，送入质谱检测。微阵列的引入避免了痕量溶剂的不规则扩散，有效提高了极小体积样品的定量准确性。此法已成功定量单个细胞中的葡萄糖磷酸酯，证明了其在研究药物刺激对单细胞代谢物浓度变化的异质性方面具有潜在的应用前景[16]。

9.4.3 单细胞蛋白质分析

蛋白质作为生命体内功能的直接执行者，在揭示生命发育和疾病的发生发展方面意义重大。基于细胞群体的蛋白质研究将大量细胞内的信息平均化，难以满足对生命功能更加深入的了解。对单细胞蛋白质进行分析可以为细胞间的异质性提供更宝贵的信息。然而蛋白质不具有直接扩增的特性，且单细胞内蛋白质含量极少，就典型体细胞而言仅为0.1~0.2ng，远远小于常规蛋白质组学样品前处理所需要的微克级蛋白质量。此外，细胞内蛋白质的前处理过程复杂，往往需要多步操作，包括细胞裂解和蛋白质释放、蛋白质沉淀纯化、蛋白质还原和烷基化、酶切等。在这个过程中，样品不断被转移不可避免地带来了蛋白质的损失，因此目前对单细胞内蛋白质的检测在技术上还是极具挑战的。为解决这些问题，浙江大学方群等人将微流控液滴技术与蛋白质组分析技术相结合，发展了一种微型化的油-气-液“三明治”芯片及相应的纳升级液体操控和进样方法，能够在原位静态的纳升级液滴中完成细胞内蛋白质分析所必需的复杂前处理过程，并且可将液滴样品通过自动定位装置和高压气泵直接注入色谱分析柱内来完成后续的液相色谱分离与质谱检测。此法显著减少了样品与反应器接触所带来的损失，避免在常规微流控液滴系统中由于油相直接接触液滴而造成的缺陷，提出了一种采用气相来间隔液滴相和油相的新型液滴芯片结构，在成功防止液滴明显蒸发的同时，还避免了油相和液滴相直接接触带来的脂溶性样品的损失，也使系统能更方便地进行后续的分离柱进样、色谱分离和质谱检测。利用此装置，已成功完成对单个鼠卵母细胞为初始样本的蛋白质组学分析，一共鉴定到355种蛋白质，其中存在一系列与生殖发育、疾病相关的基因[17]。

9.5 总结与展望

液滴制备技术在近年来得到了快速的发展，成为化学和生物研究的有力工具。本章主要介绍了两种不同的液滴制备技术——喷墨打印技术和微流控芯片技术，其主要的生产方式是通过按需式喷墨打印和水动力法或者外力作用产生单分散的高通量液滴。这些液滴体积在飞升到纳升之间，与细胞直径相匹配，是一个相对封闭微环境，可以模拟生理状态下的细胞生理特征，防止信号被掩盖或信号重叠，防止交叉污染，便于单个细胞特异性分析，为单个细胞研究提供了独立的反应空间。将生产的单细胞液滴与荧光光谱、质谱、电检测、化学发光等各式各样的分析检测方法相结合，系统地研究了细胞的状态、表型、代谢、基因等一系列情况。

随着单细胞液滴分析的不断发展，快速、简捷、高效的分析成为当前的一个需求。从最初低的封装率发展至百分百的单细胞封装率，从每次进样的单个细胞分析逐渐发展成连续的单细胞检测。对于单细胞分析中的操控、溶膜、检测等涉及许多交叉相关的学科，结合相关学科的发展优势，在物理、微加工及电子学等先进技术的帮助下，从而实现简单快速的单细胞分析研究。我们相信，在不久的将来，微型化、自动化、智能化的液滴单细胞分析装置出现将为医学、生物学以及临床学等领域研究提供更多的帮助。

参考文献

[1] Hosokawa K, Fujii T, Endo I. Handling of picoliter liquid samples in a poly (dimethylsiloxane) -based microfluidic device. Anal Chem, 1999, 71 (20): 4781-4785.

[2] 陈九生，蒋稼欢. 微流控液滴技术：微液滴生成与操控. 分析化学, 2012, 8: 1293-1300.

[3] Park S Y, Wu T H, Chen Y, Teitell M A, Chiou P Y. High-speed droplet generation on demand driven by pulse laser-induced cavitation. Lab Chip, 2011, 11 (6): 1010-1012.

[4] Jones T B, Gunji M, Washizu M, Feldman M J. Dielectrophoretic liquid actuation and nanodroplet formation. J Appl Phys, 2001, 89 (2): 1441-1448.

[5] 岳瑞峰，吴建刚，曾雪锋，康明，刘理天. 基于介质上电润湿的液滴产生器的研究. 电子器件, 2007, 01: 47-51.

[6] Hong J G, deMello A J, Jayasinghe S N. Bio-electrospraying and droplet-based microfluidics: control of cell numbers within living residues. Biomed Mater, 2010, 5 (2): 021001.

[7] Collins D J, Alan T, Neild A. The particle valve: On-demand particle trapping, filtering, and release from a microfabricated polydimethylsiloxane membrane using surface acoustic waves. Appl Phys Lett, 2014, 105 (3): 033509.

[8] Köster S, Angilè F E, Duan H, Agresti J J, Wintner A, Schmitz C, Rowat A C, Merten C A, Pisignano D, Griffiths A D. Weitz D A. Drop-based microfluidic devices for encapsulation of single cells. Lab Chip, 2008, 8 (7): 1110-1115.

[9] Edd J F, Carlo D D, Humphry K J, Köster S, Irimia D, Weitz D A. Toner M J, Controlled encapsulation of single-cells into monodisperse picolitre drops. Lab Chip, 2008, 8 (8): 1262-1264.

[10] Kemna E W, Schoeman R M, Wolbers F, Vermes I, Weitz D A, Berg A V D. High-yield cell ordering and deterministic cell-in-droplet encapsulation using Dean flow in a curved microchannel. Lab Chip, 2012, 12 (16): 2881-2887.

[11] He M Y, Edgar J S, Jeffries G D, Lorenz R M, Shelby J P, Chiu D T, Selective encapsulation of single cells and subcellular organelles into picoliter-and femtoliter-volume droplets. Anal Chem, 2005, 77 (6): 1539-1544.

[12] Zhang W F, Li N, Lin L, Huang Q S, Uchiyama K, Lin J M. Concentrating single cells in picoliter droplets for phospholipid profiling on a microfluidic system. Small, 2019, 16 (9): 1903402.

[13] Moon D, Im D J, Lee S, Kang I S. A novel approach for drop-on-demand and particle encapsulation based on liquid bridge breakup. Exp Therm Fluid, SCI 2014, 53: 251-258.

[14] Chen F M, Lin L Y, Zhang J, He Z Y, Uchiyama K, Lin J M. Single-cell analysis using drop-on-demand inkjet printing and probe electrospray ionization mass spectrometry. Anal Chem, 2016, 88 (8): 4354-4360.

[15] Korenaga A, Chen F M, Li H F, Uchiyama K, Lin J M. Inkjet automated single cells and matrices printing system for matrix-assisted laser desorption/ionization mass spectrometry. Talanta, 2017, 162: 474-478.

[16] Feng J X, Zhang X C, Huang L, Yao H, Yang C D, Ma X X, Zhang S C, Zhang X R. Quantitation of glucose-phosphate in single cells by microwell-based nanoliter droplet microextraction and mass spectrometry. Anal Chem, 2019, 91 (9): 5613-5620.

[17] Li Z Y, Huang M, Wang X K, Zhu Y, Li J S, Wong C C, Fang Q. Nanoliter-scale oil-air-droplet chip-based single cell proteomic analysis. Anal Chem, 2018, 90 (8): 5430-5438.

思考题

1. 液滴单细胞研究的意义是什么?
2. 液滴可用于哪些单细胞内容研究?
3. 液滴生成的主动方式有哪些?
4. 对比液滴生成的主动式和被动式，各自有什么优点和不足?
5. 喷墨打印技术可分为哪几类?
6. 如何理解连续式喷墨打印工作原理? 按需式喷墨可分为哪些类?
7. 芯片上主动式液滴生产方式有哪些?
8. 随机封装法主要依据什么概率来计算液滴包裹率?
9. 排列封装法主要根据什么来控制细胞的有序排列?
10. 主动封装法有哪些?

第10章 微流控芯片-质谱联用细胞分析

10.1 概述

质谱（MS）分析由于高灵敏度和高选择性已成为当今最常用的分析工具之一[1-3]。这种强有力的分析工具，用于从无机元素、小的有机分子到蛋白质和核酸等大分子分析物的定性和定量检测。目前已被广泛应用于药物细胞毒诱导研究[4]，细胞与细胞间相互作用研究[5,6]和细胞代谢研究[7]。质谱仪通过完整分子的电离来获得高度精确的分子量，从而使得分子的识别更为容易。随着质谱技术的发展，出现的两种“软”电离方法即电喷雾电离（ESI）[8]和基质辅助激光解吸电离（MALDI）[9,10]对质谱分析技术的发展具有革命性意义。ESI 直接从液体中产生高电荷离子，从而促进色谱分离与质谱仪的在线联用。但是，样品中存在的高浓度的盐会导致严重的离子抑制，影响样品分析过程。MALDI 具有很高的耐缓冲盐能力，但由于基体离子的存在，信号噪声较大，电离光谱往往在低于 500Da（$1Da = 1.66054 \times 10^{-27}kg$）质量范围。质谱技术虽然具有许多优点，但直接应用于实际复杂样品检测的能力却极为有限。因此，近年来研究者提出了质谱技术与分离技术的联用。气相色谱-质谱联用技术、液相色谱-质谱联用技术和基于柱色谱分离的毛细管电泳技术，为分子的分离和检测技术的发展作出了重要贡献。高通量、快速、分析方便和样品消耗少的新一代质谱技术对生命科学领域的进一步发展拥有重要意义。

微全分析系统（μTAS）已经在分析化学领域内引起了广泛的关注[11,12]。微流控装置在研究中取得了很大进展，可实现化学分析的微型化和各种化学过程的集成，这一研究领域被称为“微全分析系统”或“芯片实验室”[13]。利用微米制造技术在几十厘米长的衬底上制备了通道大小为几十到几百微米的微流控通道，作为反应和分析过程发生的空间，该装置通常被称为“微流控芯片”[14-16]。通过控制微尺度通道的大小、流体和表面性质等，可实现各种化学和分析过程的集成和小型化。研究表明，该方法具有分析时间短、样品和试剂用量少、反应面积大、反应空间小等优点。微流控芯片技术不仅从工业角度来看是有效的，而且也可以广泛应用于有机化学、物理化学、细胞生物化学等各种化学领域。目前在生物分析领域广泛应用的微流控技术主要是光学成像[17]、电泳[18]、化学发光法[19,20]等方法。但这些分析技术在许多方面都受到限制，如缺乏化学结构的表征信息，而解决方法则是把微芯片和质谱仪连接起来进行信号分析。

从 1997 年开始，Karger 和 Ramsey 开始将芯片质谱用于生物分析[21,22]，众多基于微流控芯片-质谱的界面研究和应用方法相继被报道[23,24]，如电喷雾四极杆飞行时间质谱仪与芯片联用进行多肽的识别和分离[25,26]，动态分析方法被用于细胞培养和代谢检测[27-29]，细胞共培养及信息交流[30-32]等技术被进一步开发，成为了潜在的细胞生物学综合分析的重要手段。特别是在细胞研究的新分析方法，利用微流控技术与 ESI-MS、MALDI-MS 平台的联用[25,31]在生化分析中展现了巨大的应用潜力，包括细胞代谢[27,32-34]、药物的吸收[35,36]、药物渗透性[37]、细胞-细胞相互作用[38-41]和细胞分泌[42]。构建了具有高通量、低成本的开展药物筛选和特定疾病诊断的潜力的细胞分析平台。利用这个新的分析平台，细胞的培养、代谢物的收集、样品的前处理及检测都可集成为一体进行实际的操作与观察。与传统的方法相比较，此方法具有分析时间短（不到 10min）、样品和试剂用量少（小于 100mL）等优点。本章节将重点讨论利用微流控芯片-质谱联用技术的研究方法和未来的发展趋势。

10.2 质谱仪 ESI 接口

随着近年来微流控技术的发展，微型化的微流控离子源与质谱的联用平台得到了广泛关注，并取得了巨大的进展。接口是微流控芯片-质谱联用中完成分子从液相转移到气相，并离子化的关键，因此根据离子化方式设计合适的接口实现稳定高效的离子化是质谱检测的前提。微流控芯片-质谱接口研究的难点在于没有固定的商品化产品，芯片材质和结构多样化，没有固定统一的结构，需要根据芯片的样式和功能设计符合要求的接口；另外，由于芯片尺寸小，接口的加工也有较大难度，导致喷雾不稳定。因此，优化接口的设计并保证离子化效果，优化加工技术并提升加工精度是接口研究的主要目标。

目前在微流控-质谱联用的研究中，电喷雾电离（electrospray ionization，ESI）和基质辅助激光解析电离（matrix-assisted laser desorption/ionization，MALDI）是两种比较常用的离子化方式。我们主要介绍微流控芯片与 ESI 及 MALDI 质谱联用的主要离子化效率高、建构简单的接口。

ESI 是一种使用强静电场的电离技术，可用于微流控芯片-质谱联用及溶液直接进样方式。样品经过毛细管金属喷嘴，在毛细管和对电极板之间施加电压，使样品溶液形成高度分散的雾状小液滴。带电荷的液滴在向质量分析器移动的过程中，溶剂不断挥发，使其表面的电荷密度不断增大，当电荷斥力足以克服表面张力时，即达到瑞利极限，液滴发生裂分。经过反复多次的溶剂挥发-裂分过程，带电荷的液滴最终形成带有单个（或多个）电荷的准分子离子。在大气压条件下形成的离子，在电位差的驱使下通过干燥的氮气帘进入质谱仪的真空区。目前，微流控芯片与 ESI 源质谱联用的主要挑战是如何开发稳定高效的接口。ESI 从原理上可以实现与微流控芯片的在线联用，通过压力驱动或电渗流将微流控芯片与电喷雾接口耦合，将液体引入接口，在接口处施加电压完成离子化。在这里，根据加工方式可以把芯片电喷雾接口归纳为以下三种制备方法（图 10-1）：芯片直接喷口；芯片外接喷口；芯片一体化喷口。

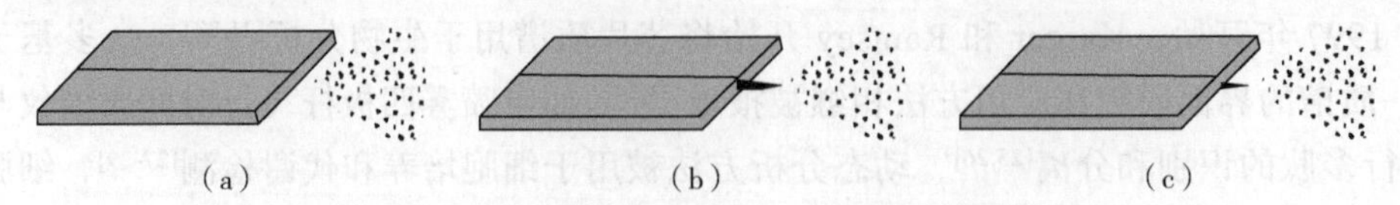

图 10-1　微流控芯片-ESI 接口示意图

（a）微流控芯片直接喷口；（b）微流控芯片外接接口；（c）微流控芯片一体化接口

10.2.1　芯片直接喷口

芯片直喷接口是利用流道末端出口为喷雾口，通过施加电压使液滴形成泰勒锥，进而喷雾［图 10-1（a）］。该种接口是微流控芯片与质谱联用中最早出现的接口，由 Karger 等在 1997 年首次报道[43]。设计微米级别的芯片的流道，依靠注射泵的压力驱动产生的液流，施加电压产生喷雾，实现了低浓度样品的快速分析，这项研究开辟了微流控芯片与质谱联用的领域。但由于玻璃芯片表面的亲水性以及平末端出口，流出液滴容易向边缘扩散，形成较大的死体积，影响喷雾的稳定性，也不适用于混合物分离，目前已很少被采用。

因此，在此基础上进一步改进，将流道末端延伸到芯片的边角处，以矩形的直角为喷口，与平末端相比更有利于液体形成泰勒锥，同时增加侧向流道引入鞘流液保证液体流速的稳定，在电压下可产生稳定的喷雾。例如，Sun 等[44]提出了一种用于纳米 ESI-质谱的基于 PDMS 膜的新型纳米电喷雾质谱微流体发射器（图 10-2）。该发射器厚约 100μm，可在低电位（约 2kV）和低流量（10nL/min）的条件下稳定地实现电喷雾。这种基于膜的 ESI 发射器可极为方便地与质谱检测用的芯片分离部件（如微芯片毛细管电泳设备）和多层 PDMS 微流控设备（如气动阀集成芯片等）的结合。而作为芯片与质谱仪接口的重要组成部分，基于玻璃微流控芯片的电喷雾发射器的集成也非常有意义[45]。该类芯片及接口技术已经十分成熟，目前已实现产品化，可与商业化质谱联用，用于蛋白质组学的研究，该研究对于拓展微流控芯片的应用场景有重要意义。

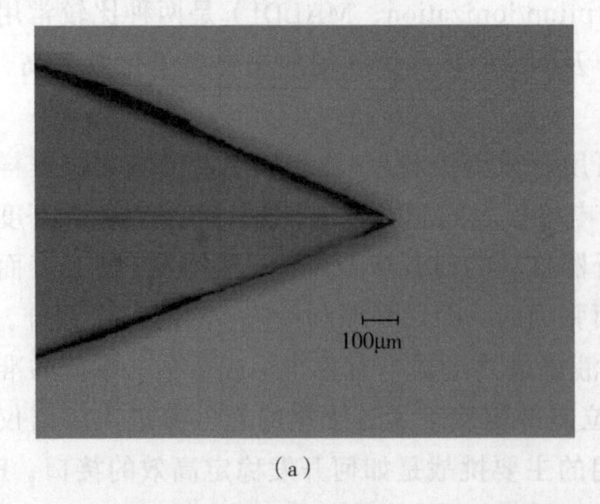

（a）

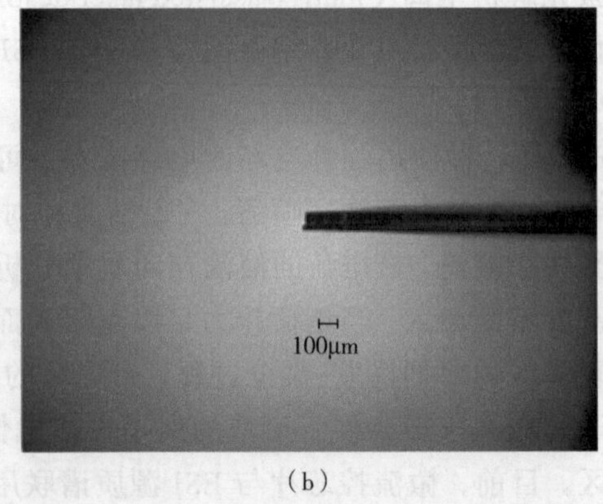

（b）

图 10-2　PDMS 芯片与 ESI 发射口连接处的顶视图（a）和侧视图（b）[44]

10.2.2 芯片外接接口

外接接口通过在流道末端插入毛细管或商业化喷针，并在外接装置上施加喷雾电压实现离子化 [图 10-1（b）]。与芯片直喷相比，该种方式采用的喷针内径通常在 5~15μm 间，溶液消耗量更少，可以实现纳喷喷雾，所需的喷雾电压更低，喷雾更稳定。

目前，已有将单个电喷雾发射器与不同材料结合的方法，如包含有强化电子接触的 PDMS 通道芯片的 ESI 质谱接口相连接，利用微流控芯片构建细胞培养平台，将样品收集后通过固相微萃取柱预处理后，通过聚四氟乙烯套管的石英毛细管连接，通入雾化气体辅助产生喷雾，雾化气体的加入有效提升了样品的离子化效率，提高了信号强度（图 10-3）。这种包含了多个功能部件的集成微流控设备可通过石英毛细管柱与 ESI-QTOF 质谱直接联用并用于生化分析，与药物代谢或细胞分泌相关的功能部件，包括细胞培养、代谢生成或细胞分泌、样品预处理和检测，都可集成到微流控装置中。与传统方法相比，此方法具有分析时间短（少于 10min）、样品与试剂消耗量少（<100μL）等优点。

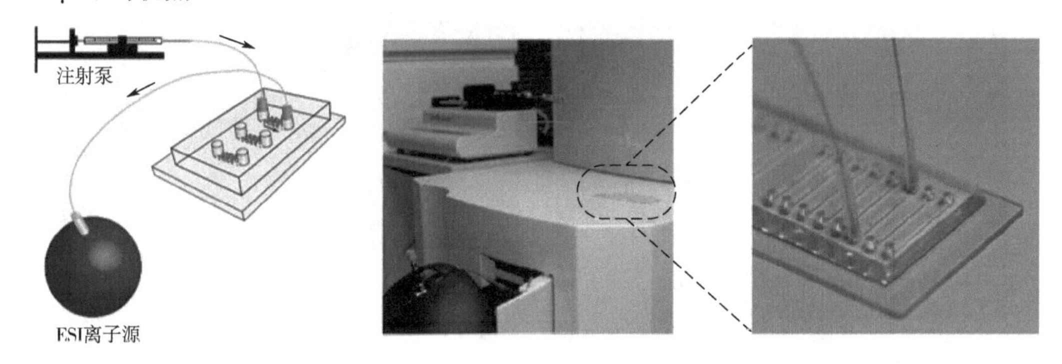

图 10-3　PDMS 芯片聚四氟乙烯套管的石英毛细管外接接口[42]

除此之外，Steyer 等[46]在微液滴芯片质谱联用监测酶促反应产物的研究中报道了一种接口，在聚二甲基硅氧烷（polydimethylsiloxane，PDMS）材质芯片末端插入石英毛细管，并与内径 15μm 的商业化喷针连接，在喷针表面的金属涂层处施加喷雾电压，该接口在 2.5h 的分析中提供了稳定的喷雾，实现了对 20000 个液滴的高通量分析。Zhao 等[47]使用商业化的不锈钢喷针与芯片连接并在芯片上固定抗体，在线提取并定量分析了牛奶中残留的喹诺酮类药物，该方法为微流控芯片质谱联用定量分析食品药品中的添加剂提供了新思路。

10.2.3 一体化接口

随着微流控芯片加工技术的成熟，越来越多的芯片采用一体化接口设计，在芯片末端延伸出锥形的尖端或将芯片末端设计为锐角形状 [图 10-1（c）]。一体化接口的优点在于可以消除死体积，保持较高的分离效率，有利于液体形成更细小的泰勒锥，提高喷雾的稳定性。

高分子材料（如 PDMS）由于成本低、易于加工等优势率先被用于加工一体化接口。采用激光微加工技术直接在聚碳酸酯（polycarbonate，PE）等电聚焦芯片上加工出尖端为锥形的喷头和鞘流液通道，与质谱联用分析了肌红蛋白和碳酸酐酶混合物，在3小时内目标物信号强度的标准偏差小于5%，表明该接口具有很好的稳定性[48]。Tähkä 等[49]报道了通过复制 PDMS 模板得到带有尖锐喷射器的芯片，实现非水相的电泳分离及质谱检测，该研究通过一块芯片成品克隆出多块相同结构的芯片，进一步简化了加工过程。但高分子材料会有部分溶于有机溶剂，导致质谱中产生杂质信号，影响目标物的检测。

与高分子材质的芯片相比，玻璃芯片对于溶剂输送更稳定，但由于加工难度的问题，一体化接口在玻璃芯片的应用起步较晚。Hoffmann 等[50]开发了集成单层纳米喷雾头的玻璃基材的芯片质谱平台（图 10-4）。这一纳米喷雾头是由电脑数控（CNC）铣削、加热和拉伸制造而成，玻璃喷雾器的性能与商用产品相仿。为进一步提高电喷雾的稳定性，Hoffmann 的研究小组优化了包括数控铣削和 HF 蚀刻在内的制造工艺，以精细准确地构造熔融拉丝喷头。这些喷头具有非常小的发射尺寸（仅几微米）且没有死体积。以上两种接口虽然都能获得较好的喷雾性能，但复杂的机械和手动加工方式降低了芯片的加工速率和可重复性，因此未来也需要更便捷的加工方法。

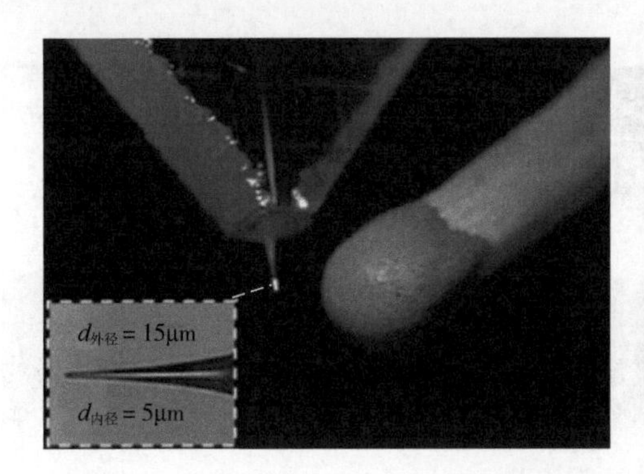

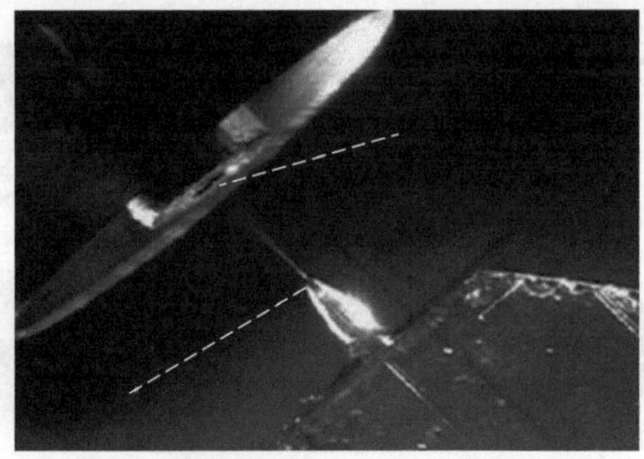

图 10-4 纳米喷雾发射器的电喷雾过程可视图[50]

10.3 质谱仪MALDI接口

MALDI 是一种间接的光致电力技术，将样品分散于基质中形成共结晶薄膜（样品和基质比例为 1∶10000），用一定波长的脉冲式激光照射该结晶薄膜，基质分子从激光中吸收能量传递给样品分子，是样品分子瞬间进入气相并电离。MALDI 主要通过质子转移得到单电荷离子 M^+和$[M + H]^+$，也会产生与基质的加合离子，有时也能得到多电荷离子，但较少产生碎片，是一种温和的软电离技术，适用于混合物中各组分的相对分子质量测定及生物大分子如蛋白质、核酸等的测定。

微流控芯片-MALDI 联用的挑战在于样品状态不统一，芯片通常输出的是流体，而 MALDI 通常分析的是结晶后的固体。目前主要通过离线方式实现，主要分为靶板点样式和芯片靶板一体式接口（图 10-5）。靶板点样式接口一般预先在激光靶板上喷涂基质，在微流控芯片末端延伸出一段毛细管，通过三维移动平台控制靶板移动，经过芯片分析后的样品被涂布到靶板上，与基质共结晶，随后转移到激光器下离子化[图 10-5（a）]。该接口适用于微反应器和液滴微流控芯片中样品的高通量分析。芯片靶板一体式接口是直接将芯片本身作为靶板，预先将基质溶于缓冲液，在芯片上完成分离后移除盖片，将底片流道中的溶剂蒸干或冻干，使样品与基质共结晶，随后转移到激光器下离子化[图 10-5（b）]。

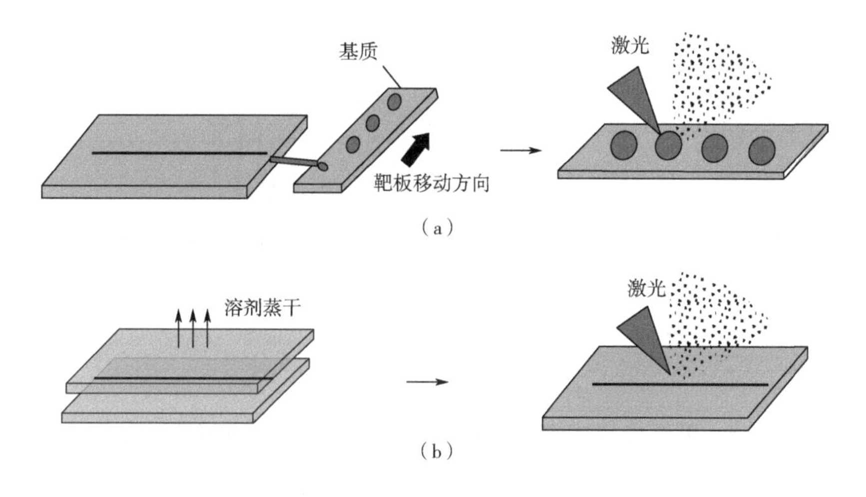

图 10-5　微流控芯片 MALDI 源接口示意图

（a）靶板点样式接口；（b）芯片靶板一体式接口

近年来，高密度微阵列芯片被直接用于 MALDI-MS 分析。MALDI-MS 具有从组织或其他样品获得数以千计的谱图的能力，这使它成为理想的高通量细胞分析和药物研究技术。MALDI-MS 的在线检测接口可通过气溶胶颗粒、毛细管或机械方法引入基质和分析物来实现。基于微流控芯片的 MALDI 分析通常通过将芯片中的样品流出物滴加、喷洒或点样到样品靶板上并添加基质来完成样品的制备。点样是最为广泛应用的样品沉积方法，该方法可精确控制液滴的体积，这一点作为样品分析极为重要。样品沉积的最直接方法是机械喷涂方法，即将基体与样品在线混合，随后沉积或点样在覆盖有基体的靶上。采用这种方法，目前开发了一种用于单细胞分析的自动化喷墨打印技术[51]。单个或多个细胞可通过喷墨打印技术打印在 ITO 玻璃基体上，细胞磷脂则可通过 MALDI-MS 分析平台进行检测（图 10-6），此平台在高通量的细胞分析方面展现出巨大的潜力。

10.4　芯片中细胞样品的预处理

在微流控-质谱联用构建过程中样品的预处理技术已成为一个重要的研究领域，在生物分析中人们感兴趣的分析物通常是低浓度的并伴有复杂的干扰。考虑到分析系统体积有限，预处理大致分为预浓缩和分离两部分。因此，芯片-质谱分析中样品在芯片上的预浓缩和分离尤为重要。

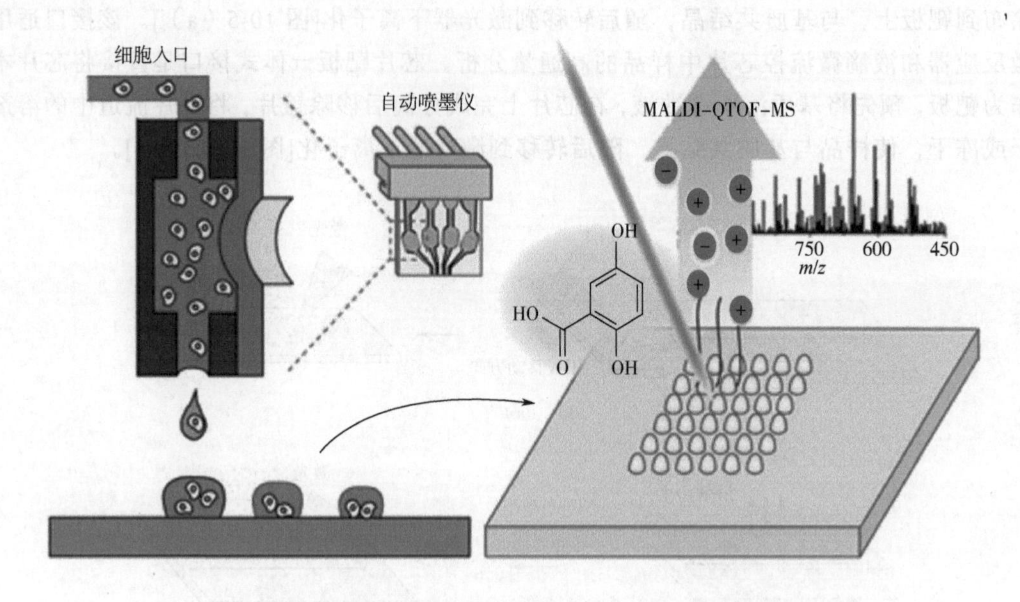

图 10-6　用于 MALDI 细胞分析的喷墨自动化细胞-基体打印系统[51]

10.4.1　微萃取芯片的制作

微流控芯片上可进行细胞培养、刺激，分泌物收集、样品前处理，最后进入质谱检测。细胞首先在芯片内进行培养，达到稳定的生长状态后再进行刺激，一段时间后将分泌物收集并通过芯片内的预处理部分进行除盐和除蛋白的纯化步骤。前处理之前将芯片与质谱相连接，对待检测物洗脱进入质谱进行检测。在质谱分析样品前，其样品通常需要预浓缩步骤以便获得更有效的信号。因此，预浓缩是进行有效的质谱分析的必要条件。

在这里需要将一块对细胞分泌物进行前处理的微萃取芯片（miniature extraction chip，MEC）集成到微流控系统中，用于对细胞分泌出的代谢物进行富集纯化。图 10-7 所示为微流控系统中的固相微萃取芯片构造原理示意图。通过紫外光聚合在通道中构造出一排 PEG 凝胶微柱作为围坝拦截住萃取填料。根据实验的萃取填料的体积，需要调节 PEG 凝胶微柱边缘之间的最小距离，使填料既可以通过样品又不会被缓冲液冲走。填充到 MEC 芯片中的萃取填料可从商业渠道购买，颗粒直径控制在微米级别。填料提供了一个高度亲水的表面，以降低蛋白质和磷脂的表面结合特性。而填料内部的微孔为疏水设计，不会再与亲水性的表面结合，有效降低离子抑制效应，从而有效达到对待测物除盐和除蛋白的效果，使之适合进入质谱进行检测，并提高了检测的灵敏度和分析能力。

集成于微流控芯片的前处理小柱是由大孔 C_{18} 固相萃取填料填充制成。封端的 C_{18} 硅胶颗粒是反相的萃取填料，键合密度和回收率高，大孔的 C_{18} 更适用于对蛋白、DNA 等大分子进行脱盐和富集。由于 C_{18} 硅胶颗粒呈现非常不均匀的粒径分布和物理形态，因此不能采用上述的围栏法制作前处理小柱。在这里利用了前处理通道末端连接非常低的通道，拦截

住 C_{18} 固相微萃取柱。通过构建微萃取芯片可建立一个基于微流控芯片与质谱联用的分析平台，能够进行不同细胞之间的共培养研究，不仅可以观察共培养过程中细胞的形态变化，同时利用质谱监测细胞分泌物的量在共培养期间的变化，并对其中一种细胞进行药物刺激，观察另一种细胞分泌行为的影响。

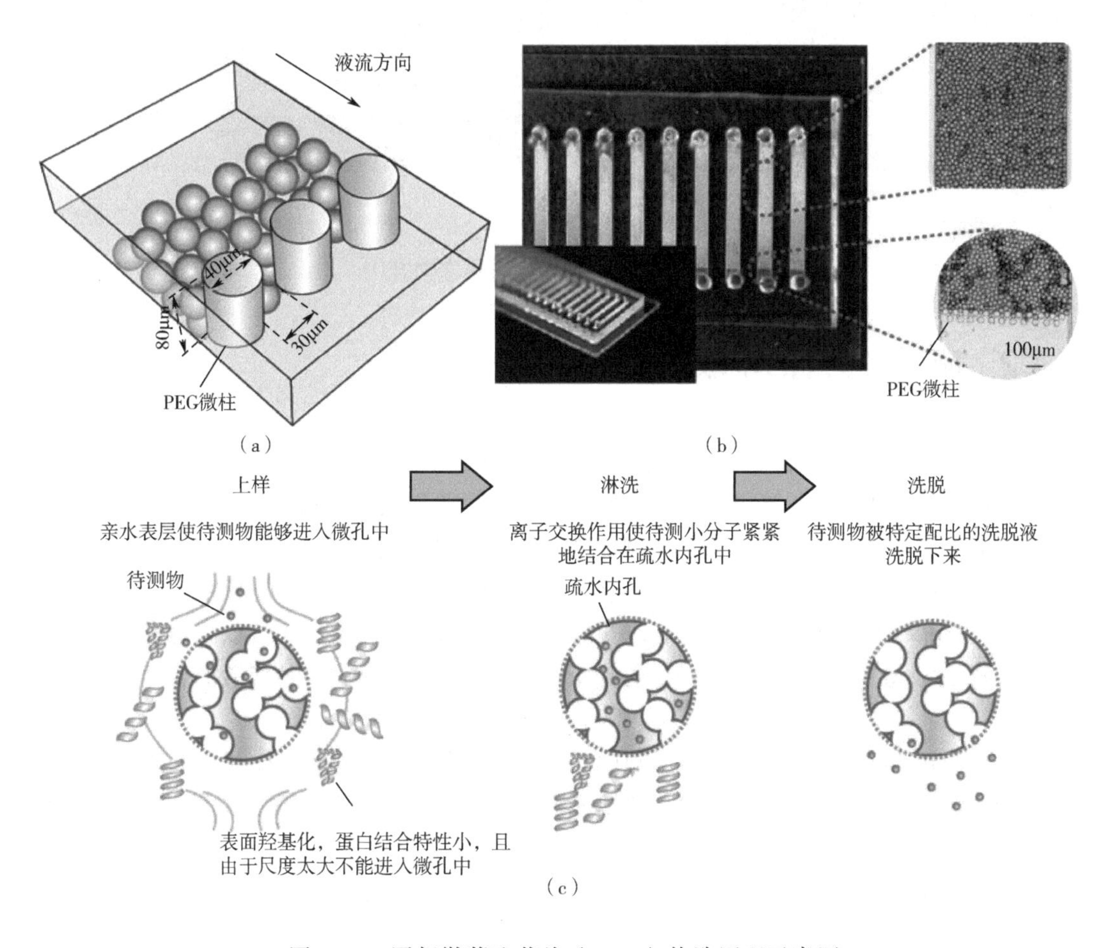

图 10-7 固相微萃取芯片（MEC）构造原理示意图

（a）MEC 中的 PEG 凝胶微柱分布及尺度；（b）MEC 填充后的照片及显微镜下局部放大照片；（c）MEC 对待测物的富集纯化原理及流程

为了证明制作的 C_{18} 前处理小柱对生长激素具有较好的吸附效果和足够的吸附容量，魏等人[39]采用一系列浓度梯度的生长激素标准溶液对小柱的萃取效果进行评价。图 10-8 是填充了 C_{18} 固相填料的前处理小柱末端和中段的显微镜照片，可以看到在末端制作的低的围坝结构完全拦截住了填料，填料呈非常不规则形状，导致柱压较大，因此在实验中采取的流速都比较低。将微流控芯片制作好后用 C_{18} 硅胶颗粒填充前处理小柱。利用微阀控制关闭与细胞共培养通道，防止对其造成污染。C_{18} 硅胶颗粒浸泡于甲醇中制成悬浮液后向芯片通道中灌注，达到要求高度后用去离子水冲洗，即完成活化步骤。

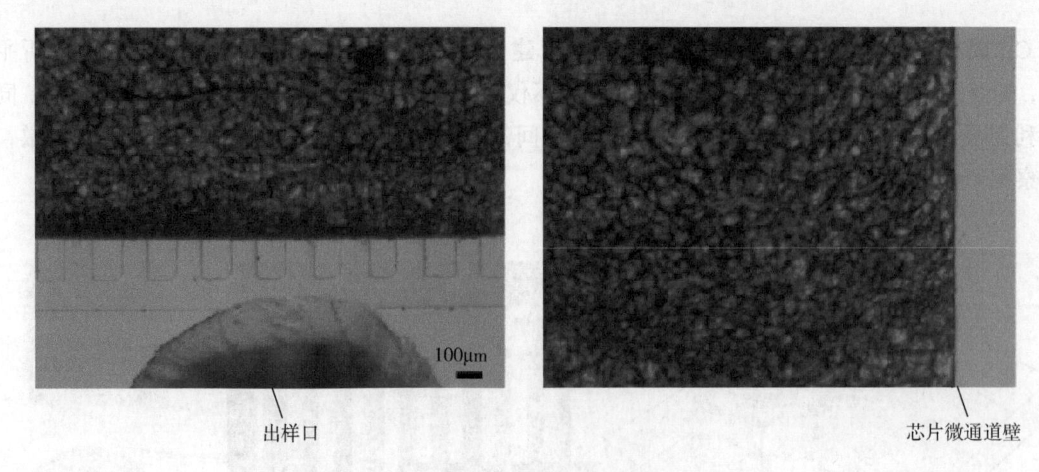

图 10-8　C_{18} 前处理小柱显微镜照片[39]

10.4.2 MEC芯片的萃取效果

在对细胞分泌物进行萃取和检测之前，需要预先对 MEC 芯片的萃取效果进行考察，用于衡量 MEC 芯片的萃取容量和定量分析的能力，以便准确地计算细胞分泌物的含量。在这里举例模拟谷氨酸的分泌实验，将谷氨酸配制在细胞实验中所用的 PBS 缓冲液中形成一系列梯度浓度的溶液，用 MEC 芯片进行萃取纯化，再洗脱进入质谱检测。实验结果显示，选用 1mm ×15mm×80μm 的 MEC 微通道，填充满萃取填料后进行实验，可以吸附充满细胞培养微通道的 1μg/mL 谷氨酸溶液中所含的谷氨酸，而细胞可能释放的谷氨酸的含量远小于该水平。

将填充 MEC 芯片的填料先置于甲醇中并充分混匀使之成为悬浮液。将此悬浮液用注射器注入制作好的 MEC 芯片微通道中，并填充至统一高度。注意填充时不易使用过大压力，防止微柱造成损害。每次吸取填料之前都需要对悬浮液进行振荡，使填料分布均匀，防止沉降。在进行谷氨酸的吸附洗脱实验之前，先对 MEC 芯片中的填料进行活化处理，分别以 100μL 甲醇和 100μL 水对填料活化，可以对多个通道平行操作。上样之后，用 100μL 含 5% 甲醇的水溶液冲洗 MEC 芯片，以冲洗掉盐分和蛋白。然后将 MEC 芯片连接质谱的 ESI 离子源，用 5%的氨化甲醇对待测物进行洗脱，进入质谱进行检测。除了上样过程采用 2μL/min 外，所有对 MEC 芯片进行处理的操作均采用 10μL/min 的流速，以保证待测物与填料的充分接触。

将谷氨酸的储备液用 PBS 缓冲液稀释成 0.01μL/mL、0.05μL/mL、0.1μL/mL、0.5μL/mL 和 1.0 μL/mL 的梯度浓度，作为标准溶液进行标准曲线的测定。谷氨酸标准曲线的测定完全按照对细胞实验的同样流程进行。首先将谷氨酸的标准溶液注入空白的细胞培养微通道，以得到与实际细胞实验时同样的溶液体积。然后用一根聚四氟乙烯塑料管连接细胞培养通道的出样口和 MEC 前处理微通道的进样口，用吸取了 PBS 缓冲液的注射器在细胞培养通道的进样口缓慢推动，从而将待测溶液转移到 MEC 芯片中，完成上样步骤（图 10-9）。经过洗脱后进入质谱进行检测，得到信号峰。

图 10-9 细胞培养芯片中样品溶液转移至 MEC 芯片过程实际操作

(a) 样品标准液注入空白的细胞培养微通道，得到与实际细胞实验相同的溶液体积；(b) 使用聚四氟乙烯管连接 MEC 前处理通道；(c) 利用吸取了 PBS 缓冲液的注射器推动样品转移到 MEC 芯片

10.5 微流控芯片-质谱联用技术的应用

为了考察微流控芯片-质谱联用平台对实际细胞分泌物监测的应用，对 PC12 细胞施药对 GH3 细胞分泌生长激素的影响进行了研究。根据微流控芯片样品前处理技术，GH3 分泌的生长激素均由上述方法通过 C_{18} 前处理小柱除盐后进入质谱检测。质谱图 10-10 得到分别带有 9~13 个正电荷的峰。在所有的质谱强度比较中，均采取 5 个峰强度之和的数值来进行比较。可以看出，从 MEC 上被洗脱下来的过程中，生长激素分子的离子峰的信号强度呈现明显的递减趋势，随后达到平台。使用 DataAnalysis 软件，可以获得所设定质荷比范围内记录的全过程中得到的总离子流图（total ion chromatogram，TIC），并通过提取某个特定质荷比峰，得到提取离子流图（extracted ion chromatogram，EIC），从而得到更直观的检测目标质荷比峰信号的强度变化。

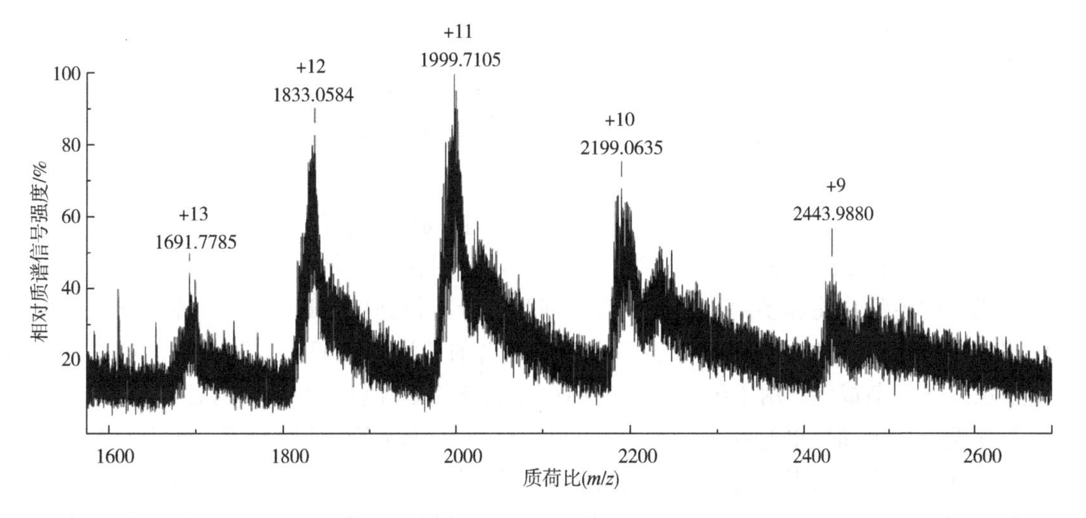

图 10-10 GH3 释放生长激素的质谱图[39]

根据洗脱过程前 5min 所获得的谱峰已经可以判断物质的结构信息，进行洗脱物的定性分析；同时根据洗脱曲线最高点的谱峰强度，依据标准曲线计算洗脱物的含量，从而达到半定量

分析。因此，根据洗脱液注射流量可以计算得到，每个样品的检测仅需要毫升级别的洗脱液即可获得所需要信息，从而对待测物进行定性和半定量分析。对于每个样品的吸附和检测，仅需要不到 10min 的时间就能获得定性和半定量的数据，而溶剂的消耗量仅需要毫升级别。

10.6 总结与展望

微流控芯片-质谱联用技术用于细胞代谢物的分析具有多种显著的优势，也有其需要进一步完善之处。首先，从微流控芯片方面考虑，在细胞微环境的模拟中，虽然微流控芯片能够进行一些生理环境的模拟，但是由于对细胞所处的体内真正的生理环境还不够清楚，使得模拟的微环境仍需不断地完善。其次，芯片制作的材料及不同材料的接触面和比表面积，微量的细胞培养基，不同条件下细胞的培养，培养基的更换方式等均将影响细胞的生长及代谢。传统的细胞培养装置材料一般是聚苯乙烯材料，而目前芯片制作的主要材料是 PDMS。据报道，细胞在 PDMS 上制备的微流控芯片装置上培养时，细胞的黏附力和增殖与传统的培养方法有较大的不同。对于一些细胞而言，未处理的 PDMS 将降低细胞的黏附力，促进细胞死亡。表面积与细胞培养基的体积比值的改变也将影响细胞的生长。此外，与传统的细胞培养方式相比，微流控芯片上培养的细胞所感受到的氧含量、渗透压、pH 值以及营养消耗的速度均可能不同。而这些微流控芯片的设计以及大量参数变化（如培养材料的变化、系统的透气性等）可能会导致细胞在微流控芯片装置中的特殊反应，从而影响到细胞的各种行为。

在质谱检测方面，细胞产生的小分子代谢产物（＜500Da）有可能吸附在 PDMS 上，从而导致含量的降低，增加了质谱检测的难度，同时这些吸附的产物还可能会进一步影响到细胞的生长和凋亡、分化等。其次，将微流控芯片用于细胞生理环境的模拟，增加了样品的基质，这也将给质谱分析带来新的挑战，对质谱的分辨率和灵敏度提出更高的要求。在芯片-质谱联用中，由于质谱检测范围的限制，需要对小分子和大分子的代谢物分离后进行检测，无法一次完成检测。因此，需要发展检测范围更宽、灵敏度更高的质谱检测技术用于细胞和细胞代谢物的分析。

由于微流控装置具有设计灵活、易于微型化和自动化等优点，微流控芯片的细胞和代谢物分析已经取得了巨大的进展，为细胞生物学以及细胞生物化学等研究提供了新的思路。而质谱优异的定性功能和多组分分析，使得细胞的分析得到更快速的发展。微流控芯片-质谱联用在细胞研究中的应用仍然吸引着众多研究者的关注。我们相信随着微流控芯片中细胞培养技术的逐渐成熟，用于细胞研究的标准化微流控芯片设计和制备将逐步实现。同时，新的芯片设计将更加简单有效。其次，为了获得更加可靠的细胞研究数据，微流控芯片上进行体内微环境的模拟将得到更加快速的发展，各种不同的信号通路将得到更加深入的研究。从而能反映细胞或组织在生理或病理下特定响应的细胞代谢物分析，将获得人们越来越多的关注。因此，虽然微流控芯片-质谱联用技术用于细胞的研究仍存在一些挑战，但其相对于传统细胞生物学研究的优势，使其仍将继续得到更加深入的开发与研究，并被真正地应用于生物医学、制药研究、药物发现和临床诊断等方面。

参考文献

[1] Bings N H, Skinner C D, Wang C, Colyer C L, Harrison D J, Li J, Thibaule P. Coupling electrospray mass spectrometry to microfluidic devices with low dead volume connections. The 3rd International Symposium on Micro Total Analysis Systems (mu-TAS'98) , 1998, Banff, Canada.

[2] Astorga-Wells J, Jornvall H, Bergman T. A microfluidic electrocapture device in sample preparation for protein analysis by MALDI mass spectrometry. Anal Chem, 2003, 75: 5213-5219.

[3] Grimm R L, Beauchamp J L. Field-induced droplet ionization mass spectrometry. J Phys Chem B, 2003, 107: 14161-14163.

[4] Gao D, Li H, Wang N, Lin J M. Evaluation of the absorption of methotrexate on cells and its cytotoxicity assay by using an integrated microfluidic device coupled to a mass spectrometer. Anal Chem, 2012, 84: 9230-9237.

[5] Ong T H, Kissick D J, Jansson E T, Com T J, Romanova E V, Rubakhin S S, Sweedler J V. Classification of large cellular populations and discovery of rare cells using single cell matrix-assisted laser desorption/ionization time-of-flight mass spectrometry. Anal Chem, 2015, 87: 7036-7042.

[6] Zhang J, Wu J, Li H F, Chen Q S, Lin J M. An in vitro liver model on microfluidic device for analysis of capecitabine metabolite using mass spectrometer as detecto. Biosens Bioelectron, 2015, 68: 322-328.

[7] Liu W, Wang N J, Lin X X, Ma Y, Lin J M. Interfacing microsampling droplets and mass spectrometry by paper spray ionization for online chemical monitoring of cell culture. Anal Chem, 2014, 86: 7128-7134.

[8] Fenn J B, Mann M, Meng C K, Wong S F, Whitehouse C M. Electrospray ionization for mass spectrometry of large biomolecules. Science, 1987, 246: 64-71.

[9] Karas M, Hillenkamp F, Laser desorption ionization of proteins with molecular massesexceeding 10, 000 daltons. Anal Chem, 1988, 60: 2299–2301.

[10] Tanaka K, Waki H, Ido Y, Akita S, Yoshida Y, Yoshida T. Protein and polymer analyses up to m/z 100 000 by laser ionization time - of - flight mass spectrometry. Rapid Commun. Mass Spectr, 1998, 2: 151-153.

[11] Janasek D, Franzke J, Manz A. Scaling and the design of miniaturized chemical-analysis systems. Nature, 2006, 442: 374-380.

[12]Ríos A, Escarpa A, González M C, Crevillén A G. Challenges of analytical microsystems. TrAC Trend Anal Chem, 2006, 25: 467-479.

[13] Reyes D R, Iossifidis D, Auroux P A, Manz A. Micro total analysis systems. 1. Introduction, theory, and technology. Anal Chem, 2002, 74: 2623-2636.

[14] Auroux P A, Iossifidis D, Reyes D R, Manz A. Micro total analysis systems. 2. Analytical standard operations and applications. Anal Chem, 2002, 74: 2637-2652.

[15] Vilkner T, Janasek D, Manz A. Micro total analysis systems. 3. Recent developments. Anal Chem, 2004, 76: 3373-3385.

[16] Dittrich P, Tachikawa K, Manz A. Micro total analysis systems. Latest advancements and trends. Anal Chem, 2006, 78: 3887-3907.

[17] Liu W, Dechev N, Foulds I G, Burke R, Park E J. A novel permalloy based magnetic single cell micro array. Lab Chip, 2009, 9: 2381-2390.

[18] Taniguchi Y, Choi P J, Li G W, Chen H, Babu M, Hearn J, Emili A, Xie X S. Quantifying E. coli proteome and transcriptome

with single-molecule sensitivity in single cells. Science, 2010, 329: 533-538.

[19] Su R, Lin JM, Qu F, Gao Y, Chen Z, Gao Y, Yamada M. Capillary electrophoresis microchip coupled with on-line chemiluminescence detection. Anal Chim Acta, 2004, 508: 11-15.

[20] Su R, Lin J M, Uchiyama K, Yamada M. Integration of a flow-type chemiluminescence detector on a glass electrophoresis chip. Talanta, 2004, 64: 1024-1029.

[21] Koster S, Verpoorte E. A decade of microfluidic analysis coupled with electrospray mass spectrometry: An overview. Lab Chip, 2007, 7: 1394-1412.

[22] Whitesides G M. The origins and the future of microfluidics. Nature, 2006, 442: 368-373.

[23] Lee J, Soper SA, Murray K K. Microfluidic chips for mass spectrometry-based proteomics. J. Mass Spectrom, 2009, 44: 579-593.

[24] Meyvantsson I, Beebe D J. Cell culture models in microfluidic systems. Annu Rev Anal Chem, 2008, 1: 423-449.

[25] Li H, Liu J, Cai Z, Lin J M, Coupling a microchip with electrospray ionization quadrupole time-of-flight mass spectrometer for peptide separation and identification. Electrophoresis, 2008, 29: 1889-1894.

[26] Zheng Y, Li H, Guo Z, Lin J M, Cai Z. Chip-based CE coupled to a quadrupole TOF mass spectrometer for the analysis of a glycopeptide. Electrophoresis, 2007, 28: 1305-1311.

[27] Chen Q, Wu J, Zhang Y D, Lin J M. Qualitative and quantitative analysis of tumor cell metabolism via stable isotope labeling assisted microfluidic chip electrospray ionization mass spectrometry. Anal. Chem. 2012, 84: 1695-1701.

[28] Gao D, Liu H, Jiang Y, Lin J M. Recent advances in microfluidics combined with mass spectrometry: technologies and applications. Lab Chip, 2013, 13: 3309-3322.

[29] Li H, Zhang Y, Lin J M. Recent advances in coupling techniques of microfluidic device-mass spectrometry for cell analysis. Scientia Sinica Chimica, 2014, 44: 777-783.

[30] Jie M, Mao S, Li H, Lin J M. Multi-channel microfluidic chip-mass spectrometry platform for cell analysis. Chinese Chem Lett, 2017, 28: 1625-1630.

[31] Wei H, Li H, Lin J M. A microfluidic device combined with ESI-Q-TOF mass spectrometer applied to analyze herbicides on a single C30 bead. J Chromatogr A, 2009, 1216: 9134-9142.

[32] Mao S, Gao D, Liu W, Wei H, Lin J M. Imitation of drug metabolism in human liver and cytotoxicity assay using a microfluidic device coupled to mass spectrometric detection. Lab Chip, 2012, 12: 219-226.

[33] Gao D, Wei H, Guo G S, Lin J M. Microfluidic cell culture and metabolism detection with electrospray ionization quadrupole time-of-flight mass spectrometer. Anal Chem, 2010, 82: 5679-5685.

[34] Zhang J, Chen F, He Z, Ma Y, Uchiyama K, Lin J M. A novel approach for precisely controlled multiple cell patterning in microfluidic chip by inkjet printing and the detection of drug metabolism and diffusion. Analyst, 2016, 141: 2940-2947.

[35] Gao D, Li H, Wang N, Lin J M. Evaluation of the absorption of methotrexate on cells and its cytotoxicity assay by using an integrated microfluidic device coupled to mass spectrometer. Anal Chem, 2012, 84: 9230-9237.

[36] Liu W, Lin JM. Online monitoring of lactate efflux by multi-channel microfluidic chip-mass spectrometry for rapid drug evaluation. ACS Sensor, 2016, 1: 344-347.

[37] Gao D, Liu H, Lin J M, Wang Y, Jiang Y. Characterization of drug permeability in Caco-2 monolayers by mass spectrometry on a membrane-based microfluidic device. Lab Chip, 2013, 13: 978-985.

[38] Mao S, Zhang J, Li H, Lin J M. A Novel Strategy for High throughput signaling molecule detection to study cell–to-cell

communication. Anal Chem, 2013, 85: 868-876.

[39] Wei H, Li H, Mao S, Lin J M. Cell signaling analysis by mass spectrometry under co-culture conditions on an integrated microfluidic device. Anal Chem, 2011, 83: 9306-9313.

[40] Wu J, Jie M, Dong X, Qi H, Lin J M. Multi-channel cell co-culture for drug development based on glass microfluidic chip-mass spectrometry coupled platform. Rapid Commun. Mass Spectr, 2016, 30: 80-86.

[41] Jie M, Li H, Lin L, Zhang J, Lin J M. Integrated microfluidic system for cell co-culture and simulation of drug metabolism. RSC Adv, 2016, 6: 54564-54572.

[42] Wei H, Li H, Gao D, Lin J M. Multi-channel microfluidic devices combined with electrospray ionization quadrupole time-of-flight mass spectrometry applied to the monitoring of glutamate release from neuronal cells. Analyst, 2010, 135: 2043-2050.

[43] Xue Q, Foret F, Dunayevskiy Y M, Zavracky P M, McGruer N E, Karger B L. Multichannel Microchip Electrospray Mass Spectrometry. Anal Chem, 1997, 9: 426-430.

[44] Sun X, Kelly RT, Tang K, Smith RD. Membrane-based emitter for coupling microfluidics with ultrasensitive nanoelectrospray ionization-mass spectrometry. Anal Chem, 2011, 83: 5797-5803.

[45] Yue G E, Roper M G, Jeffery E D, Easley C J, Balchunas C, Landers J P, Ferrance J P. Glass microfluidic devices with thin membrane voltage junctions for electrospray mass spectrometry. Lab Chip 2005, 5: 619-627.

[46] Steyer D J, Kennedy R T. High-throughput nanoelectrospray ionization-mass spectrometry analysis of microfluidic droplet samples. Anal Chem, 2019, 91: 6645-6651.

[47] Zhao Y, Tang M, Liu F, et al. Highly Integrated Microfluidic Chip Coupled to Mass Spectrometry for Online Analysis of Residual Quinolones in Milk. Anal Chem, 2019, 91: 13418-13426.

[48] Wen J, Lin Y, Xiang F, Matson D W, Udseth H R, Smith R D. Microfabricated isoelectric focusing device for direct electrospray ionization-mass spectrometry. Electrophoresis, 2000, 21: 191-197.

[49] Tähkä S M, Bonabi A, Jokinen V P, Sikanen T M. Aqueous and non-aqueous microchip electrophoresis with onchip electrospray ionization mass spectrometry on replica-molded thiol-ene microfluidic devices. J Chromatogr, A 2017, 1496: 150-156.

[50] Hoffmann P, Haeusig U, Schulze P, Belder D. Microfluidic glass chips with an integrated nanospray emitter for coupling to a mass spectrometer. Angew Chem Int Ed, 2007, 46: 4913-4916.

[51] Korenaga A, Chen F, Li H, Uchiyama K, Lin J M. Inkjet automated single cells and matrices printing system for matrix-assisted laser desorption/ionization mass spectrometry. Talanta, 2016, 162: 474-478.

思考题

1. 微流控-质谱联用的优势是什么?
2. 微流控-质谱联用主要的组成有几个部分？说明每个部分的作用。
3. 比较三类 ESI 接口的优点、缺点及主要应用。
4. 玻璃芯片和 PDMS 芯片在制作 ESI 接口时的区别有哪些?
5. 比较两种 MALDI 接口的优点、缺点及主要应用。

6. 制备 MALDI 接口要注意哪些方面？

7. MALDI 主要用于检测什么样的细胞样品？

8. 样品状态不统一的情况下，MALDI 该如何解决稳定性问题？

9. 试述芯片-质谱的工作原理。

10. 试述芯片-质谱未来的发展趋势。

第11章 微流控芯片上微生物的研究技术

11.1 概述

微生物是难以用肉眼直接看到的微小生物的总称，包括细菌、真菌、放线菌、原生动物、藻类等有细胞结构的微生物，以及病毒、支原体、衣原体等无完整细胞结构的生物。微生物是一类非常古老的生物，大约出现于37亿年前，其广泛分布于土壤和水中，或者与其他生物共生。此外，也有部分种类分布在极端的环境中，例如温泉，甚至是放射性废弃物中。微生物类群中只有约一半能在实验室培养。相比于动物细胞和植物组织，微生物生长和增殖周期都比较短而且其本身结构简单，特别适合遗传工具的操作和大规模工业培养。

在现有的研究中，利用基因工程等技术以微生物作为主要的原材料进行生命科学的基础理论研究和工业化应用已经展示出了巨大的潜力，从细菌的趋化性研究到基因组学以及生物能源和药物的研发等多方面都形成了相对成熟的研究手段。微生物资源的研究有助于从长远角度解决复杂的环境问题和社会问题，如绿色能源开发、医药生产、保健品的研发和环境污染治理等。现有的技术手段仍有许多的局限性和挑战，我们需要新方法新技术来探寻复杂的微生物世界。

微流控和微生物工程的结合对微生物的研究具有重要的意义，微流控以其独特的优势解决了传统研究面对的一系列复杂的问题。随着微流控技术的发展，人类对微生物的研究越来越深入，反之，微生物也可以成为微流控系统中的重要组成部分。目前，利用微流控芯片技术对微生物进行的研究已被应用于许多方面，如微生物诊断、便携的遗传处理装置、稀有突变体的捕获、细菌的敏感测试、细菌趋化性、追踪单个细菌的动态变化等。

11.2 微生物的培养方式

11.2.1 微生物的特点

微生物的最大特点是其形态微小而形成特殊的小体积大面积系统，这是它们有别于其他大生物的一个本质属性，由此形成了微生物的五大共性：

① 体积小，个体的比表面积大。直径一般小于 0.1mm，目前已知最小的细菌只有 0.2μm。较小的体积提高了单个微生物的比表面积，有较高的相对表面积做基础，微生物展示出独特的特征，比如能够快速代谢。

② 对营养物质的快速吸收和转化。微生物通常具有极其高效的生物化学转化能力。据研究，乳糖菌在 1h 之内能够分解其自身重量 1000~10000 倍的乳糖，产朊假丝酵母菌的蛋白合成能力是大豆蛋白合成能力的 100 倍。

③ 生长周期短，繁殖速度快。相比于大型动物，微生物具有极高的生长繁殖速度，理论上能做到指数级增长。一般在适宜的条件下某些细菌 20min 就可以繁殖一代。受各种条件的限制，如营养缺失、竞争加剧、生存环境恶化等原因，微生物无法完全达到指数级增长。在液体培养中，细菌细胞的浓度一般仅有 10^8~10^9 个/mL 左右。已知大多数微生物生长的最佳 pH 值范围为 7.0 附近（6.6~7.5），仅部分低于 4.0。微生物的这一特性使其在工业上有广泛的应用，如发酵、单细胞蛋白等。

④ 适应环境能力强，容易发生变异。由于其相对大的表面积，微生物具有非常灵活的适应性或代谢调节机制。微生物对各种环境条件，尤其是高温、强酸、高盐、高辐射、低温等这样十分恶劣的环境条件下的适应能力强。微生物个体一般是单细胞、非细胞或者简单多细胞，加之繁殖快、数量多等特点，即使变异频率十分低，也能在短时间内产生大量遗传变异的后代。

⑤ 分布广泛，种类繁多。由于微生物体积小、重量轻、数量多等原因，地球上除了火山中心区域等少数地方外，到处都有它们的踪迹。微生物种类多主要体现在以下五个方面：物种多样性；生理代谢类型多样性；代谢产物多样性；遗传基因多样性；生态类型多样性。目前已经确定的微生物种类已达 10 万多种。

11.2.2 微生物培养基的选择

微生物培养是分子生物学研究工具的基础和基本诊断方法。微生物培养用于确定生物的类型，被测样品中生物的丰度等。它是微生物学的主要诊断方法之一，并且通过使病原体在预定的培养基中繁殖可以帮助医生判断传染病病原。微生物培养装置需要满足以下基本条件：按微生物的生长规律进行科学的设计，能够在提供丰富的营养物质的基础上，保证微生物获得适宜的温度和所需要的通气条件，除此之外还应保证良好的物理化学环境和严格的防杂菌污染的措施。目前实验室常用的培养方法主要有固体培养法和液体培养法两种。

培养基是指供给微生物生长繁殖的，由不同营养物质组合配制而成的营养基质。一般都含有碳水化合物、含氮物质、无机盐（包括微量元素）、维生素和水等几大类物质。培养基既是提供细胞营养和促使细胞增殖的基础物质，也是细胞生长和繁殖的生存环境。培养基根据物理状态可分为固体培养基、液体培养基、半固体培养基。培养基配成后一般需测试并调节 pH 值，还须进行灭菌，通常有高温灭菌和过滤灭菌。

液体培养基是微生物的液状培养基。它具有进行通气培养、振荡培养的优点。在静止的条件下，在菌体或培养细胞的周围，形成透过养分的壁障，养分的摄入受到阻碍。由于在通气或在振荡的条件下，可消除这种阻碍以及增加供氧量，所以有利于细胞生长，提高生产量。

在液体培养基中加入 1.5%~2.0%左右的琼脂，加热至 100℃溶解，40℃下冷却并凝固使其成为固体状态，即为固体培养基。固体培养基可以分为两类：一类是用天然的固体状物质制成的，如用马铃薯块、麸皮、米糠、豆饼粉、花生饼粉制成的培养基，酒精厂、酿造厂等常用这种培养基；另一类是在液体中添加凝固剂而制成的，如实验室中常用的琼脂固体斜面和固体平板培养基。固体培养基的凝固剂一般不是微生物的营养成分，只起固化作用。理想的凝固剂应具备以下条件：不会被微生物分解利用；不会因高温灭菌而受到破坏；在微生物生长的温度范围内保持固体状态；对微生物及操作人员均无毒害作用；透明度好、凝固力强；价格低廉，配制方便。常用的凝固剂是琼脂。琼脂的主要成分是硫酸半乳聚糖，绝大多数微生物都不能分解利用它。琼脂的熔点为 96℃，凝固点为 40℃，因此，在一般的培养条件下都呈固体状态，而且透明度强。正是这些优良特性，使琼脂取代了早期使用的明胶而成为常用的凝固剂。

11.2.3 微生物接种方式

将微生物接到适于它生长繁殖的人工培养基上或活的生物体内的过程叫做接种。液体培养相对简单，通常是将菌株直接转移到溶液中。针对固体培养基，接种方式主要有划线、点接、穿刺、浇混和涂布等。两种培养方法均需要对操作所使用的器皿、药品和操作工具进行严格的灭菌操作，在实验过程中也要保证操作过程的严格无菌。

含有一种以上微生物的培养物称为混合培养物。如果在一个菌落中所有细胞均来自一个亲代细胞，那么这个菌落称为纯培养。在进行菌种鉴定时，所用的微生物一般均要求为纯的培养物。得到纯培养物的过程称为分离纯化，方法主要有倾注平板法、涂布平板法、平板划线法、富集培养法和厌氧法。

11.2.4 微生物生长的影响因素

微生物的生长，除了受本身的遗传特性决定外，还受到外界许多因素的影响。简要介绍如下：

① 营养物浓度　细菌的生长率与营养物的浓度有关：$\mu=\mu_{max}*c/(K+c)$，营养物浓度与生长率的关系曲线是典型的双曲线。

K值是细菌生长的特性常数。它的数值很小，表明细菌所需要的营养浓度非常之低，所以在自然界中，它们到处生长。然而营养太低时，细菌生长就会遇到困难，甚至还会死亡。这是因为除了生长需要能量以外，细菌还需要能量来维持它的生存。这种能量称为维持能。另一方面，随着营养物浓度的增加，生长率越接近最大值。

② 温度　在一定的温度范围内，每种微生物都有自己的生长温度三基点——最低生长温度、最适生长温度和最高生长温度。在生长温度三基点内，微生物都能生长，但生长速度不一样。微生物只有处于最适生长温度时，生长速度才最快，代时最短。低于最低生长温度，微生物不会生长，温度太低时甚至会死亡。超过最高生长温度，微生物也要停止生长，温度过高时也会死亡。一般情况下，每种微生物的生长温度三基点是恒定的。但也常受其他环境条件的影响而发生变化。

③ 水分　水分是微生物进行生长的必要条件。芽孢、孢子萌发，首先需要水分。微生物是不能脱离水而生存的。但是微生物只能在水溶液中生长，而不能生活在纯水中。水分活度决定微生物生长所需水的下限值。

④ 氧气　按照微生物对氧气的需要情况，根据培养时是否需要氧气，可分为好氧培养和厌氧培养两大类。

目前对微生物的研究主要集中于微生物的筛选和培养条件的优化、微生物的生长代谢和遗传转化等，这其中涉及细菌的趋化性、抗药性和敏感性测试以及一些高通量的基因工程的相关操作。在传统的实验方法中，药品的配制、浓度的控制、微量添加等操作都需要手工完成，对相关人员的动手能力是极大的挑战。

11.3　基于微流控技术研究细菌的基本方法

利用微流控芯片对微生物进行研究不仅避开了传统试验过程中的一些复杂的步骤，同时可以提高实验效率和准确性。在研究微生物的实验中，根据不同的实验要求和实验目的，实际操作中设计的芯片模型通常形状各异，复杂的设计不会局限于一种方法，通常由多种简单模型组合而成，或者使用不同的材料进行组合拼接。目前，普及率较高的针对微生物培养的微流控芯片主要有通道内培养、微室内培养和琼脂包裹。

11.3.1　通道内培养

用于通道培养的芯片通常指包含一条或多条通道的微流控芯片。微生物和培养基混合后直接注射到通道内进行培养，在通道内培养微生物时培养基与微生物可充分接触。通道培养是一种较为简单的培养方法而且可以并联一些分析装置直接对反应进行实时监测。通道的设计灵活且制造过程方便简单，是应用最多的一种培养方法。需要注意的是通道培养对流体的速度有严格的要求，流速控制在较低水平或者静止状态，以防止细菌被冲走。现有的研究中，利用通道进行的研究主要集中于下面两类。

第一类是利用通道建立浓度梯度研究微生物生长状态、趋化性和敏感性测试。浓度梯度的建立主要有自由扩散和液流两种。自由扩散法需要对通道进行特殊处理，在芯片制作过程中添加可渗透的介质，常用的有水凝胶和琼脂糖等。具体方法分为三种，以琼脂糖为例（见图 11-1），进行详细介绍。第一种是将 PDMS 和玻璃片之间添加一层琼脂糖层，细菌被嵌入琼脂糖中，培养基通过通道持续扩散到琼脂糖中，实现细菌长期的培养［图 11-1（a）］。第二种是将琼脂糖加热溶化后滴在通道中间作为半渗透膜，在两侧分别加入菌液和目标物质形成浓度梯度［图 11-1（b）］。第三种是在琼脂糖层设计三条平行通道，两侧通道分别通入高浓度溶液和空白溶液，中间通入菌液，通过琼脂糖扩散作用在中间通道形成浓度梯度［图 11-1（c）］。

基于液流的浓度梯度主要利用微流控通道中液体的层流混合。两个进样孔分别通入高浓度溶液和空白液体，通过层层分流汇入相同的通道中形成浓度梯度。此外，可以采用控制注射泵的速度或者设计多处进水口来形成浓度梯度。

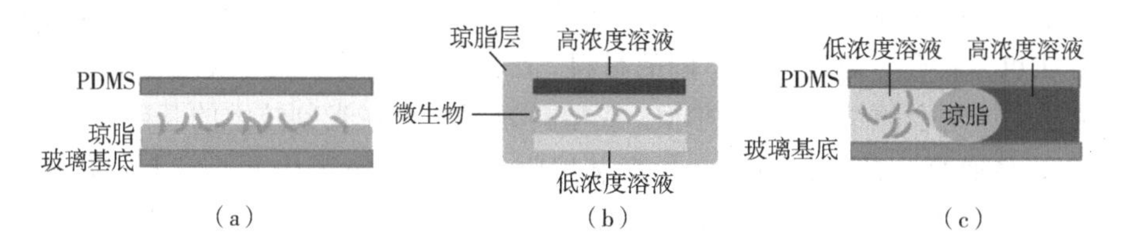

图 11-1　基于自由扩散的三种培养方式

第二类是通过设计简单的多组平行的通道进行高通量实验。一般采用这种方法高效研究细胞的行为特点。利用在芯片通道中培养细菌对其最佳培养条件的筛选，在同一芯片上实现多种培养条件，从而得到培养细菌的最佳 pH 值、培养基浓度及温度。

通道培养同样适用于微生物的单细胞培养，培养方式与动物细胞的培养方式略有不同。微生物细胞可以在琼脂糖或凝胶等固体培养基表面生长，用琼脂糖制作通道是恒化培养的状态，琼脂糖特性柔软，不同形态的单细菌可夹在通道中，可以同时观察多种细菌的生长情况。当单细菌沿通道生长，可计算出单个细菌在生长过程中的伸长率。

11.3.2　微室内培养

微室的设计能为细菌的生长提供稳定的环境，与通道培养有很多相似之处，微室通过很窄的通道与主通道相连，目标物或培养基通过主通道持续通入微室中。微室的大小和形状可根据研究目的进行设计，在单细胞研究中，单个细胞/孔的捕获率在 40%左右。微室培养的主要分为两步，首先将菌液注入微室中，再像芯片中灌注培养基。改变微室中微生物的初始浓度，可以完成敏感性和耐药性等测试。单细胞层面，微室可以用来探究蛋白质代谢对细胞形状的影响[1]。多细胞层面，迷宫形的拓扑结构可以模拟复杂环境中细菌的群体感应。

11.3.3 凝胶液滴包裹

单细胞液滴也同样适用于微生物研究。通道或微室中的微生物处于游离状态，虽然也可以通过精密的设计将细菌固定，但由于细菌个体微小，操作起来难度大，对芯片的制作工艺要求较高。采用凝胶包裹或扩散培养的方法可以有效地解决这些问题。一般凝胶的制备主要采用琼脂糖和藻酸盐两种方法，由于藻酸盐凝胶结构松散，微生物个体小容易渗漏，所以琼脂糖凝胶成为主要的研究方法。关于凝胶的制作请参见前面几章的讲解。在琼脂包裹方面需要注意以下几点：微生物生长繁殖速度快，个体又比动物细胞小十几倍，准备菌液的时候要根据实验需要调整好浓度以保证能将细菌细胞个体完整包裹。

11.3.4 微流控培养的优势

现在，多种功能的微流控装置均已被开发，从细菌的分离到培养都有了较为成熟的手段。研究方法也多样化，通过开发不同的材料，已经可以通过液滴、气泡和颗粒对微生物进行包裹。通过设计组合的结构利用 PDMS 或塑料为原材料在光刻技术的基础上形成微阵列，不仅可以实现高通量，还可以将复杂的微装置整合在同一块芯片上。以上研究都特别适合生命力强的微生物作为实验对象。商业化的芯片可以根据需求将不同功能整合在一起。通过设计将微生物培养与检测结合在一块芯片上，使细菌达到合适浓度后自动进行检测分析，比如用途广泛的荧光蛋白标记法就可以达到实时跟踪检测的目的。针对一些特定通量的要求，也可以通过改变装置的形状比例，调节菌液的浓度来优化，利用这些优势可以进一步研究细胞力学、细胞迁移和一些亚细胞组织行为。

微流控芯片在微生物研究中的一个明显的优势是可以进行物理隔离，这点在从自然菌落中分离某种特定微生物的研究中显得尤为重要。传统的研究方法中，有一大部分微生物无法在一般的培养皿中进行培养，即使可以生长，很多情况下也会因为竞争和菌群优势等原因无法分离出来。与传统的培养方式保留物种种类 1%相比，微流控芯片可以保留将近 50%的物种种类[2]。该技术解决了复杂生态系统细菌多样性探索问题的巨大潜力，尤其是在一些人工条件难以培养的细菌所需的标记策略。

如图 11-2 所示，利用纳米磁性颗粒和外部磁场的作用可以将细菌分离出来，减少了复杂的预处理环节[3]。利用纳米磁性颗粒分离细菌不需要进行标记，只需要利用微孔滤膜就可将较大的细菌与纳米颗粒的复合物从所在环境中分离出来，但是这个方法的缺点在于背景噪声较高，降低了检测的灵敏度。利用微流控技术可以有效地分离细菌而无需采用膜过滤的方法。

微流控芯片研究微生物的另一个显而易见的优势是可以进行高通量实验。多组平行实验的简单设计集成在一块芯片中，随着荧光标记技术的发展和微生物学的广泛应用，越来越多的科学家开始研究微流体平台。高通量芯片的理念已经广泛应用于各种微流体芯片的研究，最基础的布局是在芯片上设计简单的高通量阵列。与细胞研究相类似的是，在细菌的方面不仅可以与荧光标记技术结合，还可以并联多种检测装置，在这里就不做过多赘述。总之，从细菌的分选到培养，再到下游全基因的分析都可以通过一系列巧妙的设计来实现。

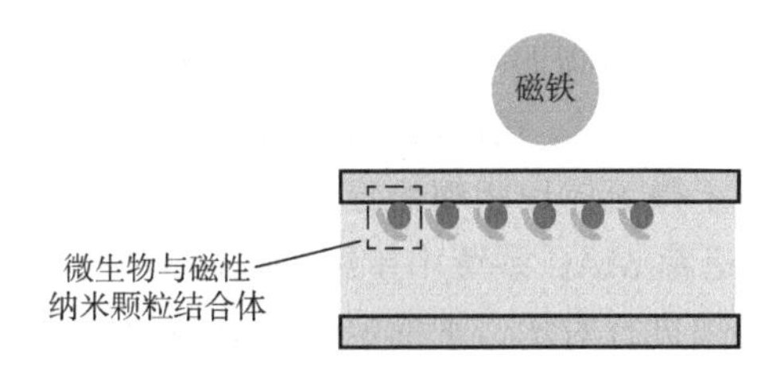

图 11-2　基于磁力的微生物分离技术

11.4　微生物与微流控技术联用的应用

微流控技术不仅仅局限于生命科学领域的研究，它还渗透到医药生产、环境监测、食品安全等诸多方面。相较于传统的培养方法，微流控芯片可以同时整合其他的分析方法，包括但不限于磁学、力学、电化学、光学、声学等等。这些方法的整合缩短了实验时间，提高了研究效率和结果的准确率。

11.4.1　微生物培养与鉴定

微流控芯片技术彻底解放了传统方法在研究对象上的限制，精简了复杂的研究手段，推进了研究的深入。该技术已经可以取代几乎所有的基础微生物实验操作，甚至是对基因的高通量测序。许多应用和研究都是以基础研究为主体，在这方面我们要重点阐述手段相对成熟的细菌的趋化性相关研究。

微生物的趋化性指的是细菌对环境中的化学物质表现出的趋近或者远离的行为。对营养物质的趋近或者对有害物质的远离，赋予了细菌主动占据有利环境的能力，从而增加了其生存优势。对于液体培养，细菌在水溶性培养基中生存易受流体力的影响，通过改变注射泵的参数在微流控芯片建立线性和非线性流体梯度，可用于研究细菌的趋化性[4]。对于固体培养，利用凝胶的渗透性在微流控芯片中制造不同的浓度梯度，观察微生物的生长、运动等情况。除趋化研究外，对细菌的生理生化特性的研究也较为全面。在芯片上添加压力驱动阀可以研究微生物在面对环境压力时的响应[5]。

此外，芯片上可添加阻抗传感器用来检测液滴的位置和大小，同时还可以整合热敏电阻和加热器对温度进行实时检测和调节[6]。这种整合有两方面的作用，一是考察微生物基本特征和生长条件，二是进行 DNA 的扩增和基因分析。以细菌病原体检测为例，DNA 的提取，整体 PCR 的扩增和特定菌株的实时 PCR 在一块芯片上完成，整个过程需约 4h。

11.4.2 抗药性检测

抗药性或称为耐药性，是指药物的治疗疾病或改善病人症状的效力降低。当投入药物浓度不足，不能杀死或抑制病原体时，残留的细菌可能具有抵抗此种药物的能力。快速细菌耐药性表型检测技术主要基于微流体琼脂糖通道系统，常用的微流控技术有如图 11-3 所示的装置。该技术使用显微镜追踪 MAC 系统中单细胞细菌的生长，与不同抗菌药物培养条件下单细胞细菌的时间延迟图像进行对比，来确定该菌对该种抗菌药物的 MIC 值，该法仅在 3~4h 内就可获得 MIC 值，比常规方法缩小了至少 5 倍[7]。

图 11-3 基于扩散的微生物抗药性检测

此外，还有一些其他的芯片系统。电化学微流控芯片使用电化学传感器进行活细胞计数，判定微生物的 MIC 值[8]。该检测技术依赖于分离自样本的纯培养物，可在短时间内获得准确的细菌对不同药物的药物敏感谱，为临床危重感染患者的救治提供快速、准确、信息量丰富的检测结果。pH 微流控芯片采用 pH 传感器来测试通道内细菌的生长情况，在 2h 内快速得出抗生素的最小抑制浓度[9]。延时摄像技术观察细胞在凝胶中对抗生素的反应情况，得到相关的生长曲线和药效动力学曲线。

11.4.3 毒性检测

一般来说，重金属离子检测（HMIS）采用常规方法需要熟练的操作和昂贵的仪器，如原子吸收光谱法和耦合等离子体原子发射光谱/质谱，而电化学仪器结构复杂。毒性检测是利用微生物对环境中的有毒物质进行检测，这项技术主要依赖微流控芯片。毒性检测的原理是根据微生物的生长代谢状况来判定其生长环境的状态。

研究中需要对微生物进行特殊处理，如图 11-4 借助生物发光特性的趋磁细菌的毒性检测。将微生物进行基因改造，使其发光或对特殊的化学物质进行响应。通过检测细胞增殖的情况或者细胞特定的代谢物来判断毒性。对二甲基亚砜和牛黄鹅去氧酸的检测可以利用微室培养的方法。将磁细菌通过基因工程技术改造成可以表达 ATP 依赖型荧光素酶的细菌，D-荧光素的转化所依赖的荧光素酶需要 ATP 供能，这样细菌的生长状态和代谢情况都可以通过光反应检测出来[10]。对甲磺酸甲酯的检测可以使用梯度稀释模型，使用生物相容性的带电纳米粒子将酵母细胞磁化处理，将带有荧光标记的酵母细胞置于芯片下游的腔室中，通过检测 GFP 的荧光表达量来检测甲磺酸甲酯对酵母细胞的毒性[11]。对于一般的重金属检测可以采用通道培养、微室培养法和凝胶包裹法。凝胶包裹法的操作比较特殊，将标记过的大肠杆菌用琼脂糖包裹成微珠，将这些微球封装在一个 500μm×500μm 的笼子中，通过检测微生物的表达量可以检测饮用水中的砷含量，此芯片的精度可以达到的 10μg/L[12]。该芯片性能稳定，能在−20℃的冰箱中保存一个月，特别适合实际生产生活的应用。

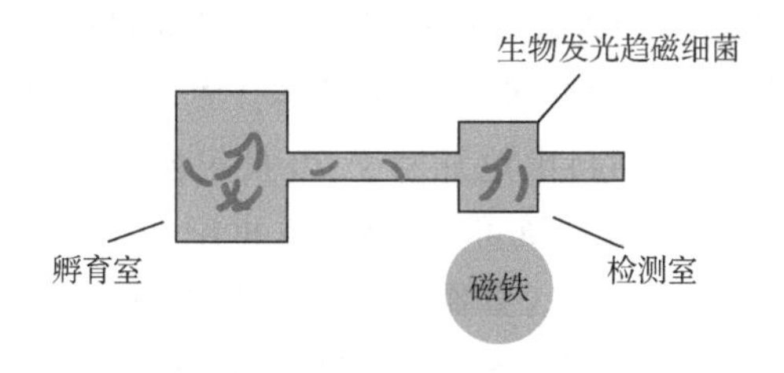

图 11-4　借助生物发光特性的趋磁细菌的毒性检测

除检测有毒物质外，利用微流控芯片对有害微生物同样可以快速检测识别，通常荧光法检测时间在 15min 左右。除荧光法外，抗体法也比较常用，通过在芯片上固定单克隆抗体来识别细菌，水中浓度大肠杆菌的检测限为 10^4cfu/mL。

11.4.4　癌症检测与治疗

正电子发射电层扫描（PET）、核磁共振成像（MRI）、电子计算机断层扫描（CT）只能识别一些相对较大的肿瘤组织，对微小的病灶组织识别能力有限。细菌作为检测病变的靶向探针具有独特优势。一些兼性厌氧的细菌，特别是沙门氏菌可以特异性地在肿瘤组织中增殖。通过基因工程改造沙门氏菌减毒株使其表达荧光蛋白，通过在微流控芯片上检测蛋白的分泌来发现肿瘤组织，利用这种方法可以发现 0.12mm 的肿瘤组织，其精细程度远远大于一般的成像技术[14]。

基于细菌的这种特性，除了用于肿瘤的检测外，还可以用于肿瘤的靶向治疗。例如，微型的细菌机器人，由覆盖了荧光染料 cy5.5 的聚苯乙烯微球通过生物素和链霉素之间的高度亲和作用和细菌连接而成（图 11-5）[15]。在微流控芯片上进行迁移实验，这个装置快速向肿瘤细胞裂解物和肿瘤实体方向迁移，这种趋化运动性可以用于靶向药物的输送，对癌症的治疗具有重要的意义。

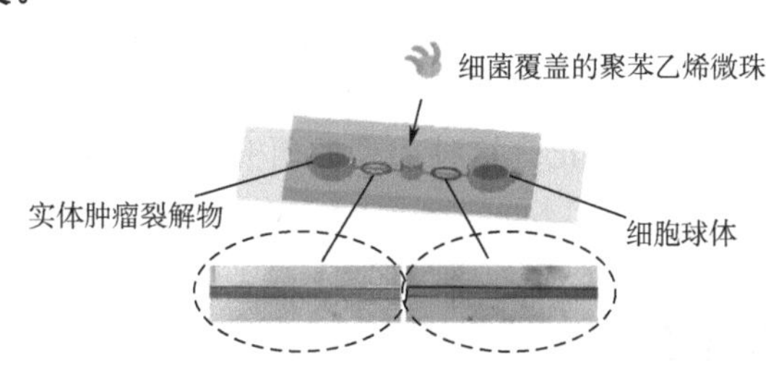

图 11-5　细菌机器人用于癌症的检测和治疗

11.4.5　微生物燃料电池

微生物燃料电池又称生物燃料电池，是一种生物电化学的电池系统，使用自然界细菌及仿真细菌交互作用产生电流。其基本工作原理是：在阳极室厌氧环境下，有机物在微生物作用下分解并释放出电子和质子，电子依靠合适的电子传递介体在生物组分和阳极之间进行有效传递，并通过外电路传递到阴极形成电流，而质子通过质子交换膜传递到阴极，氧化剂（一般为氧气）在阴极得到电子被还原后与质子结合成水。一般可分为两类——使用质子交换膜式和无膜式。早期微生物燃料电池开发于 20 世纪初期，使用质子交换膜借由细菌透过电池阳极进行电子转移。无膜式系统可追溯到 20 世纪 70 年代，这类型的电池，细菌通常具有电化学活性可氧化还原蛋白质（如细胞色素外膜），可以直接传送电子至阳极。

基于微流控的微生物燃料电池是一种小型中性电极装置，它利用微生物降解有机物和废水等物质来回收能源。传统的微生物燃料电池有一个很大的缺点是产生的低电压所消耗的成本高。产生这个缺点的主要原因是小尺寸电极上能定植的细菌数量有限导致内部电阻过高，而利用微流控芯片的层流技术可以很好地解决这一难题。将芯片设计成恒流培养装置，可以周期性补充阳极和阴极物质，使电池可以连续使用。在无阴极液补充的情况下，该装置展示出更高的输出功率和更长的运行时间，并且可以支持不同的微生物群落。

11.4.6 食品安全

微流控芯片技术同样可以应用在食源性细菌的检测和量化等方面。常规的检测方法费时费力，从细胞富集到分离鉴定都需要严格复杂的操作。微流控芯片检测技术以其快速、灵敏和成本低廉的优势已经引起了业内的广泛关注。纳米材料和磁性颗粒的应用进一步加快了微流控芯片检测病原体时目标的识别和信号转导的过程。

简单的方法是利用荧光标记的抗体与细菌结合，通过分流的方式形成液滴，对液滴进行荧光检测来确定食物中细菌的含量[16]。将一个交错的微电极系统嵌入微流控芯片当中，将磁性纳米颗粒与阻抗生物传感器技术相结合，样品经过简单的预处理之后注入芯片中，通过阻抗传感器可以有效地检测牛羊肉样品中大肠杆菌的含量[17]。纳米管通道表面通过覆盖抗金黄色葡萄球菌肠毒素 B 的抗体，利用酶联免疫吸附测定食物样品中肠毒素的含量，这个方法提高了 6 倍的检测灵敏度[18]。

此外，利用微生物的性质和代谢过程解决各种社会问题是十分必要的，如环境整治、污水处理、调节胃肠功能等等。微流控技术在解决微生物和其潜在的协同效应在生态多样性研究中将起到重要作用。到目前为止，这种类型的研究还处于起步阶段。

11.5 总结与展望

随着多种技术的联合应用，利用微流控芯片平台研究微生物的前景广阔。微流控技术为微生物研究提供了一个完整的可以定量的系统，不仅解决了微生物的生长、趋化性和细胞周期的研究等一系列问题，开发出了一些很有市场价值的科研成果，同时还可以模拟真实的环境用来研究环境压力下微生物的状态、种群的动态变化和遗传进化等现象。微流控技术研究微生物已经有了许多成熟的模式和通用性的方法，例如，微室阵列、线性通道和凝胶包裹等等。这项新兴的技术正显示出巨大的潜力去探究复杂的微生物世界。越来越多结构复杂同时具备多种功能的微流控设备，在研究细菌的物理性质、基因结构等方面都有着突出的表现。微生物行为的系统性研究也更加成熟，在药物调控基因表达、群体感应和生物膜的形成等方面都能达到时间和空间上的精准操控。

尽管有诸多优点和可靠的技术，这项研究在实践中仍然具有很多不完善之处，相对于个体较小的微生物细胞而言更是如此，比如目前利用微流控技术进行细胞的分选过度依赖荧光技术，仅仅适用于物理分离细胞，根据细胞大小、电极性、亲水能力分离细胞的方法有待开发。与此同时，微流控芯片技术的通用性也受到了质疑，科学研究迎来新的挑战。将一项新技术整合到微生物实验中是需要具备两个优势，一是相对于传统方法是否具备绝对优势，二是成本和劳动力的消耗是否低廉。比如，利用微生物芯片进行微生物单细胞测序是一种理想的模型，但是现有的技术手段仍无法满足这种芯片的制造，而现在实验室广泛应用的流式细胞仪技术已经可以将细胞进行封装和分类了。在微生物单细胞分析领域还有很长的一段路要走，对于细胞在非平衡状态的研究，像跨膜转运、胞内代谢动力学的研究等等虽然已经建立起了一些方法，但仍然是经典研究方法的延伸。开发新的技术和方法成为现在利用微流控技术研究微生物的重点。

纳米技术的兴起大大刺激了廉价材料的开发和新兴的制造技术，利用纳米技术制造微生物燃料电池可以降低内部电阻的影响，与之相匹配的成像技术也已经可以达到亚细胞分辨率的水平。现有的水平下，样品的前处理和芯片的整合可能有些复杂，但利用这项技术获取细菌高分辨率信息已经可以基本实现，在未来的研究中关于细菌的表面化学结构和一些其他表型都可以轻松获得。另一个新兴的趋势是建立一个微生物群落用来研究微生物社会，通过跟踪大量单细胞在复杂环境中的生存状况，评估微生物与环境之间的相互影响可以预测相对应的生态环境的发展趋势，阐明微生物的社会性行为。除此之外，提高通量也是未来发展的方向，高通量的电极印刷技术，纸质微流控技术，3D 打印也开始被应用在芯片的制造中。新技术的整合将成未来研究的重点，越来越多的科学家致力于将微流控芯片与其他检测分析技术串联，实现整个研究流程从样品的制备到结果分析的一体化。

利用微流控技术研究细菌已经有了近 10 年的历史，这一强大的工具的发展促进了人类对生命科学的探索。然而，还有许多问题仍然没有得到解决，微生物学和微流体的碰撞激发出的火花带领研究者们探索出一个新世界，不同学科的整合也将促进人类对微生物更深刻的理解。

参考文献

[1] Wu F, van Schie B G, Keymer J E, Dekker C. Symmetry and scale orient Min protein patterns in shaped bacterial sculptures. Nat Nanotech, 2015, 10 (8): 719-726.

[2] Nichols D, Cahoon N, Trakhtenberg E M, Pham L, Mehta A, Belanger A, Kanigan T, Lewis K, Epstein S S. Use of Ichip for

high-throughput in situ cultivation of "uncultivable" microbial species. Appl. Environ. Microb, 2010, 76 (8): 2445-2450.

[3] Lee J J, Jeong K J, Hashimoto M, Kwon A H, Rwei A, Shankarappa S A, Tsui J H, Kohane D S. Synthetic ligand-coated magnetic nanoparticles for microfluidic bacterial separation from blood. Nano Lett, 2014, 14 (1): 1-5.

[4] Ahmed T, Shimizu T S, Stocker R. Bacterial chemotaxis in linear and nonlinear steady microfluidic gradients. Nano Lett, 2010, 10 (9): 3379-3385.

[5] Hohne D N, Younger J G, Solomon M J. Flexible microfluidic device for mechanical property characterization of soft viscoelastic solids such as bacterial biofilms. Langmuir, 2009, 25 (13): 7743-7751.

[6] Czilwik G, Messinger T, Strohmeier O, Wadle S, Von S F, Paust N, Roth G, Zengerle R, Saarinen P, Niittymäki J. Rapid and fully automated bacterial pathogen detection on a centrifugal-microfluidic LabDisk using highly sensitive nested PCR with integrated sample preparation. Lab Chip, 2015, 15 (18): 3749-3759.

[7] Choi J, Jung Y G, Kim J, Kim S, Jung Y, Na H, Kwon S. Rapid antibiotic susceptibility testing by tracking single cell growth in a microfluidic agarose channel system. Lab Chip, 2013, 13 (2): 280-287.

[8] Riu J, Giussani B. Electrochemical biosensors for the detection of pathogenic bacteria in food. Trac Trend. Anal Chem, 2020, 126: 115863.

[9] Tang Y, Zhen L, Liu J, Wu J. Rapid antibiotic susceptibility testing in a microfluidic pH sensor. Anal Chem, 2013, 85 (5): 2787-2794.

[10] Roda A, Cevenini L, Borg S, Michelini E, Calabretta M M, Schüler D. Bioengineered bioluminescent magnetotactic bacteria as a powerful tool for chip-based whole-cell biosensors. Lab Chip, 2013, 13 (24): 4881-4889.

[11] Roda A, Cevenini L, Borg S, Michelini E, Calabretta M M, Schüler D. Bioengineered bioluminescent magnetotactic bacteria as a powerful tool for chip-based whole-cell biosensors. Lab Chip, 2013, 13 (24): 4881-4889.

[12] García-Alonso J, Fakhrullin R F, Paunov V N, Shen Z, Hardege J D, Pamme N, Greenway G M. Microscreening toxicity system based on living magnetic yeast and gradient chips. Anal Bioanal Chem, 2011, 400 (4): 1009-1013.

[13] Sakamoto C, Yamaguchi N, Nasu M. Rapid and simple quantification of bacterial cells by using a microfluidic device. Appl. Environ Microb, 2005, 71 (2): 1117-1121.

[14] Panteli J T, Forkus B A, Van D N, Forbes N S. Microfluidic platforms for microbialIntegr. Biol-UK, 2015, 7 (4): 423-434.

[15] Park S J, Park S H, Cho S, Kim D M, Lee Y, Ko S Y, Hong Y, Choy H E, Min J J, Park J O. New paradigm for tumor theranostic methodology using bacteria-based microrobot. Sci Rep, 2013, 3 (12): 3394-3394.

[16] Schemberg J, Grodrian A, Römer R, Gastrock G, Lemke K. Application of segmented flow for quality control of food using microfluidic tools. Physica. Status. Solid, 2010, 207 (4): 904-912.

[17] Varshney M, Li Y, Srinivasan B, Tung S. A label-free, microfluidics and interdigitated array microelectrode-based impedance biosensor in combination with nanoparticles immunoseparation for detection of Escherichia coli O157: H7 in food samples. Sensor Actuat B, 2007, 128 (1): 99-107.

[18] Yang M, Sun S, Kostov Y, Rasooly A. Lab-on-a-chip for carbon nanotubes based immunoassay detection of Staphylococcal Enterotoxin B (SEB) . Lab Chip, 2010, 10 (8): 1011-1017.

思考题

1. 设计微流控芯片用于微生物培养时，需要考虑到哪些因素的影响？

2. 微流控芯片培养过程中氧气的供应是一个挑战，采用什么手段可以克服这一难题？
3. 用于动物细胞研究的微流控芯片哪些可以用于微生物细胞的研究？为什么？哪些不适合，为什么？
4. 在微生物培养方面，微流控芯片展现了哪些优势？哪些劣势？
5. 当研究某种肠道内细菌的抗药性时，设计芯片时需要考虑哪些因素？
6. 对细菌的趋化性进行研究时，除了三种常用的通道内自由扩散的方法外还有哪些其他方法？
7. 琼脂常常被用来作为微生物芯片的基质，是否有其他种类的凝胶可以代替琼脂的作用？有什么区别？
8. 微生物细胞和动物细胞相比各有哪些特点？在单细胞包裹的过程中哪些设计有利于提高微生物细胞的捕获效率？
9. 在利用微生物进行毒性检测时，需要对微生物进行哪些处理？
10. 微生物燃料电池芯片和电化学检测微生物芯片有哪些区别？

第12章 微流控芯片上组织/器官模拟

12.1 概述

为了理解人体在各种生物医学、药学、化学环境下的多样化生物反应，体外再现人体器官的结构和功能极为重要。作为已经应用了一个多世纪的传统体外细胞培养模式，二维平面（如聚苯乙烯和玻璃）上的单层、同质群体细胞培养，操作简便，广为流行。但是此环境下培养的细胞往往表现出形状扁平、极化异常、分化表型丧失等异常行为[1,2]，与体内细胞相差甚远，很难支持多细胞类型的组织特异性和分化功能，也不能准确地预测体内的组织功能。随后，尽管动物模型为复杂的病理机制提供了临床前研究机会，但是由于人类和动物固有的生理差异，它们在人体生理和病理方面的模拟是有限的，在真正人类临床试验预测治疗反应时通常表现不佳[3]。近年来，生物材料和干细胞技术结合生成三维人体组织模型，即类器官[4]。这是一种三维细胞培养模型，利用多功能干细胞或成体干细胞的自组织特性生成器官样结构，能够模拟体内同类器官的关键结构和功能特征。但是现有的培养系统无法提供复杂、动态的微环境，这些微环境在活体内都会影响器官的发育和疾病的发生发展[5]。因此，为了解决这些体外培养模型的局限性，细胞生物学家和生物工程师结成了联盟，他们调整了计算机微芯片工业的微制造方法，创造出可用于培养活细胞的微工程系统，更复杂的微制造系统上还可以定制特定于器官的化学和机械微环境，以模仿人体器官的关键三维功能单元，现在将此类微型器官模型统称为器官芯片（organs-on-chips）。

器官芯片是一种微工程仿生系统，为组织发育学、器官生理学、疾病病因学以及药物研发等领域的深入研究拓展了极大的空间。本章概述了器官芯片的特点、构建方法、代表性器官芯片的类型，随后讨论了这些器官芯片技术在药代动力学研究中的应用。

12.2 器官芯片的特点

器官芯片广义上定义为由光学透明的塑料、玻璃或柔性聚合物（如 PDMS）组成的微制造细胞培养装置，内含培养活细胞的微米大小的中空微通道，通过在微制造的装置上定制特定组织微环境以模拟组织和器官的生理功能。通常，器官芯片上常见的四个构造组件有：

① 物理修饰的微通道几何约束多细胞的图案化培养，实现空间定义的多细胞共培养；

② 在微制造的中空的腔室灌注流动的流体，连续灌注的培养模式可以维持细胞的长时间培养，流体灌注还可以模拟细胞生理环境下的流体微环境；

③ 定制可控的微环境，如机械刺激和驱动、电刺激；调控微环境中的 O_2、CO_2、pH 值、营养和生长因子、按需供给药物或毒素；

④ 配备适当的传感器（电化学、光化学传感），实现生化信息的在线读数，实时监测细胞的感应变化。

如图 12-1 所示，一个器官芯片系统可以包含其中一个或几个组件。

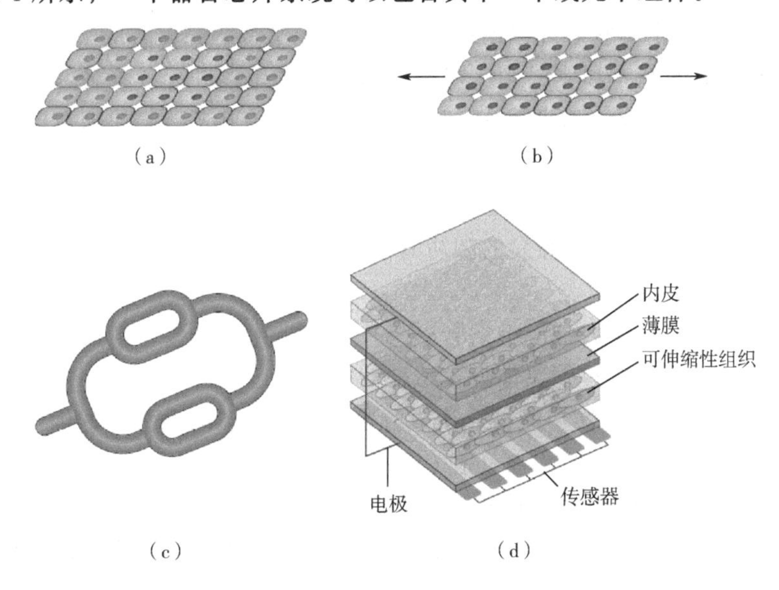

图 12-1 器官芯片系统[6]

（a）几何约束细胞图案化；（b）定制微环境；（c）灌注流体；（d）生化信息在线读数和传感器

为了再现不同器官和组织的关键功能，每个器官芯片系统的设计构建都会有很大的差异。但是各个器官芯片功能的实现都离不开器官芯片上三个关键性的特点：

① 由多种类型的细胞精确地排列在定义的几何图形中以产生模仿器官特定微结构的仿生结构。人体内的组织、器官都是由不同质的细胞群体组合起来的，不同类型的细胞交流沟通，互相作用，共同承担保障器官正常功能的责任。灵活控制多细胞的数量、排布位置对模拟器官的关键结构具有重要意义。

② 可构建功能性组织-组织界面。与二维培养系统不同，在器官芯片上结合多孔基质将两个平行的微通道隔离开，可以在离体模型上创建组织-组织界面，重现更复杂的三维器官层次结构，进而可以对生理屏障功能、跨细胞运输、吸收和分泌进行探究。

③ 可定制复杂的器官特异性机械和生物化学微环境。微制造的器官芯片可以调控多种系统参数，如借助通道中的流体运动调控通道内的流体剪切力、张力、压缩等，可以再现由生理流动（如血流和间质流）和组织变形（如呼吸、蠕动和心跳）引起的各类机械信号，从而促进了对各种生理现象的研究。

12.3 器官芯片的构建方法

生物工程师在构建器官芯片系统时，依据对人体组织和生理系统的逆向工程，解析生物系统的组成部分、识别功能所需的关键方面，并利用这些发现来重构功能系统。目前，没有一个器官芯片系统能够完全概括功能齐全且完整的人体组织、器官，而是对目标器官的关键方面进行简化建模，以模仿感兴趣的形态和功能表型。

因此，对于任何一个器官芯片系统的构建，第一步是了解靶器官的解剖构造，并将其简化为生理功能所必需的基本要素；第二步是对这些基本元素进行考察筛选，根据特定研究领域的需求确定关键的要素，主要包括细胞类型的确定、组织结构的确定以及特定于器官的生化和物理微环境的设定；第三步是将确认的体外器官模拟的关键要素进行整合设计，最终集成在一个微制造的微流控芯片上。

以 2010 年 Donald Ingber [7]开发的肺功能器官芯片为例（图 12-2），介绍一个器官芯片系统的一般化构建方法。

待研究的组织器官是体内肺泡毛细管屏障，它功能元素众多，包括屏障厚度、细胞组成、空气压力和流量的变化等。在体外模拟肺功能器官芯片，首先要将复杂的器官简化分析 [图 12-2（a）]；进而对多样功能性元素进行筛选，确定了两种关键的细胞类型，肺泡上皮细胞（细胞 1 型）和肺微血管内皮细胞（细胞 2 型）；在器官芯片上设置两个紧密相连的微通道，两通道由一个 10μm 厚度的聚二甲基硅氧烷多空柔性薄膜在中间分隔开，两种类型的细胞贴附在薄膜的两侧对立共培养，此为构建目标器官的组织结构 [图 12-2（b）]；该装置在培养通道旁边安装了两个中空的微室，有节奏地施加真空会导致细胞内衬的中间膜拉伸和松弛，模拟呼吸运动引起的肺泡-毛细血管界面的动态机械变形，此为构建器官特异性微环境 [图 12-2（c）]。将上述三种组织工程功能元素与微流控技术融合，整合组装成一个小型化的三维培养设备，至此建立了芯片上肺泡毛细血管器官模型 [图 12-2（d）]。

特定的感兴趣的体外模型将最终决定相应器官芯片的设计和制备。例如构建心脏功能器官芯片可能需要检测心脏抽搐跳动的成像过程，则相应的器官芯片需要选择光透性的制备材料，配置可实时在线分析光学显微镜元件。尽管器官芯片的多样化发展还在继续，但是构建可以为所研究问题提供答案的可靠的体外器官模型仍是一个巨大的挑战。

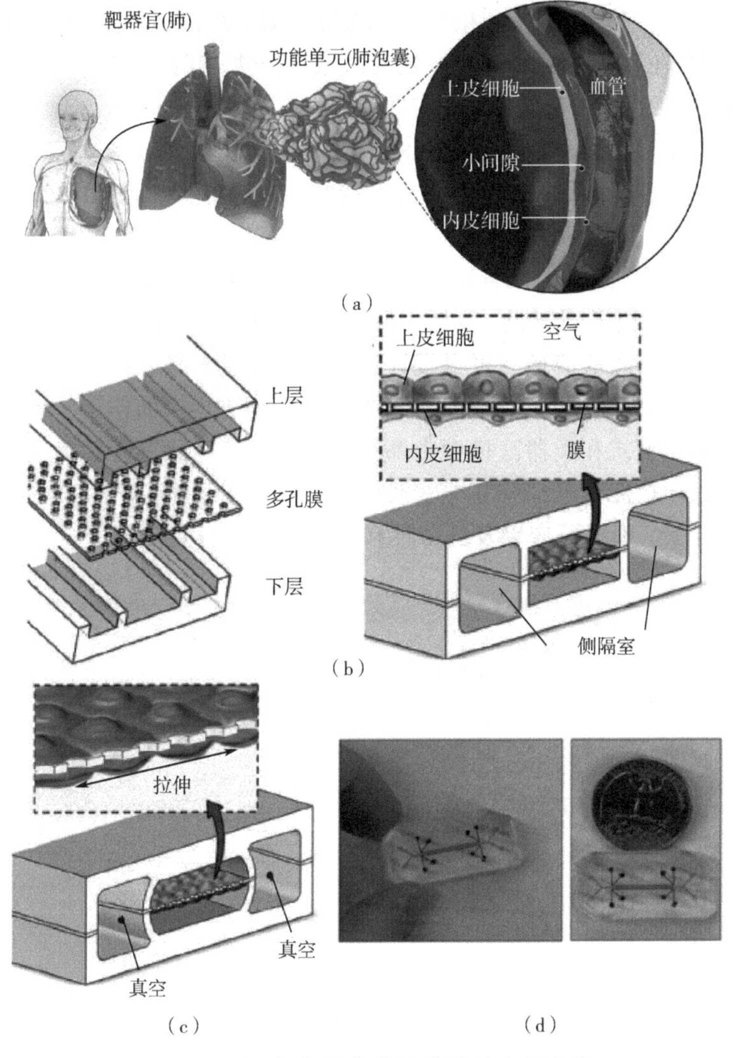

图 12-2　一般化器官芯片的设计和制备[7]

（a）对目标器官进行简化建模，确定上皮细胞和内皮细胞是组成肺泡的功能单位；（b）微制造构建了一个相似的组织结构模型，将这两种细胞在生理上靠近培养；（c）通过向侧室施加真空循环模拟呼吸诱导的机械拉伸，构建器官特异性微环境；（d）集成的小型化功能器官芯片

12.4　器官芯片的类型

12.4.1　肝

肝脏是药物进入血液后第一次接触到的器官，因为它参与了许多代谢和解毒的过程，所以肝脏被认为是新药检测最关键的器官之一，氧张力的空间变化是肝脏的重要特征，对肝脏生理功能至关重要。肝腺泡是肝脏的最小功能单位，如图 12-3（a），通常分为三个区域：区域 1（富氧）、区域 2（中氧）和区域 3（缺氧）。区域 1 中的生化和生理功能（如白

蛋白合成、尿素合成、氧化磷酸化和糖异生）增强；区域 3 中糖酵解，脂肪生成和异源生物代谢较高，疾病的发生和发展也表现出一定的区域特异性；肝血窦内还有肝巨噬细胞（又称为枯否细胞、库普弗细胞），有较强的吞噬能力。

一个典型的人肝腺泡器官芯片设计如图 12-3（b），该器官芯片包括多种人类肝细胞类型——肝细胞，肝窦内皮细胞（LSEC），库普弗细胞和肝星状细胞（HSC）；芯片设计由三层（A1-A3）分层组件组成，在芯片的中间层 A2 上引入多孔膜对立共培养肝窦内皮细胞和肝细胞，并且可以得到分隔开的血管通道、肝腔两个独立的流体通道，允许血管通道运输药物、免疫细胞或者其他因子到肝腔，概括了肝血窦的主要组织结构；进一步地，通过外界调控血管通道和肝室中介质的流速，可以设计连续的氧梯度分区或特定区域的氧气张力［图 12-3（c）］，可在体外探究氧分区在生理、毒理学和疾病进展中的作用。重现氧梯度是技术性挑战，在传统培养模式和类器官模型中都很难构建。基于此器官芯片模型还可以对健康或患病肝脏的特征和功能，肝细胞与非实质细胞之间的相互作用，以及它们对营养物质和药物代谢的个体贡献、炎性反应以及肝毒性和肝损伤进行研究。

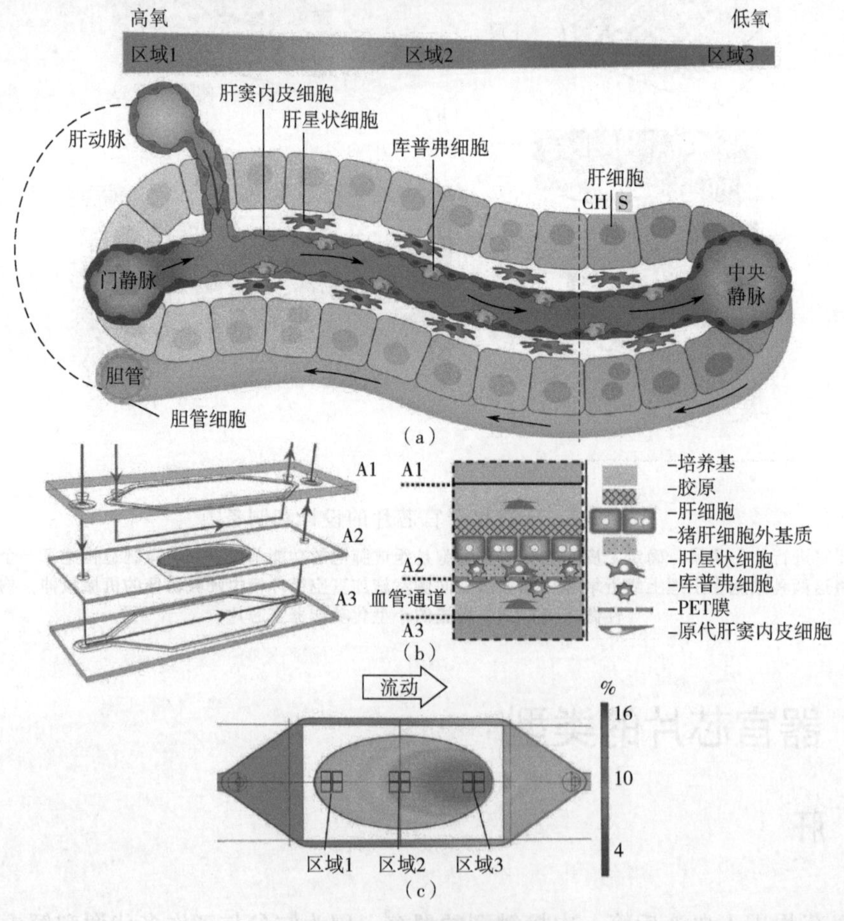

图 12-3 肝脏器官芯片[8]

（a）人肝腺泡的结构和组织；（b）肝脏器官芯片的分层组装构造和对应的模拟的组织结构；（c）在肝脏器官芯片上模拟的生理氧梯度分区

12.4.2 肠

肠道作为口服药物的主要传质和免疫屏障之一，在药物的吸收、分布、代谢、消除和毒性等方面起着至关重要的作用。特殊的是，人体肠道内不只含有各类型功能细胞，还寄生着 10 万亿个细菌。肠道微生物、肠道黏膜和免疫组件之间复杂的相互作用会引起各种类型的炎症性肠病，因此将共生微生物纳入实验模型是至关重要的。然而，使用传统的培养系统，肠上皮细胞完全不能进行正常绒毛分化产生黏液；静态培养状态下与细菌共同培养会导致细菌过度生长，不能建立稳定的正常肠上皮和肠内微生物群的共生关系。

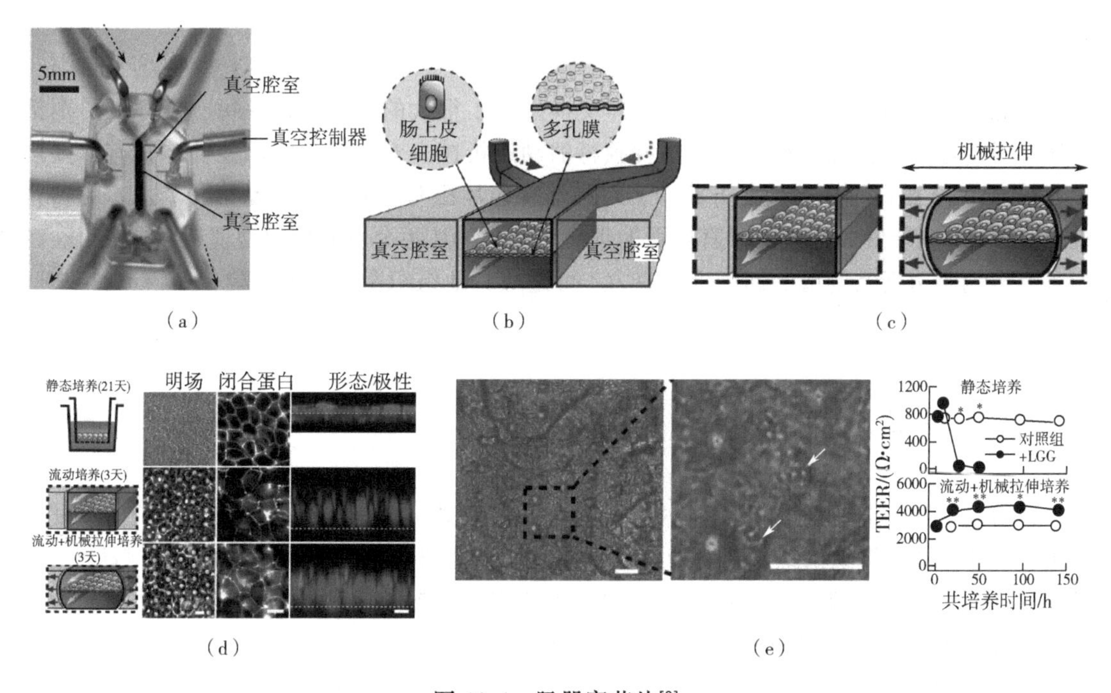

图 12-4 肠器官芯片[9]

(a) 光透性材料制备的肠器官芯片的实物图；(b) 肠器官芯片内部模拟的组织结构；(c) 肠器官芯片上对细胞设置机械应变刺激；(d) 肠器官芯片成功在体外诱导肠上皮细胞分化呈正常肠绒毛状态；(e) 肠器官芯片成功在体外构建了肠上皮与肠道微生物共存的稳态

体外模拟肠器官芯片的关键条件是建立一个包括生理分化的肠上皮、肠道细菌和免疫细胞的稳定的生态系统。如图 12-4 (a) 所示，这是一种具有机械活性的肠器官芯片，该模型具有周期性的呼吸运动，它经历蠕动、流体流动，既促进肠上皮细胞分化产生屏障功能，也支持微生物菌群的生长而不损害人类细胞的生存能力。为了达到这些目的，微系统设计包括两层紧密相连的微流控通道，这两层微流控通道由一层包覆基质胶的薄层多孔膜隔开，内衬上培养人肠上皮细胞(Caco-2)，在两层通道内灌注流体模拟人肠的流体流动和剪切力；为了使单层上皮细胞产生类似于人肠蠕动所引起的节律性机械变形，在微通道两侧的真空室调控施加循环吸力，以反复拉伸和放松弹性的多孔膜，膜上培养的细胞在机械应变的培养环境下生长［图 12-4（b）和（c）］。与静态培养的实验组，以及仅有流动灌注刺激无机械应变刺激的实验组相比，具有流动和机械应变刺激的培养组得到的单层上皮细胞层形成起伏和褶皱，这些褶皱呈现正常肠绒毛状态［图 12-4（d）］。此外，添加一种正常的肠道微生物（鼠李糖乳杆菌 GG 株）可以成功地在培养的上皮细胞的腔面上进行长达 1 周的共培养。重要的是，肠细胞单层不仅能够在这些共培养条件下维持正常的屏障功能，而且随着时间的推移，细菌在根尖表面生长，屏障完整性实际上得到了改善［图 12-4（e）］。该模型不仅可以分析肠道-微生物相互作用，深入探究人类肠道炎症疾病的病因和发展，还可以用于新药的评估和检测。

12.4.3 肺

肺泡作为肺的最小功能单位，为气体交换提供了很大的表面积，在每一个呼吸周期都伴随着周期性的扩张和放松，重构这种独特的动态机械力对体外模拟功能性肺具有重要意义。在 12.3 节器官芯片的构建方法中，对肺器官芯片已有过介绍，这是第一个片上肺器官模型。自此，该装置成为模拟器官界面的理想装置，尤其两个可调控的物理参数（流动灌注和有节奏地应用真空制造的循环机械应力）可适应其他组织微环境的构建，如肠道、心脏、肾小球等。

12.4.4 血管

血管是生物运送血液的管道，内皮细胞和血管平滑肌细胞是组成人血管系统的重要功能细胞。血管网络组织系统最重要的特点是微血管腔内的血流流动，由于血流的搏动性，血管受到一系列生物物理刺激，如内皮细胞经历的流动引起的搏动性壁切应力和透壁压力。微流控技术是概括这些生物物理刺激的有力的方法。

如图 12-5（a）所示，这是一个基于微流控平台和水凝胶材料构建的血管器官模型，既保留了微流控上流体灌注的优势，也可为血管细胞生长提供相关的三维基质条件。此血管器官芯片可以模拟出血管的三维管腔组织结构，构建方法如图 12-5（b）所示，将预凝胶谷氨酰胺转移酶-明胶溶液注入聚氨酯纤维的微通道中；在 37℃孵育谷氨酰胺转移酶-明胶水凝胶使其充分固化；小心抽出聚氨酯纤维后即形成管状空腔；向空腔内接种人脐静脉内皮细胞（HUVEC），每隔 4h 芯片旋转 90°再次接种 HUVEC 细胞，使细胞均匀分布于管腔表面，当细胞在管腔的内壁均贴壁完成之后即得类似血管的管腔状结构。若在预凝胶中提前混入脑胶质瘤细胞，同样操作后，即可模拟脑胶质肿瘤周围的血管微环境，如图 12-5（c）所示，施加流体灌注调控，既可以保证细胞在动态培养中保持长期良好的生长状态又可以模拟药物流经血管向肿瘤位点的输送。这种简单的动态三维肿瘤微环境模拟也可用于其他疾病的建模探究。

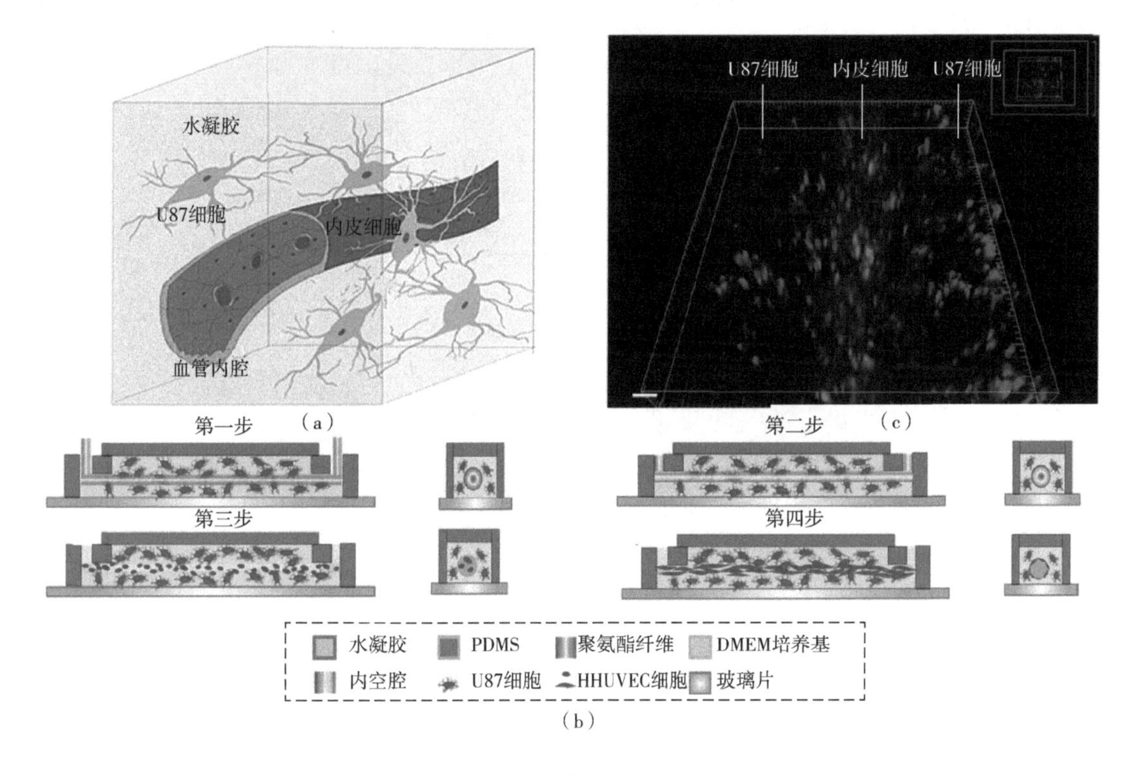

图 12-5 血管器官芯片[10]

(a) 体内一般血管系统的简化模型；(b) 管腔状血管器官芯片的构建过程；
(c) 构建内皮-肿瘤共培养的胶质瘤血管微环境

12.4.5 肾

肾脏是执行血液过滤、废物清除和血液动力学调节的重要器官。药物的清除、重吸收、细胞内浓度和局部间隙累积主要发生在肾脏的近端肾小管，近端肾小管持续暴露于高浓度的药物及其毒性代谢产物，再加上该区域上皮细胞的高能量需求，使它们特别容易受到有害刺激，从而导致肾小管细胞毒性，最终导致肾功能衰竭。以药物转运和肾毒性评估为目的设计的体外肾脏器官芯片尝试以近端肾小管进行建模。

如图 12-6 所示，该肾脏器官芯片使用原代人肾上皮细胞模拟近端小管的功能，肾上皮细胞培养在多孔膜上，并在上层通道内加入流体灌注模拟体内近端小管中的管状流，使近端小管上皮的顶表面暴露于剪切应力微环境下，流体剪切应力的增加创建了更加逼真的生理相关性物理微环境，诱导上皮细胞极化形成初级纤毛，与其体内细胞极性一致。为了观察毒性作用，将细胞用顺铂处理 1 天，然后使其保持无药状态 4 天以使其恢复。与静态培养的实验组相比，添加流体刺激的动态培养实验组恢复的幅度明显更高。这种设计模仿了肾脏近端小管的自然结构、组织-组织界面和动态机械微环境，这种仿生方法的开发提高了体外肾脏药物毒性检测的可预测性。

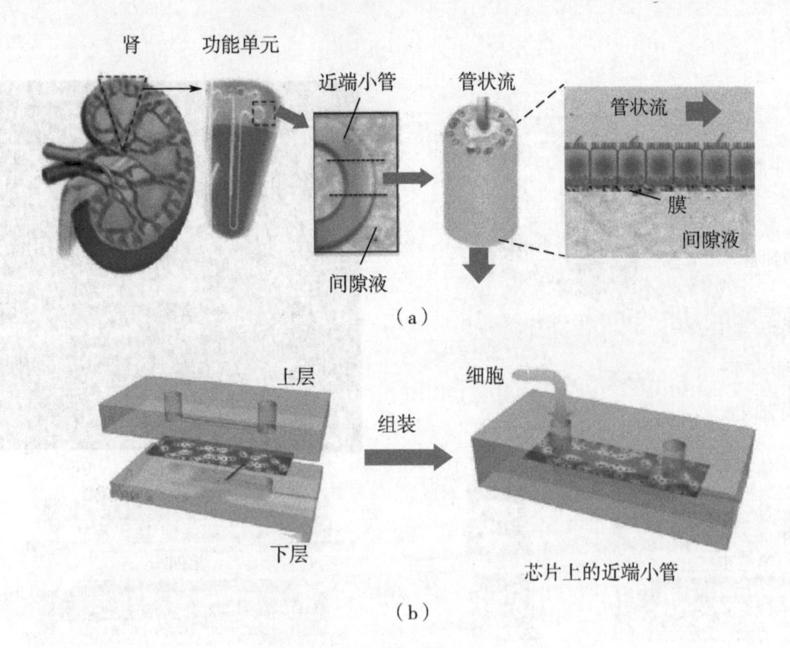

图 12-6 肾脏器官芯片[11]

（a）人类肾脏近端小管模型简化；（b）近端小管器官芯片的装置组装

12.4.6 脑

大脑是整个神经系统最高级的部分，大脑的信息处理回路是由神经元之间的突触连接而形成的。神经轴突在中枢神经系统损伤和神经退行性疾病的发病机制中起着重要作用。因此，一些研究主要集中在轴突上的电信号通信。对电路间通信的研究经常需要对给定神经通路中的一个或多个部件进行长期操作，这对于体内实验较难实现。反之，通过离体培养系统，可施加精细可调控的外部刺激（化学刺激、物理刺激和电刺激等），模拟大脑的体内条件。对于大脑这一高级复杂器官，体外模型的建立需要结合组织工程技术，增加脑器官芯片的复杂性和生理相关性。

如图 12-7 所示，这个脑器官芯片选择使用海马脑切片进行体外培养，因为这种器官性脑片培养保留了特定于其来源区域的电路结构和生理学，尽可能接近了大脑的复杂性。为了研究药物刺激下相互关联的局部区域是否存在电信号的传输过程，此器官芯片设计了两个隔室各自培养一个海马脑切片，两隔室上结合的电极用于测量两个脑片之间的电生理活动之间；两隔室之间通过一组窄细微通道连接，两个组织切片可以微通道上形成突触连接来进行交流。此外，由于连接微通道可提供较高的阻力，持续微弱的流体可抵消扩散的产生。当在一个隔室的培养基中加入选择性抑制脑片的自发电兴奋的药物时，不会发生药物扩散干扰另一个脑片的电信号检测。这是体外器官芯片设计的一大优势。

本节介绍的脑器官芯片展示了将体外组织和器官芯片平台整合的潜力，通过精确的时空化学和药物干预研究复杂组织的高阶功能。这种集成多领域优势的器官芯片设计可能是一种可行的模型开发优化策略，特别是当传统的体外方法不能完全复制器官特异性结构和功能复杂性时，这对可靠地评估药物疗效至关重要。

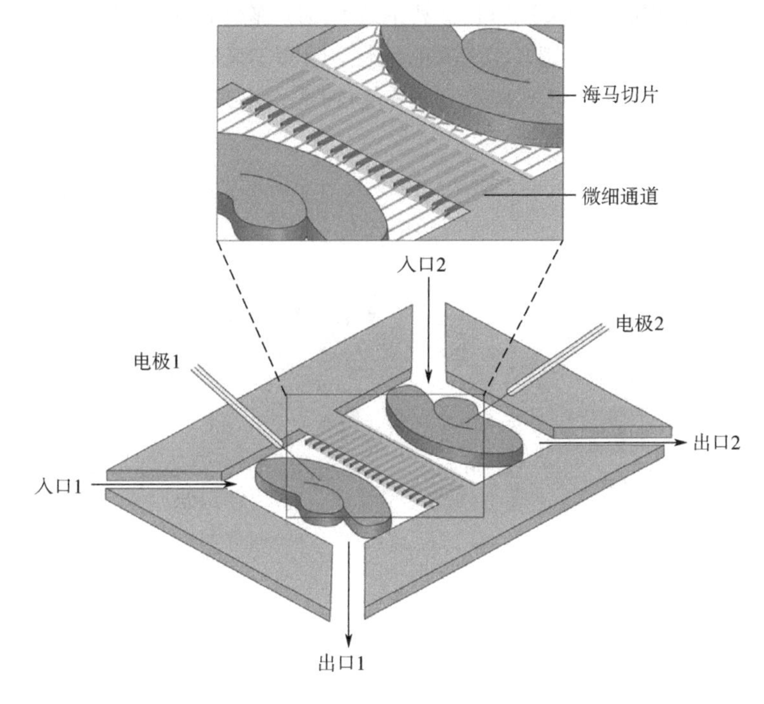

图 12-7 脑器官芯片[12]

12.4.7 多器官芯片

单独的器官芯片模型有助于人们在体外以可靠的、可复制的、实时的、高通量的方式测量组织的活性和功能，但人们越来越认识到，只有整合这些模型，连接多器官组织系统模拟复杂的器官与器官的相互作用，才能更准确地再现人体生理，为药动/药效学和基于生理的药代动力学模型、定量系统药理学和其他计算模型提供信息。创建这类多器官模型最常见的方法是通过一个流控网络将多个微工程器官模型连接在一起，该网络允许它们以生理相关的方式进行功能集成和相互作用。以口服药物在体内的吸收、代谢和抗癌过程为例，开发出一种集成肝-肠-胶质瘤等模拟器官的多器官芯片。

抗癌药伊立替康（CPT-11）在体内的药代动力学过程如图 12-8（a）所示，先经过肠道吸收，进入肝脏，经由肝脏中 CE 酶的代谢，转化为活性中间代谢物 SN-38，进而对胶质瘤进行杀伤。将体内这一连续的生理反应简化为芯片上的模型，如图 12-8（b）所示，选择 Caco-2 细胞、HepG2 细胞和 U251 细胞分别作为肠、肝、脑瘤的等效物模拟药物吸收、初级药物代谢和药毒性分析，借助多孔膜和连接微通道的设计将三种器官模型进行连通，进而在体外模拟观测抗癌药的药代动力学过程。多器官芯片的构造如图 12-8（c）所示，该微流体装置包括三个隔室，PDMS 的顶层和底层的通道垂直排列并由 PC 膜分离，膜上层隔室培养 Caco-2 细胞，膜下层隔室培养 HepG2 细胞，第三个隔室与膜下层 HepG2 隔室通过阵列窄通道相连通。在进行药物作用检测时，将含有 CPT-11 的培养基从上层 Caco-2 细胞隔室以 5μL/h 的速率注入，吸收后的 CPT-11 通过细胞层和多孔膜进入 HepG2 细胞隔室继续代谢，然后通过培养基的流动将未代谢完全的 CPT-11 及其活性代谢产物 SN-38 携带至 U251 细胞隔室；SN-38 进入 U251 细胞之后，抑制 TOPI 酶的活性，阻滞 DNA 转录和复制，诱导癌细胞的死亡。这种集成的多器官芯片可以支持高通量药物筛选，未来在个性化癌症治疗方面也有潜在的应用价值。

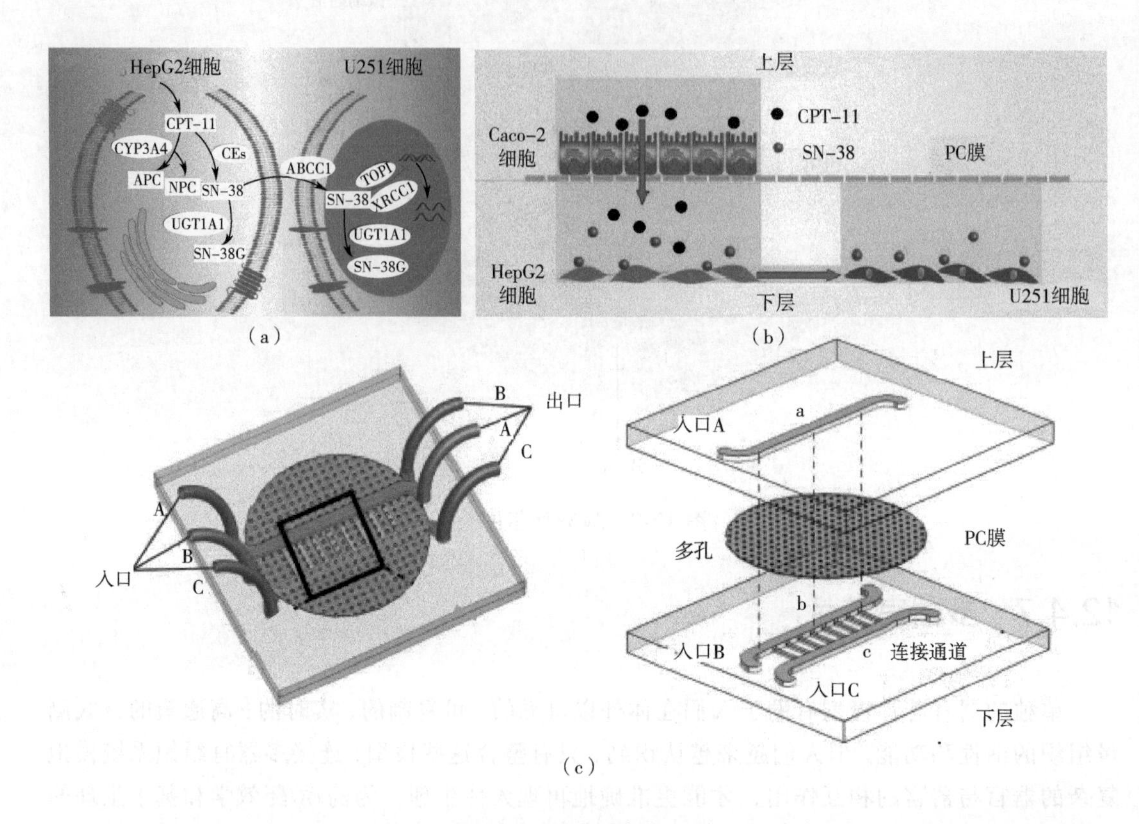

图 12-8 多器官芯片[13]

（a）抗癌药 CPT-11 的药代动力学过程示意图，包括肠吸收，肝代谢和代谢物的抗癌活性；（b）简化的多器官芯片模型上的药代动力学过程；（c）多器官芯片示意图

12.4.8 全组织芯片

器官芯片未来的研究方向很有可能是将各种类型的器官芯片彼此连接形成全组织芯片，在体外模拟出一个更接近完整人体的模型。该平台上整合肠、肝、肺、肾、骨和心脏等器官，集药物吸收、递送、运输、代谢、毒性清除，心脏的收缩传导，骨的免疫应答等多功能于一体（图 12-9）。虽然这一努力仍处于初级阶段，但是科学家对此平台寄予厚望，希望它可以成为生理病理学中临床诊断、疾病机制、疾病治疗、药物筛选、代谢组学和生命探索的真实情况模拟的有效模型。

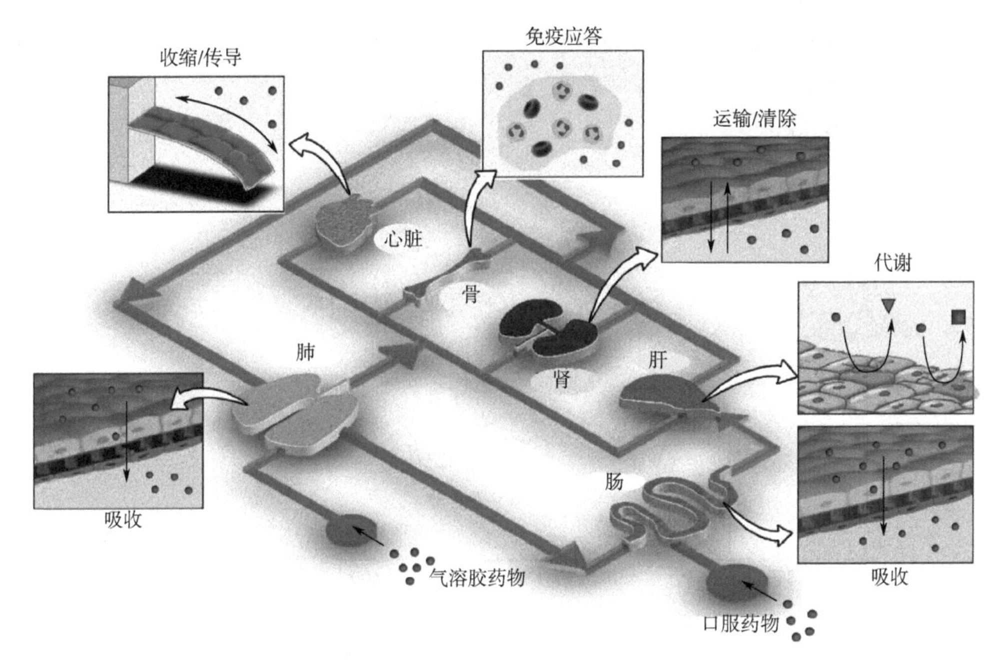

图 12-9　全组织芯片[14]

12.5　器官芯片在药代动力学研究中的应用

药动学和药效学很难预测，导致候选药物在研制过程中的损耗率很高。本章的前面章节已有介绍，器官芯片比传统的宏观尺度系统可以更好地模拟活体细胞微环境以获得更真实的细胞反应；通过流体管道将多个器官腔室连接起来，再通过微流控网络精确控制流体，在串联器官之间模拟人体的血液循环模式，进而部分再现器官与器官之间的相互作用；微装置上还可以集成多样化的检测器以灵敏地捕捉细胞行为和药物代谢的变化。所以，器官芯片有很大的潜力代替传统的细胞培养模式和动物实验成为药物开发的快速通道。

为了实现对药物代谢过程的实时监测，器官芯片系统和微流控预处理/检测系统相结合，得到一个先进的药物代谢分析平台。如图 12-10 所示，一个集成化的微流控装置上有三个部分，第一个部分作为器官芯片模型，共培养宫颈癌细胞和人脐静脉细胞模拟肿瘤及其附近的血管微环境，抗癌药紫杉醇溶解在培养基内以固定的流速（5μL/h），从内皮细胞通道连续灌注模拟药物经过血管进入肿瘤的过程；通过一段聚四氟乙烯管将第二部分与第一部分相连通，第二部分的微通道上修饰着捕获血管内皮因子（VEGF165）和促血管生成因子（PDGF-BB）的适配体，用于实时捕获、监测上游培养基中的蛋白质分子；通过三段聚四氟乙烯管将培养基继续导入第三部分的微 SPE 腔室，用于检测培养基中抗癌药的代谢产物，微 SPE 腔室的作用是进行在线脱盐纯化，此装置可直接与质谱相连进行紫杉醇代谢产物检测。此平台的开发减少了线下繁琐的操作步骤，实时在线追踪药物的代谢可以提供更为精确的数据信息，为发现新的机理提供了可能。

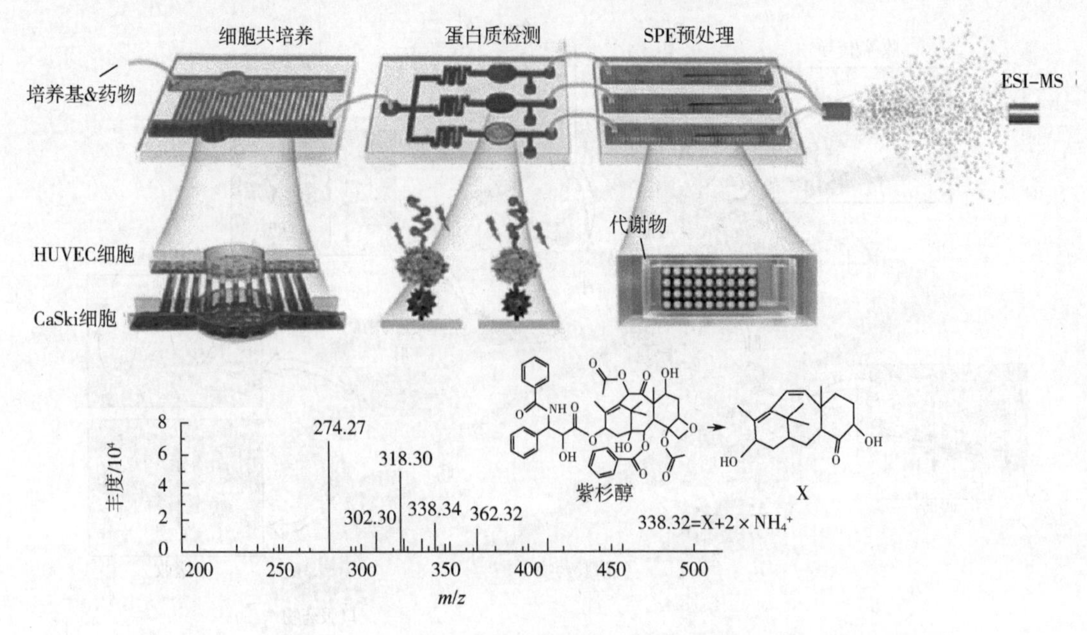

图 12-10 器官芯片与功能性组件集成微装置用于药代动力学的实时检测[15]

12.6 总结与展望

器官芯片系统仍然是一个相对较新的研究领域，虽然大多数测试都显示了其具有模拟器官功能和反应的能力，但这些还没有达到成功替代体内研究的水平。本节将讨论当前器官芯片发展所面临的挑战。

第一个也是最重要的问题是构建的器官芯片必须具有生理意义，需要展示出其所代表的器官的真实功能。

从器官芯片的设计角度来看，器官芯片应设计成与生理相关的尺寸。需要考虑各器官内液体停留时间来设计器官大小；在连接多个器官部分时，还需考虑连接方式是否稳定，避免在腔室连接的过程中出现泄漏或者引入气泡等情况。

器官芯片制作材料的选择也是一个挑战。例如常用的 PDMS 材料，其物理化学性质不适合模拟体内细胞外基质环境，另外，其自身对疏水小分子的吸附性能会影响对有效药物浓度和药理活性的研究。一些器官芯片利用未知生物组分的生物材料制造，这些生物材料中的特定成分可能很难复制，并且随着培养时间的推移，它们可能会释放、降解，很难解析它们的生物因素对细胞行为、分子信号和组织形态产生的影响。因此，构建器官芯片需要选择成分、降解/释放曲线明确，并且具有批次间稳定性的生物材料。

从细胞培养角度来看，多器官芯片上每多纳入一种细胞类型，可能就需要不同的细胞培养基组合。甚至，培养基中的某些试剂可能会对不同的组织产生相反的作用。在这种情况下，找到一种对所有细胞类型都有利的通用细胞培养基是一个挑战。

从细胞来源的角度来看，没有一个细胞源是完美的。商用细胞系容易增殖和转染，但是应对商用细胞系进行定期评估，验证多次传代的细胞是否还具有与原代细胞相似的细胞表型；原代细胞的一大优势是携带真实的遗传信息和功能，但是原代细胞在体外很难培养成活，而且在器官芯片建模中需要批量的原代细胞，取样过程受到限制，批次间稳定性难以保证；干细胞是器官芯片细胞来源困难的潜在解决方案，因为它们具有无限可再生的潜力，并且可以来自健康人群或患病人群。但是它的缺点是细胞株的建立和传代以及后来的分化所需的时间和资源很长（某些神经组织需要 9 个月或更长时间），而且与商用细胞系相比，购买和使用的费用昂贵。此外，细胞可能保留供体组织的“表观遗传记忆”，这取决于传代的次数，也会限制特定组织的定向分化。

第二个重要的问题是器官芯片微型化和封闭性使分析和检测变得困难，需要开发能够与微流控装置集成的高分辨率、实时检测和分析系统。理想的器官芯片应能监测器官的各种生物和理化参数，并与药物类型和浓度相关联。特别是，从极低体积液体样品中检测分析物是微型系统所必需的。

第三个重要的问题是器官芯片系统的商业化发展。为了在市场上获得成功，器官芯片需要显示出比传统方法更可观的利润优势；器官芯片的使用寿命也是一个关键问题，器官芯片应具有长期保持的性能，以预测候选药物的慢性作用；器官平台的评估和验证方法的标准化也是此类平台的工业应用所必需的。

器官芯片领域的成就为组织工程、药物发现和开发提供了令人兴奋的新途径。未来还有很多工作要做，需要全球协同努力，帮助这项技术接触到潜在的全球受众群体，使器官芯片的优势最大化，最终改变科学、医学和患者的生活。

参考文献

[1] Vondermark K, Gauss V, Vondermark H, Muller P. Relationship between cell-shape and type of collagen synthesized as chondrocytes lose their cartilage phenotype in culture. Nature, 1977, 267: 531-532.

[2] Petersen O W, Ronnovjessen L, Howlett A R, Bissell M. Interaction with basement-membrane serves to rapidly distinguish growth and differentiation pattern of normal and malignant human breast epithelial-cells. Proc Natl Acad Sci USA, 1993, 90: 2556-2556.

[3] Day C P, Merlino G, Van Dyke T. Preclinical mouse cancer models: A maze of opportunities and challenges. Cell, 2015, 163: 39-53.

[4] Clevers H. Modeling development and disease with organoids. Cell 2016, 165: 1586-1597.

[5] Mammoto T, Mammoto A, Ingber D E. Mechanobiology and developmental control. Annu Rev Cell Dev Bi, 2013, 29: 27-61.

[6] Zhang B Y, Korolj A, Lai B F L, Radisic M. Advances in organ-on-a-chip engineering. Nat Rev Mater, 2018, 3: 257-278.

[7] Huh D, Matthews B D, Mammoto A, Montoya-Zavala M, Hsin H Y, Ingber D E. Reconstituting organ-level lung functions on a chip. Science, 2010, 328: 1662-1668.

[8] Li X, George S M, Vernetti L, Gough A H, Taylor D L. A glass-based, continuously zonated and vascularized human liver acinus microphysiological system (vlamps) designed for experimental modeling of diseases and adme/tox. Lab Chip, 2018,

18: 2614-2631.
[9] Kim H J, Huh D, Hamilton G, Ingber D E. Human gut-on-a-chip inhabited by microbial flora that experiences intestinal peristalsis-like motions and flow. Lab Chip, 2012, 12: 2165-2174.
[10] Liu H Y, Jie M S, He Z Y, Li H F, Lin J M. Study of antioxidant effects on malignant glioma cells by constructing a tumor-microvascular structure on microchip. Anal Chim Acta, 2017, 978: 1-9.
[11] Jang K J, Mehr A P, Hamilton G A, McPartlin L A, Chung S Y, Suh K Y, Ingber D E. Human kidney proximal tubule-on-a-chip for drug transport and nephrotoxicity assessment. Integr Biol-UK, 2013, 5: 1119-1129.
[12] Berdichevsky Y, Staley K J, Yarmush M L. Building and manipulating neural pathways with microfluidics. Lab Chip, 2010, 10: 999-1004.
[13] Jie M S, Li H F, Lin L Y, Zhang J, Lin J M. Integrated microfluidic system for cell co-culture and simulation of drug metabolism. Rsc Adv, 2016, 6: 54564-54572.
[14] Huh D, Hamilton G A, Ingber D E. From three-dimensional cell culture to organs-on-chips. Trends Cell Biol, 2011, 21: 745-754.
[15] Lin L, Lin X X, Lin L Y, Feng Q, Kitamori T, Lin J M, Sun J S. Integrated microfluidic platform with multiple functions to probe tumor-endothelial cell interaction. Anal Chem, 2017, 89: 10037-10044.

思考题

1. 类器官就是芯片器官吗?
2. 为什么要开发器官芯片？器官芯片作为体外分析模型的优势有哪些?
3. 器官芯片是指在体外再现一个完整的器官吗?
4. 器官芯片上可模拟的机械应力有哪些?
5. 试述设计器官芯片时需要考虑哪些关键性特点。
6. 简述器官芯片的一般化构建方法。
7. 适合和器官芯片联用的检测方法有哪些?
8. 哪些领域的学科可以和器官芯片交叉联用以提高器官芯片性能?
9. 全组织器官的构建面临哪些挑战?

第13章 微流控芯片-质谱联用细胞分析仪的应用

13.1 概述

细胞作为人类生活的基本单位，已经被广泛地应用于生命科学研究，如新陈代谢、信号传导和细胞毒性。随着分析技术的发展，体外细胞研究越来越多，有助于更准确地预测体内发现的生理状态。细胞培养从同种细胞，扩展到异种细胞共培养、细胞间相互作用和组织的构建。这些研究对于细胞生物学、药物筛选和疾病诊断具有重要意义。体外细胞研究有两个关键点：一是精确控制微环境；二是准确表征细胞状态及其代谢产物。

高分辨的微尺度化学分析技术在生命科学中发挥非常重要的作用。微流控芯片具有尺寸微小、比表面积大的特点，通道尺寸在微米级，与细胞尺寸相近，能够提供适合细胞研究的微环境。微流控芯片可精确控制纳升和微升的流体流动，同时分析单个细胞、细胞群体和器官。质谱由于具有高灵敏度和高分辨率，可对痕量离子进行准确的检测，广泛应用于代谢组学、药物筛选、生命科学等领域。随着快速诊断需求的日益增长，对分析仪器的性能提出了更高的要求，分析仪器的智能化引起越来越多的研究者的关注。

微流控细胞培养芯片是一种新型细胞培养及分析的技术，相比于传统的细胞培养技术，微流控芯片细胞培养技术具有微量、高通量以及可模拟细胞在体内真实生理状态等优点[1,2]。多细胞的三维（3D）共培养以及类器官的微流控设备仿真更能有效模拟细胞微环境[3,4]。微流控芯片与其他分析技术如荧光、色谱、电化学和质谱结合，使其成为强大的分析工具。质谱与微流控芯片联用（Chip-MS）比其他分析工具更具吸引力，由于具有高选择性和高通量的特点，在药理学、蛋白质组学、代谢组学和单细胞分析中具有广泛的应用。

2008 年，本书作者林金明团队开发了一种将玻璃微芯片与电喷雾电离（ESI）四极杆飞行时间质谱仪（QTOF-MS）耦合以分离和鉴定肽的方法[5]。2009 年，使用微粒来模拟细胞，并通过质谱结合微流控芯片分析了单颗粒[6]。随后，利用纸基微流控与质谱耦合开发用于原位分析样品的方法[7]。在上述工作的基础上，该团队于 2010 年构建了集成多通道微流控芯片，用于细胞培养和样品净化富集，并通过毛细管与质谱连接，开拓了在线监测细胞代谢产物的新策略[8,9]。在随后的十多年中，微流控芯片-质谱联用细胞分析技术迅速发展，不仅实现了细胞共培养，细胞分选，而且探究了多细胞和单细胞的药物代谢和信号通信[10-15]。为了精准控制细胞微环境和表征细胞状态，还开发了多种微流体技术，并与质谱中各种电离源相结合[16-21]。

2019 年林金明课题组与岛津公司共同推出第一台商用微流控芯片-质谱联用细胞分析仪 Cellent CM-MS。该系统由 7 个部分组成，分别是微流道细胞培养芯片、微注射泵送液单元、细胞培养单元、细胞进样与代谢物提取单元、色谱预处理与分离单元、质谱检测单元及软件控制单元，如图 13-1 所示。不仅实现了微流控芯片上细胞的动态培养、显微观察和代谢物的自动提取，而且长时间模拟细胞生长的微环境，动态监测，使得从分子水平上对细胞的生化信息进行研究成为可能。将微流控芯片与质谱联用，进一步建立了高通量、特异性强、自动化的分析方法。本章将分别从仪器性能、操作步骤及应用方面详细介绍微流控芯片-质谱联用细胞分析仪 Cellent CM-MS。

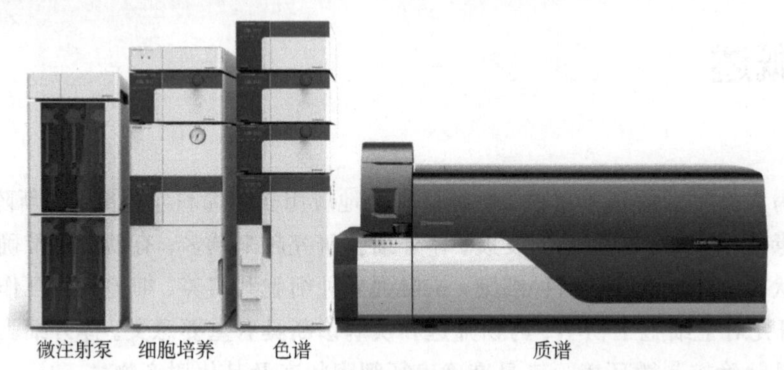

图 13-1　微流控芯片-质谱联用细胞分析仪 Cellent CM-MS

13.2　仪器性能与特点

13.2.1　微流控通道细胞培养芯片

体内细胞存在于形成组织的三维细胞群落的微环境中。大多数哺乳动物细胞类型的体内微环境具有以下特点：细胞之间的距离短，营养物质的持续供应和废物的清除；恒定的温度以及最小的压力。细胞居住在紧密的环境中，细胞体积与细胞外液体积之比通常大于 1，并且细胞始终相互通信[22]。在体外培养细胞时，许多变量会影响细胞表型，如污染、融合程度、细胞间黏附的存在和接种密度。

在微流通道中，使培养基流过黏附在微通道内的细胞，可均匀地分配养分并使废物堆积最小化。流体运动可能会使细胞受到一定的剪切应力，细胞可以耐受的最大剪切量取决于细胞系，因为某些细胞（例如，内皮细胞）需要剪切应力才能正常发育，而其他细胞则受剪切应力影响。

在压力驱动的流动下，微通道中的细胞上的剪切应力的数量要大于无细胞微通道中的剪切应力计算所预测的数量。假设半径为 R 的细胞附着在长度 L 和高度 H 的微通道底部（图 13-2），细胞上的最大剪切应力与细胞尺寸与通道高度之比成反比。假设 $R/L=0.01$，直到 $R/H>0.3$ 时才不会阻碍微通道内的体积流速。假设 $R/H=0.1$，微通道内的细胞经受的剪切应力放大 3 倍。

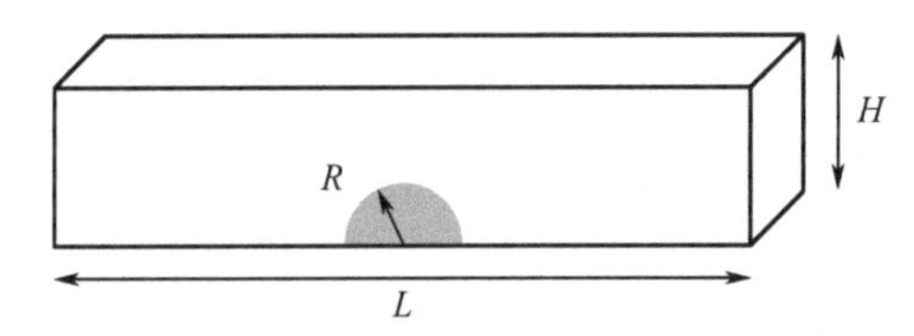

图 13-2　细胞半径为 R，附在高度 H 和长度 L 的微通道底部

剪切力与流量和液体黏度成正比的关系，可用 Navier-Stokes 公式进行计算：

$$\tau=\frac{6\mu Q}{(bh)^2} \tag{13-1}$$

式中，τ 为流体剪切力，dyn/cm^2；μ 为液体黏度（37℃培养基的 $\mu=7.8\times10^{-4}\,N\cdot s/m^2$）；$Q$ 为流量；b 为微通道宽度；h 为微通道高度。

为满足实验变量并实现代谢物的高通量检测，设计了六通道芯片，由细胞培养通道层玻璃材料和透气封闭层 PDMS 材料组成，通道高度为 100μm，长度为 50mm。如图 13-3 所示为两种典型的六通道芯片，只有主通道的芯片将采取手动注入细胞方式［图 13-3（a）］，而主通道旁有分支通道的芯片将采取自动注入细胞方式，其中细颈设计用于抑制细胞从培养室逸出［图 13-3（b）］。

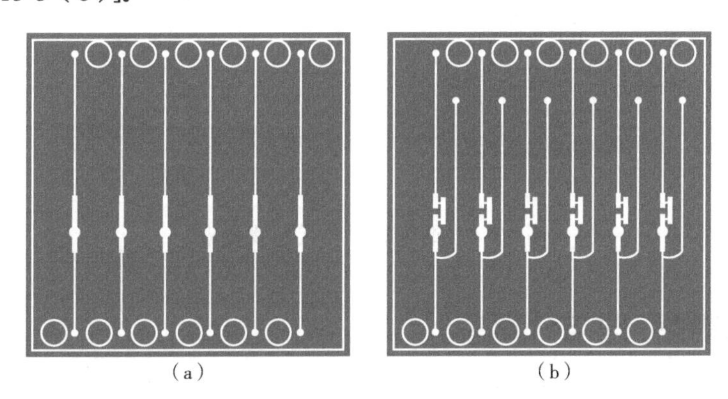

图 13-3　两种典型的六通道芯片

（a）只有主通道；（b）主通道旁有分支通道

13.2.2　微注射装置

细胞培养所需营养物质通过微注射装置以一定的流速输送至细胞培养单元，微注射装

置有两个模块组成，每个模块可安装 3 个注射泵送液单元，共 6 个单元，并且每个单元由 USB 虚拟串口通信，CM-Assist 软件控制。培养的流速范围为 1~20μL/h。

13.2.3 细胞培养单元与显微观察

细胞培养单元主要放置六通道芯片，并提供 5%二氧化碳和 37℃ 恒定温度，是一个相对的密封室。显微镜可观察细胞状态，并由 CM-Assist 软件操控。

13.2.4 细胞进样与代谢物提取

细胞注入可依据芯片类型采用手动注入和自动注入，手动注入将在 13.3.2 节细胞培养详细介绍。自动注入使用采样针从 1.5mL 色谱瓶中抽取一定量的细胞，置入细胞培养单元的指定位置，如图 13-4 所示，此过程由 LabSolution 软件编程及控制。

代谢物的提取也使用采样针。在细胞培养单元，设计了一个带有两个腔室的 45μL 收集池。具有代谢产物的培养基将在第一腔室中储液。随着时间的流逝，连续累积的介质超过了第一个腔室，然后进入了下一个废物口。采样针将依次从六个样品池中取出待测液而依次检测。

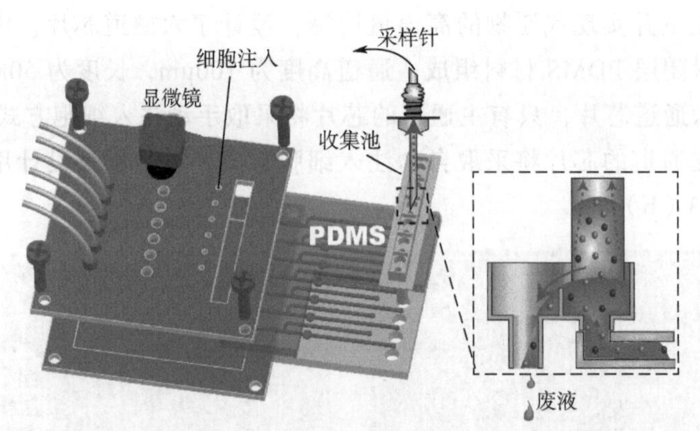

图 13-4 细胞进样与代谢物提取

13.2.5 色谱预处理与分离单元

色谱法是用以分离、分析多组分混合物质的一种有效的物理及物理化学分析方法。它利用混合物中各组分在两相间分配系数的差异，当两相作相对移动时，各组分在两相间进行多次分配，从而获得分离。色谱法具有高能效、高灵敏度、高选择性和分析速度快等特点。

色谱图称为色谱流出曲线，可观察到组分分离情况及组分的多少。每个色谱峰的位置可由每个峰流出曲线最高点所对应的时间或保留体积表示，以此作为定性分析的依据，不同的组分，峰的位置也不同。每一组分的含量与这一组分相对应的峰高和峰面积有关，峰高或峰面积可以作为定量分析的依据。

定量分析的主要方法有外标法和内标法。

（1）外标法

外标法常用的标准曲线法，如图 13-5 所示。用待测组分的纯物质配成不同浓度的标样进行色谱分析，获得各种浓度下对应的峰面积，做出峰面积与浓度的标准曲线。

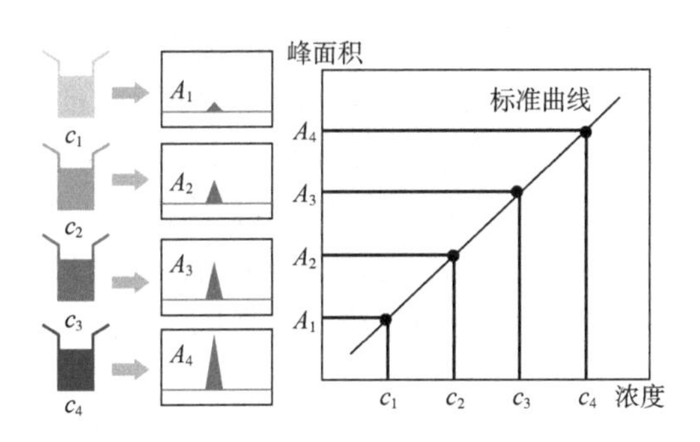

图 13-5　外标法

在相同色谱条件下，进同样体积分析样品，根据所得峰面积，从标准曲线上查出待测组分的浓度。外标法操作和计算比较简单，不必用校正因子，但要求色谱操作条件稳定，进样重复性好，否则对分析结果影响大。计算公式为：

$$c_i = f_i A_i \tag{13-2}$$

式中，f_i 为 i 组分工作曲线斜率。

（2）内标法（图 13-6）

内标物应是色谱纯或者已知含量的标准物，并且出峰时间在被测物峰的附近。准确称取一定量的试样 W_i，加入一定量内标物 W_{Is}，计算公式为：

$$W_i = f_i A_i \tag{13-3}$$

$$W_{\mathrm{Is}} = f_{\mathrm{Is}} A_{\mathrm{Is}} \tag{13-4}$$

$$W_i = \frac{f_i A_i}{f_{\mathrm{Is}} A_{\mathrm{Is}}} W_{\mathrm{Is}} = f_i' \frac{A_i}{A_{\mathrm{Is}}} w_{\mathrm{Is}} \tag{13-5}$$

式中，f_i'为待测组分 i 对内标物 IS 的质量相对校正因子。

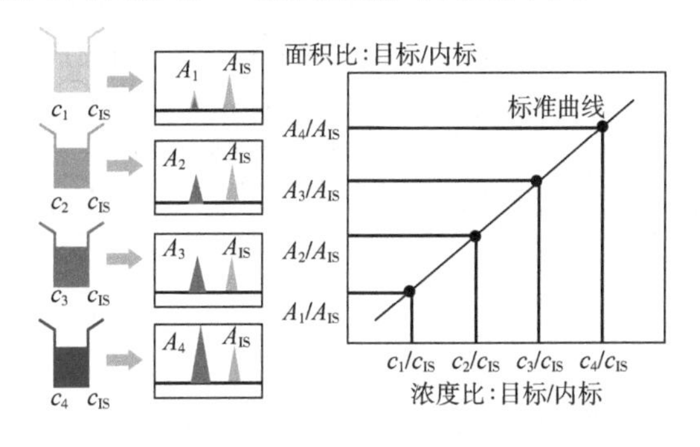

图 13-6　内标法

Cellent CM-MS 中高效色谱仪主要由高压输液泵、自动进样器和色谱柱组成，进而对待测物预处理和分离检测。

① 高压输液泵　高压输液泵是现代液相色谱中最关键的设备，即在提供高压的同时还需要精确地输出流量。岛津 LC-30A 的流速范围是 0.0001~5mL/min，使用并联式微体积柱塞往复泵，泵的柱塞在输液过程中前后往复运动。柱塞向后移动时，把溶剂吸入泵的腔体中；柱塞向前移动时，把液体排出腔体。柱塞的前后移动，是由偏心轮的旋转驱动，液体的流动是由泵的一对单向阀控制。往复泵可以连续不断地以恒定的流量输送液体，适合梯度洗脱。梯度洗脱可提高分离度、缩短分离时间、降低最小检测量和提供分离精度。

② 进样器　自动进样器包括采样针、六通阀、清洗和排气系统四个部分。计算机自动控制定量阀，按预先编制注射样品的操作程序工作，具体将会在软件控制部分介绍。进样器的清洗是将进样针移动到清洗口，针的外壁被清洗液清洗的过程，而排气是排除管路中的气泡和更换旧流动相的过程。液相色谱中系统处在高压，因此进样阀要具有耐高压、耐腐蚀、耐磨及死体积小的特点。

③ 色谱柱　细胞外液不仅含有我们需要测的小分子化合物，而且含有死细胞、无机盐配制的缓冲液及大分子蛋白质，这些物质会堵塞色谱柱，降低质谱离子化效率。因此，针对复杂的生物样品需要预处理，在分析柱前添加 0.45μm 孔径的在线滤器及保护柱。

长时间监测细胞的小分子代谢物，需添加在线固相萃取（SPE）柱，如图 13-7 所示，样品装载到 SPE 柱上进行富集，利用六通阀门切换再对样品进行洗脱。此装置大大简化了预处理过程，即提高了实验的灵敏度，又避免了人为操作造成的错误。此外可实现高通量并快速分析代谢物。

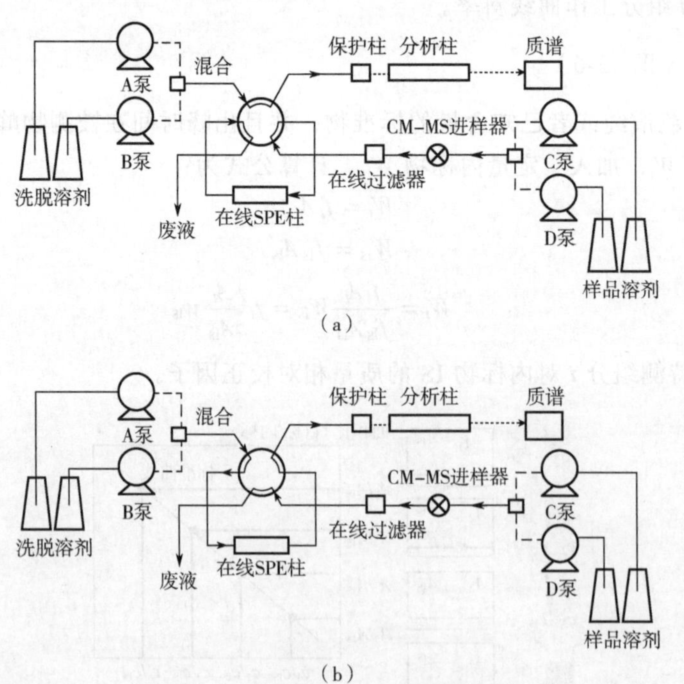

图 13-7　在线萃取细胞代谢物流程图

（a）样品装载；（b）样品洗脱

13.2.6 质谱检测单元

质谱法是通过对样品离子的质量和强度的测定来进行定量分析和结构分析的一种分析方法，其基本原理是使试样中各组分在离子源中发生电离，生成不同荷质比的带电荷的离子，经加速电场的作用形成离子束，进入质量分析器。在质量分析器中，再利用电场和磁场使发生相反的速度色散，将它们分别聚焦而得到质谱图，从而确定其质量。质谱图横坐标表示质荷比，纵坐标表示相对丰度，以质谱中最强峰的高度作为 100%，并用最强峰的高度除以其他各峰高度。纵坐标的另一种表示方法是绝对丰度，绝对丰度为某离子的峰高占 m/z 大于 40 以上各离子峰高总和的百分数。

质谱仪是能产生离子并将这些离子按其质荷比进行分离记录的仪器，由离子源、质量分析器和检测记录系统组成。化合物在质谱仪的离子源形成的离子类型可归纳为：分子离子、同位素离子、碎片离子、亚稳离子、多电荷离子及负离子等。一个分子不论通过何种电离方式，使其失去一个外层价电子而形成带正电荷的离子，称为分子离子。

Cellent CM-MS 仪的质量分析器是三重四极杆。样品经电喷雾萃取电离（ESI 源电离）后加速进入第一个四极杆滤质器（Q1）中选择特定离子，即母离子。母离子与惰性气体在碰撞室内进行碰撞（碰撞诱导解离，CID）从而产生子离子。通过在第三个四极杆过滤器（Q3）中测量子离子的方法，来获取母离子结构的信息，此分析方法称为 MS/MS。通过给 Q1 和 Q3 分别配置扫描分析或 SIM 分析，能够实现 4 种类型的分析，分别是母离子扫描模式、子离子扫描模式、中性丢失扫描模式和多反应监测（MRM）模式。母离子扫描模式适用于筛选具有相同子结构的离子；子离子扫描模式适用于检测 Q1 中所选择的离子结构；中性丢失扫描模式适用于筛选具有相同子结构（中性碎片）的离子；多反应监测（MRM）模式对母离子和子离子都进行了限定和监控，能够实现非目标物质少的高度选择性定量分析，对大量基质中的微量成分的检测非常有效。

13.2.7 软件控制单元

Cellent CM-MS 仪器的软件控制单元主要为 CM-Assist 和 LabSolutions。微注射装置、细胞培养单元和显微镜的操控可通过 CM-Assist 软件，细胞进样与代谢物提取、色谱分离单元和质谱检测单元的控制可通过 LabSolutions 软件。接下来将分别介绍软件基本功能。

（1）CM-Assist 软件

① 注射泵流路状态显示区　注射泵流路的就绪、送液、清洗、停止、未连接状态。

② 培养温度显示区　六通道芯片的保持温度，在设置画面设置，如果进行批处理分析，要确保处理表中方法文件的自动进样器样品冷却器温度与此培养温度一致。

③ 清洗功能区　清洗开关旁边有一个锁图标，先点击图标开锁，再点击清洗开关启动清洗，清洗开始后，可点击清洗开关停止清洗，清洗体积和清洗速度在设置画面设置。

④ 培养送液功能区　流路 Line 1~3 为模块 1，流路 Line 4~6 为模块 2，每个流路可以

分别或者统一运行，并显示培养时间。细胞名称和样品名称可分别输入每个流路。培养流速范围 1~20μL/h。

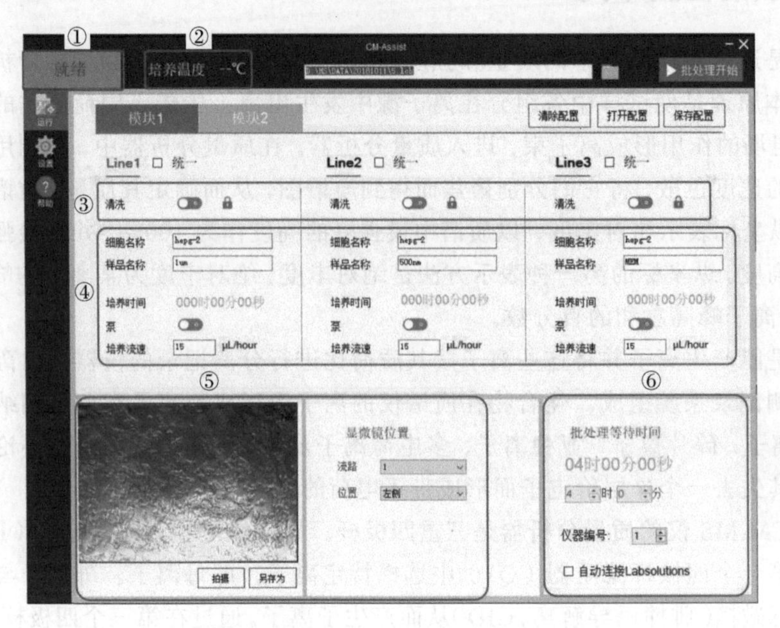

图 13-8　CM-Assist 运行画面

⑤ 显微镜功能区　显微镜图像显示框，可以观察对应流路的细胞培养情况，点击可以拍摄显微镜当前图像并保存。拍摄图片的保存路径可以在设置画面的“照片保存路径”中设置，点击另存为可以拍摄显微镜当前图像并可选择其他路径进行保存。显微镜位置中流路下拉框可选择对应 1~6，观察细胞培养情况。位置下拉框对应各流路的细分位置，每个流路有 5 个细分位置可供观察。如果显微镜在对应的流路和位置不能很好地观察细胞培养情况，可以在设置画面的显微镜校正部分进行微调，每次微调为 0.1mm，最多 20 次（2.0mm），各流路的 1~5 位置都需以 1 号位置的微调做同样的偏移。显微镜分辨率最高为 2592×1944。

⑥批处理功能区　在 LabSolution 中编辑好批处理文件，点击文件图标，载入批处理文件。在 LC 就绪状态下点击“批处理开始”按钮开始分析。批处理分析开始后的等待时间可以在运行画面设置，最大为 99 个小时 59 分钟，默认值为 0 小时 0 分钟（不等待）。批处理等待时间结束后，采样针开始吸取收集池的细胞代谢液进行分析。

（2）LabSolutions 软件

① 数据采集窗口　数据采集窗口主要为工具栏、助手栏、监视器、色谱质谱视图和仪器参数设置图。工具栏显示操作分析仪器时频繁使用的菜单选项图标。助手栏显示频繁使用的数据采集操作的图标，可进行单次分析和批处理分析。色谱视图可显示色谱峰和流动相泵的压力变化曲线，质谱视图则显示总离子流图和特征峰。监视器显示仪器状态和参数设置。仪器参数视图中有 MS、接口、数据采集时间、时间程序、泵、柱温箱、控制器、自动进样器及自动排气设置。

② 批处理分析窗口　批处理分析是对多样品连续进行数据采集的操作。在批处理表中

输入样品信息、样品瓶号、方法文件和数据文件，其中采集芯片样品瓶号设置为“B1~B6”，样品瓶架设置为“1”，采集色谱瓶样品瓶号设置为“1~10”，样品瓶架设置为“0”。单机右键可以对表样式进行设置。在校准曲线中设置级别号，“1”为浓度最低值。

③ 再解析　再解析显示采集到的数据结果及数据处理参数，主要有色谱视图、质谱视图、结果视图和方法视图。方法视图可编辑积分、定量处理、性能、质谱处理及浓度设定等，最终形成方法文件，并保存。结果视图显示方法视图中编辑参数的结果。

④ 数据浏览器　数据浏览器可以比较多个数据，比较不同检测器的数据，设置显示数据的布局，进行色谱图的积分，校准曲线以及打印浏览器的报告。数据浏览器可以对压力变化曲线、色谱及质谱图进行比较。而定量浏览器可以处理多个数据，获得定量信息。在校准曲线时，点击助手栏的定量浏览器，打开文件菜单的方法，将多个数据拖到定量结果视图中，将所选样品为标准（校准点）可以得到校准曲线。

13.3 仪器操作步骤

13.3.1 芯片制作

微芯片是通过软光刻和复制成型技术制造，参见第 2 章详细介绍。

13.3.2 细胞培养

在微流控芯片上进行培养细胞时，首先对芯片进行灭菌处理。用 75%乙醇、无菌水分别冲洗微通道，并置于超净台紫外灭菌 5min。之后用含 0.1%的多聚赖氨酸的胎牛血清对微通道的玻璃表面进行修饰，由于多聚赖氨酸为多聚阳离子化合物，而细胞的表面带负电荷，通过正负电荷的强吸收引力可以使细胞贴壁生长，孵育 10min 后用无菌水冲洗微通道。使用 10~20μL 量程的移液枪将浓度为 1.0×10^4 个/mL 或者根据实验所需浓度的细胞注射至微通道中。细胞注射到微通道的过程中要避免气泡的产生。然后将含有细胞的芯片放置在载有 1mL 无菌水培养皿中，以防止芯片通道液体蒸发，并放于细胞培养箱中。2h 后用显微镜观察细胞状态。待细胞贴壁后向微通道中注射新鲜培养基。实验中还可将微通道内的细胞消解下来，并用注射泵以 5μL/min 的流速将细胞收集到无菌的离心管备用。

13.3.3 培养基注入

打开 CM-Assis 软件，勾选 Line 1~Line 6 统一，并点击清洗按钮，用 75%乙醇、无菌水分别冲洗微注射装置中注射泵单元和输送培养基管路，并避免产生气泡。然后用含 10%胎牛血清、1%青霉素和链霉素的培养基润洗微注射装置，与芯片连接口需悬有液滴，防止产生气泡。待细胞培养单元的温度升至37℃（具体操作请见13.3.4节），放置载有细胞的芯片，并且芯片上已装上代谢收集槽和铝箔隔膜，打开5%二氧化碳气路，点击泵开关开始培养送液，同时培养时间也开始计时。培养送液阶段如需暂停，点击泵开关可暂停送液，按钮变成继续按钮，再次点击时又变成送液状态。培养送液结束后，再次点击清洗按钮，用无菌水、75%乙醇分别冲洗微注射装置，并用75%乙醇封存管路，以防止细菌滋生，以备下次使用。

13.3.4 色谱分离

连接在线过滤器、保护柱和分析柱。将流动相溶剂过滤，除去微小颗粒防止损坏泵而降低柱效，并装入储液瓶，接着进行脱气处理，以除去流动相中溶解或因混合而产生的气泡。打开LabSolutions软件，设置柱温箱温度、各流动相流速、梯度洗脱时间程序。如添加在线SPE柱，则还需在柱温箱栏中设定六通阀门切换值，“0”表示样品装载，“1”表示样品洗脱。设置自动进样器的样品架为“冷却型MTP 384 样品架”，进样针冲程为28mm，吸样速度为5.0μL/s，勾选并设置样品冷却器温度为37℃，进样针的清洗类型为外壁，模式为进样前，浸渍时间2s；而清洗泵的模式为清洗口，时间为2s。然后对自动进样器排气，色谱柱梯度冲洗平衡，待流动相泵压稳定后，开始采样分离。

13.3.5 质谱检测

使用岛津公司的液相三重四极杆质谱仪器，首先启动LabSolutions软件，设置ESI、DL、HEAT加热模块温度，喷雾电压，雾化气、干燥气、加热气流量。常规实验质谱条件如下：界面温度 300℃；加热块温度 250℃；DL温度 150℃；喷雾电压 ±4.00kV；雾化气（N_2）流量3L/min；加热气体（N_2）和干燥气体（N_2）的流量分别为10L/min。

对未知目标物进行定性分析，可进行MS Q1和Q3全扫描模式。执行快速扫描测量时，请使用与Q1模式相反的Q3模式。如仅选择性检测具有目标质量的离子可进行SIM模式扫描，其具有高灵敏度分析，且不会在检测具有不需要的质量离子方面耗费检测时间。

MS/MS分析模式中，先选择特征峰的母离子、子离子扫描，找出目标化合物及碎片离子，之后进行MRM扫描模式。MRM对细胞代谢液中多种微量成分的检测非常有效，可实现高度选择性定量分析。

13.4 仪器应用

13.4.1 细胞缺氧分析

细胞代谢改变是癌细胞的一个普遍特征，与癌症增殖信号、癌症自噬和血管生成高度相关[23]。即使有足够的氧气，无氧呼吸也有利于癌细胞，这就是众所周知的 Warburg 效应[24]。除代谢改变外，肿瘤微环境中的缺氧也被认为与侵袭性恶性肿瘤密切相关[25]。通过低氧诱导型转录因子（HIF）调控基因的作用，促进癌细胞的转移扩散[26]。多种代谢途径会影响 HIF 的调节，HIF 的激活也会驱动癌症中代谢失调。在这些代谢产物中，乳酸是细胞代谢中的重要产物，它是无氧呼吸的产物，可以改变肿瘤微环境的 pH 值[27]。乳酸通常会累积，并且激活 HIF。由于缺氧和代谢变化是肿瘤的重要特征，因此进行筛选和评估。在低氧环境下，基于细胞代谢产物变化的抗肿瘤药物可能比传统的药物筛选模型更为真实可靠。缺氧条件下抗肿瘤药物的评价已经发表，但其中只有少数是基于代谢物分析的。例如，荧光探针可以动态监测缺氧条件下某些代谢物的变化，但通量有限。通过 Cellent CM-MS 系统成功评估了天然抗癌药物二烯丙基三硫化物（DATS）在去铁胺（DFO）化学缺氧模拟条件下流体培养条件下的性能，用于细胞外代谢物的研究。通过多次微采样，分离和灵敏的 MS 检测来动态监测细胞的痕量代谢产物。在真实的肿瘤环境中，细胞暴露于多种环境因素中，例如氧气梯度、流体剪切应力。这些因素会调节包括糖酵解、嘌呤代谢在内的多种信号通路。微流控芯片中在流体剪切应力和厌氧条件下培养的细胞使实验系统更类似于真实的肿瘤微环境。然后通过 MS 分析细胞培养基中的一系列代谢产物（图 13-9）。实验结果表明，DATS 在低氧环境中成功抑制神经胶质瘤细胞分泌乳酸并诱导凋亡。它还对其他细胞的嘌呤代谢途径有重要影响，这将使其成为可能的广谱抗癌药物。

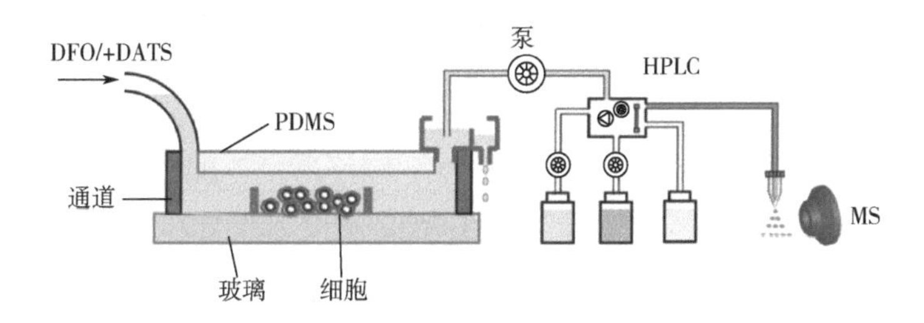

图 13-9　微流控芯片-质谱联用仪应用于细胞缺氧分析

13.4.2　25-羟基维生素 D_3 的生物转化

为了增强灵敏度检测，已经开发了集成在芯片上的固相萃取（SPE）的 Chip-MS 系统，用于实时监测细胞代谢。然而，提到的大多数系统都是直接将细胞培养室连接到 SPE 色谱柱[8,12,28]，而忽略了 SPE 色谱柱产生的高流动压力影响细胞状态。因此，基于流体隔离辅助均相流 Chip-SPE-MS 的 Cellent CM-MS 系统对于在线精确确定细胞药代动力学至关重要。

药物生物转化在毒性调节和治疗中起着至关重要的作用。肝细胞表达一组高度特异性的细胞色素 P450（CYP），这些 CYP 决定了药物代谢的能力[29,30]。它们催化许多内源性和外源性化合物，并具有将疏水性物质转化为排泄的水溶性产物的能力。维生素 D_3 可以预防骨骼疾病，例如骨软化症和骨质疏松症[31]。据报道，维生素 D_3 在肝脏中的 CYP2R1 在 25 位发生羟基化反应，从而产生最丰富的 25-羟基维生素 D_3（25(OH)D_3）循环形式。25(OH)D_3

将继续产生二羟基代谢物，包括 $1\alpha,25(OH)_2D_3$、$4,25(OH)_2D_3$ 和 $24,25(OH)_2D_3$。$25(OH)D_3$，特别是当与 $24,25(OH)_2D_3$ 结合时，可为评估最佳维生素 D_3 补充提供营养指标[32]。因此，探索和监测活细胞中 $25(OH)D_3$ 的生物转化对于长期治疗具有重要意义。

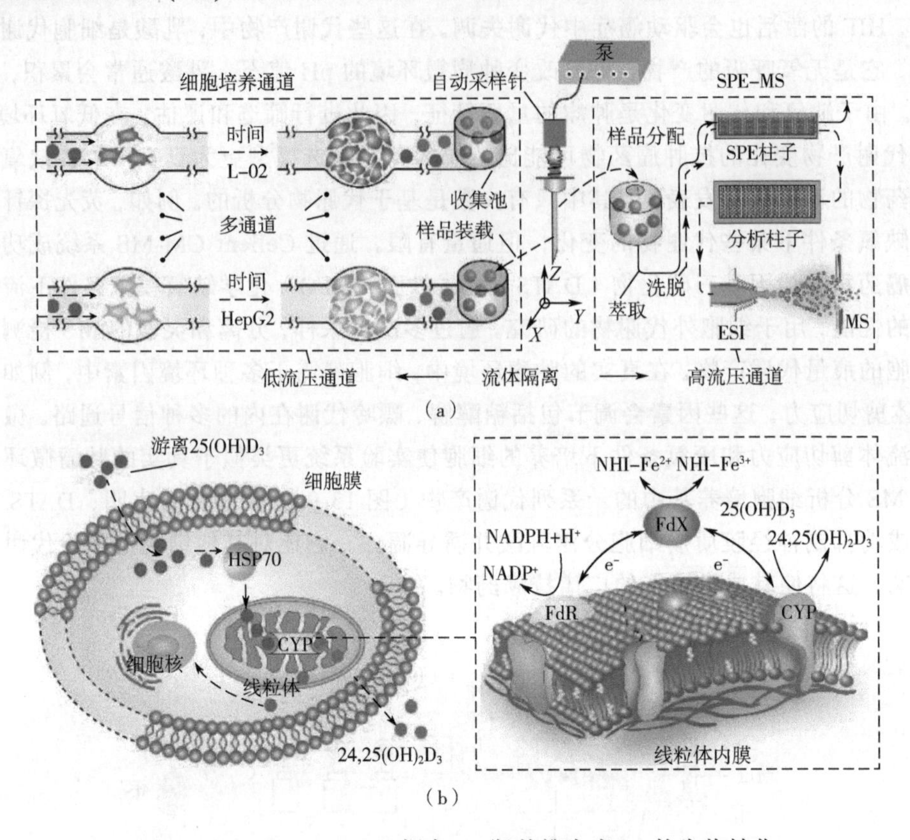

图 13-10　Chip-SPE-MS 探究 25-羟基维生素 D_3 的生物转化

在这里，我们开发了一种基于流体隔离辅助均相流 Chip-SPE-MS 的 Cellent CM-MS 系统，该系统可以避免改变细胞的微环境，然后准确识别药代动力学，从而研究 $25(OH)D_3$ 生物转化的动力学及其代谢途径［图 13-10（a）］。将 L-02 和 HepG2 细胞培养在微流控芯片中。当游离形式的 $25(OH)D_3$ 进入细胞时，HSP70 充当细胞内穿梭物，装载 $25(OH)D_3$ 并将其移动至线粒体进行生物转化［图 13-10（b）］。在 24-羟化酶的催化下，$25(OH)D_3$ 将转化为 $24,25(OH)_2D_3$。

图 13-11 中显示了来自两个细胞的代谢化合物 $24,25(OH)_2D_3$ 和未被氧化化合物 $25(OH)D_3$ 的监测。载有 30nmol/L d_6-$24,25(OH)_2D_3$ 培养基中使用两种浓度的 $25(OH)D_3$（1μmol/L 和 10μmol/L）或载物（0.1% DMSO），从而研究细胞的药物代谢过程。低浓度 $25(OH)D_3$ 孵育发现 L-02 细胞中的代谢产物 24，$25(OH)_2D_3$ 随着时间的推移持续增加，而 HepG2 细胞产生的代谢产物迅速达到饱和水平。在高浓度下，两个细胞的代谢产物浓度在约 30h 后达到最大值，随后达到平衡，这可能是由于肝细胞的代谢能力降低。L-02 细胞中代谢物的浓度显著增加，远高于 HepG2 细胞中的浓度。通过比较癌细胞和健康细胞的生物转化，发现它们的代谢活性存在明显差异。

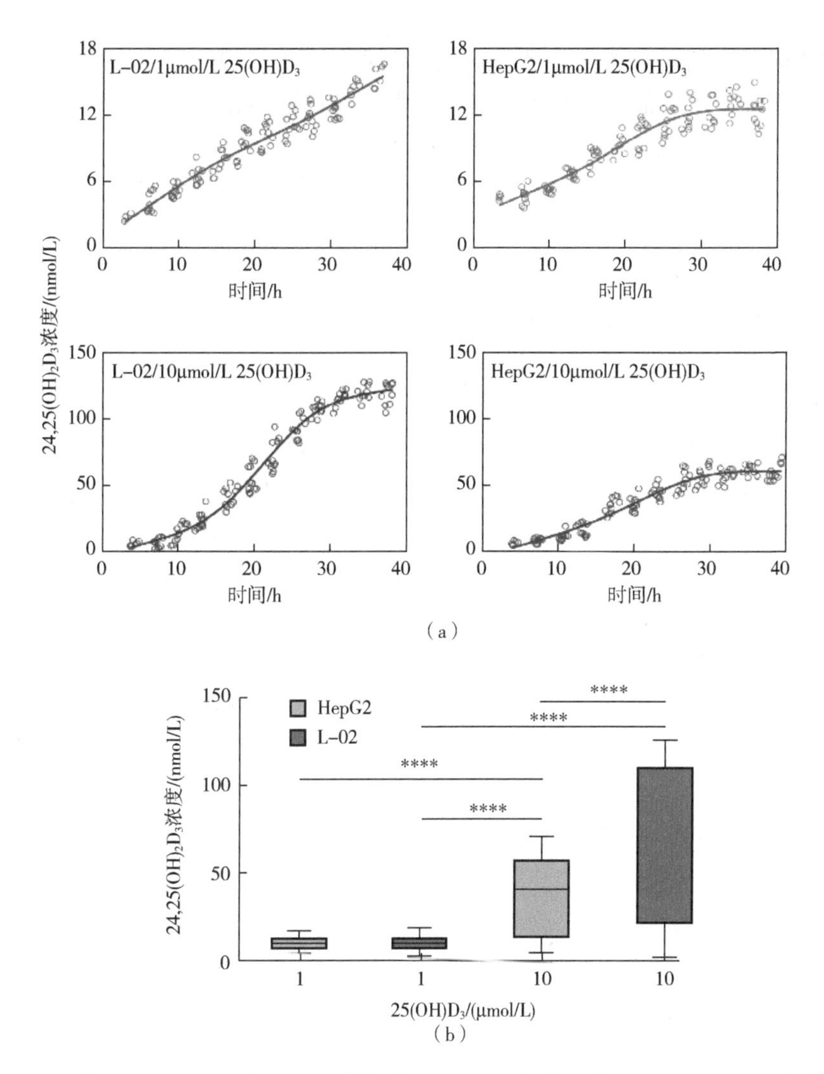

图 13-11 人肝细胞（L-02 细胞）和肝癌细胞（HepG2 细胞）中 $25(OH)D_3$ 的动态生物转化

（a）$24,25(OH)_2D_3$ 的时间依赖性形成；（b）统计分析

13.4.3 酸性微环境中 7-羟基香豆素代谢

细胞外环境 pH 值（pHe）对细胞生命活动膜通透性、酶活性、代谢、增殖和凋亡起着重要作用[33]。通常正常细胞外环境的 pH 值保持在 pHe 约 7.4 的狭窄范围内。尽管如此，大多数肿瘤仍暴露于酸性微环境（pHe 为 6.2~6.9），如图 13-12（a）所示，因为它们通过需氧糖酵解获得 ATP 和生物大分子来支持其快速增殖。不论是否处于低氧状态，癌细胞都会根据 Warburg 效应表现出代谢适应性。目前的大多数研究表明，肿瘤的微环境影响细胞的生长、代谢和转移，干扰了抗癌药物的分布和敏感性[34]。一些研究表明，酸性环境可促进肿瘤进展和转移[35]。值得注意的是，恶性肿瘤可在酸性环境中迁移和侵袭[36]。此外，肿瘤微环境酸化可导致抗 pH 梯度升高，从而驱动药物捕获和耐药性[37]。而其他人发现低的细胞外

pHe 可以调节促凋亡信号并诱导导致肿瘤细胞凋亡的代谢紊乱[38]。药理研究表明，在酸性环境中，白藜芦醇、洛伐他汀和邻苯二酚等许多药物已证明比在酸性环境中更有效。因此，酸性细胞外对肿瘤的毒性作用仍存在争议。

许多临床研究证明香豆素及其衍生物具有重要的生物学活性，例如抗氧化、抗高血压、抗凝血、抗炎和退行性疾病的治疗[39]。7-羟基香豆素（7-OHC）是香豆素产生的主要活性代谢产物之一[40]。此外，7-OHC 容易进入细胞以完成靶向，由于羟基的存在，这种疗法比香豆素具有更少的副作用。然而，7-OHC 的抗癌机制仍需进一步探索。因此，长期监测 pH 依赖性微环境中 7-OHC 的代谢具有重要意义。

运用 Cellent CM-MS 系统动态监测不同细胞外 pH 中的 7-OHC 代谢物［图 13-12（b）］。7-OHC 进入细胞的主要代谢途径，一些 7-OHC 作用于靶标以发挥抗癌作用，而另一些进入内质网产生水溶性代谢物［图 13-12（c）］。实验证实了 7-OHC-硫酸盐（7-OHC-S）和 7-OHC-葡萄糖醛酸（7-OHC-G）是 HepG2 细胞中 7-OHC 的主要代谢产物；还证明了 7-OHC-硫酸盐和 7-OHC-葡萄糖醛酸的广泛代谢，以及酸性 pHe 中 7-OHC 的细胞外分泌将进一步限制，并降低 7-OHC 的抗癌作用［图 13-12（d）］。来自微通道的 HepG2 细胞的荧光成像表明，在细胞外乳酸存在下，细胞凋亡减少。所有这些结果证明，在酸性 pHe 下 7-OHC 对 HepG2 细胞的抗癌作用显著下降，可以为临床耐药性研究提供一定的解释。

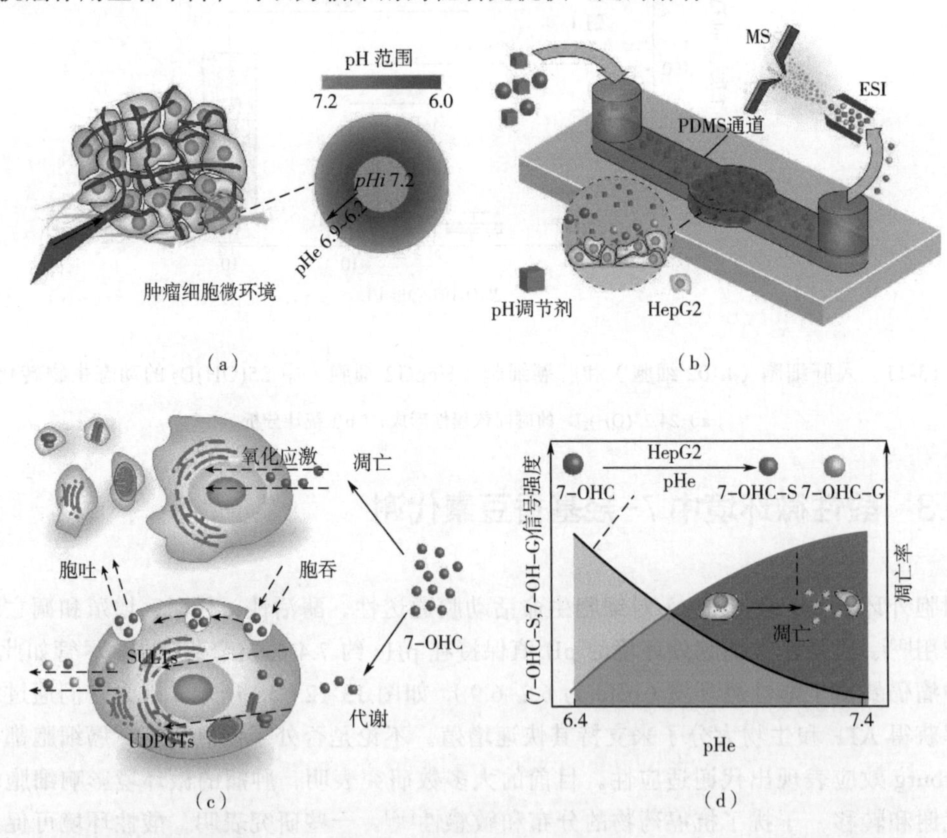

图 13-12 微流控芯片-质谱联用细胞分析仪分析酸性环境中 7-羟基香豆素代谢

13.5 仪器的应用前景

微流控与质谱联用在细胞生物学、胚胎学或组织工程学中应用的最新趋势正在极大地改变传统技术，这将有助于遗传、蛋白质、聚糖和代谢物的分析，并用于药物发现、临床诊断和基础研究支持。所提出的系统不仅可以在长期细胞培养过程中保持稳定的压力，而且可以准确地分析生物样品。它有望成为在线精确分子生物转化研究和药物筛选过程的多功能工具。

（1）代谢组学

代谢组学是系统生物学中的一个新兴并且极具研究价值的领域，它从代谢物分子层次为全面认识和研究一个复杂的生物系统提供不可或缺的信息。代谢组学的主要策略是通过研究生物流体中小分子的浓度及其变化来获得整个生物系统的状态信息。代谢组学中的小分子代谢物种类和数量繁多，存在浓度和理化性质等诸多差异，因而对检测技术的要求极高。由于质谱具有灵敏度高、重现性好等特点，被作为代谢组学分析研究的主要检测手段之一。研究细胞代谢物的传统分析方法中操作比较繁琐，需要在培养皿或微板上消耗大量的试剂和细胞，实验所需的成本高，分析通量低，时间长。而微流控芯片运用微加工技术制作出各种微型结构的功能单元，将细胞培养、样品预处理、分离和检测等功能集成在一块微小的平台上，在代谢研究中得到了广泛的应用。

（2）酶促动力学

酶是早期毒性筛选的重要目标物。此外，有关酶与小分子反应的动力学数据对于药物发现和开发具有重要意义。已经建立了几种微流控-质谱联用平台以满足快速准确测定酶活性的方法。在微流体反应器中，通常将具有特定酶的细胞孵育在固体基质上并提供连续的试剂流培养。微型反应器所允许的运行模式与大规模反应器基本相同，即间歇和连续模式，后者已被证明是最有利的。而酶抑制的动力学研究可将微流体反应器中产生的抑制剂梯度进行。这种方法更快且灵敏度更高，已越来越多地用于酶动力学的测定。

（3）细胞间的相互作用

目前开发了越来越多的基于微流控的体外和体内模型用于疾病或毒性研究，包括二维、三维细胞培养系统和多细胞“器官芯片”。微流控技术运用生物化学和生物物理因素的时空控制，已显示出对细胞固定和操纵的能力，提供了恒定或间歇的营养供应，实现了通信、增殖和凋亡等生命活动，同时与质谱联用实时在线监测细胞新陈代谢，使得从分子水平上对细胞的生化信息进行研究成为可能。

（4）单细胞水平的表征

微流控几何结构提供了引入和分隔流体体积的能力，允许以非常微小且精准的体积分离单个细胞，这有助于检测单个细胞的目标分析物，进而质谱检测。微流控操控单细胞主要有两种方法。一种是使用具有功能化的集成阀从而形成只能承载单个细胞的微室；另一种通过将水溶液注入疏水性载体流中产生微滴而包裹单细胞，此方法可实现纳升与皮升体积的转换。这两者方法将细胞彼此隔离，阻止细胞间相互通信，避免了相邻细胞的微环境影响。生长条件仅发生由分离的细胞本身或长期培养过程中细胞分裂诱导的变化。因此，可以对细胞进行真正的比较，并且满足揭示同基因细胞群体差异性的关键要求，例如单细胞基因表达分析、蛋白质表达或酶活性的影响。单细胞分析方法对药物毒性筛选、干细胞分析和基础研究具有重要意义。

参考文献

[1] El-Ali J, Sorger P K, Jensen K F. Cells on chips. Nature, 2006, 442: 403-411.

[2] Sackmann E K, Fulton A L, Beebe D J. The present and future role of microfluidics in biomedical research. Nature, 2014, 507: 181-189.

[3] Huh D, Hamilton G A, Ingber D E. From 3d cell culture to organs-on-chips. Trends Cell Biol, 2011, 21: 745-754.

[4] Park S E, Georgescu A, Huh D. Organoids-on-a-chip. Science, 2019, 364: 960-965.

[5] Li H F, Liu J, Cai Z, Lin J M. Coupling a microchip with electrospray ionization quadrupole time - of - flight mass spectrometer for peptide separation and identification. Electrophoresis, 2008, 29: 1889-1894.

[6] Wei H, Li H, Lin J M. Analysis of herbicides on a single c30 bead via a microfluidic device combined with electrospray ionization quadrupole time-of-flight mass spectrometer. J Chromatogr A, 2009, 1216: 9134-9142.

[7] Liu J, Wang H, Manicke N E, Lin J M, Cooks R G, Ouyang Z. Development, characterization, and application of paper spray ionization. Anal Chem, 2010, 82: 2463-2471.

[8] Gao D, Wei H, Guo G-S, Lin J M. Microfluidic cell culture and metabolism detection with electrospray ionization quadrupole time-of-flight mass spectrometer. Anal Chem, 2010, 82: 5679-5685.

[9] Wei H, Li H, Gao D, Lin J M. Multi-channel microfluidic devices combined with electrospray ionization quadrupole time-of-flight mass spectrometry applied to the monitoring of glutamate release from neuronal cells. Analyst, 2010, 135: 2043-2050.

[10] Wei H, Li H, Mao S, Lin J M. Cell signaling analysis by mass spectrometry under coculture conditions on an integrated microfluidic device. Anal Chem, 2011, 83: 9306-9313.

[11] Gao D, Li H, Wang N, Lin J M. Evaluation of the absorption of methotrexate on cells and its cytotoxicity assay by using an integrated microfluidic device coupled to a mass spectrometer. Anal Chem, 2012, 84: 9230-9237.

[12] Mao S, Zhang J, Li H, Lin J M. Strategy for signaling molecule detection by using an integrated microfluidic device coupled with mass spectrometry to study cell-to-cell communication. Anal Chem, 2013, 85: 868-876.

[13] Chen F, Lin L, Zhang J, He Z, Uchiyama K, Lin J M. Single-cell analysis using drop-on-demand inkjet printing and probe electrospray ionization mass spectrometry. Anal Chem, 2016, 88: 4354-4360.

[14] Zhang W, Li N, Lin L, Huang Q, Uchiyama K, Lin J M. Concentrating single cells in picoliter droplets for phospholipid profiling on a microfluidic system. Small, 2020, 16: 1903402.

[15] Zheng Y, Wu Z, Lin J M, Lin L. Imitation of drug metabolism in cell co-culture microcapsule model using a microfluidic chip platform coupled to mass spectrometry. Chin Chem Lett, 2020, 31: 451-454.

[16] Liu W, Wang N, Lin X, Ma Y, Lin J M. Interfacing microsampling droplets and mass spectrometry by paper spray ionization for online chemical monitoring of cell culture. Anal Chem, 2014, 86: 7128-7134.

[17] Liu W, Lin J-M. Online monitoring of lactate efflux by multi-channel microfluidic chip-mass spectrometry for rapid drug evaluation. ACS Sensors, 2016, 1: 344-347.

[18] Korenaga A, Chen F, Li H, Uchiyama K, Lin J M. Inkjet automated single cells and matrices printing system for matrix-assisted laser desorption/ionization mass spectrometry. Talanta, 2017, 162: 474-478.

[19] Li M, Mao S, Wang S, Li H-F, Lin J M. Chip-based saldi-ms for rapid determination of intracellular ratios of glutathione to glutathione disulfide. Science China Chemistry, 2019, 62: 142-150.

[20] Huang Q, Mao S, Khan M, Zhou L, Lin J M. Dean flow assisted cell ordering system for lipid profiling in single-cells using mass spectrometry. Chem Commun, 2018, 54: 2595-2598.

[21] Xu N, Lin H, Lin S, Zhang W, Han S, Nakajima H, Mao S, Lin J M. A fluidic isolation-assisted homogeneous-flow-pressure chip-solid phase extraction-mass spectrometry system for online dynamic monitoring of 25-hydroxyvitamin d3 biotransformation in cells. Anal Chem, 2021, 93: 2273-2280.

[22] Walker G M, Zeringue H C, Beebe D J. Microenvironment design considerations for cellular scale studies. Lab Chip, 2004, 4: 91-97.

[23] Hanahan D, Weinberg R A. Hallmarks of cancer: The next generation. Cell, 2011, 144: 646-674.

[24] Warburg O. On the origin of cancer cells. Science, 1956, 123: 309-314.

[25] Muz B, de la Puente P, Azab F, Azab A K. The role of hypoxia in cancer progression, angiogenesis, metastasis, and resistance to therapy. Hypoxia, 2015, 3: 83.

[26] Branco-Price C, Zhang N, Schnelle M, Evans C, Katschinski D M, Liao D, Ellies L, Johnson R S. Endothelial cell hif-1α and hif-2α differentially regulate metastatic success. Cancer Cell, 2012, 21: 52-65.

[27] Romero-Garcia S, Moreno-Altamirano M M B, Prado-Garcia H, Sánchez-García F J. Lactate contribution to the tumor microenvironment: Mechanisms, effects on immune cells and therapeutic relevance. Front Immunol, 2016, 7: 52.

[28] Chen Q, Wu J, Zhang Y, Lin J M. Qualitative and quantitative analysis of tumor cell metabolism via stable isotope labeling assisted microfluidic chip electrospray ionization mass spectrometry. Anal Chem, 2012, 84: 1695-1701.

[29] Brandon E F, Raap C D, Meijerman I, Beijnen J H, Schellens J H. An update on in vitro test methods in human hepatic drug biotransformation research: Pros and cons. Toxicol Appl Pharmacol, 2003, 189: 233-246.

[30] Lee M-Y, Dordick J S. High-throughput human metabolism and toxicity analysis. Curr Opin Biotechnol, 2006, 17: 619-627.

[31] Bouillon R, Norman A W, Lips P. Vitamin d deficiency. N Engl J Med, 2007, 357: 1980-1981.

[32] Ketha H, Kumar R, Singh R J. Lc-ms/ms for identifying patients with cyp24a1 mutations. Clin Chem, 2016, 62: 236-242.

[33] Parks S K, Chiche J, Pouyssegur J. Ph control mechanisms of tumor survival and growth. J. Cell. Physiol. 2011, 226: 299-308.

[34] Kolosenko I, Avnet S, Baldini N, Viklund J, De Milito A, in: Seminars in Cancer Biology, Elsevier, 2017, pp. 119-133.

[35] Joyce J A, Pollard J W. Microenvironmental regulation of metastasis. Nature Reviews Cancer, 2009, 9: 239-252.

[36] Hjelmeland A B, Wu Q, Heddleston J, Choudhary G, MacSwords J, Lathia J, McLendon R, Lindner D, Sloan A, Rich J N.

Acidic stress promotes a glioma stem cell phenotype. Cell Death Differ, 2011, 18: 829-840.

[37] Lucien F, Pelletier P P, Lavoie R R, Lacroix J M, Roy S, Parent J L, Arsenault D, Harper K, Dubois C M. Hypoxia-induced mobilization of nhe6 to the plasma membrane triggers endosome hyperacidification and chemoresistance. Nature commun, 2017, 8: 1-15.

[38] Navrátilová J, Hankeová T, Beneš P, Šmarda J. Acidic ph of tumor microenvironment enhances cytotoxicity of the disulfiram/Cu^{2+} complex to breast and colon cancer cells. Chemotherapy, 2013, 59: 112-120.

[39] Emami S, Dadashpour S. Current developments of coumarin-based anti-cancer agents in medicinal chemistry. Eur J Med Chem, 2015, 102: 611-630.

[40] Weber U, Steffen B, Siegers C. Antitumor-activities of coumarin, 7-hydroxy-coumarin and its glucuronide in several human tumor cell lines. Res Commun Mol Pathol Pharmacol, 1998, 99: 193-206.

思考题

1. 微流控芯片质谱联用细胞分析仪有哪些部分，说明各部分的作用。
2. 微流控芯片质谱联用研究细胞内生物分子涉及哪些实验技术，它们有哪些优点和不足之处？
3. 如何设计芯片细胞培养通道？
4. 使用多聚赖氨酸在细胞培养通道的作用是什么？
5. 微流控操控细胞时，流体剪切力会对细胞有什么影响？与哪些因素有关？
6. 针对细胞内生物分子复杂基质，色谱分离时应采取哪些措施？
7. 某细胞代谢液含有色氨酸、丝氨酸、亮氨酸。0.5~5μg/L 的色氨酸、丝氨酸、亮氨酸与 1μg/L 2-异丙基苹果酸的校准曲线分别是 $Y = 0.286460X + 0.0419046$、$Y = 0.364895X + 0.0394745$、$Y=0.323482X+0.0548320$。以 2-异丙基苹果酸为内标物，称取 1μg/L 2-异丙基苹果酸加到试样中，混匀后，吸取此试样 2μL 进样，从色谱离子流图上测出各组分的峰面积如下表所示：

组分	色氨酸	丝氨酸	亮氨酸	2-异丙基苹果酸
峰面积	549756	704683	664370	2276756

计算试剂中色氨酸、丝氨酸、亮氨酸的含量是多少？

8. 微流控芯片与质谱联用时，如何提高离子化效率？
9. CM-Assist 软件有哪些功能？分别简要概括。
10. 试举 1~2 例说明微流控与质谱联用在现代细胞生物学研究中的应用。